重庆出版社
科学学术著作出版基金资助

变分不等式
及其相关问题

张石生 著

BIANFEN
BUDENGSHI
JIQI XIANGGUAN
WENTI

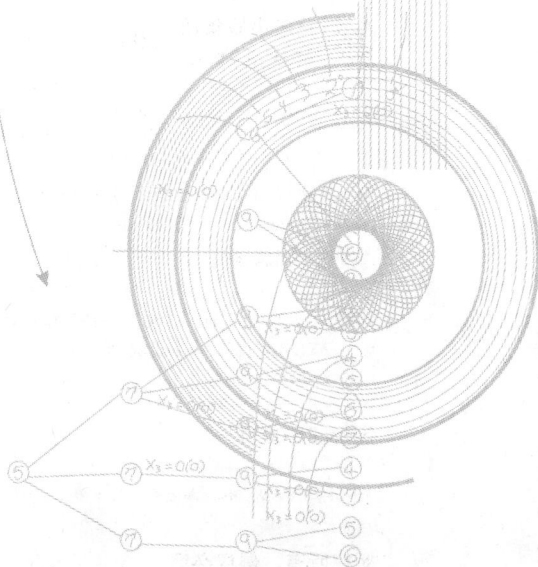

重庆出版集团 重庆出版社

图书在版编目(CIP)数据

变分不等式及其相关问题 / 张石生著. —重庆：重庆出版社，
2008.6

ISBN 978-7-5366-9608-2

Ⅰ.变… Ⅱ.张… Ⅲ.变分不等方程 Ⅳ.O176

中国版本图书馆 CIP 数据核字(2008)第 046408 号

变分不等式及其相关问题

BIANFENBUDENGSHI JIQI XIANGGUAN WENTI

张石生 著

出 版 人：罗小卫
责任编辑：赵　剑
装帧设计：重庆出版集团艺术设计有限公司·钟丹珂

重庆出版集团
重庆出版社 出版

重庆长江二路 205 号　邮政编码：400016　http://www.cqph.com

重庆出版集团艺术设计有限公司制版

重庆市开源印务有限公司印刷

重庆出版集团图书发行有限公司发行

E-MAIL:fxchu@cqph.com　邮购电话:023-68809452

全国新华书店经销

开本：787mm×1 092mm　1/16　印张：20.5　字数：362 千
版次：2008 年 6 月第 1 版　印次：2008 年 6 月第 1 次印刷
印数：1~3000
ISBN 978-7-5366-9608-2

定价：36.00 元

如有印装质量问题,请向本集团图书发行有限公司调换:023-68809955 转 8005

重庆出版社
科学学术著作出版基金资助

变分不等式
及其相关问题

张石生 著

BIANFEN
BUDENGSHI
JIQI XIANGGUAN
WENTI

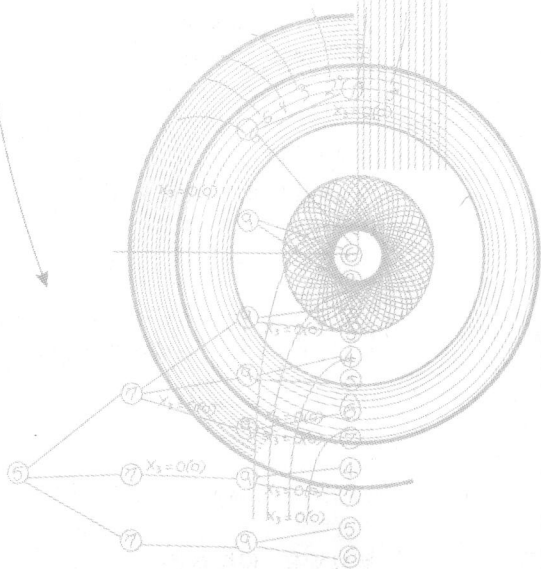

重庆出版集团 重庆出版社

图书在版编目(CIP)数据

变分不等式及其相关问题 / 张石生著. —重庆：重庆出版社，
2008.6
ISBN 978-7-5366-9608-2

Ⅰ.变… Ⅱ.张… Ⅲ.变分不等方程 Ⅳ.O176

中国版本图书馆 CIP 数据核字(2008)第 046408 号

变分不等式及其相关问题
BIANFENBUDENGSHI JIQI XIANGGUAN WENTI

张石生 著

出 版 人：罗小卫
责任编辑：赵 剑
装帧设计：重庆出版集团艺术设计有限公司·钟丹珂

重庆出版集团
重庆出版社 出版

重庆长江二路 205 号 邮政编码：400016 http://www.cqph.com
重庆出版集团艺术设计有限公司制版
重庆市开源印务有限公司印刷
重庆出版集团图书发行有限公司发行
E-MAIL:fxchu@cqph.com 邮购电话:023-68809452
全国新华书店经销

开本：787mm×1 092mm 1/16 印张：20.5 字数：362 千
版次：2008 年 6 月第 1 版 印次：2008 年 6 月第 1 次印刷
印数：1~3000
ISBN 978-7-5366-9608-2
定价：36.00 元

如有印装质量问题,请向本集团图书发行有限公司调换:023-68809955 转 8005

前　言

变分不等式及与其相关的 KKM 理论、Ky Fan 极大极小不等式理论和相补问题理论是当今非线性分析的重要组成部分.它与力学、微分方程、控制理论、数学经济、最优化理论、对策理论、非线性规划等理论和应用学科有着广泛的联系并有重要的应用.

自 20 世纪 60 年代,Lions,Browder,Stampacchia,Ky Fan,Lemke,Cottle,Dantzig 等人提出和创立变分不等式和相补问题的基本理论以来,经过许多数学家的杰出工作,变分不等式及其相关问题的理论及应用取得重要进展,日臻完善,已成为一门内容十分丰富并有广阔应用前景的重要的边缘性学科.

1991 年,上海科技文献出版社曾出版过作者的一本专著《变分不等式和相补问题理论及应用》.由于该书出版较久,部分内容已显陈旧,加之该书出版时,印数不多,这些年来国内许多学校给研究生讲授该课程时,均复印该书作教材,质低价昂而且读起来也不方便.因此不少读者来函,希望我新写一本变分不等式理论的专著以飨读者.

本书的目的是介绍变分不等式及与其相关的 KKM 理论、Ky Fan 极大极小不等式理论和相补问题的基本理论、基本方法,及其近期发展概况和待解决的问题.在选材上注重理论的系统性和科学性,把散见于国内外重要刊物上有关的最新成果,其中包括作者本人近年来所发表的大量结果,经过加工整理,系统地向读者介绍.

作者对王梓坤院士表示衷心感谢.感谢他对作者写作本书所给予的热情支持和鼓励.

作者还要感谢"重庆出版社科学学术著作出版基金"的资助.没有出版基金的资助本书是难于出版的.

由于作者水平有限,尽管已尽力而为,书中难免还有许多缺点和错误,敬请读者不吝批评和指正.

作　者

2007 年 10 月

目 录

第一章 引言及预备知识

本章包含两部分内容. 在前一部分($\S1.1$, $\S1.2$)中, 给出变分不等式和相补问题的概念和一些例子; 在后一部分($\S1.3$—$\S1.6$)中, 介绍非线性分析的某些概念和结果, 这些概念和结果在本书中将常被引用.

$\S1.1$ 变分不等式的概念和例子

设 E 是一拓扑空间, X 是 E 中之一非空子集, $f: X \rightarrow \overline{\mathbf{R}} := (-\infty, +\infty]$ 是一泛函, 且 $f \not\equiv +\infty$. 设 $\varphi: X \times X \rightarrow \mathbf{R}$ 是一实泛函且 $\varphi(x, x) \geqslant 0$, $\forall x \in X$. 下面的关于 $x \in X$ 的无穷不等方程组:

$$\varphi(x, y) \geqslant f(x) - f(y), \forall y \in X \tag{1.1.1}$$

称为**变分不等式**(或称**变分不等方程**). 如果存在 $\bar{x} \in X$ 满足(1.1.1), 则 $\bar{x}$ 称为变分不等式(1.1.1)的**解**.

我们通常所说的变分不等式理论的基本内容, 就是研究各种类型的变分不等式解的存在性、唯一性条件, 解(或解集)的性状及解的逼近, 及在各种实际问题中的应用.

下面我们列举变分不等式的某些例子.

例 1.1.1. 设 K 是 $\mathbf{R}^n$ 中之一有界闭凸集, $B: K \rightarrow \mathbf{R}^n$ 是一连续映象. 求 $u \in K$ 使得

$$\langle B(u), v - u \rangle \geqslant 0, \forall v \in K. \tag{1.1.2}$$

这一类变分不等式称为 **Hartman-Stampacchia 变分不等式**. 它是 Hartman, Stampacchia 在创立变分不等式理论时, 所研究的第一个变分不等式[124]. 这一变分不等式与最优化理论和微分方程联系紧密. 近年来, 这一变分不等式已被多方面推广.

例 1.1.2. 设 E 是一局部凸的 Hausdorff 拓扑向量空间, K 是 E 之一紧凸子集, $T: K \rightarrow E^*$ 是一连续映象, 其中 E^* 是 E 的对偶空间. 求 $u \in K$ 使得

$$\langle T(u), v - u \rangle \geqslant 0, \forall v \in K. \tag{1.1.3}$$

其中 $\langle \cdot, \cdot \rangle$ 是 E 与 E^* 间的配对.

这一类变分不等式称为 **Browder 变分不等式**. 它首先由 Browder 研究[25]. 这一变分不等式也可视为 Hartman-Stampacchia 变分不等式的改进和推广.

例 1.1.3. 设 H 是一实 Hilbert 空间, $f \in H$ 是一给定的点, $a(\cdot, \cdot)$ 是一双线性的连续泛函, $j: H \to \mathbf{R}$ 是一给定的泛函. 求 $u \in H$ 满足

$$a(u, v-u) + j(v) - j(u) \geqslant \langle f, v-u \rangle, \forall v \in H. \tag{1.1.4}$$

这一类变分不等式称为 **Lions-Stampacchia 变分不等式**, 有时也称为**椭圆型变分不等式**. 它首先由 Lions-Stampacchia 提出和研究[187]. 偏微分方程中的许多自由边值问题和许多具单侧约束的定常力学和物理问题, 都可归结为此类变分不等式的研究[100].

例 1.1.4. 设 H 是一实 Hilbert 空间, V 是一自反 Banach 空间, $\| \cdot \|$ 是 V 中的范数且 $V \subset H \subset V^*$. 记

$$L^p(0, T; V) = \left\{ u: [0, T] \to V: \int_0^T \| u(t) \|^p \mathrm{d}t < \infty \right\}.$$

设 $\varphi: L^p(0, T; V) \to (-\infty, +\infty]$ 是一函数且 $\varphi \not\equiv +\infty$. 记

$$D(\varphi) = \{ u \in L^p(0, T; V): \varphi(u) < \infty \}.$$

并由下式定义一映象:

$$\Phi(u) = \begin{cases} \int_0^T \varphi(u(t)) \mathrm{d}t, & \text{如果 } \varphi(u) \in L^1(0, T; R), \\ +\infty, & \text{否则.} \end{cases}$$

其中 $u \in L^p(0, T; V)$. 设 $A: D(\Phi) \to L^q(0, T; V)$, 其中 $p^{-1} + q^{-1} = 1$. 求 $u \in D(\Phi)$ 满足

$$\begin{cases} \left\langle \dfrac{\mathrm{d}u}{\mathrm{d}t} + A(u), v-u \right\rangle + \varphi(v) - \varphi(u) \geqslant \langle f, v-u \rangle \\ \qquad\qquad \forall v \in D(\varphi), a.e. t \in (0, T) \\ u(0) = u_0. \end{cases} \tag{1.1.5}$$

这一类变分不等式称为**抛物型变分不等式**. 诸如 Stefan 问题和渗流中的某些问题均可引导到这类变分不等式问题的研究.

例 1.1.5. 设 S 和 C 分别是 $\mathbf{R}^n$ 和 $\mathbf{R}^m$ 中的子集, 设 $T: S \to 2^S$ 是一多值映象, $M: S \times C \to \mathbf{R}^n$ 和 $\eta: S \times S \to \mathbf{R}^n$ 是二单值映象. 求 $x^* \in S$, $y^* \in T(x^*)$ 使得

$$\langle M(x^*, y^*), \eta(x, x^*) \rangle \geqslant 0, \forall x \in S. \tag{1.1.6}$$

这一类变分不等式称为**似-变分不等式**. 它首先由 Parida-Sen[229]提出和研究, 并与凸数学规划中的某些问题紧密相关.

例 1.1.6. 设 E 是一局部凸 Hausdorff 拓扑向量空间,F 是一 Fréchet 空间. 设 X 和 C 分别是 E 和 F 的子集,$T:X\to 2^C$,$S:X\to 2^X$ 是多值映象,$\varphi:X\times C\times X\to \mathbf{R}$ 是一函数,满足条件 $\varphi(x,y,x)\geqslant 0$,$\forall x,y\in X$. 求 $x^*\in S(x^*)$,$y^*\in T(x^*)$,使得

$$\varphi(x^*,y^*,x)\geqslant 0,\ \forall x\in S(x^*). \tag{1.1.7}$$

这一类变分不等式称为**拟-似-变分不等式**. 它是似变分不等式的推广,而且紧密地与非线性规划及鞍点理论相联系. 它在 Chang 等[48,56],Yao[301],Wu[287,288],Ding[90,91],Lin 等[179],Lin-Park[180]等中讨论过.

例 1.1.7. 设 E 是一实向量空间,X_0,X 是 E 的两个闭子集,$X_0\subset X$. 设 $g:X_0\times X\to(-\infty,+\infty]$ 是一泛函,使得对每一 $z\in X_0$,$g(z,\cdot)\not\equiv+\infty$,而 $\psi:X_0\times X\times X\to \mathbf{R}$ 是一泛函,使得对每一 $z\in X_0$,$\psi(z,x,x)\geqslant 0$,$\forall x\in X$. 求 $x^*\in X_0$ 使得

$$g(x^*,y)+\psi(x^*,x^*,y)\geqslant g(x^*,x^*),\ \forall y\in X. \tag{1.1.8}$$

这一类变分不等式称为**隐变分不等式**. 它最先由 Ky Fan[108]和 Mosco[204]提出和研究,以后 Wu-Yuan[292]进一步作了研究. 这类变分不等式与数学经济中的限制平衡问题紧密相关.

例 1.1.8. 设 H 是一 Hilbert 空间,$C(H)$ 是 H 中的非空紧集族. 设 $T,V:H\to C(H)$ 是二多值映象,$g:H\to H$ 是一单值映象. 设 $A(\cdot,\cdot):H\times H\to H$ 关于第一变量是一极大单调映象. 对给定的非线性映象 $N(\cdot,\cdot):H\times H\to H$,求 $u\in H$,$w\in T(u)$,$y\in V(u)$,使得

$$0\in N(w,y)+A(g(u),u). \tag{1.1.9}$$

这类问题称为**集值拟变分包含**. 它最先在 Noor[216,217]中引入和研究,后来在 Chang[36,38,41,45,46]中被推广到 Banach 空间. 这类变分包含是变分不等式的重要而有用的推广,它在力学、经济学和结构分析等领域有重要的应用.

例 1.1.9. 设 X,Y 是二实 Banach 空间,K 是 X 之一非空闭凸集,$T:K\to L(X,Y)$ 是一映象,其中 $L(X,Y)$ 是由 X 到 Y 的一切线性连续映象的集合. 设 $\{C(x):x\in K\}$ 是 Y 中的一族闭的 $\operatorname{int}C(x)\neq\varnothing$ 的尖凸锥. 求 $u\in X$ 使得

$$\langle T(u),x-x_0\rangle\notin-\operatorname{int}C(u),\ \forall x\in K. \tag{1.1.10}$$

其中 $\langle T(x),y\rangle$ 表线性映象 $T(x)$ 在 y 处的取值.

这一类变分不等式称为**向量变分不等式**. 它与向量值最优化理论紧密

相关.它首先在 Chen[71],Giannessi[111],Yao[299,300],Chen-Craven[74,75]中引入和研究.

例1.1.10. 设 E 是一拓扑向量空间,X 是 E 中之一非空的紧凸集,E^* 是 E 的对偶空间,$\langle\cdot,\cdot\rangle$ 是 E 和 E^* 间的配对.设 $(\Omega,\mathscr{A})$ 是一可测空间,$f:\Omega\times X\to E^*$.求一可测映象 $v:\Omega\to X$ 使得对任一 $\omega\in\Omega$

$$\mathrm{Re}\langle f(\omega,v(\omega)),y-v(\omega)\rangle\geqslant0,\forall y\in X. \tag{1.1.11}$$

这一类变分不等式称为**随机变分不等式**.它首先在 N. X. Tan[276],Tan-Yuan [273,274]及 Chang [31]中引入和研究.它与随机方程的求解和随机不动点理论紧密相关.

例1.1.11. 设 E 是一局部凸的 Haussdorff 拓扑向量空间,X 是 E 之一非空的紧凸子集,$\mathscr{F}(E)$ 是 E 上的一族模糊集.设 $G:X\to\mathscr{F}(X)$ 和 $F:X\to\mathscr{F}(E^*)$ 是二模糊映象,而 $\alpha(x):X\to(0,1]$ 是一函数,$\beta\in(0,1]$ 是一数.求 $y_0\in X$,使得

$$G_{y_0}(y_0)\geqslant\alpha(y_0),\quad \mathrm{Re}\langle u,y_0-x\rangle\leqslant0 \tag{1.1.12}$$

对一切 $u\in F_{y_0}(u)\geqslant\beta$ 及 $x\in G_{y_0}(x)\geqslant\alpha(y_0)$.

这一类变分不等式称为**模糊变分不等式**.它首先在 Chang-Zhu[69]中引入和研究,而且与模糊对策和模糊不动点理论紧密相关.

最后,应该指出:式子(1.1.1)是一类较为一般的变分不等式,它是许多类型的变分不等式的抽象表示.我们称之为**抽象的变分不等式**,它首先在 Gwinner[117]中引入和研究.

§1.2　导出变分不等式的问题和方法

由前节我们已看出:工程、力学、数学物理、控制论、优化理论、经济数学、微分方程等学科是引出变分不等式的源泉.在本节中,我们将通过几个典型的例子说明导出变分不等式的方法.

(Ⅰ)可微函数的极值问题

例1.2.1. 设 $f\in C^1([a,b],\mathbf{R})$,求 $x_0\in[a,b]$,使得

$$f(x_0)=\min_{a\leqslant x\leqslant b}f(x). \tag{1.2.1}$$

由 Weierstrass 定理知,这样的 x_0 存在,且

（ⅰ）当 $x_0\in(a,b)$ 时,$f'(x_0)=0$;

（ⅱ）当 $x_0=a$ 时,$f'(x_0)\geqslant0$;

（ⅲ）当 $x_0=b$ 时,$f'(x_0)\leqslant0$.

因而只要 $x_0 \in [a,b]$，均有 $f'(x_0)(x-x_0) \geqslant 0$，$\forall x \in [a,b]$. 于是按 $\mathbf{R}$ 中的内积即得下面的变分不等式：

$$\langle f'(x_0), x-x_0 \rangle \geqslant 0, \forall x \in [a,b], \tag{1.2.2}$$

而且 x_0 是变分不等式(1.2.2)的解.

例 1.2.2. 设 $u \in C^1([a,b])$，$f(u) = \int_a^b |u'(x)| \mathrm{d}x$.

设 $K \subset C^1([a,b])$ 是由下式定义的集合：

$$K = \{u \in C^1([a,b]): u(a) = u(b) = 0,$$
$$h_1(x) \leqslant u(x) \leqslant h_2(x), x \in [a,b]\},$$

其中 h_1 和 h_2 是二给定的函数. 显然，

$$h_1(a) \leqslant 0 \leqslant h_2(a), \quad h_1(b) \leqslant 0 \leqslant h_2(b).$$

设 $u_0 \in K$，使得

$$f(u_0) = \min_{u \in K} f(u) = \min_{u \in K} \int_a^b |u'(x)|^2 \mathrm{d}x.$$

因 K 凸，故对任意的 $v \in K$，$\lambda u_0 + (1-\lambda)v \in K$，$\forall \lambda \in [0,1]$. 现定义函数 $F:[0,1] \to \mathbf{R}$ 如下：

$$F(\lambda) = \int_a^b |(\lambda u_0 + (1-\lambda)v)'|^2 \mathrm{d}x.$$

故 $F(1) = \min\limits_{u \in K} f(u)$. 由例 1.2.1 知 $F'(1)(\lambda-1) \geqslant 0$，$\forall \lambda \in [0,1]$. 因而 $F'(1) \leqslant 0$，故有

$$F'(1) = F'(\lambda)|_{\lambda=1}$$
$$= \int_a^b 2(\lambda u_0' + (1-\lambda)v')(u_0' - v') \mathrm{d}x|_{\lambda=1}$$
$$= 2\int_a^b u_0'(u_0' - v') \mathrm{d}x \leqslant 0, \forall v \in K.$$

故得下面的变分不等式

$$\int_a^b u_0'(v'(x) - u_0'(x)) \mathrm{d}x \geqslant 0, \forall v \in K. \tag{1.2.3}$$

例 1.2.3. 设 Ω 是 $\mathbf{R}^n$ 中之一开集，求极小值

$$\min_{x \in K} \int_\Omega \sqrt{1 + |\operatorname{grad} u|^2} \mathrm{d}x, u \in C^1(\bar{\Omega}, \mathbf{R}), \tag{1.2.4}$$

其中 $K = \{u \in C^1(\bar{\Omega}, \mathbf{R}): u(x) = 0, \forall x \in \partial\Omega, \psi_1(x) \leqslant u(x) \leqslant \psi_2(x)\}$，而 $\psi_i: \bar{\Omega} \to \mathbf{R}$，$i = 1,2$ 是给定的函数. 如果 $u^* \in K$ 是(1.2.4)的极小点，仿例 1.2.2 可证 u^* 满足变分不等式：

$$\int_{\Omega} \sum_{i=1}^{n} \frac{u_{x_i}^*(v-u^*)_{x_i}}{(1+|\operatorname{grad} u^*|^2)^{\frac{1}{2}}} \mathrm{d}x \geqslant 0, \forall v \in K. \tag{1.2.5}$$

上面的例子表明,可微函数的极小化问题可导出变分不等式问题. 反之,如果这一可微函数还是凸的,则其逆结论也成立. 这由下面的命题得知.

命题 1.2.1. 设 E 是一实赋范空间,E^* 为 E 的对偶空间,$\langle\cdot,\cdot\rangle$ 表 E 和 E^* 间的配对. 设 K 是 E 之一凸子集,$f:E\to\mathbf{R}$ 是一 Gâteaux 可微的凸泛函,其微分 $Df:E\to E^*$ 定义为:

$$\langle Df(v),w\rangle = \frac{\mathrm{d}}{\mathrm{d}t}f(v+tw)|_{t=0}, \quad w,v\in E.$$

则下列结论等价:

（ⅰ）$u\in K, f(u)=\min_{v\in K} f(v)$;

（ⅱ）$u\in K, \langle Df(u),v-u\rangle \geqslant 0, \forall v\in K$;

（ⅲ）$u\in K, \langle Df(v),v-u\rangle \geqslant 0, \forall v\in K$.

证. （ⅰ）$\Rightarrow$（ⅱ）. 设 $u\in K$ 是 f 在 K 上的极小点,则对任一 $v\in K$,函数 $F(t)=f(u+t(v-u))$, $t\in[0,1]$在 $t=0$ 处取极小值,从而有

$$0\leqslant \frac{\mathrm{d}}{\mathrm{d}t}f(u+t(v-u))|_{t=0}=\langle Df(u),v-u\rangle, \forall v\in K.$$

（ⅱ）$\Rightarrow$（ⅰ）. 对任意的 $w\in E$ 及任一 $t\in(0,1]$有

$$\frac{1}{t}[f(u+tw)-f(u)]$$

$$=\frac{1}{t}[f(t(u+w)+(1-t)u)-f(u)]$$

$$\leqslant\frac{1}{t}[tf(u+w)+(1-t)f(u)-f(u)]$$

$$=f(u+w)-f(u).$$

于上式左端让 $t\to 0$ 即得

$$f(u+w)-f(u)\geqslant\langle Df(u),w\rangle, \forall w\in E.$$

对任一 $v\in K$,取 $w=v-u$,代入即得

$$f(v)-f(u)\geqslant\langle Df(u),v-u\rangle, \forall v\in K. \tag{1.2.6}$$

因而结论（ⅰ）由(1.2.6)直接可得.

（ⅱ）$\Rightarrow$（ⅲ）. 在(1.2.6)中交换 u 与 v 的位置得

$$f(u)-f(v)\geqslant\langle Df(v),u-v\rangle, \forall v\in K. \tag{1.2.7}$$

(1.2.6)与(1.2.7)两式相加即得

$$\langle Df(u)-Df(v),\ v-u\rangle\leqslant 0,\ \forall v\in K,$$

结论（ⅲ）得证.

（ⅲ）⇒（ⅱ）. 于（ⅲ）中以 $u+t(v-u)$，$t\in[0,1]$ 代替 v，得

$$\langle Df(u+t(v-u)),v-u\rangle\geqslant 0,\ \forall v\in K.$$

由实轴上可微凸函数的性质知，上式左端在 $t=0$ 处右连续. 让 $t\to 0^+$，即得（ⅱ）. 证毕.

（Ⅱ）不可微函数的极值问题

命题 1.2.2. 设 H 是一 Hilbert 空间，$a(\cdot,\cdot)$ 是 H 上之一对称的非负双线性型，即 $a(u,v)=a(v,u)$，$\forall u,v\in H$，且 $a(u,u)\geqslant 0$，$\forall u\in H$. 设 $j:H\to(-\infty,+\infty]$ 是一凸泛函且 $j\not\equiv+\infty$. 设 $f\in H$ 是一给定的泛函，令

$$J(v)=\frac{1}{2}a(v,v)+j(v)-\langle f,v\rangle,$$

则下列结论等价：

（ⅰ）$u\in H$，使得 $J(u)=\min\limits_{v\in H}J(v)$；

（ⅱ）$u\in H$ 是下面的变分不等式的解：

$$a(u,v-u)+j(v)-j(u)\geqslant\langle f,v-u\rangle,\ \forall v\in H. \tag{1.2.8}$$

证. （ⅰ）⇒（ⅱ）. 设（ⅰ）成立，由 $J(u)$ 的极小性和 $a(\cdot,\cdot)$ 的对称双线性，故对任一 $v\in H$ 和任一 $t\in[0,1]$ 有

$$\begin{aligned}
J(u)&=\frac{1}{2}a(u,u)+j(u)-\langle f,u\rangle\\
&\leqslant J(u+t(v-u))\\
&=\frac{1}{2}a(u+t(v-u),\ u+t(v-u))\\
&\quad+j(u+t(v-u))-\langle f,\ u+t(v-u)\rangle\\
&\leqslant\frac{1}{2}a(u,u)+\frac{t^2}{2}a(v-u,\ v-u)+ta(u,v-u)\\
&\quad+j(u)+t(j(v)-j(u))-\langle f,u\rangle-t\langle f,v-u\rangle.
\end{aligned}$$

化简后得

$$\frac{t}{2}a(v-u,v-u)+a(u,v-u)+j(v)-j(u)\geqslant\langle f,v-u\rangle.$$

让 $t\to 0$，结论（ⅱ）得证.

（ⅱ）⇒（ⅰ）. 设 $u\in H$ 是变分不等式（1.2.8）的解，由

$$\frac{1}{2}[a(v,v)-a(u,u)]=\frac{1}{2}[a(u+v-u,u+v-u)-a(u,u)]$$

$$=a(u,v-u)+\frac{1}{2}a(v-u,v-u)$$

$$\geqslant a(u,v-u), \forall v\in H$$

及(1.2.8)知,对任一$v\in H$有

$$\frac{1}{2}[a(v,v)-a(u,u)]+j(v)-j(u)-\langle f,v\rangle+\langle f,u\rangle\geqslant 0,$$

即$J(v)\geqslant J(u), \forall v\in H$. 故$u$是$J$在$H$上的极小点. 　证毕.

（Ⅲ）Hilbert 空间上的投影问题

设H是一实 Hilbert 空间,K是H之一非空闭凸集,$u\in H$是一给定的点. 如果存在$z\in K$使得

$$\|z-u\|=\min_{v\in K}\|u-v\|, \tag{1.2.9}$$

则称z是u在K上的**投影**,记为$z=P_K(u)$.

现定义一函数$f:[0,1]\to\mathbf{R}$如下:

$$f(\lambda)=\langle\lambda z+(1-\lambda)v-u, \lambda z+(1-\lambda)v-u\rangle, \lambda\in[0,1],$$

其中v是K中任意给定的点. 由(1.2.9)知,f在$\lambda=1$处取得极小值. 于是由例 1.2.1 知,$f'(1)\leqslant 0$,故得

$$\langle z-u, v-z\rangle\geqslant 0, \forall v\in K, \tag{1.2.10}$$

即$z=P_K(u)$是变分不等式(1.2.10)的解.

反之,如果$z\in K$是变分不等式(1.2.10)的解,从而有

$$0\leqslant\langle z-u,v-z\rangle=\langle z-u,v-u-(z-u)\rangle$$

$$=\langle z-u,v-u\rangle-\|z-u\|^2.$$

因而得知$\|z-u\|\leqslant\|v-u\|, \forall v\in K$, 即$z=P_K(u)$.

另外,对任给的$u_1,u_2\in H$,令$z_i=P_K(u_i)$, $i=1,2$. 由(1.2.10)有

$$\langle z_1-u_1,v-z_1\rangle\geqslant 0, \quad\langle z_2-u_2,v-z_2\rangle\geqslant 0, \forall v\in K.$$

在前一式中取$v=z_2$, 在后一式中取$v=z_1$,相加得

$$\langle z_1-z_2,z_1-z_2\rangle\leqslant\langle u_1-u_2,z_1-z_2\rangle.$$

于是由 Schwarz 不等式知

$$\|P_K(u_1)-P_K(u_2)\|\leqslant\|u_1-u_2\|.$$

综上所述,即得下列结论.

命题 1.2.3. 设H是一实 Hilbert 空间, K是H之一非空闭凸集,则下列结论成立:

（ⅰ）$z\in K$是$u\in H$在K上的投影,当且仅当z是变分不等式(1.2.10)的解;

（ⅱ）由 H 到 K 上的投影映象 P_K 是非扩张的.

（Ⅳ）不动点问题

在本小节中我们介绍不动点问题与变分不等式的关系. 我们先介绍一个一般性结果.

命题 1.2.4. 设 H 是一实 Hilbert 空间，K 是 H 之一非空闭凸集.

（ⅰ）如果 $T:K \to K$ 是一自映象，则 $u \in K$ 是 T 的不动点，当且仅当 u 是下面的变分不等式的解：

$$\langle (I-T)u, v-u \rangle \geqslant 0, \forall v \in K; \tag{1.2.11}$$

（ⅱ）如果 $T:K \to H$ 是一非自映象，而且对任一 $u \in K$，存在 $v \in K$ 和某一 $\lambda > 0$，使得 $T(u)-u = \lambda(v-u)$，则 $u \in K$ 是 T 的不动点，当且仅当 u 是变分不等式(1.2.11)的解；

（ⅲ）如果 $T:K \to H$ 是一非自映象，则 $u \in K$ 是变分不等式

$$\langle T(u), v-u \rangle \geqslant 0, \forall v \in K \tag{1.2.12}$$

的解，当且仅当 u 为映象 $P_K(I-\rho T)$ 的不动点，其中 $\rho > 0$ 是任意的正数，P_K 是 H 到 K 上的投影.

证. （ⅰ）必要性显然，现证充分性.

事实上，于(1.2.11)中取 $v=T(u)$，代入得

$$-\| u-T(u) \|^2 \geqslant 0, \text{即 } u=T(u);$$

（ⅱ）只证充分性. 设 $u \in K$ 是变分不等式(1.2.11)的解. 由命题的条件，存在 $\bar{v} \in K$ 和某一 $\lambda > 0$，使得 $T(u)-u = \lambda(\bar{v}-u)$. 代入(1.2.11)，并在(1.2.11)中取 $v=\bar{v}$，化简得 $-\lambda \| \bar{v}-u \|^2 \geqslant 0$，故 $\bar{v}=u$. 于是 $u=T(u)$，结论得证.

（ⅲ）设 $u \in K$ 是变分不等式(1.2.12)的解，即

$$\langle T(u), v-u \rangle \geqslant 0, \forall v \in K,$$

从而有

$$\langle u-(u-\rho T(u)), v-u \rangle \geqslant 0, \forall v \in K, \rho > 0.$$

由命题 1.2.3 得知

$$u=P_K(u-\rho T(u)),$$

即 u 是映象 $P_K(I-\rho T)$ 的不动点.

反之，设 $u=P_K(u-\rho T(u))$，于是有

$$\langle u-(u-\rho T(u)), v-u \rangle = \rho \langle T(u), v-u \rangle \geqslant 0, \forall v \in K.$$

故

$$\langle T(u), v-u \rangle \geqslant 0, \forall v \in K,$$

即 u 是变分不等式(1.2.12)的解. 证毕.

上面我们介绍了一类单值映象的不动点问题与一类变分不等式之间的关系. 下面进一步介绍一类多值映象的不动点与一类隐变分不等式之间的关系.

设 E, X_0, X, g, ψ 与例 1.1.7 中的相同. 对给定的 $z \in X_0$,定义两个映象 $f: X \to \mathbf{R}$, $\varphi: X \times X \to \mathbf{R}$ 如下:

$$f(x) = g(z, x), \quad \varphi(x, y) = \psi(z, x, y).$$

如果对每一 $z \in X_0$,存在 $\overline{x} \in X_0$ 满足变分不等式:

$$\varphi(\overline{x}, y) \geqslant f(\overline{x}) - f(y), \quad \forall y \in X. \tag{1.2.13}$$

记(1.2.13)的解集为 $S(z)$. 于是我们定义了一个具非空值的集值映象 S: $X_0 \to 2^{X_0}$,称之为**选择映象**. 如果该选择映象 S 在 X_0 中有不动点 x_*,即 $x_* \in S(x_*)$,于是由 S 的定义知

$$\psi(x_*, x_*, y) \geqslant g(x_*, x_*) - g(x_*, y), \quad \forall y \in X. \tag{1.2.14}$$

即 x_* 是隐变分不等式(1.1.8)的解.

反之,如果 $x_* \in X_0$ 是隐变分不等式(1.1.8)的解,显然 x_* 是 S 的不动点.

由上面的讨论可得下面的结论.

命题 1.2.5. 隐变分不等式(1.1.8)有解的充分必要条件是由其所定义的选择映象有不动点.

(Ⅴ)分布参数系统控制问题

(A)由 Dirichlet 问题约束的系统的控制问题

设 $\Omega \subset \mathbf{R}^n$ 是一开集,Γ 为 Ω 的边界. 设

$$a(\varphi, \psi) = \sum_{i,j=1}^{n} \int_{\Omega} a_{ij} \frac{\partial \varphi}{\partial x_j} \frac{\partial \psi}{\partial x_i} \mathrm{d}x + \int_{\Omega} a_0 \varphi \psi \mathrm{d}x, \quad \varphi, \psi \in H_0^1(\Omega),$$

其中 $a_{ij}, a_0 \in L^\infty(\Omega)$,在 Ω 中几乎处处 $a_0(x) \geqslant \alpha$,$\alpha > 0$,且

$$\sum_{i,j=1}^{n} a_{ij}(x) \xi_i \xi_j \geqslant \alpha(\xi_1^2 + \xi_2^2 + \cdots + \xi_n^2).$$

于是由下式定义的算子 A 是二阶椭圆算子:

$$A\varphi = -\sum_{i,j=1}^{n} \frac{\partial}{\partial x_i}\left(a_{ij} \frac{\partial}{\partial x_j}\varphi\right) + a_0 \varphi, \quad \varphi \in H_0^1(\Omega). \tag{1.2.15}$$

设 $\mathcal{U}_{ad}$ 是 $L^2(\Omega)$ 中的闭凸集,称为**容许控制集**. 给定 $u \in \mathcal{U}_{ad}$,Dirichlet 问题

$$\begin{cases} Ay(u) = f + u, \\ y(u) \in H_0^1(\Omega) \end{cases} \tag{1.2.16}$$

的解 $y(u)$ 称为由容许控制 u 所确定的状态.

现讨论泛函 $J(v)$ 的极小化问题:求

$$\inf_{v\in \mathcal{U}_{ad}} J(v), \tag{1.2.17}$$

其中

$$J(v)=\int_{\Omega}(y(v)-z_d)^2 dx+\langle Nv,v\rangle,$$

$z_d\in L^2(\Omega)$ 是一给定的点, N 是 $L^2(\Omega)$ 上的 Hermite 正定线性算子. 于是可证下面的结果成立.

命题 1.2.6 (Lions[186]). $u\in \mathcal{U}_{ad}$ 是 $J(v)$ 的最优控制(即使(1.2.17)达到极小的点),当且仅当它满足下面的微分方程和变分不等式:

$$\begin{cases}
Ay(u)=f+u, & \text{在 } \Omega \text{ 中,}\\
y(u)=0, & \text{在 } \Gamma \text{ 上,}\\
A^*p(u)=y(u)-z_d, & \text{在 } \Omega \text{ 中,}\\
p(u)=0, & \text{在 } \Gamma \text{ 上,}\\
\int_{\Omega}(p(u)+N(u))(v-u)dx\geqslant 0, \forall v\in \mathcal{U}_{ad},
\end{cases}$$

其中 A^* 是 A 的共轭算子.

(B)由抛物型偏微分方程约束的系统的控制问题

设 Ω 是 $\mathbf{R}^n$ 中的开集, $Q=\Omega\times(0,T)$, $T<\infty$. 设 Γ 是 Ω 的边界,记 $\sum=\Gamma\times(0,T)$. 设 a_{ij} 是定义在 Q 上的函数,且满足条件:

$$\sum_{i,j=1}^{n}a_{ij}(x,t)\xi_i\xi_j\geqslant\alpha(\xi_1^2+\xi_2^2+\cdots+\xi_n^2)$$

在 Ω 上几乎处处成立,其中 $\alpha>0$, $\xi_i\in \mathbf{R}$. 令

$$a(t,\varphi,\psi)=\int_{\Omega}\sum_{i,j=1}^{n}a_{ij}(x,t)\frac{\partial\varphi}{\partial x_i}\frac{\partial\psi}{\partial x_j}dx, \forall \varphi,\psi\in H^1(\Omega),$$

$$A(t)y=-\sum_{i,j=1}^{n}\frac{\partial}{\partial x_i}(a_{ij}(x,t)\frac{\partial y}{\partial x_j}).$$

设 $\mathcal{U}_{ad}\subset L^2(Q)$ 是容许控制集. 令 $N\in L(L^2(Q),L^2(Q))$,

$$\langle Nu,u\rangle_{L^2(Q)}\geqslant\beta\|u\|_{L^2(Q)}^2, \beta>0,$$

$$J(v)=\|y(v)-z_d\|_{L^2(Q)}^2+\langle Nv,v\rangle, \forall v\in \mathcal{U}_{ad}.$$

则下面的结果成立.

命题 1.2.7 (Lions[186]). 设上面的条件满足,则 $u\in \mathcal{U}_{ad}$ 是 $J(v)$ 的最优控制,即 u 是 $J(v)$ 在 $\mathcal{U}_{ad}$ 上的极小点,如果下面的方程和变分不等式被满足:

$$\begin{cases} \dfrac{\mathrm{d}}{\mathrm{d}t}y(u)+A(t)y(u)=f+u, \quad \text{在 } Q \text{ 中}, \\[2mm] y(u)\Big|_{\Sigma}=0, \\[2mm] y(u(x,t))\Big|_{t=0}=y_0(x), \quad \forall x\in\Omega, \\[2mm] -\dfrac{\partial p}{\partial t}(u)+A^*(t)p(u)=y(u)-z_d, \quad z_d\in L^2(Q), \\[2mm] p(u)\Big|_{\Sigma}=0, \\[2mm] p(u(x,t))\Big|_{t=T}=0, \\[2mm] \displaystyle\int_Q (p(u)+Nu)(v-u)\mathrm{d}x\mathrm{d}t\geqslant 0, \quad \forall v\in\mathscr{U}_{ad}, \end{cases}$$

其中 $A^*(t)$ 是 $A(t)$ 的共轭算子.

在本书以后各章中,我们将用到非线性泛函分析的某些概念和结论. 为了引用方便起见,我们把它作为预备知识在以下四节中作简单介绍.

§1.3　凸分析的某些概念和结果

(Ⅰ)凸泛函

设 X 是一线性空间,M 是 X 之一子集. 我们以 $\mathrm{co}(M)$ 表 M 的凸包. 设 $\varphi: X\rightarrow(-\infty,+\infty]$ 是一泛函. 集合

$$\mathrm{epi}(\varphi)=\{(x,r)\in X\times\mathbf{R}:\varphi(x)\leqslant r\}$$

称为 φ 的**上方图形**,而

$$\mathrm{dom}(\varphi)=\{x\in X:\varphi(x)<\infty\}$$

称为 φ 的**有效域**.

以下我们记 $\overline{\mathbf{R}}=(-\infty,+\infty]$.

定义 1.3.1. 设 X 是一线性空间,C 是 X 的凸集,$\varphi:C\rightarrow\overline{\mathbf{R}}$ 称为**凸泛函**,如果对任意的 $x,y\in C$,及任一 $t\in[0,1]$ 有

$$\varphi(tx+(1-t)y)\leqslant t\varphi(x)+(1-t)\varphi(y).$$

若 $(-\varphi)$ 为凸泛函,则称 φ 为**凹泛函**;既是凸的又是凹的泛函,称为**仿**

射泛函.

泛函 φ 称为**严格凸的**,如果 $\forall x,y\in C\ (x\neq y)$,及任一 $t\in(0,1)$ 有

$$\varphi(tx+(1-t)y)<t\varphi(x)+(1-t)\varphi(y).$$

泛函 φ 称为**拟凸的**,如果对任一 $\lambda\in\mathbf{R}$,集合

$$F_\lambda=\{x\in C:\varphi(x)\leqslant\lambda\}$$

是凸的.若 $(-\varphi)$ 是拟凸泛函,则称 φ 为**拟凹的**.

由定义易知,严格凸泛函为凸泛函,凸泛函必为拟凸泛函.

泛函 φ 称为在 C 上是**真的**(或**固有的**),如果对一切 $x\in C$, $\varphi(x)>-\infty$ 且 $\varphi\not\equiv+\infty$.

关于凸泛函有如下的等价性结果.

命题 1.3.1. 设 X 是一线性空间,C 为 X 中的非空凸子集,$\varphi:C\to\overline{\mathbf{R}}$ 是一真泛函,则下列结论等价:

（ⅰ）φ 是凸的;

（ⅱ）对任意的 $x_1,x_2,\cdots,x_n\in C$,及任意的 $\alpha_1,\alpha_2,\cdots,\alpha_n\in\mathbf{R}$, $\alpha_i\geqslant0$, $i=1,2,\cdots,n$, $\sum_{i=1}^n\alpha_i=1$,有

$$\varphi\left(\sum_{i=1}^n\alpha_i x_i\right)\leqslant\sum_{i=1}^n\alpha_i\varphi(x_i);$$

（ⅲ）φ 的上方图形 $\mathrm{epi}(\varphi)=\{(x,\lambda)\in X\times\mathbf{R}:\varphi(x)\leqslant\lambda\}$ 是凸的.

证. 结论（ⅰ）和（ⅱ）的等价性是显然的.下证结论（ⅰ）和（ⅲ）的等价性.

（ⅰ）$\Rightarrow$（ⅲ）.设 $(x,r_1),(y,r_2)\in\mathrm{epi}(\varphi)$,对任意的 $t\in[0,1]$,由 φ 的凸性有

$$\varphi(tx+(1-t)y)\leqslant t\varphi(x)+(1-t)\varphi(y)$$
$$\leqslant tr_1+(1-t)r_2.$$

上式表明 $(tx+(1-t)y,tr_1+(1-t)r_2)\in\mathrm{epi}(\varphi)$,即 $\mathrm{epi}(\varphi)$ 是一凸集.

（ⅲ）$\Rightarrow$（ⅰ）.设 $\mathrm{epi}(\varphi)$ 是凸的,则 $\mathrm{dom}(\varphi)$ 作为 $\mathrm{epi}(\varphi)$ 在 X 上的投影也是凸的.故 $\forall x,y\in\mathrm{dom}(\varphi)$,有 $(x,\varphi(x)),(y,\varphi(y))\in\mathrm{epi}(\varphi)$.从而对任一 $t\in[0,1]$ 有

$$((1-t)x+ty,(1-t)\varphi(x)+t\varphi(y))\in\mathrm{epi}(\varphi),$$

即

$$\varphi((1-t)x+ty)\leqslant(1-t)\varphi(x)+t\varphi(y),\forall t\in[0,1].$$

故 φ 是凸的. 证毕.

关于凸泛函的连续性有下面的结果.

命题 1.3.2. 设 X 是一线性拓扑空间, x_0 是 X 中之一点, U 是 x_0 的一邻域. 设 $\varphi: X \to \overline{\mathbf{R}}$ 是一凸泛函, 且存在常数 $M > 0$, 使得 $\varphi(x) \leqslant M, \forall x \in U$, 则 φ 在 x_0 处连续.

证. 不失一般性, 可设 $x_0 = 0$, $\varphi(x_0) = 0$(不然的话, 作平移(用 $x - x_0$ 代 x, $\varphi(x) - \varphi(x_0)$ 代 $\varphi(x)$), 于是由假设在 0 点的邻域 U 内, $\varphi(x) \leqslant M$. 令 $W = U \cap (-U)$, $\varepsilon \in (0, 1)$, 故 εW 是 x_0 的平衡邻域, 当 $x \in \varepsilon W$ 时, 则 $-\dfrac{x}{\varepsilon} \in W$, 故由 φ 的凸性有

$$0 = \varphi(0) = \varphi\left(\frac{1}{1+\varepsilon}x + \left(1 - \frac{1}{1+\varepsilon}\right)\left(-\frac{x}{\varepsilon}\right)\right)$$

$$\leqslant \frac{1}{1+\varepsilon}\varphi(x) + \left(1 - \frac{1}{1+\varepsilon}\right)\varphi\left(-\frac{x}{\varepsilon}\right).$$

化简得 $\quad -\varepsilon\varphi\left(-\dfrac{x}{\varepsilon}\right) \leqslant \varphi(x)$. 因 $-\dfrac{x}{\varepsilon} \in W$, 故

$$-\varepsilon M \leqslant -\varepsilon\varphi\left(-\frac{x}{\varepsilon}\right) \leqslant \varphi(x). \tag{1.3.1}$$

又因 $\dfrac{x}{\varepsilon} \in W$, 由 φ 的凸性得

$$\varphi(x) = \varphi\left((1-\varepsilon)0 + \varepsilon \cdot \frac{x}{\varepsilon}\right) \leqslant \varepsilon\varphi\left(\frac{x}{\varepsilon}\right) \leqslant \varepsilon M. \tag{1.3.2}$$

由(1.3.1)和(1.3.2)知 $|\varphi(x)| \leqslant \varepsilon M, \forall x \in \varepsilon W$. 故 φ 在 x_0 处连续.

由命题 1.3.2 直接可得下面的

命题 1.3.3. 设命题 1.3.2 的条件满足, 则 φ 在 $\mathrm{int}(\mathrm{dom}(\varphi))$ 中连续.

证. 只要证明对每一 $y \in \mathrm{int}(\mathrm{dom}(\varphi))$, 存在 y 之一邻域 $\mathcal{U}$, 使得 $\varphi(x) \leqslant M', \forall x \in \mathcal{U}$, 其中 M' 是某一正常数. 事实上, 因 $\mathrm{int}(\mathrm{dom}(x))$ 是开集, 故对给定的 y, 存在 $\rho > 1$, 使得 $\rho y \in \mathrm{int}(\mathrm{dom}(\varphi))$. 设 W 是命题 1.3.2 的证明过程中引进的 x_0 的平衡邻域, 于是对任一 $x \in y + \left(1 - \dfrac{1}{\rho}\right)W$, 存在 $z \in W$ 使得

$$x = y + \left(1 - \frac{1}{\rho}\right)z = \frac{1}{\rho}(\rho y) + \left(1 - \frac{1}{\rho}\right)z.$$

因 $\dfrac{1}{\rho} \in (0, 1)$ 且 $\mathrm{dom}(\varphi)$ 是凸集, 故 $x \in \mathrm{dom}(\varphi)$, 因而

$$y + \left(1 - \frac{1}{\rho}\right)W \subset \mathrm{dom}(\varphi).$$

令 $\mathcal{U}=y+\left(1-\dfrac{1}{\rho}\right)W$，则 $\mathcal{U}$ 是 y 的邻域. 于是对任一 $x\in\mathcal{U}$，由 φ 的凸性知

$$\varphi(x)\leqslant\frac{1}{\rho}\varphi(\rho y)+\left(1-\frac{1}{\rho}\right)\varphi(z)$$

$$\leqslant\frac{1}{\rho}\varphi(\rho y)+\left(1-\frac{1}{\rho}\right)M=M'.$$

命题 1.3.3 得证.

（Ⅱ）上（下）半连续泛函

定义 1.3.2. 设 X 是一拓扑空间，$\varphi:X\to\overline{\mathbf{R}}$ 是一真泛函. φ 称为在 X 上是**下半连续的**，如果对任一 $x_0\in X$ 及任一网 $\{x_a\}\subset X$，当 $x_a\to x_0$ 时，有

$$\varphi(x_0)\leqslant\liminf_{x_a\to x_0}\varphi(x_a).$$

φ 称为在 X 上是**上半连续的**，如果对任一 $x_0\in X$ 及任一网 $\{x_a\}\subset X$，当 $x_a\to x_0$ 时，有

$$\limsup_{x_a\to x_0}\varphi(x_a)\leqslant\varphi(x_0).$$

由定义可看出，φ 在 X 上是上半连续的当且仅当 $(-\varphi)$ 在 X 上是下半连续的.

命题 1.3.4. 设 X 是一拓扑空间，$\varphi:X\to\overline{\mathbf{R}}$，则下列结论等价：

（ⅰ）φ 在 X 上是下半连续的；

（ⅱ）对每一 $r\in\mathbf{R}$，水平集 $F_r=\{x\in X:\varphi(x)\leqslant r\}$ 是 X 中的闭集；

（ⅲ）对每一 $r\in\mathbf{R}$，集 $G_r=\{x\in X:\varphi(x)>r\}$ 是 X 中的开集；

（ⅳ）φ 的上方图形 $\mathrm{epi}(\varphi)$ 是 $X\times\mathbf{R}$ 中的闭集.

证. （ⅰ）$\Rightarrow$（ⅳ）. 设 φ 是下半连续的，又设 $\{(x_a,\lambda_a)\}\subset\mathrm{epi}(\varphi)$ 且 $(x_a,\lambda_a)\to(x_0,\lambda_0)$，下证 $(x_0,\lambda_0)\in\mathrm{epi}(\varphi)$.

事实上，因 $(x_a,\lambda_a)\in\mathrm{epi}(\varphi)$，故 $\varphi(x_a)\leqslant\lambda_a$. 又因 $(x_a,\lambda_a)\to(x_0,\lambda_0)$，故在 X 中 $x_a\to x_0$，且在 $\mathbf{R}$ 中 $\lambda_a\to\lambda_0$. 于是有

$$\varphi(x_0)\leqslant\liminf_{x_a\to x_0}\varphi(x_a)\leqslant\lim_{a}\lambda_a=\lambda_0,$$

即 $(x_0,\lambda_0)\in\mathrm{epi}(\varphi)$.

（ⅳ）$\Rightarrow$（ⅱ）. 设 $\mathrm{epi}(\varphi)$ 为 $X\times\mathbf{R}$ 中的闭集，下证 F_r 是 X 中的闭集.

事实上，设 $\{x_a\}\subset F_r$ 且在 X 中 $x_a\to x_0$. 因 $x_a\in F_r$，故 $\varphi(x_a)\leqslant r$，因而 $(x_a,r)\in\mathrm{epi}(\varphi)$ 且 $(x_a,r)\to(x_0,r)\in\mathrm{epi}(\varphi)$，从而 $\varphi(x_0)\leqslant r$，即 $x_0\in F_r$. 故 F_r 是 X 中的闭集.

（ⅱ）$\Rightarrow$（ⅲ）. 因 $G_r=X\backslash F_r$，故 G_r 是 X 中的开集.

（ⅲ）$\Rightarrow$（ⅰ）. 设 $\{x_a\}\subset X$ 且 $x_a\to x_0$. 任取 $\varepsilon>0$，由（ⅲ）知 $G_{\varphi(x_0)-\varepsilon}$ 为 X

中的开集且 $x_0 \in G_{\varphi(x_0)-\varepsilon}$. 又因 $x_\alpha \to x_0$, 故存在 α_0, 当 $\alpha \geqslant \alpha_0$ 时, $x_\alpha \in G_{\varphi(x_0)-\varepsilon}$, 即 $\varphi(x_\alpha) > \varphi(x_0) - \varepsilon$. 于是有

$$\varphi(x_0) - \varepsilon \leqslant \liminf_\alpha \varphi(x_\alpha).$$

由 $\varepsilon > 0$ 的任意性, 即有 $\varphi(x_0) \leqslant \liminf\limits_\alpha \varphi(x_\alpha)$, 故结论(ⅰ)得证.

由命题 1.3.4 可得下面的重要的结果.

命题 1.3.5. 设 X 是一拓扑空间, $\varphi_i : X \to \overline{\mathbf{R}}$ 是下半连续泛函, $i \in I$, 则泛函 $\sup\limits_{i \in I} \varphi_i : X \to \overline{\mathbf{R}}$ 也是下半连续的.

证. 对任一 $r \in \mathbf{R}$, 有

$$\{x \in X : \sup_{i \in I} \varphi_i(x) \leqslant r\} = \bigcap_{i \in I} \{x \in X : \varphi_i(x) \leqslant r\}.$$

由命题 1.3.4, 上式右端为一闭集, 故左端也为闭集. 从而 $\sup\limits_{i \in I} \varphi_i$ 是 X 上的下半连续泛函.

定义 1.3.3. 设 X 是一局部凸的 Hausdorff 拓扑线性空间, $\varphi : X \to \mathbf{R}$ 是一真泛函. φ 称为在 X 上是**弱下半连续的**, 如果对任一 $\{x_\alpha\} \subset X$, 当 $x_\alpha \to x_0$ (x_α 弱收敛于 x_0) 时, 就有

$$\liminf_\alpha \varphi(x_\alpha) \geqslant \varphi(x_0).$$

注. 应当指出:由定义知:弱下半连续泛函必为下半连续泛函. 但逆结论不必成立,甚至连续泛函也不必为弱下半连续泛函,这由下面的例子可以看出.

例 1.3.1. 设 $e_n = (\overbrace{0, 0, \cdots, 0}^{n-1\text{个}}, 1, 0, 0, \cdots) \in l^2$ ($n = 1, 2, \cdots$), 由泛函分析知 $e_n \to 0$. 现令 $\varphi(x) = 1 - \|x\|$, $x \in l^2$, 则 $\varphi : l^2 \to \mathbf{R}$ 连续. 但因 $\varphi(e_n) = 0$, $n = 1, 2, \cdots$, 且 $\varphi(0) = 1$. 故 $\lim\limits_{n \to \infty} \varphi(e_n) = 0 < 1 = \varphi(0)$, 即 φ 不是弱下半连续的.

对凸泛函来说, 下半连续性与弱下半连续性之间有下面的结果.

定理 1.3.6. 设 X 是一局部凸的 Hausdorff 拓扑空间, $\varphi : X \to \overline{\mathbf{R}}$ 是一真凸泛函. 则 φ 在 X 上是下半连续的当且仅当 φ 在 X 上是弱下半连续的.

证. 当 φ 在 X 上是弱下半连续的, 显然 φ 在 X 上是下半连续的. 反之,如果 φ 在 X 上是下半连续的, 由命题 1.3.4 知, 水平集 $F_\lambda = \{x \in X : \varphi(x) \leqslant \lambda\}$, $\forall \lambda \in \mathbf{R}$ 是 X 中的闭集. 又因 φ 是凸的, 故 F_λ 是 X 中的闭凸集, 而局部凸空间中的闭凸集是弱闭的. 因而对任一 $\lambda \in \mathbf{R}$, F_λ 是 X 中的弱闭集. 于是由命题 1.3.4 知 φ 在 X 上是弱下半连续的.

定理 1.3.7. 设 X 是一局部凸的 Hausdorff 拓扑线性空间, $\varphi : X \to \overline{\mathbf{R}}$ 是一真凸的弱下半连续泛函, 则 φ 被一连续的仿射泛函所下控, 即存在 $h \in$

X^* 和 $r \in \mathbf{R}$,使得

$$\varphi(x) \geqslant \langle h, x \rangle + r, \ \forall x \in X.$$

在定理 1.3.6 中已证明:对于局部凸 Hausdorff 拓扑线性空间上的真凸泛函来说,下半连续性与弱下半连续性是等价的. 如果对空间进一步加强条件,则可得下面的结果.

定理 1.3.8. 设 X 是一实 Banach 空间,$\varphi: X \to \overline{\mathbf{R}}$ 为一真凸泛函,则下列结论等价:

(i) φ 是弱下半连续的;

(ii) φ 是下半连续的;

(iii) φ 是连续的;

(iv) φ 是局部 Lipschitz 的;

(V) 存在非空的开凸集 $V \subset X$,使得

$$\sup\{\varphi(x): x \in V\} < \infty.$$

§1.4　微分与次微分

(I)次连续性,半连续性

定义 1.4.1. 设 X 是一线性赋范空间,X^* 是 X 的共轭空间,$T: X \to X^*$ 是一映象,$x_0 \in X$ 是一给定的点. 若对任一序列 $\{x_n\} \subset X$,当 $x_n \to x_0$ 时,就有 $Tx_n \to Tx_0$,则称 **T 在 x_0 处是次连续的**. 若 T 在 X 的每一点处都是次连续,则称 **T 在 X 上是次连续的**.

易知,若 X 是有限维空间,则次连续性与连续性一致.

命题 1.4.1. 设 X 是一线性赋范空间,$T: X \to X^*$ 是次连续的线性映象,则 T 在 X 上是连续的.

定义 1.4.2. 设 X 是一线性赋范空间,$T: X \to X^*$ 是一映象,$x_0 \in X$. 如果对任一 $y \in X$ 及一切 $t_n \geqslant 0$,当 $t_n \to 0$ 时,有 $T(x_0 + t_n y) \xrightarrow{W^*} Tx_0$(即 $T(x_0 + t_n y)$ 弱* 收敛于 Tx_0),则称 **T 在 x_0 处半连续**. 如果 T 在 X 的每点处都半连续,则称 **T 在 X 上是半连续的**.

注. 由定义 1.4.1 和定义 1.4.2 知,T 是次连续的,则 T 必是半连续的. 其逆不成立.

(II) Gâteaux 微分和 Fréchet 微分

定义 1.4.3. 设 X 和 Y 是二 Banach 空间,D 是 X 中的开集,$A: D \to$

$Y, x_0 \in D$. 若存在线性有界算子 $B: X \to Y$, 使得

$$A(x_0 + h) - Ax_0 = Bh + \omega(x_0, h), \tag{1.4.1}$$

其中 $\omega(x_0, h) = o(\|h\|)$, 即

$$\lim_{\|h\| \to 0} \frac{\|\omega(x_0, h)\|}{\|h\|} = 0. \tag{1.4.2}$$

则称算子 A 在点 x_0 处 **Fréchet 可微**, 而 Bh 称为 A 在 x_0 处关于 h 的 **Fréchet 微分**, 记为 $\mathrm{d}[A(x_0)h]$. 算子 B 称为 A 在 x_0 处的 **Fréchet 导算子**, 记为 $A'(x_0)$. 于是 (1.4.1) 可写成

$$A(x_0 + h) - Ax_0 = A'(x_0)h + \omega(x_0, h) \tag{1.4.3}$$

且 $\mathrm{d}[A(x_0)h] = A'(x_0)h$.

注. 应当指出:

（ⅰ）Fréchet 导算子是唯一的;

（ⅱ）若 A_1, A_2 在 x_0 处 Fréchet 可微, 则 $\alpha A_1 + \beta A_2 (\alpha, \beta \in \mathbf{R})$ 也在 x_0 处 Fréchet 可微, 且

$$(\alpha A_1 + \beta A_2)'(x_0) = \alpha A_1'(x_0) + \beta A_2'(x_0);$$

（ⅲ）若 $A: X \to Y$ 是线性连续算子, 则对任一 $x_0 \in X$, $A'(x_0) = A$;

（ⅳ）设 $A: X \to Y$ 是一常值映象, 则对任一 $x_0 \in X$, $A'(x_0) = \theta$.

定义 1.4.4. 设 X, Y 是二 Banach 空间, D 是 X 之一开集. $A: D \to Y$, $x_0 \in D$. 若对任意的 $h \in X$, 极限

$$\lim_{t \to 0} \frac{A(x_0 + th) - Ax_0}{t} \tag{1.4.4}$$

存在, 则称 A 在 x_0 处 **Gâteaux 可微**, 而极限 (1.4.4) 称为 A 在 x_0 处沿方向 h 的 **Gâteaux 微分**, 记为 $D[A(x_0)h]$, 即

$$D[A(x_0)h] = \lim_{t \to 0} \frac{A(x_0 + th) - Ax_0}{t}. \tag{1.4.5}$$

如果 Gâteaux 微分可表为 $D[A(x_0)h] = Bh$ 的形式, 其中 $B: X \to Y$ 是线性连续算子, 则称 A 在 x_0 处具有**有界线性的 Gâteaux 微分**, 且 B 称为 A 在 x_0 处的 **Gâteaux 导算子**, 记为 $A'(x_0)$, 即

$$D[A(x_0)h] = A'(x_0)h. \tag{1.4.6}$$

关于 Gâteaux 微分与 Fréchet 微分之间的关系有如下的结果 (见 Demling[89]).

命题 1.4.2. 设 X, Y 是二 Banach 空间, D 是 X 中的开集, $x_0 \in D$.

（ⅰ）若 A 在 x_0 处 Fréchet 可微, 则 A 在 x_0 处必具有有界的线性 Gâteaux 微分, 并且 $D[A(x_0)h] = \mathrm{d}[A(x_0)h]$, 即 A 在 x_0 处的 Gâteaux

导算子和 Fréchet 导算子相等,且均以 $A'(x_0)$ 表之.

（ⅱ）若 A 在 x_0 的某邻域内具有有界的线性的 Gâteaux 微分,且 Gâteaux 导算子 $A'(x_0)$ 在 x_0 处连续,则 A 在 x_0 处 Fréchet 可微.

定义 1. 4. 5. 设 E 是一 Banach 空间. E 的范数称为 **Gâteaux 可微的**（此时称 E 为**光滑的**）,如果极限

$$\lim_{t \to 0} \frac{\| x+ty \| - \| x \|}{t}$$

对每一 $x, y \in U = \{x \in E : \| x \| = 1\}$ 存在;

E 的范数称为**一致 Gâteaux 可微的**,如果对每一 $y \in U$,上面的极限对 $x \in U$ 一致地存在;

Banach 空间称为**一致光滑的**,如果上面的极限对 $x, y \in U \times U$ 一致地成立.

(Ⅲ)次微分

定义 1. 4. 6. 设 X 是一 Banach 空间,$\varphi : X \to \overline{\mathbf{R}}$ 是一真泛函,$x_0 \in X$. 若存在 $f \in X^*$,使得

$$\varphi(y) - \varphi(x_0) \geqslant \langle f, y-x_0 \rangle, \forall y \in X, \tag{1.4.7}$$

则称 φ 在 x_0 处是**次可微的**,并称 f 为 φ 在 x_0 处的**次梯度**. φ 在 x_0 处所有次梯度的集合以 $\partial \varphi(x_0)$ 记之,并称之为 φ 在 x_0 处的**次微分**. 而不等式 (1.4.7) 称为**次梯度不等式**.

应当指出:$\partial \varphi$ 是 X 到 2^{X^*} 的多值映象,且

$$\partial(\lambda \varphi(x_0)) = \lambda \partial \varphi(x_0), \forall \lambda > 0.$$

命题 1. 4. 3. 设 X 是一 Banach 空间,$\varphi : X \to \overline{\mathbf{R}}$ 是一真的凸泛函,且 φ 在 $x \in X$ 处具有有界的线性的 Gâteaux 微分 $\varphi'(x)$,则 φ 在 x 处次可微,且

$$\partial \varphi(x) = \{\varphi'(x)\}. \tag{1.4.8}$$

证. 先证 $\varphi'(x) \in \partial \varphi(x)$. 事实上,因 φ 是凸的,故

$$\varphi(x+t(y-x)) \leqslant \varphi(x) + t[\varphi(y) - \varphi(x)], t \in [0,1], \forall y \in X.$$

把上式改写成

$$\frac{1}{t} [\varphi(x+t(y-x)) - \varphi(x)] \leqslant \varphi(y) - \varphi(x).$$

让 $t \to 0^+$,得

$$\langle \varphi'(x), y-x \rangle \leqslant \varphi(y) - \varphi(x), \quad \forall y \in X.$$

故 $\varphi'(x) \in \partial \varphi(x)$.

下证:对每一 $f \in \partial \varphi(x)$,有 $f = \varphi'(x)$.

事实上,设 $f \in \partial\varphi(x)$. 在(1.4.7)中取 $x_0 = x$, $y = x + tz$, $z \in X$,于是有

$$\frac{1}{t}[\varphi(x+tz) - \varphi(x)] \geqslant \langle f, z \rangle, \quad \forall z \in X, \ t > 0.$$

让 $t \to 0^+$ 得 $\langle \varphi'(x), z \rangle \geqslant \langle f, z \rangle, \forall z \in X$. 由于 $z \in X$ 的任意性,故 $f = \varphi'(x)$,即 $\partial\varphi(x) = \{\varphi'(x)\}$.

下面的定理表述了次微分的某些基本性质:

定理 1.4.4. 设 X 是一 Banach 空间,$\varphi: X \to \overline{\mathbf{R}}$ 是一真泛函,$\partial\varphi$ 为 φ 的次梯度,则下列结论成立:

(ⅰ) 对每一 $x \in X$,$\partial\varphi(x)$ 是 X^* 中的凸的弱*闭的集合;

(ⅱ) $D(\partial\varphi) \subset \text{dom}(\varphi)$,或等价地:$x \notin \text{dom}(\varphi)$,则 $\varphi(x) = \infty$;

(ⅲ) φ 在 $x \in D(\partial\varphi)$ 处取极小值,当且仅当 $\theta \in \partial\varphi(x)$.

§1.5 单调型映象

本节中,处处假定 X 是一实 Banach 空间,X^* 为其共轭空间,$\langle \cdot, \cdot \rangle$ 为 X 与 X^* 间的配对.

(Ⅰ)单调映象

定义 1.5.1. 设 $T: X \to 2^{X^*}$ 是一多值映象.

(ⅰ) T 称为**单调的**,如果对任意的 $x, y \in X$ 及任意的 $f \in Tx, g \in Ty$
$$\langle f - g, x - y \rangle \geqslant 0; \tag{1.5.1}$$

(ⅱ) 单调映象 T 称为**严格的**,如果 T 是单调的,且 $\langle f - g, x - y \rangle = 0$,则 $x = y$.

下面我们给出单调映象的例子.

例 1.5.1. 设 $\varphi: \mathbf{R} \to \overline{\mathbf{R}}$ 是一单调增的函数,则由下式定义的映象 $T: \mathbf{R} \to 2^{\mathbf{R}}$ 是单调的:
$$Tx = [\varphi(x-0), \ \varphi(x+0)], \quad x \in \mathbf{R} \tag{1.5.2}$$

例 1.5.2. 设 $\varphi: X \to \overline{\mathbf{R}}$ 是一真凸的次可微泛函,则 $\partial\varphi: X \to 2^{X^*}$ 是单调的.

事实上,对任意的 $x, y \in X$ 和任意的 $f \in \partial\varphi(x), g \in \partial\varphi(y)$ 有
$$\varphi(y) - \varphi(x) \geqslant \langle f, y - x \rangle,$$
$$\varphi(x) - \varphi(y) \geqslant \langle g, x - y \rangle.$$
上面二式相加,即得 $\langle f - g, x - y \rangle \geqslant 0$.

例 1.5.3. 设 H 是一 Hilbert 空间，$A: H \to H$ 是一非扩张映象，即 $\| Ax - Ay \| \leqslant \| x - y \|$，$\forall x, y \in H$，则映象 $T = I - A$ 是单调的.

例 1.5.4. 设 Ω 是 $\mathbf{R}^n$ 之一有界开集，则易证由下式定义的伪 Laplace 映象 $T: W_0^{1,p}(\Omega) \to W^{-1,q}(\Omega)$，$p \geqslant 2$，$p^{-1} + q^{-1} = 1$，是严格单调的：

$$\langle Tu, v \rangle = \int_{\Omega} \sum_{i=1}^{n} | D_i u |^{p-2} D_i u D_i v \, \mathrm{d}x. \tag{1.5.3}$$

事实上，按空间 $W_0^{1,p}(\Omega)$ 中的范数

$$\| u \|_{1,p} = \Big(\sum_{i=1}^{n} \| D_i u \|_p^p \Big)^{1/p},$$

对任意的 $u, v \in W_0^{1,p}$ 有

$$\langle Tu, u \rangle = \sum_{i=1}^{n} \| D_i u \|_p^p = \| u \|_{1,p}^p,$$

$$\langle Tu, v \rangle = \sum_{i=1}^{n} \langle | D_i u |^{p-2} D_i u, D_i v \rangle$$

$$\leqslant \sum_{i=1}^{n} \| D_i u \|_p^{p-1} \cdot \| D_i v \|_p$$

$$\leqslant \Big(\sum_{i=1}^{n} \| D_i u \|_p^p \Big)^{\frac{1}{q}} \cdot \Big(\sum_{i=1}^{n} \| D_i v \| \Big)^{\frac{1}{p}}$$

$$\leqslant \| u \|_{1,p}^{p-1} \cdot \| v \|_{1,p}.$$

于是有

$$\langle Tu - Tv, u - v \rangle \geqslant (\| u \|_{1,p}^{p-1} - \| v \|_{1,p}^{p-1}) (\| u \|_{1,p} - \| v \|_{1,p})$$

$$\geqslant 0.$$

下面的定理刻画了 Hilbert 空间中映象的单调性.

定理 1.5.1. 设 H 是一 Hilbert 空间，则 $T: H \to 2^H$ 为单调的充分必要条件是：对任意的 $x, y \in H$，$f \in Tx$，$g \in Ty$ 及 $t > 0$ 有

$$\| x - y + t(f - g) \| \geqslant \| x - y \|. \tag{1.5.4}$$

证. 必要性. 设 T 单调，于是由

$$\| x - y + t(f - g) \|^2$$

$$= \| x - y \|^2 + 2t \langle f - g, x - y \rangle + t^2 \| f - g \|^2$$

知 $\| x - y \| \leqslant \| x - y + t(f - g) \|$.

充分性. 由 (1.5.4) 可推得

$$2 \langle f - g, x - y \rangle + t \| f - g \|^2 \geqslant 0,$$

让 $t \to 0$，即知 T 是单调的.

定义 1.5.2. 映象 $T: D(T) \subset X \to 2^{X^*}$ 称为在 $x \in D(T)$ 处是**局部有界**

的，如果存在 x 的邻域 U，使得 $T(U)=\{Ty:y\in U\bigcap D(T)\}$ 是 X^* 中的有界集.

单调映象的基本性质是局部有界性，即有下面的结果：

命题 1.5.2.[241] 设 $T:D(T)\subset X\to 2^{X^*}$ 是单调的，则 T 在 $D(T)$ 的内部是局部有界的.

在 §1.4(Ⅰ)中，我们已指出次连续映象必是半连续映象，而且其逆不必成立. 但是，对定义在自反 Banach 空间上的单调映象来说，其逆也成立. 这由下面的命题得知.

命题 1.5.3.[241] 设 X 是一自反 Banach 空间，$T:D(T)\subset X\to E^*$ 是单调的半连续映象，则 T 在 $\text{int}(D(T))$ 上是次连续的.

下面的命题表明单调映象与凸泛函之间有密切的联系.

命题 1.5.4. 设 $\varphi:X\to\overline{\mathbf{R}}$ 是具有界线性的 Gâteaux 微分 φ' 的泛函，则 φ 是凸的，当且仅当 $\varphi':X\to X^*$ 是单调的.

(Ⅱ)正规对偶映象

正规对偶映象是 Hilbert 空间上恒等映象的推广，它在讨论单调映象的极大性和满射性时，起到重要作用.

定义 1.5.3. 设 X 是一实的 Banach 空间，由下式定义的映象 $J:X\to 2^{X^*}$

$$J(x)=\{f\in X^*:\langle f,x\rangle=\|x\|^2=\|f\|^2\},\quad x\in X \quad (1.5.5)$$

称为**正规对偶映象**.

由正规对偶映象的定义，直接可知下面的性质成立：

（ⅰ）由 Hahn-Banach 定理知，对每一 $x\in X$，$J(x)\neq\varnothing$，故 $D(J)=X$；

（ⅱ）J 是一奇映象，即 $J(-x)=-J(x)$；

（ⅲ）J 是正齐次的；

（ⅳ）J 可以等价地定义为凸函数 $\varphi(x)=\dfrac{1}{2}\|x\|^2$ 的次微分.

事实上，如果 $\partial\varphi$ 是凸函数 $\varphi(x)=\dfrac{1}{2}\|x\|^2$ 的次微分，则

$$\partial\varphi(x)=\left\{f\in X^*:\frac{1}{2}\|y\|^2-\frac{1}{2}\|x\|^2\geqslant\langle f,y-x\rangle,\forall y\in X\right\}.$$

$$(1.5.6)$$

如果 $f\in J(x)$，故 $\forall y\in X$ 有

$$\langle f,y-x\rangle\leqslant\|f\|\cdot\|y\|-\|x\|^2$$

$$\leqslant \frac{1}{2}(\|x\|^2 + \|y\|^2) - \|x\|^2$$

$$= \frac{1}{2}\|y\|^2 - \frac{1}{2}\|x\|^2,$$

即 $f \in \partial\varphi(x)$.

反之，设 $f \in \partial\varphi(x)$，取 $y = x + tz$，$t > 0$，$z \in X$，代入(1.5.6)即得

$$2t\langle f, z \rangle \leqslant t^2 \|z\|^2 + 2t\|x\| \cdot \|z\|.$$

两端除以 t，让 $t \to 0$，即得 $\langle f, z \rangle \leqslant \|x\| \cdot \|z\|$，从而 $\|f\| \leqslant \|x\|$. 又取 $y = x + tx$，$t > 0$，代入(1.5.6)可得 $\|x\|^2 \leqslant \langle f, x \rangle$，从而 $\|x\| \leqslant \|f\|$. 故 $f \in J(x)$.

（ⅴ）由定理 1.4.4（ⅰ）及上述性质（ⅲ）知，对任一 $x \in X$，$J(x)$ 是 X^* 中之一弱*闭凸集.

（ⅵ）当 X^* 严格凸时，J 是单值的.

由正规对偶映象的定义可得下面的重要结果：

定理 1.5.5. 设 X 是一实的 Banach 空间，$J: X \to 2^{X^*}$ 是正规对偶映象，则对任意的 $x, y \in X$，有

$$\|x + y\|^2 \leqslant \|x\|^2 + 2\langle y, j(x+y) \rangle, \quad \forall j(x+y) \in J(x+y);$$

$$\|x + y\|^2 \geqslant \|x\|^2 + 2\langle y, j(x) \rangle, \quad \forall j(x) \in J(x).$$

证. 对任意的 $x, y \in X$ 及 $j(x+y) \in J(x+y)$ 有

$$\|x+y\|^2 = \langle x+y, j(x+y) \rangle$$

$$\leqslant \|x\| \cdot \|x+y\| + \langle y, j(x+y) \rangle$$

$$\leqslant \frac{1}{2}(\|x\|^2 + \|x+y\|^2) + \langle y, j(x+y) \rangle.$$

简化之，即得 $\|x+y\|^2 \leqslant \|x\|^2 + 2\langle y, j(x+y) \rangle$.

类似地，对任意的 $x, y \in X$ 及 $j(x) \in J(x)$，有

$$\|x\|^2 = \langle x, j(x) \rangle = \langle x+y-y, j(x) \rangle$$

$$\leqslant \|x\| \cdot \|x+y\| - \langle y, j(x) \rangle$$

$$\leqslant \frac{1}{2}(\|x\|^2 + \|x+y\|^2) - \langle y, j(x) \rangle.$$

此即 $\|x+y\|^2 \geqslant \|x\|^2 + 2\langle y, j(x) \rangle$. 证毕.

定理 1.5.6. （ⅰ）如果 X 是一自反 Banach 空间，则正规对偶映象 J 是严格单调和次连续的；

（ⅱ）如果 X 是一致光滑的，则正规对偶映象 J 是单值的，且在 X 的每一有界集上由 X 中的范数拓扑到 X^* 中的范数拓扑是一致连续的；

（ⅲ）如果 X 的范数是一致 Gâteaux 可微的，则正规对偶映象 J 是单值的，且在 X 的每一有界集上由 X 的范数拓扑到 X^* 的弱 * 拓扑是一致连续的.

最后，我们利用正规对偶映象刻画自反 Banach 空间 X 到它的闭凸子集上的投影.

定义 1.5.4. 设 X 是一 Banach 空间，K 是 X 之一非空闭凸集，$x \in X$. 如果存在 $u \in K$，使得 $\|x-u\| \leqslant \|x-v\|$，$\forall v \in K$，则称 u 为 **x 在 K 上的投影**，并记之为 $u = P_K(x)$.

定理 1.5.7. 设 X 是一自反 Banach 空间，K 是 X 之一非空闭凸集，P_K 是 X 到 K 上的投影，则对任一 $x \in X$，$u = P_K(x)$ 的充分必要条件是：

$$\langle J(x-u), u-v \rangle \geqslant 0, \quad \forall v \in K. \tag{1.5.7}$$

证. 必要性：设 $u = P_K(x)$，于是由投影 P_K 的定义知

$$\|x-u\| \leqslant \|x-(1-t)u-tv\|, \quad \forall v \in K, t \in (0,1).$$

由正规对偶映象的定义，对每一 $v \in K$，$t \in (0,1)$ 有

$$\langle J(x-u-t(v-u)), t(v-u) \rangle$$

$$\leqslant \frac{1}{2}\|x-u\|^2 - \frac{1}{2}\|x-(1-t)u-tv\|^2 \leqslant 0.$$

两端除以 t，然后让 $t \to 0^+$，(1.5.7) 得证.

充分性：如果 (1.5.7) 成立，则有

$$\frac{1}{2}\|x-v\|^2 - \frac{1}{2}\|x-u\|^2 \geqslant \langle J(x-u), u-v \rangle \geqslant 0, \forall v \in K,$$

因而 $\|x-u\| \leqslant \|x-v\|$，$\forall v \in K$，即 $u = P_K(x)$.　证毕.

注. 由 (1.5.7) 知，对任一 $x \in X$ 有

$$\langle J(x-P_K(x)), P_K(x)-v \rangle \geqslant 0, \forall v \in K. \tag{1.5.8}$$

特别地，如果 X 是一 Hilbert 空间，则 $J = I$，而且由 H 到 K 上的投影算子 P_K 是单调的.

事实上，对任意的 $x, y \in X$，由 (1.5.7) 有

$$\langle x-P_K(x), P_K(x)-v \rangle \geqslant 0, \quad \forall v \in K,$$

$$\langle y-P_K(y), P_K(y)-w \rangle \geqslant 0, \quad \forall w \in K.$$

取 $v = P_K(y)$，$w = P_K(x)$，代入上面的式子后，相加化简即得

$$\langle P_K(x)-P_K(y), x-y \rangle \geqslant \|P_K(x)-P_K(y)\|^2 \geqslant 0,$$

故 P_K 是单调的.

（Ⅲ）**极大单调算子**

在应用中，一个算子是否极大单调至为重要. 为引入这一概念，我们先定义乘积空间中单调集的概念.

以下均设 X 是 Banach 空间，X^* 是 X 的对偶空间.

定义 1.5.5. （ⅰ）一集 $M \subset X \times X^*$ 称为**单调的**，如果

$$\langle f-g, x-y \rangle \geqslant 0, \forall (x,f),(y,g) \in M.$$

（ⅱ）一单调集 M 称为**极大的**，如果它不是 $X \times X^*$ 中任一单调集的真子集.

（ⅲ）映象 $T: X \to 2^{X^*}$ 称为**极大单调的**，如果 T 的图象 $\mathrm{Gr}(T) := \{(x, y) \in X \times X^* : y \in T(x)\}$ 是 $X \times X^*$ 中之一极大单调集，或等价地：T 是极大单调映象，当且仅当 $\langle f-g, x-y \rangle \geqslant 0, \forall (y,g) \in \mathrm{Gr}(T)$，就推出 $x \in D(T), f \in T(x)$.

由定义易知，单调映象（极大单调映象）的逆算子是单调（极大单调）的. 单调性是平移不变的. 另外还有下面的结果：

定理 1.5.8. （ⅰ）如果 $T: X \to 2^{X^*}$ 是一极大单调映象，则对任一 $x \in X, T(x)$ 是 X^* 之一弱*闭凸集；

（ⅱ）设 $T: X \to 2^{X^*}$ 是单调的，且对每一 $x \in X, T(x)$ 是 X^* 中之一弱*闭凸集. 如果 T 从 X 的线段到 X^* 的弱*拓扑是连续的，则 T 是极大单调的；

（ⅲ）由（ⅱ）特别得出：如果 $D(T)=X$，且 $T: X \to X^*$ 是单调半连续的，则 T 是极大单调的.

（Ⅳ）**增生映象**

定义 1.5.6. 设 $J: X \to 2^{X^*}$ 是一正规对偶映象，$T: D(T) \subset X \to 2^X$ 是一多值映象.

（ⅰ）T 称为**增生的**，如果对任意 $x, y \in D(T)$，存在 $j(x-y) \in J(x-y)$，使得

$$\langle u-v, j(x-y) \rangle \geqslant 0, \forall u \in T(x), v \in T(y).$$

（ⅱ）T 称为 **k-强增生的**，其中 $k \in (0,1)$ 为一常数，如果对任意的 $x, y \in D(T)$，存在 $j(x-y) \in J(x-y)$，使得

$$\langle u-v, j(x-y) \rangle \geqslant k \parallel x-y \parallel^2, \forall u \in T(x), v \in T(y).$$

（ⅲ）T 称为**伪压缩的**，如果对任意的 $x, y \in D(T)$，存在 $j(x-y) \in J(x-y)$，使得

$$\langle u-v, j(x-y) \rangle \leqslant \parallel x-y \parallel^2, \forall u \in T(x), v \in T(y).$$

（ⅳ）T 称为 **k-强伪压缩的**，如果对任意的 $x,y\in D(T)$，存在 $j(x-y)$ $\in J(x-y)$，使得

$$\langle u-v,j(x-y)\rangle\leqslant(1-k)\|x-y\|^2,\forall u\in T(x),v\in T(y),$$

其中 $k\in(0,1)$ 是一常数.

（ⅴ）T 称为 **m-增生的**，如果 T 是增生的，且 $(I+\rho T)(D(T))=X$，$\forall\rho>0$，其中 I 是恒等映象.

注. 易知映象 T 是增生的（相应地，k-强增生的），当且仅当 $I-T$ 是伪压缩的（相应地，$(1-k)$-伪压缩的）.

由 Kato 的熟知结果知下面的命题成立.

定理 1.5.9(Kato). 如果 $T:D(T)\subset X\to X$ 是伪压缩的，则下面的不等式成立：

$$\|x-y\|\leqslant\|x-y+t(I-T)x-(I-T)y\|,\forall x,y\in D(T),t>0.$$

§1.6　泛函的极值

下面的 Weierstrass 定理是泛函极值的存在性的基本结果：

定理 1.6.1. （ⅰ）设 X 是一紧的拓扑空间，$f:X\to\mathbf{R}$ 是一实连续泛函，则 f 在 X 上达到它的上确界和下确界.

（ⅱ）如果 f 是紧拓扑空间 X 上的下半连续（上半连续）泛函，则 f 在 X 上达到它的下确界（上确界）.

定理 1.6.2. 设 X 是一实的线性赋范空间，M 是 X 之一弱紧的弱闭集，$\varphi:X\to\mathbf{R}$ 是一弱下半连续泛函，则存在 $x_0\in M$，使得 $\varphi(x_0)=\min\limits_{x\in M}\varphi(x)$.

由定理 1.6.2 可得下面的结果.

定理 1.6.3. 设 X 是一实的自反 Banach 空间，$\varphi:X\to\mathbf{R}$ 是一弱下半连续泛函.

（ⅰ）若 M 是 X 之一有界弱闭集，则存在 $x_0\in M$ 使得

$$\varphi(x_0)=\min\{\varphi(x):x\in M\};$$

（ⅱ）设 $B(\overline{x},r)$ 是 X 中以 $\overline{x}$ 为心，$r>0$ 为半径的闭球，则存在 $x_0\in B(\overline{x},r)$ 使得

$$\varphi(x_0)=\min\{\varphi(x):x\in B(\overline{x},r)\};$$

（ⅲ）如果 φ 满足强制性条件，即 $\lim\limits_{\|x\|\to\infty}\varphi(x)=+\infty$，则存在 $x_0\in X$，

使得 $\varphi(x_0) = \min\{\varphi(x) : x \in X\}$.

证. (ⅰ)由 Banach-Alouglu 定理,M 是 X 中的弱列紧的弱闭集,故结论由定理 1.6.2 得知.

(ⅱ) 因 X 是自反的,且 $B(\bar{x}, r)$ 是 X 中的有界闭凸集,故它是 X 中的有界弱闭集. 结论(ⅱ)由结论(ⅰ)得出.

(ⅲ) 令 $\alpha = \inf\{\varphi(x) : x \in X\}$,则 $\alpha < +\infty$. 设 $\{x_n\} \subset X$ 是一极小化序列,使得 $\lim\limits_{n \to \infty} \varphi(x_n) = \alpha$.

现证 $\{x_n\}$ 是一有界序列.- 设不然,存在子列 $\{x_{n_k}\} \subset \{x_n\}$,使得 $\| x_{n_k} \| \geqslant k, k = 1, 2, \cdots$,于是由条件知 $\lim\limits_{k \to \infty} \varphi(x_{n_k}) = +\infty$. 这与 $\lim\limits_{k \to \infty} \varphi(x_{n_k}) = \alpha < +\infty$ 矛盾. 故 $\{x_n\}$ 有界. 令

$$\beta = \sup_{n \geqslant 1} \| x_n \|,$$

则

$$\{x_n\} \subset B(\theta, \beta) = \{x \in X : \| x \| \leqslant \beta\}.$$

于是由结论(ⅱ),存在 $x_0 \in B(\theta, \beta)$,使得

$$\varphi(x_0) = \min\{\varphi(x) : x \in B(\theta, \beta)\} = \alpha.$$

证毕.

第二章 几类基本的变分不等式

在本章中,我们将介绍几类基本的变分不等式解的存在性和唯一性定理. 作为应用,在本章的末尾,我们将应用这些定理研究偏微分方程的某些边值问题.

§2.1 Hartman-Stampacchia 变分不等式

(Ⅰ)问题的提出

设 K 是 $\mathbf{R}^n$ 中之一非空闭凸集,$T:K \rightarrow \mathbf{R}^n$ 是一连续映象. 求 $u \in K$ 使得

$$\langle T(u), v-u \rangle \geqslant 0, \forall v \in K. \qquad (2.1.1)$$

这一变分不等式称为 **Hartman-Stampacchia 变分不等式**. 如果存在 $u \in K$ 满足不等式(2.1.1),则称 u 是变分不等式(2.1.1)的解.

Hartman-Stampacchia 变分不等式是 20 世纪 60 年代 Hartman, Stampacchia 等人在创建变分不等式理论的基础时,提出和研究的第一个变分不等式[124]. 这一变分不等式最先是在有限维空间进行讨论,此后被 Lions, Browder 等人推广到无穷维空间,并把所得结果应用于研究力学、控制论、数理经济、微分方程、对策理论和最优化理论中的许多重要问题(见 Duvaut-Lions [100],Lions[186]及 Lions-Stampacchia [187]).

(Ⅱ)变分不等式(2.1.1)解的存在唯一性定理

为引用方便起见,我们先引入下面的定理.

定理 2.1.1(Brouwer 不动点定理). 设 K 是 $\mathbf{R}^n$ 中之一非空紧凸集,$f:K \rightarrow K$ 是一连续映象,则 f 在 K 中存在不动点.

上述定理是非线性分析和拓扑学中最基本的定理之一,它是 Brouwer 在 1912 年建立的. 由于它在许多方面有重要的应用,因此不少数学家曾给出过不同的证明,这里不再赘述. 有兴趣的读者可参考有关文献.

关于变分不等式(2.1.1)解的存在性问题,1966 年 Hartman-Stampacchia 证明了下面的结果[124].

定理 2.1.2. 设 K 是 $\mathbf{R}^n$ 中的非空的有界闭凸集,$A:K \rightarrow \mathbf{R}^n$ 是一连续

映象,则存在 $u \in K$,其为变分不等式(2.1.1)的解.

证. 因 K 是 $\mathbf{R}^n$ 中的非空的有界闭凸集,故 K 是 $\mathbf{R}^n$ 中的紧凸集.于是由命题 1.2.4(ⅲ), $u \in K$ 是(2.1.1)的解,当且仅当 u 是映象 $P_K(I-\alpha A)$ 的不动点,其中 P_K 是 $\mathbf{R}^n$ 到 K 上的投影, $\alpha > 0$ 是任意的实数.于是为了证明(2.1.1)在 K 中有解,只要证明映象 $P_K(I-\alpha A)$ 在 K 中有不动点.事实上,由假设, $A:K \to \mathbf{R}^n$ 连续,故 $P_K(I-\alpha A):K \to K$ 连续.于是由 Brouwer 不动点定理知 $P_K(I-\alpha A)$ 在 K 中有不动点.　证毕.

注. 定理 2.1.2 是一个拓扑型的不动点的存在性定理.如果用一个构造型的不动点定理代替 Brouwer 不动点定理,则可以得到变分不等式(2.1.1)解的一个构造型的存在性定理,并且还可以把定理 2.1.2 从有限维空间推广到 Hilbert 空间.

定理 2.1.3. 设 H 是一 Hilbert 空间, K 是 H 中之一闭凸集, $A:K \to H$ 是一映象,且存在某一 $\alpha > 0$,使得 $I-\alpha A:K \to H$ 是一压缩映象.则存在 $u_* \in K$ 为变分不等式

$$\langle A(u),v-u \rangle \geqslant 0, \forall v \in K \qquad (2.1.2)$$

的解,而且对任给的 $u_0 \in K$,迭代序列

$$u_{n+1}=P_K(u_n-\alpha A u_n) \qquad (2.1.3)$$

强收敛于 u_*.

证. 由命题 1.2.3, $P_K:H \to K$ 是非扩张的,从而 $P_K(I-\alpha A):K \to K$ 是一压缩映象.由 Banach 不动点定理知 $P_K(I-\alpha A)$ 在 K 中存在唯一的不动点,比如 u_*,而且对任一给定的初始逼近 $u_0 \in K$,迭代序列(2.1.3)强收敛于 u_*.再由命题 1.2.4(ⅲ), u_* 是(2.1.2)的解.

证毕.

推论 2.1.4. 设 H 和 K 与定理 2.1.3 中的相同,设 $T:K \to H$ 是一映象,满足条件:

(ⅰ) A 是 Lipschitz 的,即存在常数 $L > 0$,使得
$$\|Au-Av\| \leqslant L\|u-v\|, \forall u,v \in K;$$

(ⅱ) A 是强单调的,即存在常数 $C > 0$ 使得
$$\langle Au-Av,u-v \rangle \geqslant C\|u-v\|^2, \forall u,v \in K.$$

则当 $\alpha \in \left(0, \dfrac{2C}{L^2}\right)$ 时, $I-\alpha A:K \to H$ 是一压缩映象,从而变分不等式(2.1.2)在 K 中有解.

证. 对任意的 $u,v \in K$,由条件(ⅰ),(ⅱ)有

$$\| (I-\alpha A)u-(I-\alpha A)v \|^{2}$$
$$= \| u-v \|^{2}-2\alpha\langle Au-Av,u-v\rangle+\alpha^{2} \| Au-Av \|^{2}$$
$$\leqslant(1-2\alpha C+L^{2}\alpha^{2}) \| u-v \|^{2}. \tag{2.1.4}$$

因 $0<\alpha<\dfrac{2C}{L^{2}}$，故 $1-2\alpha C+L^{2}\alpha^{2}<1$，从而 $I-\alpha A:K\to H$ 是一压缩映象.故推论的结论由定理 2.1.3 得知.

§2.2　Browder 变分不等式

作为 Hartman-Stampacchia 变分不等式理论的推广，1967 年，Browder 在局部凸线性拓扑空间的框架下，研究了下面的变分不等式[25]

$$\langle T(u), v-u\rangle\geqslant0, \forall v\in K \tag{2.2.1}$$

解的存在性，其中 K 是一局部凸线性拓扑空间 X 中的紧凸集，$T:K\to X^{*}$ 是一连续映象.以后我们称(2.2.1)为 **Browder 变分不等式**.

（Ⅰ）变分不等式(2.2.1)解的存在性

关于变分不等式(2.2.1)解的存在性问题，Browder 证明了下面的结果[25].

定理 2.2.1. 设 X 是一局部凸的 Hausdorff 拓扑线性空间，K 是 X 中之一紧凸集，$T:K\to X^{*}$ 是一连续映象，则存在 $u\in K$，它是变分不等式 (2.2.1)的解.

为了证明定理 2.2.1 的结论，我们先证下面的引理.

引理 2.2.2. 设满足定理 2.2.1 的条件，如果 $y\in X$ 是一给定的点，则由下式定义的映象 $g_{y}:K\to\mathbf{R}$ 是连续的：

$$g_{y}(x)=\langle T(x),y-x\rangle. \tag{2.2.2}$$

证. 因 K 是紧的，故 K 是有界的.设 $x_{1}\in K,\varepsilon>0$，因 T 连续，故存在 x_{1} 的邻域 $V\subset X$，使得对任意的 $x\in K\bigcap V$，及 $y,z\in K$ 有

$$| \langle Tx-Tx_{1},y-z\rangle | <\frac{\varepsilon}{2}.$$

另外，也存在 x_{1} 的邻域 $V_{1}\subset X$，使得

$$| \langle Tx_{1},x-x_{1}\rangle | <\frac{\varepsilon}{2}, \forall x\in V_{1}.$$

因而，对任意的 $x\in K\bigcap V\bigcap V_{1}$，有

$$| \langle T(x),y-x\rangle | - | \langle T(x_{1}),y-x_{1}\rangle |$$
$$\leqslant | \langle T(x_{1}),x_{1}-x\rangle | + | \langle T(x)-T(x_{1}),y-x\rangle | <\varepsilon.$$

证毕.

定理 2.2.1 的证明.

用反证法,设定理 2.2.1 的结论不成立,则对任一 $u_0 \in K$,存在 $y \in K$ 使得

$$\langle T(u_0), y - u_0 \rangle < 0. \tag{2.2.3}$$

现定义一集 $N_y = \{x \in K : \langle T(x), y - x \rangle < 0\}$. 由引理 2.2.2 知 N_y 是 K 中的开集,从而 $\{N_y : y \in K\}$ 是 K 之一开覆盖. 因 K 紧,故存在一有限集 $\{y_1, y_2, \cdots, y_n\} \subset K$,使得 $K = \bigcup_{i=1}^{n} N_{y_i}$. 设 $\{\beta_1, \beta_2, \cdots, \beta_n\}$ 是与 $\{N_{y_1}, N_{y_2}, \cdots, N_{y_n}\}$ 相对应的连续单位分解,即 $\beta_j(x) \geqslant 0, \forall x \in K, j = 1, 2, \cdots, n$, $\sum_{j=1}^{n} \beta_j(x) = 1, \forall x \in K$,而且当 $x \notin N_{y_i}$ 时,$\beta_j(x) = 0$,而当 $x \in N_{y_j}$ 时,$\beta_j(x) > 0$.

现定义映象 $p : K \to X$ 如下:

$$p(x) = \sum_{j=1}^{n} \beta_j(x) y_j. \tag{2.2.4}$$

因 β_j 连续,故 p 也连续. 令

$$S = \mathrm{co}\{y_1, y_2, \cdots, y_n\} \subset K,$$

则 S 是有限维空间的单形且 $p : S \to S$ 连续. 因而由定理 2.1.1,存在 $u_0 \in S$,使得 $u_0 = p(u_0)$.

令 $q : K \to \mathbf{R}, q(x) = \langle T(x), x - p(x) \rangle$,于是

$$q(x) = \langle T(x), x - p(x) \rangle = \sum_{j=1}^{n} \beta_j(x) \langle T(x), x - y_j \rangle. \tag{2.2.5}$$

对每一 $x \in K$,存在某一 $j_0 \in \{1, 2, \cdots, n\}$ 使得 $x \in N_{y_{j_0}}$,从而 $\beta_{j_0}(x) > 0$ 且 $\langle T(x), x - y_{j_0} \rangle > 0$,这就证明了 $q(x) > 0, \forall x \in K$. 但是,因 $u_0 - p(u_0) = 0$,故

$$q(u_0) = \langle T(u_0), u_0 - p(u_0) \rangle = 0,$$

矛盾. 从而定理的结论得证.

作为定理 2.2.1 的特例,可得下面的

定理 2.2.3. 设 X 是一局部凸的 Hausdorff 拓扑线性空间,K 是 X 之一非空紧凸集,$f : K \to X$ 是一连续映象. 如果 $S : (I - f)(K) \to X^*$ 是连续的,则存在 $u \in K$,使得

$$\langle S(u - f(u)), v - u \rangle \geqslant 0, \forall v \in K.$$

证. 令 $T(x) = S(x - f(x)), x \in K$,则 $T : K \to X^*$ 连续. 故本定理的结

论由定理 2.2.1 得知.

(Ⅱ)Schauder 不动点定理的推广

作为定理 2.2.1 的应用,在本小节中,我们介绍 Schauder 不动点定理的一个推广性定理. 为此,我们先给出下面的引理.

引理 2.2.4. 设 X 是一局部凸的 Hausdorff 拓扑线性空间,K 是 X 之一紧集,且 $\theta \notin K$. 则存在一连续映象 $S:K \to E^*$ 使得

$$\langle S(u),u \rangle > 0, \forall u \in K. \tag{2.2.6}$$

证. 因 $\theta \notin K$,故对任一 $u \in K$,存在 $w \in X^*$ 使得 $\langle w,u \rangle > 0$. 另外,对任一 $w \in X^*$,集

$$U_w = \{v \in K: \langle w,v \rangle > 0\}$$

是 K 中的开集,且 $\{U_w: w \in X^*\}$ 是 K 之一开覆盖. 因 K 紧,故存在 K 之一有限的开覆盖 $\{U_{w_1}, U_{w_2}, \cdots, U_{w_n}\}$,即存在 $\{w_1, w_2, \cdots, w_n\} \subset X^*$,使得

$$K = \bigcup_{j=1}^{n} U_{w_j}.$$

设 $\{\alpha_1, \alpha_2, \cdots, \alpha_n\}$ 是从属于 $\{U_{w_1}, U_{w_2}, \cdots, U_{w_n}\}$ 的连续的单位分解. 现定义一映象 $S:K \to X^*$:

$$S(x) = \sum_{j=1}^{n} \alpha_j(x) w_j,$$

则 S 是连续的,且

$$\langle S(u),u \rangle = \sum_{j=1}^{n} \alpha_j(u) \langle w_j,u \rangle > 0, \forall u \in K.$$

证毕.

定义 2.2.1. 设 X 是一局部凸的 Hausdorff 拓扑线性空间,C 是 X 之一闭凸集. 一点 $x \in C$ 称为**属于 $\delta(C)$**,如果存在一有限维的子空间 $F \subset X$ 使得 $x \in \partial(C \cap F)$(集 $C \cap F$ 的边界).

定理 2.2.5.[25] 设 X 是一局部凸的 Hausdorff 线性拓扑空间,$K \subset X$ 是一紧凸集,$f:K \to X$ 是一连续映象. 如果对任一 $u \in \delta(K)$,存在 $v \in K$ 及一数 $\lambda > 0$,使得

$$f(u) - u = \lambda(v - u),$$

则 f 在 K 中存在不动点.

证. 设 f 在 K 中不存在不动点,则集合 $M = (I-f)(K)$ 是 X 中之一紧子集,且 $\theta \notin M$. 由引理 2.2.4,存在一连续映象 $S:M \to X^*$ 使得 $\langle S(u),u \rangle > 0, \forall u \in M$. 特别地,对任一 $u \in M, S(u) \neq \theta$. 故由定理 2.2.3,存在 $x_0 \in K$,使得

$$\langle S(x_0-f(x_0)),x-x_0\rangle\geqslant 0,\forall x\in K.\qquad(2.2.7)$$

现在我们考察两种情况

（ⅰ）如果 $x_0\bar{\in}\delta(K)$，即 $x_0\in\text{int}(K)$，则对任一 $v\in X$，存在正数 ξ 使得 $x=x_0+\xi v\in K$. 把它代入(2.2.7)有

$$\xi\langle S(x_0-f(x_0)),v\rangle\geqslant 0,$$

故有

$$\langle S(x_0-f(x_0)),v\rangle\geqslant 0,\forall v\in X.$$

上式表明 $S(x_0-f(x_0))=\theta$. 这与 $S(u)\neq\theta,\forall u\in(I-f)(K)$ 相矛盾.

（ⅱ）如果 $x_0\in\delta(K)$，则存在 $x_1\in K$ 使得对某一 $\lambda>0$，有

$$f(x_0)-x_0=\lambda(x_1-x_0),$$

即 $x_1-x_0=-\lambda^{-1}(x_0-f(x_0))$. 在(2.2.7)中取 $x=x_1$，有

$$0\leqslant\langle S(x_0-f(x_0)),x_1-x_0\rangle$$
$$=-\lambda^{-1}\langle S(x_0-f(x_0)),x_0-f(x_0)\rangle<0.$$

矛盾. 定理得证.

由定理 2.2.5 可得下面的结果.

定理 2.2.6(Tychonoff 不动点定理). 设 X 是局部凸的 Hausdorff 拓扑线性空间，$K\subset X$ 是一紧凸集，$f:K\to K$ 是一连续映象，则 f 在 K 中有不动点.

证. 事实上，对任一 $u\in\delta(K)$，取 $\lambda=1,v=f(u)$，有

$$f(u)-u=\lambda(v-u).$$

这就证明定理 2.2.5 的条件满足. 故本定理的结论由定理 2.2.5 得知.

由定理 2.2.6 可得下面的重要的不动点定理.

定理 2.2.7(Schauder 不动点定理). 设 X 是一 Banach 空间，K 是 X 中的非空紧凸集，$f:K\to K$ 是一连续映象，则 f 在 K 中有不动点.

(Ⅲ)Browder 变分不等式解的唯一性条件及解集的性状

在本小节中，我们在 Banach 空间的框架下，讨论 Browder 变分不等式(2.2.1)解的存在性和唯一性条件.

定理 2.2.8(Browder[22]). 设 X 是一自反的 Banach 空间，$K\subset X$ 是一有界的闭凸集，$A:K\to X^*$ 是一单调的半连续映象，则下列结论成立：

（ⅰ）存在 $u_0\in K$，它是下面的变分不等式的解：

$$\langle A(u),v-u\rangle\geqslant 0,\forall v\in K;\qquad(2.2.8)$$

（ⅱ）(2.2.8)的解集是 K 中之一闭凸集；

（ⅲ）如果 A 还是严格单调的，则(2.2.8)的解是唯一的.

定理 2.2.9. [22] 设 X 是一自反的 Banach 空间，K 是 X 之一无界的闭凸集，且 $\theta \in K$. 设 $A:K \rightarrow X^*$ 是一单调的半连续的强制映象，即对一切 $u \in K$,

$$\frac{\langle A(u),u \rangle}{\|u\|} \rightarrow +\infty \; (\text{当} \|u\| \rightarrow +\infty), \qquad (2.2.9)$$

则对任给的 $w^* \in X^*$,存在 $u_0 \in K$ 使得

$$\langle A(u_0)-w^*,v-u_0 \rangle \geqslant 0, \; \forall v \in K. \qquad (2.2.10)$$

下面我们在非自反 Banach 空间中研究具单调映象的 Browder 变分不等式解的存在性问题.

以下总设 X 是一 Banach 空间，并用"$\rightarrow$"表 X^{**} 中的弱*收敛，这里 X^{**} 表 X^* 的共轭空间.

设 K 是 X^{**} 中的子集，$A:K \rightarrow X^*$ 是一映象. A 称为**有限维连续的**,如果对 X^{**} 中的任一有限维空间 F,使得 $F \cap K \neq \varnothing$,则 $A:F \cap K \rightarrow X^*$ 按范数拓扑连续.

为了证明本节的主要结果,先给出下面的引理.

引理 2.2.10. 设 $A:K \subset X^{**} \rightarrow X^*$ 是一半连续的单调映象,其中 K 是一凸集,x_0 是 K 中给定的一点. 则

$$\langle A(x_0),x-x_0 \rangle \geqslant 0, \; \forall x \in K$$

当且仅当

$$\langle A(x),x-x_0 \rangle \geqslant 0, \; \forall x \in K.$$

证. 设 $\langle A(x_0),x-x_0 \rangle \geqslant 0, \; \forall x \in K$. 由 A 的单调性,有

$$\langle A(x),x-x_0 \rangle \geqslant \langle A(x_0),x-x_0 \rangle \geqslant 0, \; \forall x \in K.$$

反之,如果 $\langle A(x),x-x_0 \rangle \geqslant 0, \; \forall x \in K$,则对任给的 $z \in K$ 及 $t \in (0,1]$,取 $x=x_0+t(z-x_0) \in K$,有

$$\langle A(x_0+t(z-x_0)),t(z-x_0) \rangle \geqslant 0,$$

即 $\langle A(x_0+t(z-x_0)),z-x_0 \rangle \geqslant 0$. 让 $t \rightarrow 0^+$,由 A 的半连续性,有

$$\langle A(x_0),z-x_0 \rangle \geqslant 0, \; \forall z \in X.$$

引理得证.

现在我们可以证明下面的结果.

定理 2.2.11. [47] 设 $A:K \subset X^{**} \rightarrow X^*$ 是一单调映象,K 是一非空的有界闭凸集. 如果 A 是有限维连续的,则存在 $x_0 \in K$,使得 $\langle A(x_0),x-x_0 \rangle \geqslant 0, \; \forall x \in K.$

证. 对 X^{**} 中的每一有限维子空间 F,其满足条件:$F \cap K:=K_F \neq \varnothing$,

我们考察下面的变分不等式：

$$\langle A(u), x-u \rangle \geqslant 0, \forall x \in K_F. \tag{2.2.11}$$

因 K_F 是 F 中的非空有界闭凸集,且 $A:K_F \to X^*$ 连续,于是由定理 2.2.1 知,(2.2.11)在 K_F 中有解,比如 u_0. 于是由引理 2.2.10 有

$$\langle A(x), x-u_0 \rangle \geqslant 0, \forall x \in K_F. \tag{2.2.12}$$

令

$$\mathscr{F} = \{F \subset X^{**} : \dim(F) < \infty, \text{且 } F \cap K \neq \varnothing\}.$$

对任意 $F \in \mathscr{F}$,由下式定义集 W_F:

$$W_F = \{x_0 \in K : \langle A(x), x-x_0 \rangle \geqslant 0, \forall x \in K_F\}.$$

由(2.2.12)知 $W_F \neq \varnothing$. 令 $\overline{W_F}^*$ 为 W_F 在 X^{**} 中的弱*闭包,则 $\overline{W_F}^* \subset K$(因 K 是弱*-闭集).

现设 $F_1, F_2, \cdots, F_n$ 是 $\mathscr{F}$ 中任意的 n 个元,令 $\widetilde{F} = \mathrm{span}(\bigcup_{i=1}^{n} F_i)$,则 $\widetilde{F} \in \mathscr{F}, W_{\widetilde{F}} \neq \varnothing$,且 $W_{\widetilde{F}} \subset W_{F_i}, i=1, 2, \cdots, n.$ 于是有

$$\bigcap_{i=1}^{n} \overline{W_{F_i}}^* \neq \varnothing.$$

这表明 $\{\overline{W_F}^* : F \in \mathscr{F}\}$ 具有限交性质. 因 K 是弱*-紧的,故 $\{\overline{W_F}^* : F \in \mathscr{F}\}$ 具有非空交,即

$$\bigcap_{F \in \mathscr{F}} \overline{W_F}^* \neq \varnothing.$$

取 $x_0 \in \bigcap_{F \in \mathscr{F}} \overline{W_F}^*$,则 $x_0 \in K.$ 下面证明

$$\langle A(x), x-x_0 \rangle \geqslant 0, \forall x \in K. \tag{2.2.13}$$

事实上,对任给的 $x \in K$,取 $F \in \mathscr{F}$ 使得 $x \in F.$ 因 $x_0 \in \overline{W_F}^* \neq \varnothing$,存在一网 $\{x_j\} \subset W_F$,使得 $x_j \to x_0.$ 由(2.2.12)有

$$\langle A(x), x-x_j \rangle \geqslant 0, j=1, 2, \cdots$$

由上式即得 $\langle A(x), x-x_0 \rangle \geqslant 0.$ 由 $x \in K$ 的任意性,(2.2.13)得证.于是由引理 2.2.10 得知

$$\langle A(x_0), x-x_0 \rangle \geqslant 0, \forall x \in K.$$

定理得证.

如果 K 是一无界集,则有下面的结果.

定理 2.2.12. 设 K 是 X^{**} 中的无界的弱*闭的凸集,且 $\theta \in K.$ 设 $A:K \to X^*$ 是一单调映象. 如果 A 是有限维连续的,且

$$\liminf_{x \in K, \|x\| \to \infty} \langle A(x), x \rangle > 0,$$

则存在 $x_0 \in K$,使得

$$\langle A(x_0), x-x_0 \rangle \geqslant 0, \forall x \in K.$$

证. 设 $B(\theta, r)$ 是 X^{**} 中以 θ 为心，$r > 0$ 为半径的闭球，使得 $B(\theta, r) \bigcap K \neq \varnothing$。我们考察下面的变分不等式：求 $x_r \in B(\theta, r) \bigcap K$，使得

$$\langle A(x_r), x-x_r \rangle \geqslant 0, \forall x \in B(\theta, r) \bigcap K. \tag{2.2.14}$$

事实上，由定理 2.2.11，存在 $x_r \in B(\theta, r) \bigcap K$ 满足变分不等式 (2.2.14)。另由引理 2.2.10 有

$$\langle A(x), x-x_r \rangle \geqslant 0, \forall x \in B(\theta, r) \bigcap K. \tag{2.2.15}$$

在 (2.2.14) 中取 $x = \theta$，即得

$$\langle A(x_r), x_r \rangle \leqslant 0. \tag{2.2.16}$$

让 $r \to \infty$，并注意条件 $\lim\limits_{x \in K, \|x\| \to \infty} \inf \langle A(x), x \rangle > 0$，于是由 (2.2.16) 得知 $\{x_r\}$ 是有界的。因此存在子列 $\{x_{r_j}\} \subset \{x_r\}$，使得 $\{x_{r_j}\}$ 弱* 收敛于某一 $x_0 \in X^{**}$。于是由 (2.2.15) 即得

$$\langle A(x), x-x_0 \rangle \geqslant 0, \forall x \in K.$$

因 A 是有限维连续的，它必是半连续的。故由引理 2.2.10 得知

$$\langle A(x_0), x-x_0 \rangle \geqslant 0, \forall x \in K.$$

证毕。

由定理 2.2.12 可得下面的关于单调映象的满射性定理。

定理 2.2.13. 设 $A: D(A) = X^{**} \to X^*$ 是一有限维连续的单调映象。如果满足条件

$$\lim_{\|x\| \to +\infty} \inf \frac{\langle A(x), x \rangle}{\|x\|} = +\infty, \tag{2.2.17}$$

则 $A(X^{**}) = X^*$。

证. 对任一 $p \in X^*$，定义映象 $A_1: X^{**} \to X^*$ 如下：

$$A_1(x) = A(x) - p, x \in X^{**}.$$

由 (2.2.17) 有

$$\lim_{\|x\| \to \infty} \inf \langle A_1(x), x \rangle > 0.$$

于是由定理 2.2.12，存在 $x_0 \in X^{**}$ 使得

$$\langle A_1(x_0), x-x_0 \rangle \geqslant 0, \forall x \in X^{**}.$$

上式表明 $A_1(x_0) = 0$，即 $A(x_0) = p$，从而得证 $A(X^{**}) = X^*$。 证毕。

例 2.2.1. 设 $a_i(x): l^\infty \to \mathbf{R}$ 是一泛函，$i = 1, 2, \cdots$ 满足条件：$\sum\limits_{i=1}^{\infty} |a_i(x)| < +\infty, \forall x \in l^\infty$，$A$ 是 $l^\infty \to l^1$ 的算子，其由下式定义：

$$A(x) = (a_1(x), a_2(x), \cdots), x \in l^\infty.$$

如果满足下面的条件：

（ⅰ）$\sum\limits_{i=1}^{\infty}(a_i(x)-a_i(y))(\xi_i-\eta_i)\geqslant0$，$\forall\,x,y\in l^{\infty}$，其中 $x=(\xi_1,\xi_2,$
$\cdots),y=(\eta_1,\eta_2,\cdots)$；

（ⅱ）A 是连续的（例如，如果 $a_i(\,\boldsymbol{\cdot}\,)$ 是一致连续的，或 $\sum\limits_{i=1}^{\infty}|a_i(x)|$ 是局部
有界的，且 $a_i(\,\boldsymbol{\cdot}\,)$ 连续，则可保证 A 为连续的）；

（ⅲ）$\lim\limits_{\sup\{|\xi_i|:i\geqslant1\}\to\infty}\inf\dfrac{\sum\limits_{i=1}^{\infty}a_i(x)\xi_i}{\sup|\xi_i|}=+\infty$，其中 $x=(\xi_1,\xi_2,\cdots)$，

则 $A(l^{\infty})=l^1$.

事实上，因 $l^1=(c_0)^*$ 且 $(l^1)^*=l^{\infty}$，故 $A:(c_0)^{**}\to(c_0)^*$ 是一映象. 由
条件（ⅰ）知 A 是单调的，由条件（ⅱ）A 是连续的. 故结论由定理 2.2.13 直
接得出.

§2.3　具多值单调映象的 Browder 变分不等式

在本节中，我们将介绍具多值单调映象的 Browder 变分不等式解的存
在性定理及解集的性状.

为此我们先给出一个辅助性结果.

定理 2.3.1（Kneser[159]）. 设 X 是一线性空间中的非空的凸集，Y 是一
Hausdorff 拓扑线性空间中的非空的紧凸集. 设 $f:X\times Y\to\mathbf{R}$ 是一实函数，
对每一 $x\in X$，$f(x,\,\boldsymbol{\cdot}\,)$ 在 Y 上是一下半连续的凸函数；对每一 $y\in Y$，
$f(\,\boldsymbol{\cdot}\,,y)$ 在 X 上是凸的，则

$$\min_{y\in Y}\sup_{x\in X}f(x,y)=\sup_{x\in X}\min_{y\in Y}f(x,y).\qquad(2.3.1)$$

引理 2.3.2.[256] 设 E 是一 Banach 空间，X 是 E 中之一非空凸子集，
$T:X\to2^{E^*}$ 是一多值映象，使得对任一 $x\in X$，$T(x)$ 是 E^* 中之一弱*紧子
集，而且 T 由 X 的线段到 E^* 的弱*拓扑是上半连续的. 则下列结论成
立：

（1）集 $A=\{y\in X:\inf\limits_{w\in T(y)}\mathrm{Re}\langle w,y-x\rangle\leqslant0\}$ 与 X 中任一线段的交是闭
的；

（2）对每一 $y\in X$，由

$$\sup_{u\in T(x)}\mathrm{Re}\langle u,y-x\rangle\leqslant0,\forall\,x\in X,\qquad(2.3.2)$$

则有

$$\sup_{w\in T(y)} \mathrm{Re}\langle w, y-x\rangle \leqslant 0, \ \forall \, x\in X. \tag{2.3.3}$$

定理 2.3.3(Shih-Tan[256]). 设 E 是一自反 Banach 空间,X 是 E 之一非空闭凸集. 设 $T: X \to 2^{E^*}$ 是一单调的多值映象,使得对任一 $x\in X, T(x)$ 是 E^* 中的弱紧集且由 X 的线段到 E^* 的弱拓扑是上半连续的. 再设存在 $x_0\in X$ 使得

$$\lim_{\|y\|\to\infty, y\in X} \inf_{w\in T(y)} \mathrm{Re}\langle w, y-x_0\rangle > 0. \tag{2.3.4}$$

则存在 $\bar{y}\in X$ 使得

$$\sup_{x\in X} \inf_{w\in T(y)} \mathrm{Re}\langle w, \bar{y}-x_0\rangle \leqslant 0. \tag{2.3.5}$$

如果再设 $T(\bar{y})$ 是凸的,则存在 $\overline{w}\in T(\bar{y})$,使得

$$\mathrm{Re}\langle \overline{w}, \bar{y}-x\rangle \leqslant 0, \ \forall \, x\in X. \tag{2.3.6}$$

证. 对每一 x,令

$$F(x)=\{y\in X: \inf_{w\in T(y)} \mathrm{Re}\langle w, y-x\rangle \leqslant 0\},$$

$$G(x)=\{y\in X: \sup_{u\in T(x)} \mathrm{Re}\langle u, y-x\rangle \leqslant 0\}.$$

(1)首先证明:对任意的有限集 $\{x_1, x_2, \cdots, x_n\}\subset X$,

$$\mathrm{co}\{x_1, x_2, \cdots, x_n\}\subset \bigcup_{i=1}^{n} F(x_i).$$

事实上,如果存在 $\bar{y}\in \mathrm{co}\{x_1, x_2, \cdots, x_n\}$ 使得 $\bar{y}=\sum_{i=1}^{n}\lambda_i x_i$,其中 $\lambda_i\geqslant 0$ 且 $\sum_{i=1}^{n}\lambda_i=1$,但 $\bar{y}\notin \bigcup_{i=1}^{n} F(x_i)$,则有

$$\inf_{w\in T(\bar{y})} \mathrm{Re}\langle w, \bar{y}-x_i\rangle > 0, \ i=1, 2, \cdots, n.$$

但因

$$0 = \inf_{w\in T(\bar{y})} \mathrm{Re}\langle w, \bar{y}-\bar{y}\rangle = \inf_{w\in T(\bar{y})} \Big(\sum_{i=1}^{n}\lambda_i \mathrm{Re}\langle w, \bar{y}-x_i\rangle\Big)$$

$$\geqslant \sum_{i=1}^{n}\lambda_i \inf_{w\in T(\bar{y})} \mathrm{Re}\langle w, \bar{y}-x_i\rangle > 0.$$

矛盾. 结论得证.

(2)现证对任一 $x\in X, F(x)\subset G(x)$. 事实上,因 T 是单调的,故对任意的 $x, y\in X$ 有

$$\inf_{w\in T(y)} \mathrm{Re}\langle w, y-x\rangle \geqslant \sup_{u\in T(x)} \mathrm{Re}\langle u, y-x\rangle.$$

从而得知 $F(x)\subset G(x), \forall \, x\in X.$

(3)现证 $\bigcap_{x\in X} F(x)=\bigcap_{x\in X} G(x)$. 事实上,由(2)有 $\bigcap_{x\in X} F(x)\subset \bigcap_{x\in X} G(x)$. 又由

引理 2.3.2(2)有

$$\bigcap_{x \in X} G(x) \subset \bigcap_{x \in X} \overline{F(x)}.$$

故结论得证.

(4)下证$\overline{F(x_0)}^w$ 是 X 的弱紧子集,其中$\overline{F(x_0)}^w$ 是 $F(x_0)$ 的弱闭包. 事实上,由条件(2.3.4),存在充分大的 $\beta > 0$ 使得

$$\inf_{w \in T(y)} \mathrm{Re}\langle w, y - x_0 \rangle > 0, \forall y \in X, \| y \| > \beta. \qquad (2.3.7)$$

因 E 是自反的,X 是 E 之一闭凸子集,且 K 是 X 中之一弱紧集. 由(2.3.7),对任一 $y \in X \backslash K, y \notin F(x_0)$,故 $F(x_0) \subset K$,从而$\overline{F(x_0)}^w$是 X 中之一弱紧集.

(5)最后我们证明:存在 $\overline{y} \in X$,使得

$$\sup_{x \in X} \inf_{w \in T(y)} \mathrm{Re}\langle w, \overline{y} - x_0 \rangle \leqslant 0.$$

事实上,由(1)和(4)知 $\bigcap_{x \in X} \overline{F(x_0)}^w \neq \varnothing$. 又因对任一 $x \in X, G(x)$ 是 X 中的弱闭集且$\overline{F(x_0)}^w \subset G(x)$,于是得知 $\bigcap_{x \in X} G(x) \neq \varnothing$. 由(3)即知 $\bigcap_{x \in X} F(x) \neq \varnothing$. 因而存在 $\overline{y} \in X$,使得

$$\sup_{x \in X} \inf_{w \in T(y)} \mathrm{Re}\langle w, \overline{y} - x_0 \rangle \leqslant 0.$$

结论(2.3.5)得证.

如果 $T(\overline{y})$ 还是凸的,于是由定理 2.3.1 有

$$\inf_{w \in T(\overline{y})} \sup_{x \in X} \mathrm{Re}\langle w, \overline{y} - x \rangle = \sup_{x \in X} \inf_{w \in T(\overline{y})} \mathrm{Re}\langle w, \overline{y} - x \rangle.$$

因 $T(\overline{y})$ 是弱紧的,故存在 $\overline{w} \in T(\overline{y})$,使得

$$\sup_{x \in X} \mathrm{Re}\langle \overline{w}, \overline{y} - x_0 \rangle \leqslant 0.$$

证毕.

定理 2.3.4. 设 E 是一自反的 Banach 空间,X 是 E 之一非空闭凸集,$T: X \to 2^{E^*}$ 是一多值的单调映象,满足条件:对任一 $x \in X, T(x)$ 是 E^* 中之一弱紧的凸集,且 T 由 X 中的线段到 E^* 的弱拓扑是上半连续的. 再设存在 $x_0 \in X$ 使得

$$\lim_{\| y \| \to \infty, y \in X, w \in T(y)} \inf \frac{\mathrm{Re}\langle w, y - x_0 \rangle}{\| y \|} = +\infty. \qquad (2.3.8)$$

则对任一 $w_0 \in E^*$,存在 $\overline{y} \in X$ 及 $\overline{w} \in T(\overline{y})$,使得

$$\mathrm{Re}\langle \overline{w} - w_0, \overline{y} - x_0 \rangle \leqslant 0, \forall x \in X. \qquad (2.3.9)$$

证. 设 w_0 是任一给定的点,由条件(2.3.8)有

$$\lim_{\| y \| \to \infty, y \in X, w \in T(y)} \inf \frac{\mathrm{Re}\langle w - w_0, y - x_0 \rangle}{\| y \|}$$

$$\geqslant \lim_{\|y\|\to\infty, y\in X, w\in T(y)} \inf \left(\frac{\mathrm{Re}\langle w, y-x_0\rangle}{\|y\|} - \|w_0\| \right)$$

$$= +\infty.$$

现定义一映象 $T^* : X \to 2^{E^*}$ 如下:

$$T^*(y) = T(y) - w_0, y \in X.$$

则 T^* 是单调的且由 X 的线段到 E^* 的弱拓扑是上半连续的,并且满足条件:

$$\lim_{\|y\|\to\infty, y\in X, w\in T^*(y)} \inf \frac{\mathrm{Re}\langle w, y-x_0\rangle}{\|y\|} = +\infty.$$

由定理 2.3.3,存在 $\overline{y} \in X, \overline{w} \in T^*(\overline{y})$ 使得

$$\mathrm{Re}\langle \overline{w}, \overline{y}-x\rangle \leqslant 0, \forall x \in X.$$

故存在 $\hat{w} \in T(\overline{y})$,使得 $\overline{w} = \hat{w} - w_0$. (2.3.9)式得证.

§2.4 Lions-Stampacchia 变分不等式

本节处处设 H 是一实 Hilbert 空间,$a(\cdot, \cdot)$ 是 H 上的连续的双线性泛函,即存在常数 $c > 0$,使得

$$|a(u,v)| \leqslant c \|u\| \cdot \|v\|, \forall u, v \in H. \tag{2.4.1}$$

所谓的 **Lions-Stampacchia 变分不等式**,即对任意给定的 $f \in H$ 及任给的凸集 $K \subset H$,求 $u \in K$,使得

$$a(u, v-u) \geqslant \langle f, v-u\rangle, \forall v \in K. \tag{2.4.2}$$

注. 如果 $K = H$,则(2.4.2)等价于:求 $u \in H$ 使得

$$a(u,v) = \langle f, v\rangle, \forall v \in K.$$

这一问题在 Lax-Milgram[165] 中首先加以研究.

下面我们研究变分不等式(2.4.2)解的存在性和唯一性问题.

双线性型 $a(\cdot, \cdot)$ 称为**强制的**,如果存在 $\alpha > 0$,使得

$$a(v,v) \geqslant \alpha \|v\|^2, \forall v \in H. \tag{2.4.3}$$

定理 2.4.1. 设 $a(\cdot, \cdot)$ 是一满足条件(2.4.1),(2.4.3)的双线性型,K 是 H 中之一非空闭凸集,则变分不等式(2.4.2)有唯一解 $u \in K$,而且映象 $f \longmapsto u$ 是 H 到 H 的连续映象.

证. 首先证明变分不等式(2.4.2)解的唯一性及映象 $f \longmapsto u$ 的连续性.

事实上,设 $u_i, i = 1, 2$ 是(2.4.2)在 K 中的二解,于是有

$$a(u_1,v-u_1) \geqslant \langle f_1,v-u_1 \rangle, \forall v \in K, f_1 \in H,$$

$$a(u_2,v-u_2) \geqslant \langle f_2,v-u_2 \rangle, \forall v \in K, f_2 \in H,$$

在第一式中取 $v=u_2$，在第二式中取 $v=u_1$，然后把这二式加起来，简化后得

$$-a(u_1-u_2,u_1-u_2) \geqslant -\langle f_1-f_2,u_1-u_2 \rangle.$$

由(2.4.3)即得

$$\alpha \| u_1-u_2 \|^2 \leqslant \| f_1-f_2 \| \cdot \| u_1-u_2 \|,$$

即 $\| u_1-u_2 \| \leqslant \dfrac{1}{\alpha} \| f_1-f_2 \|$. 这就表明(2.4.2)的解是唯一的，而映象

$f \longmapsto u$ 是连续的.

下面证明(2.4.2)解的存在性.

设 $A \in L(H,H)$（由 H 到 H 的线性连续算子的空间）是由下式定义的线性连续算子

$$a(u,v)=\langle A(u),v \rangle, u,v \in H. \tag{2.4.4}$$

记 $M= \| A \|_{L(H,H)}$，且设 $\rho \in (0,\dfrac{2\alpha}{M^2})$，下面证存在 $\delta \in (0,1)$，使得

$$|\langle u,v \rangle - \rho a(u,v)| \leqslant \delta \cdot \| u \| \cdot \| v \|, \forall u,v \in H. \tag{2.4.5}$$

事实上，我们有

$$|\langle u,v \rangle - \rho a(u,v)| = |\langle u-\rho A(u),v \rangle|$$

$$\leqslant \| u-\rho A(u) \| \cdot \| v \|. \tag{2.4.6}$$

而且

$$\| u-\rho A(u) \|^2 = \| u \|^2 + \rho^2 \| A(u) \|^2 - 2\rho a(u,v)$$

$$\leqslant (1+M^2\rho^2-2\alpha\rho) \| u \|^2.$$

因 $\rho \in (0,\dfrac{2\alpha}{M^2})$，故 $\delta := \sqrt{1+M^2\rho^2-2\alpha\rho} \in (0,1)$.

把上式代入(2.4.6)，结论(2.4.5)即得证.

现考察两种情形：

(a) $a(u,v)=\langle u,v \rangle$.

此时问题(2.4.2)等价于：求 $u \in K$，使得

$$\langle u,v-u \rangle \geqslant \langle f,v-u \rangle, \forall v \in K,$$

即

$$\langle u-f,v-u \rangle \geqslant 0, \forall v \in K \tag{2.4.7}$$

由命题1.2.3，u 满足(2.4.7)等价于

$$u=P_K(f), \tag{2.4.8}$$

其中 P_K 是 H 到 K 上的投影.

(b) $a(\cdot,\cdot)$ 是一般的双线性型.

设 $\rho \in (0, \frac{2\alpha}{M^2})$，对任给的 $u \in H$，定义 $\Phi(u) \in H$ 如下：

$$\langle \Phi(u), v \rangle = \langle u, v \rangle - \rho a(u, v) + \rho \langle f, v \rangle, \quad v \in H.$$

于是对任意的 $u_1, u_2 \in H$，由 (2.4.5) 有

$$|\langle \Phi(u_1) - \Phi(u_2), v \rangle| = |\langle u_1 - u_2, v \rangle - \rho a(u_1 - u_2, v)|$$
$$\leqslant \delta \| u_1 - u_2 \| \cdot \| v \|.$$

由 (a)，存在唯一的 $w \in K, w = P_K(\Phi(u)) := T(u)$，使得

$$\langle w, v - w \rangle \geqslant \langle \Phi(u), v - w \rangle, \quad \forall v \in K.$$

上式表明，我们可以定义一映象 $T: H \to K, w = T(u)$，使得

$$\| T(u_1) - T(u_2) \| = \| P_K(\Phi(u_1)) - P_K(\Phi(u_2)) \|$$
$$\leqslant \| \Phi(u_1) - \Phi(u_2) \|$$
$$\leqslant \delta \| u_1 - u_2 \|.$$

因 $\delta \in (0,1)$，故 $T: H \to K$ 是一压缩映象，故存在唯一的 $u_* \in K$，使得 $u_* = T(u_*)$. 从而有

$$\langle u_*, v - u_* \rangle \geqslant \langle \Phi(u_*), v - u_* \rangle$$
$$= \langle u_*, v - u_* \rangle - \rho a(u_*, v - u_*) + \rho \langle f, v - u_* \rangle, \quad \forall v \in K.$$

因 $\rho > 0$，故 u_* 是变分不等式 (2.4.2) 的解. 证毕.

§2.5 对偏微分方程边值问题的应用

在本节中，我们假定 Ω 是 $\mathbf{R}^n$ 中的有界开集，$\partial\Omega$ 是 Ω 的边界，$\overline{\Omega}$ 是 Ω 的闭包. $|x|$ 表点 $x \in \mathbf{R}^n$ 的欧氏范数. $C^m(\Omega)$（或 $C^m(\overline{\Omega})$）表 Ω（或 $\overline{\Omega}$）上具 m 阶连续偏导数的函数全体所构成的空间，$C_0^m(\Omega)$ 是 $C^m(\Omega)$ 中在 $\partial\Omega$ 附近为 0 的函数全体的集合，其中 $m \geqslant 0$. 当 $p \geqslant 1$ 时，$u \in L^p(\Omega)$ 的范数记为 $\| u \|_p$. 而 $C^m(\Omega)(C_0^m(\Omega))$ 关于范数

$$\| u \|_{H^m(\Omega)} = \sum_{0 \leqslant |j| \leqslant m} \| D^j u \|_2$$

的完备化空间记为 $H^m(\Omega)(H_0^m(\Omega))$，又上式中的 $j = (j_1, j_2, \cdots, j_n)$，而

$$D^j = D_{x_1}^{j_1} D_{x_2}^{j_2} \cdots D_{x_n}^{j_n}, D_{x_i}^{j_i} = \frac{\partial^{j_i}}{\partial x_i^{j_i}}, |j| = j_1 + j_2 + \cdots + j_n.$$

以下假定 Ω 充分光滑，使得空间 $H^m(\Omega)$ 与满足条件 $D^j u \in L^2(\Omega)$，$0 \leqslant |j| \leqslant m$ 的分布 u 的空间相重合. 又 $H_0^1(\Omega)$ 中的范数为

$$\| u_x \|_2 = \sum_{i=1}^n \| u_{x_i} \|^2, u \in H_0^1(\Omega).$$

设 L 是由下式定义的 $2m$ 阶的微分算子，其系数是实的有界可测函数，

$$Lu = \sum_{|\alpha|,\,|\beta| \leqslant m} (-1)^{\alpha} D^{\alpha}(a_{\alpha\beta} D^{\beta} u). \tag{2.5.1}$$

设 $a(\cdot,\cdot)$ 是由下式定义的双线性型：

$$a(u,v) = \int_{\Omega} \sum_{|\alpha|,\,|\beta| \leqslant m} a_{\alpha\beta} D^{\alpha} u \cdot D^{\beta} v \, \mathrm{d}x.$$

设 V 是一 Hilbert 空间，满足条件：

$$H_0^m(\Omega) \subset V \subset H^m(\Omega),$$

设 K 是 V 中之一闭凸集，$f \in V$ 是一给定的点. 由定理 2.4.1 可得下面的定理.

定理 2.5.1. 设 $a(\cdot,\cdot)$ 是强制的，则存在唯一的 $u \in K$，使得

$$a(u, v-u) \geqslant \langle f, v-u \rangle, \ \forall v \in K.$$

作为定理 2.5.1 的应用，我们来考察下面的例子.

例 2.5.1. 设 L 是由下式定义的二阶椭圆算子：

$$Lu = -\sum_{i,j=1}^{n} (a_{ij} u_{x_i})_{x_j}, \tag{2.5.2}$$

且满足条件 $\sum_{i,j} a_{ij} \xi_i \xi_j \geqslant \alpha \, |\xi|^2$，其中 a_{ij} 不必是对称的. 设 $f_i \in L^2(\Omega)$，$i = 1,2,\cdots,n$. 设 $E \subset \Omega$ 是一紧集，$\varphi \in H^1(\Omega)$ 是一给定的函数. 而集合

$$K = \{u \in H_0^1(\Omega) : u \geqslant \varphi, \ \forall x \in E\}.$$

因双线性型

$$a(u,v) = \sum_{i,j} \int_{\Omega} a_{ij} u_{x_i} v_{x_j} \, \mathrm{d}x$$

在 $H_0^1(\Omega)$ 中是强制的，故 K 是 $H_0^1(\Omega)$ 中之一闭凸集. 于是由定理 2.4.1 可得下面的定理.

定理 2.5.2. 存在唯一的函数 $u \in H_0^1(\Omega)$，满足 $u(x) \geqslant \varphi(x)$，$\forall x \in E$，使得

$$\sum_{i,j=1}^{n} \int_{\Omega} a_{ij} u_{x_i} (v-u)_{x_j} \, \mathrm{d}x \geqslant \sum_{j=1}^{n} \int_{\Omega} f_j (v-u)_{x_j} \, \mathrm{d}x, \ \forall v \in K. \tag{2.5.3}$$

§2.6　辅助原理与一类双线性型变分不等式解的存在性问题

在本节中，我们将利用辅助原理（见 [116]）研究下面一类双线性型变分不等式解的存在性和唯一性问题：

$$a(u,v-u)+b(u,v)-b(u,u)\geqslant\langle A(u),v-u\rangle,\forall v\in K. \quad (2.6.1)$$

为此,我们首先研究一类抽象的变分不等式解的存在性问题.

（Ⅰ）抽象的变分不等式定理

定理 2.6.1. 设 E 是一 Hausdorff 拓扑线性空间,X 是 E 之一非空的闭凸集.设函数 φ 和 $\Psi:X\times X\rightarrow\mathbf{R}$ 满足条件:

（ⅰ）$\Psi(x,y)\leqslant\varphi(x,y),\Psi(x,x)\geqslant0,\forall x,y\in X$;

（ⅱ）函数 $y\longmapsto\varphi(x,y)$ 是上半连续的;

（ⅲ）对任一 $y\in X$,集 $\{x\in X:\Psi(x,y)<0\}$ 是凸的;

（ⅳ）存在一非空的紧集 $K\subset X$,及 $x_0\in K$ 使得

$$\Psi(x_0,y)<0,\forall y\in X\backslash K.$$

则存在 $\overline{y}\in K$,使得

$$\varphi(x,\overline{y})\geqslant0,\forall x\in X. \quad (2.6.2)$$

证.对任给的 $x\in X$,令

$$G(x)=\{y\in X:\varphi(x,y)\geqslant0\}.$$

首先证明集族 $\{G(x):x\in X\}$ 具有限交性质.事实上,对任意的有限集 $\{x_1,x_2,\cdots,x_n\}\subset X$,令

$$C=\mathrm{co}(K\bigcup\{x_1,x_2,\cdots,x_n\}),$$

则 C 是 X 之一紧凸集.对任一 $x\in X$,令

$$A(x)=\{y\in C:\Psi(x,y)\geqslant0\}, \quad \overline{A}(x)=\overline{A(x)},$$

$$L(x)=\{y\in K:\Psi(x,y)\geqslant0\}.$$

易知

$$L(x)=A(x)\bigcap K, \quad \overline{L(x)}=\overline{A(x)}\bigcap K,x\in K.$$

现证 $\overline{A}:C\rightarrow2^C$ 具有性质:对任一有限集 $\{u_1,u_2,\cdots,u_m\}\subset C$ 有

$$\mathrm{co}\{u_1,u_2,\cdots,u_m\}\subset\bigcup_{i=1}^{m}\overline{A}(u_i)=\bigcup_{i=1}^{m}\overline{A(u_i)}.$$

设不然,则存在某一有限集 $\{u_1,u_2,\cdots,u_n\}\subset C$ 使得

$$\mathrm{co}\{u_1,u_2,\cdots,u_n\}\not\subset\bigcup_{i=1}^{n}\overline{A(u_i)}, \quad (2.6.3)$$

故存在 $\overline{x}\in\mathrm{co}\{u_1,u_2,\cdots,u_n\}$ 使得 $\overline{x}\notin\bigcup_{i=1}^{n}\overline{A(u_i)}$,从而 $\overline{x}\notin A(u_i),i=1,2,\cdots,n$,这就表明

$$\Psi(u_i,\overline{x})<0,\forall i=1,2,\cdots,n.$$

由条件（ⅲ）,有 $\Psi(\overline{x},\overline{x})<0$.这与条件（ⅰ）矛盾.故由 Ky Fan 定理（见第三章定理 3.2.3)有

$$\bigcap_{x\in C}\overline{A(x)}\neq\varnothing. \tag{2.6.4}$$

设 $y_*\in\bigcap_{x\in C}\overline{A(x)}$. 由条件(iv), $x_0\in K\subset C$, 故 $y_*\in\overline{A(x_0)}$, 从而存在某一网 $\{y_n\}\subset A(x_0)$, 使得 $y_n\rightarrow y_*$. 又因 $\{y_n\}\subset A(x_0)$, 故有

$$\Psi(x_0,y_n)\geqslant 0,\forall n\geqslant 1.$$

由条件(iv), $\{y_n\}\subset K$, 从而 $y_*\in K$. 从而有

$$y_*\in(\bigcap_{x\in C}\overline{A(x)})\bigcap K=\bigcap_{x\in C}(\overline{A(x)}\bigcap K)$$

$$=\bigcap_{x\in C}\overline{L(x)}\subset\bigcap_{i=1}^{n}\overline{L(x_i)}.$$

上式表明集族 $\{\overline{L(x)}:x\in X\}$ 具有限交性质. 另由条件(i), 对任一 $x\in X$, $L(x)\subset G(x)$ 且 $G(x)$ 是闭的, 故 $\overline{L(x)}\subset G(x)$. 这就表明 $\{G(x):x\in X\}$ 也具有限交性质. 因 K 紧, 故 $\bigcap_{x\in X}G(x)\neq\varnothing$. 取 $\overline{y}\in\bigcap_{x\in X}G(x)$, 则有 $\varphi(x,\overline{y})\geqslant 0$, $\forall x\in X$.　证毕.

(Ⅱ)变分不等式(2.6.1)解的存在性和唯一性

所谓的**辅助原理**是指对给定的 $\overline{u}\in K$, 求 $z\in K$ 使得

$$a(z,v-z)+b(\overline{u},v)-b(\overline{u},z)\geqslant\langle A(z),v-z\rangle,\forall v\in K.$$

在本小节中我们借助辅助原理研究变分不等式(2.6.1)解的存在性和唯一性. 我们处处假定 E 是一自反的 Banach 空间, E^* 是 E 的共轭空间, K 是 E 之一非空闭凸集, $\theta\in K$.

设 $a(\cdot,\cdot)$ 是 E 上的连续双线性型, 即存在常数 $\alpha>0$ 和 $\beta>0$, 使得

$$a(u,u)\geqslant\alpha\|u\|^2,\forall u\in E \tag{2.6.5}$$

$$|a(u,v)|\leqslant\beta\|u\|\cdot\|v\|,\forall u,v\in E. \tag{2.6.6}$$

设 $b(\cdot,\cdot):E\times E\rightarrow\mathbf{R}$ 是一泛函且满足条件:

(i) $b(\cdot,\cdot)$ 关于第一变量是线性的;

(ii) $b(\cdot,\cdot)$ 关于第二变量是凸的和下半连续的;

(iii) 存在常数 $r\in(0,\alpha)$ 使得

$$b(u,v)\leqslant r\|u\|\cdot\|v\|,\forall u,v\in E, \tag{2.6.7}$$

其中 α 是在(2.6.5)中出现的常数;

(iv) 对任意的 $u,v,w\in K$,

$$b(u,v)-b(u,w)\leqslant b(u,v-w). \tag{2.6.8}$$

注. 应该指出:由条件(iii), (iv)知 $b(u,0)=0$, $\forall u\in E$.

设 $A:K\rightarrow E^*$ 是一映象. T 称为**反单调的**, 如果

$$\langle A(u)-A(v),u-v\rangle\leqslant 0,\forall u,v\in K. \tag{2.6.9}$$

现在给出本节的主要结果:

定理 2.6.2. 设 $E,K,a(\cdot,\cdot)$ 及 $b(\cdot,\cdot)$ 满足上述条件,设 $A:K\to E^*$ 是一反单调的半连续映象,则变分不等式(2.6.1)在 K 中有解.

证. 我们利用辅助原理证明定理的结论.

(1)对任给的 $\bar{u}\in K$,下证存在唯一的 $\bar{w}\in K$ 使得

$$a(\bar{w},v-\bar{w})+b(\bar{u},v)-b(\bar{u},\bar{w})\geqslant\langle A(\bar{w}),v-\bar{w}\rangle,\forall v\in K.$$

$$(2.6.10)$$

现定义 $\varphi,\Psi:K\times K\to \mathbf{R}$ 如下:对任意的 $v,w\in K$,

$$\varphi(v,w)=a(v,v-w)+b(\bar{u},v)-b(\bar{u},w)-\langle A(v),v-w\rangle,$$

$$\Psi(v,w)=a(w,v-w)+b(\bar{u},v)-b(\bar{u},w)-\langle A(w),v-w\rangle.$$

下证:在弱拓扑意义下,映象 φ 和 Ψ 满足定理 2.6.1 的所有条件.

事实上,由 $a(\cdot,\cdot)$ 的强制双线性,及 A 的反单调性,易知定理2.6.1 的条件(ⅰ)成立.

另由 $a(\cdot,\cdot)$ 的双线性和连续性知,$a(v,v-w)$ 关于 w 是弱上半连续的.其次,由 $b(u,w)$ 关于 w 是凸的和下半连续的,因而 $b(u,w)$ 关于 w 是弱下半连续的,从而 $\varphi(v,w)$ 关于 w 是弱上半连续的.因而定理 2.6.1 的条件(ⅱ)满足.

由条件(ⅲ)知定理 2.6.1 的条件(ⅲ)满足.

令

$$\rho=\frac{2}{\alpha}(\|A(\theta)\|+r\|u\|),\quad M=\{x\in K:\|x\|\leqslant\rho\},$$

则 M 是 K 中之一弱紧凸集且 $\theta\in M$.取 $x_0=\theta$,于是对任一 $w\in K\backslash M$,有

$$\Psi(\theta,w)=a(w,-w)-b(\bar{u},w)-\langle A(w),-w\rangle$$

$$\leqslant-a(w,w)-b(\bar{u},w)+\langle A(w),w\rangle$$

$$\leqslant-\|w\|(\alpha\|w\|-\gamma\|\bar{u}\|-\|A(\theta)\|)$$

$$<-\rho(\|A(\theta)\|+\gamma\|\bar{u}\|)<0.$$

因而定理 2.6.1 的条件(ⅳ)也满足,于是由定理 2.6.1 知,存在 $\bar{w}\in K$,使得

$$\varphi(v,\bar{w})\geqslant 0,\forall v\in K.$$

即

$$a(v,v-\bar{w})+b(\bar{u},v)-b(\bar{u},\bar{w})\geqslant\langle A(v),v-\bar{w}\rangle,\forall v\in K.$$

$$(2.6.11)$$

任给 $v\in K$,令 $x_t=tv+(1-t)\bar{w},t\in(0,1]$,则 $x_t\in K$.在(2.6.11)中代

v 以 x_t,则有

$$ta(x_t,v-\overline{w})+b(\overline{u},x_t)-b(\overline{u},\overline{w})\geqslant t\langle A(x_t),v-w\rangle.$$

先消去 t,并注意 $a(\cdot,\cdot)$ 的连续性及 A 的半连续性,于上式两端让 $t\to 0^+$ 即得

$$a(\overline{w},v-\overline{w})+b(\overline{u},v)-b(\overline{u},\overline{w})\geqslant\langle A(\overline{w}),v-\overline{w}\rangle,\forall v\in K.$$

上式表明,对任给的 $\overline{u}\in K$,存在 $\overline{w}\in K$ 满足(2.6.10).

下面证明 $\overline{w}$ 是唯一的. 设相反,对给定的 $\overline{u}\in K$,存在 $w_1,w_2\in K$ 满足(2.6.10). 于是对任意的 $v\in K$ 有

$$a(w_1,v-w_1)+b(\overline{u},v)-b(\overline{u},w_1)\geqslant\langle A(w_1),v-w_1\rangle, \qquad (2.6.12)$$

$$a(w_2,v-w_2)+b(\overline{u},v)-b(\overline{u},w_2)\geqslant\langle A(w_2),v-w_2\rangle. \qquad (2.6.13)$$

在(2.6.12)中取 $v=w_2$,在(2.6.13)中取 $v=w_1$,然后两式相加,化简后得

$$a(w_2-w_1,w_2-w_1)\leqslant\langle A(w_2)-A(w_1),w_2-w_1\rangle.$$

由 A 的反单调性及 $a(\cdot,\cdot)$ 的强制性得 $w_1=w_2$.

上面的证明表明:对任给的 $u\in K$,存在唯一的 $w\in K$ 满足(2.6.10). 记 u 与 w 之间的对应关系为 F,即有

$$w=F(u).$$

(2)现证由上式定义的 $F:K\to K$ 是一压缩映象.

事实上,对任给的 $u_1,u_2\in K$,在(2.6.10)中取 $\overline{u}=u_1,\overline{w}=F(u_1),v=F(u_2)$,有

$$a(F(u_1),F(u_2)-F(u_1))+b(u_1,F(u_2))-b(u_1,F(u_1))$$
$$\geqslant\langle A(F(u_1)),F(u_2)-F(u_1)\rangle. \qquad (2.6.14)$$

又在(2.6.10)中取 $\overline{u}=u_2,\overline{w}=F(u_2),v=F(u_1)$,有

$$a(F(u_2),F(u_1)-F(u_2))+b(u_2,F(u_1))-b(u_2,F(u_2))$$
$$\geqslant\langle A(F(u_2)),F(u_1)-F(u_2)\rangle. \qquad (2.6.15)$$

上两式相加,化简,得

$$a(F(u_1)-F(u_2),F(u_2)-F(u_1))+b(u_2-u_1,F(u_1))-b(u_2-u_1,F(u_2))$$
$$\geqslant\langle A(F(u_1))-A(F(u_2)),F(u_2)-F(u_1)\rangle$$
$$\geqslant 0.$$

由条件(2.6.8)有

$$a(F(u_1)-F(u_2),F(u_1)-F(u_2))\leqslant b(u_2-u_1,F(u_1)-F(u_2)).$$

于是由条件(2.6.5)和(2.6.7)知

$$\alpha\parallel F(u_1)-F(u_2)\parallel^2\leqslant r\parallel u_1-u_2\parallel\cdot\parallel F(u_1)-F(u_2)\parallel,$$

即 $\qquad \| F(u_1)-F(u_2) \| \leqslant \dfrac{r}{\alpha} \| u_1-u_2 \|.$

由假定，$r\in(0,\alpha)$，故 $\dfrac{r}{\alpha}<1$. 从而得知 $F:K\rightarrow K$ 是一压缩映象. 由 Banach 不动点定理，存在唯一的 $u\in K$，使得

$$a(u,v-u)+b(u,v)-b(u,u)\geqslant\langle A(u),v-u\rangle, \forall v\in K.$$

证毕.

§2.7 一类松弛的强制变分不等式组解的逼近问题

在本节中，我们利用投影方法研究下面的一类非线性松弛的强制变分不等式组（SNVI）

$$\begin{cases} \langle\zeta T(y^*,x^*)+x^*-y^*,x-x^*\rangle\geqslant0, \forall x\in K,\zeta>0, \\ \langle\eta T(x^*,y^*)+y^*-x^*,x-y^*\rangle\geqslant0, \forall x\in K,\eta>0 \end{cases} \quad (2.7.1)$$

解的逼近问题. 我们处处假定 H 是一 Hilbert 空间，K 是 H 中之一非空闭凸集，$T:K\times K\rightarrow H$ 是一映象.

由命题 1.2.3 知，如果 $x^*,y^*\in K$ 是（SNVI）问题（2.7.1）的解，则其等价于

$$\begin{cases} x^*=P_K[y^*-\zeta T(y^*,x^*)],\zeta>0 \\ y^*=P_K[x^*-\eta T(x^*,y^*)],\eta>0 \end{cases}$$

其中 P_K 是 H 到 K 上的投影.

现在我们考虑（SNVI）问题（2.7.1）的某些特例.

（1）如果 $\eta=0$，则（2.7.1）等价于非线性变分不等式问题（NVI）：求 $x^*\in K$ 使得

$$\langle T(x^*,x^*),x-x^*\rangle\geqslant0, \forall x\in K. \quad (2.7.2)$$

（2）如果 K 是一闭凸锥，则（2.7.1）等价于非线性相补问题（SNC）（见后面的第九章定理 9.1.1）：求 $x^*,y^*\in K,T(y^*,x^*)\in K^*,T(x^*,y^*)\in K^*$ 使得

$$\begin{cases} \langle\zeta T(y^*,x^*)+x^*-y^*,x^*\rangle=0,\zeta>0, \\ \langle\eta T(x^*,y^*)+y^*-x^*,y^*\rangle=0,\eta>0, \end{cases} \quad (2.7.3)$$

其中 K^* 是 K 的极锥，即 $K^*=\{f\in H:\langle f,x\rangle\geqslant0, \forall x\in K\}$.

（3）如果 $T:K\rightarrow H$ 是一单变量映象，则（2.7.1）等价于：求 $x^*,y^*\in K$，使得

$$\begin{cases} \langle \zeta T(y^*) + x^* - y^*, x - x^* \rangle \geqslant 0, \forall x \in K, \zeta > 0, \\ \langle \eta T(x^*) + y^* - x^*, x - y^* \rangle \geqslant 0, \forall x \in K, \eta > 0. \end{cases} \quad (2.7.4)$$

下面我们研究(SNVI)问题(2.7.1)的解的逼近. 为此我们给出如下的算法.

算法 2.7.1. 对任给的 $x_0, y_0 \in K$, 计算序列 $\{x_n\}, \{y_n\} \subset K$, 使得

$$\begin{cases} x_{n+1} = (1 - \alpha_n) x_n + \alpha_n P_K [y_n - \zeta T(y_n, x_n)], \\ y_n = (1 - \beta_n) x_n + \beta_n P_K [x_n - \eta T(x_n, y_n)], \end{cases} \quad n \geqslant 0.$$

$$(2.7.5)$$

算法 2.7.2. 如果 $T: K \to H$ 是一单变量的映象, 对任给的 $x_0, y_0 \in K$, 计算序列 $\{x_n\}, \{y_n\} \subset K$, 使得

$$\begin{cases} x_{n+1} = (1 - \alpha_n) x_n + \alpha_n P_K [y_n - \zeta T(y_n)], \\ y_n = (1 - \beta_n) x_n + \beta_n P_K [x_n - \eta T(x_n)], \end{cases} \quad n \geqslant 0,$$

$$(2.7.6)$$

其中 $\{\alpha_n\}, \{\beta_n\}$ 是 $[0,1]$ 中的序列.

算法 2.7.3. 当 $\beta_n = 1, \forall n \geqslant 0$, 则算法 2.7.1 化为:

$$\begin{cases} x_{n+1} = (1 - \alpha_n) x_n + \alpha_n P_K [y_n - \zeta T(y_n, x_n)], \\ y_n = P_K [x_n - \eta T(x_n, y_n)], \end{cases} \quad n \geqslant 0,$$

$$(2.7.7)$$

其中 $\alpha_n \in [0,1], \forall n \geqslant 0$.

算法 2.7.4. 如果 $\eta = 0$, 且 $\beta_n = 1, \forall n \geqslant 0$, 则算法 2.7.3 化为

$$x_{n+1} = (1 - \alpha_n) x_n + \alpha_n P_K [x_n - \zeta T(x_n, x_n)], \forall n \geqslant 0, \quad (2.7.8)$$

其中 $\{\alpha_n\} \subset [0,1]$.

定义 2.7.1. 映象 $T: K \times K \to H$ 称为**松弛**(γ, r)-**余强制的**, 如果存在常数 $\gamma, r > 0$ 使得 $\forall x, y \in K$,

$$\langle T(x, u) - T(y, v), x - y \rangle \geqslant (-\gamma) \| T(x, u) - T(y, v) \|^2$$
$$+ r \| x - y \|^2, \forall u, v \in K.$$

定义 2.7.2. 映象 $T: K \times K \to H$ 称为关于第一变量是 μ-**Lipschitz 连续的**, 如果存在常数 $\mu > 0$, 使得对任意的 $x, y \in K$,

$$\| T(x, u) - T(y, v) \| \leqslant \mu \| x - y \|, \forall u, v \in K.$$

定理 2.7.1. 设 $T: K \times K \to H$ 是松弛的 (γ, r)-余强制和关于第一变量为 Lipschitz 连续的映象. 设 $(x^*, y^*) \in K \times K$ 是 (SNVI) 问题 (2.7.1) 的解, $\{x_n\}, \{y_n\}$ 是由算法 2.7.1 定义的序列. 如果 $\{\alpha_n\}, \{\beta_n\}$ 是 $[0,1]$ 中的序列且满足下面的条件:

（ⅰ） $\sum\limits_{n=0}^{\infty} \alpha_n = \infty$；$\sum\limits_{n=0}^{\infty}(1-\beta_n)<\infty$；

（ⅱ） $0<\zeta<\dfrac{2(r-\gamma\mu^2)}{\mu^2}$，$0<\eta<\dfrac{2(r-\gamma\mu^2)}{\mu^2}$；$r>\gamma\mu^2$.

则 $\{x_n\},\{y_n\}$ 分别强收敛于 x^*,y^*.

证. 因 $x^*,y^*\in K$ 是(2.7.1)的解,故知

$$\begin{cases} x^*=P_K[y^*-\zeta T(y^*,x^*)], \\ y^*=P_K[x^*-\eta T(x^*,y^*)]. \end{cases}$$

由(2.7.5)知

$$\begin{aligned} \|x_{n+1}-x^*\| &= \|(1-\alpha_n)x_n+\alpha_n P_K[y_n-\zeta T(y_n,x_n)] \\ &\quad -(1-\alpha_n)x^*-\alpha_n P_K[y^*-\zeta T(y^*,x^*)]\| \\ &\leqslant (1-\alpha_n)\|x_n-x^*\| \\ &\quad +\alpha_n\|y_n-y^*-\zeta[T(y_n,x_n)-T(y^*,x^*)]\|. \end{aligned}$$

$$(2.7.9)$$

因 T 是松弛的 (γ,r)-余强制的,且关于第一变量是 μ-Lipschitz 连续的,故有

$$\begin{aligned} &\|y_n-y^*-\zeta[T(y_n,x_n)-T(y^*,x^*)]\|^2 \\ &= \|y_n-y^*\|^2+\zeta^2\|T(y_n,x_n)-T(y^*,x^*)\|^2 \\ &\quad -2\zeta\langle T(y_n,x_n)-T(y^*,x^*),y_n-y^*\rangle \\ &\leqslant \|y_n-y^*\|^2+\zeta^2\mu^2\|y_n-y^*\|^2 \\ &\quad +2\zeta\gamma\|T(y_n,x_n)-T(y^*,x^*)\|^2-2\zeta r\|y_n-y^*\|^2 \\ &\leqslant (1+\zeta^2\mu^2-2\zeta r+2\zeta\gamma\mu^2)\|y_n-y^*\|^2. \end{aligned}$$

$$(2.7.10)$$

把(2.7.10)代入(2.7.9),化简后得

$$\|x_{x+1}-x^*\|\leqslant(1-\alpha_n)\|x_n-x^*\|+\theta\alpha_n\|y_n-y^*\|, \qquad (2.7.11)$$

其中 $\theta=\sqrt{1+\zeta^2\mu^2-2\zeta r+2\zeta\gamma\mu^2}<1$（由条件(ⅱ)知）.

现在对 $\|y_n-y^*\|$ 作估计. 由(2.7.5)知

$$\begin{aligned} \|y_n-y^*\| &= \|(1-\beta_n)x_n+\beta_n P_K[x_n-\eta T(x_n,y_n)] \\ &\quad -(1-\beta_n)y^*-\beta_n P_K[x^*-\eta T(x^*,y^*)]\| \\ &\leqslant (1-\beta_n)\|x_n-y^*\| \\ &\quad +\beta_n\|x_n-x^*-\eta[T(x_n,y_n)-T(x^*,y^*)]\| \\ &\leqslant (1-\beta_n)\|x_n-x^*\|+(1-\beta_n)\|x^*-y^*\| \\ &\quad +\beta_n\|x_n-x^*-\eta[T(x_n,y_n)-T(x^*,y^*)]\|. \quad (2.7.12) \end{aligned}$$

利用与证明(2.7.11)相同的方法,可证

$$\| x_n - x^* - \eta [T(x_n, y_n) - T(x^*, y^*)] \|^2 \leqslant \delta^2 \| x_n - x^* \|^2,$$

(2.7.13)

其中 $\delta^2 = 1 + \eta^2 \mu^2 - 2\eta r + 2\eta \gamma \mu^2 < 1$. 把(2.7.13)代入(2.7.12),有

$$\| y_n - y^* \| \leqslant (1 - \beta_n) \| x_n - x^* \| + (1 - \beta_n) \| x^* - y^* \| + \beta_n \delta \| x_n - x^* \|$$

$$\leqslant \| x_n - x^* \| + (1 - \beta_n) \| x^* - y^* \|.$$ (2.7.14)

把(2.7.14)代入(2.7.11)有

$$\| x_{n+1} - x^* \|$$

$$\leqslant (1 - \alpha_n) \| x_n - x^* \| + \alpha_n \theta \{ \| x_n - x^* \| + (1 - \beta_n) \| x^* - y^* \| \}$$

$$\leqslant (1 - \alpha_n(1-\theta)) \| x_n - x^* \| + \alpha_n \theta (1 - \beta_n) \| x^* - y^* \|, \quad \forall n \geqslant 0.$$

(2.7.15)

由(2.7.15)易证 $\| x_n - x^* \| \to 0$,即 $x_n \to x^*$. 再由(2.7.14)知 $y_n \to y^*$.

定理 2.7.1 得证.

由定理 2.7.1 直接得出下面的结果.

定理 2.7.2. 设 $T:K \to H$ 是一单变量的松弛(γ, r)-余强制的,μ-Lipschitz 连续映象. 设 $(x^*, y^*) \in K \times K$ 是 (SNVI) 问题(2.7.4)的解,$\{x_n\}$,$\{y_n\}$ 是由算法 2.7.2 定义的序列,如果 $\{\alpha_n\}$,$\{\beta_n\}$ 是 $[0,1]$ 中的序列,且满足定理 2.7.1 中的条件(i),(ii),则 $\{x_n\}$,$\{y_n\}$ 分别强收敛于 x^* 和 y^*.

第三章 KKM 定理与 Ky Fan
极大极小不等式定理

§3.1 引 言

1929 年,波兰数学家 Knaster,Kuratowski,Mazurkiewicz(KKM)在文献[158]中,从 Sperner 引理[265]出发,得出了著名的 KKM 定理,并把它应用于 Brouwer 不动点定理的直接证明. 此后,人们又发现了 Brouwer 不动点定理、Sperner 引理及 KKM 定理三者的等价性,于是出现了关于这三个定理的多种等价形式的表述,至今这些结果已被广泛地应用于拓扑学、非线性分析、平衡理论、对策论、最优控制及最优化理论的研究中.

KKM 理论主要从事经典的 KKM 定理的各种形式的等价表述及其在各方面的应用的研究. 这一理论最初主要用于拓扑线性空间凸集的研究. 1961 年,Ky Fan 把 KKM 定理从有限维空间推广到无穷维空间,并对线性拓扑空间凸集的几何性质、最佳逼近定理及极大极小不等式等作出了卓越的贡献[104]. 他还把这些结果成功地应用于非线性的许多问题(其中包括 Browder 变分不等式)的研究.

近年来,KKM 理论已被许多人从多方面加以改进和发展. Lassonde [164]把这一理论推广到凸空间;Khamsi[150],Yuan[307],Kirk 等[155]把它推广到超凸度量空间;Horvath[127,128],Bardaro-Ceppitelli[13,14],Chang[53,65],Yuan[306]推广这一理论到 H-空间(或称 C-空间). 不久前 Park[233,234]引入了广义凸空间的概念(简称 G-凸空间,它包括前述各类空间为特例),并在这一空间的框架下,进一步研究了 KKM 理论(见 Park [235,237,238]及其参考文献).

本章的目的是介绍基本的 KKM 定理及 KKM 定理的 Ky Fan 形式的推广,并把这些结果应用于研究极大极小不等式、变分不等式、鞍点定理、数学经济、平衡理论及广义对策等.

§3.2　KKM 定理

设 $\triangle x_0 x_1 x_2$ 是欧氏平面上之一三角形，x_0, x_1, x_2 是其顶点. 以这三点为中心作三个圆面 M_0, M_1, M_2，使得三角形的边 $x_i x_j \subset M_i \cup M_j (i, j = 0, 1, 2, i < j)$，且 $\triangle x_0 x_1 x_2 \subset M_0 \cup M_1 \cup M_2$. 易证 $\bigcap\limits_{i=0}^{2} M_i$ 至少含三角形 $\triangle x_0 x_1 x_2$ 之一点（如图 3-1 所示）.

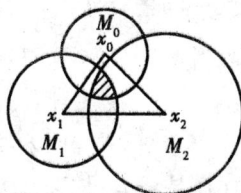

这一几何问题，实际上包含着关于单形的一个深刻的性质. 这一性质在 1929 年由 Knaster, Kuratowski 和 Mazurkiewicz 所揭示. 以后称之为 **KKM 定理**.

定理 3.2.1（KKM 定理[158]）. 设 E 是一 Hausdorff 拓扑线性空间，S 为 E 之一 $(n-1)$-维单形，$e_1, e_2, \cdots, e_n$ 为 S 的顶点，$M_1, M_2, \cdots, M_n$ 为 E 中的 n 个闭集. 如果对 S 的任一组顶点 $(e_{i_1}, e_{i_2}, \cdots, e_{i_k}) \subset (e_1, e_2, \cdots, e_n)$ $(1 \leqslant k \leqslant n)$ 有

$$\text{co}\{e_{i_1}, e_{i_2}, \cdots, e_{i_k}\} \subset \bigcup_{j=1}^{k} M_{i_j}, \tag{3.2.1}$$

则存在点 $\bar{x} \in S$，使得

$$\bar{x} \in \bigcap_{i=1}^{n} M_i.$$

图 3-1

证. 因 S 为 $(n-1)$-维子集，故其包含于 E 的某一 $(n-1)$-维子空间中，因而不妨设 E 本身就是一 $(n-1)$-维的 Hausdorff 拓扑线性空间. 又因每一 $(n-1)$-维 Hausdorff 拓扑线性空间必与空间 $\mathbf{R}^{n-1}$ 线性拓扑同构，故不失一般性可设 $E = \mathbf{R}^{n-1}$.

设定理的结论不真，因而

$$S \cap (\bigcap_{i=1}^{n} M_i) = \varnothing.$$

于是对任一 $x \in S$，必存在 $i_0 : 1 \leqslant i_0 \leqslant n$，使得 $x \notin M_{i_0}$. 因 M_{i_0} 闭，故

$$d(x, M_{i_0}) = \inf\{d(x, y) : y \in M_{i_0}\} > 0.$$

对每一 $x \in S$ 及每一 $i = 1, 2, \cdots, n$，令

$$d_i(x) = d(x, M_i) = \inf\{d(x, y) : y \in M_i\},$$

并记 $d(x) = \sum\limits_{i=1}^{n} d_i(x)$. 于是 $d : S \to (0, +\infty)$. 再令

$$f(x) = \frac{1}{d(x)} \left(\sum_{i=1}^{n} d_i(x) e_i \right), x \in S.$$

于是 $f:S \rightarrow S$ 连续. 由 Brouwer 不动点定理(定理 2.1.1), 存在 $\bar{x} \in S$, 使得

$$\bar{x} = f(\bar{x}) = \frac{1}{d(\bar{x})} \left(\sum_{i=1}^{n} d_i(\bar{x}) e_i \right). \tag{3.2.2}$$

现对每一 $i = 1, 2, \cdots, n$, 记 $U_i = S \backslash M_i$, 故 U_i 是 S 中的开集, 且

$$\bigcup_{i=1}^{n} U_i = \bigcup_{i=1}^{n} (S \backslash M_i) = S \backslash (\bigcap_{i=1}^{n} M_i) = S.$$

即 $\{U_i : i = 1, 2, \cdots, n\}$ 是 S 之一开覆盖. 因 $\bar{x} \in S$, 不妨设存在 $k : 1 \leqslant k \leqslant n$, 当 $1 \leqslant i \leqslant k$ 时 $\bar{x} \in U_i$, 而当 $1 + k \leqslant i \leqslant n$ 时, $\bar{x} \notin U_i$. 于是当 $1 \leqslant i \leqslant k$ 时, $d_i(\bar{x}) > 0$, 而当 $k + 1 \leqslant i \leqslant n$ 时, $d_i(\bar{x}) = 0$, 从而由 (3.2.1) 和 (3.2.2) 有

$$\bar{x} = \frac{1}{d(\bar{x})} \left(\sum_{i=1}^{k} d_i(\bar{x}) e_i \right) \in \mathrm{co}\{e_1, e_2, \cdots, e_k\} \subset \bigcup_{i=1}^{k} M_i.$$

故存在某一 $i_1 : 1 \leqslant i_1 \leqslant k$, 使得 $\bar{x} \in M_{i_1}$. 这与上面的结论相矛盾. 结论得证.

为了把定理 3.2.1 推广到无穷维空间, 我们先引入如下的概念:

定义 3.2.1. 设 E 是一线性空间, X 是 E 之一非空子集, $G: X \rightarrow 2^E$ 是一多值映象. 称 G 为 **KKM 映象**, 如果对任意有限集 $\{x_1, x_2, \cdots, x_n\} \subset X$ 有

$$\mathrm{co}\{x_1, x_2, \cdots, x_n\} \subset \bigcup_{i=1}^{n} G(x_i). \tag{3.2.3}$$

下面我们给出 KKM 映象的实例.

1° 变分问题

设 C 是一线性拓扑空间的一凸子集, 设 $\varphi: C \rightarrow \mathbf{R}$ 是一凸泛函. 对每一 $x \in C$, 令

$$G(x) = \{y \in C : \varphi(y) \leqslant \varphi(x)\}.$$

下证 $G: C \rightarrow 2^C$ 是一 KKM 映象.

设不然, 则存在某一有限集 $\{x_1, x_2, \cdots, x_n\} \subset C$, 使得

$$\mathrm{co}\{x_1, x_2, \cdots, x_n\} \not\subset \bigcup_{i=1}^{n} G(x_i).$$

故存在某一 $y_0 \in \mathrm{co}\{x_1, x_2, \cdots, x_n\}$, $y_0 = \sum_{i=1}^{n} \lambda_i x_i$, 其中 $\lambda_i \geqslant 0, i = 1, 2, \cdots, n$, $\sum_{i=1}^{n} \lambda_i = 1$, 使得 $y_0 \notin \bigcup_{i=1}^{n} G(x_i)$. 于是, 对每一 $i = 1, 2, \cdots, n, \varphi(x_i) < \varphi(y_0)$. 因 φ 是凸的, 故有 $\varphi(y_0) < \varphi(y_0)$, 矛盾. 故 G 是一 KKM 映象.

2° 最佳逼近问题

设 E 是一线性赋范空间, C 是 E 之一凸子集, $f: C \rightarrow C$ 是一映象. 对每一 $x \in C$, 令

$$G(x) = \{y \in C : \| f(y) - y \| \leqslant \| f(y) - x \|\}.$$

下证 $G:C\to 2^C$ 是一 KKM 映象.

事实上,设 G 不是 KKM 映象,则有 $y_0=\sum\limits_{i=1}^n \lambda_i x_i \in C, y_0 \notin \bigcup\limits_{i=1}^n G(x_i)$,

其中 $\lambda_i \geqslant 0, i=1,2,\cdots,n, \sum\limits_{i=1}^n \lambda_i=1$. 则对每一 $i=1,2,\cdots,n$ 有

$$\|f(y_0)-y_0\| > \|f(y_0)-x_i\|.$$

因而,对每一 $i=1,2,\cdots,n, x_i \in B$,其中

$$B=\{x \in E: \|f(y_0)-x\| < \|f(y_0)-y_0\|\}.$$

因 B 是凸集,故 $y_0 \in B$,从而有

$$\|f(y_0)-y_0\| < \|f(y_0)-y_0\|.$$

矛盾. 由此矛盾知 G 是 KKM 映象.

类似的,如果 E 是一局部凸的 Hausdorff 线性拓扑空间,C 是 E 中的凸集,p 是 E 上的半范数. 设 $f:C\to E$ 是一映象. 对每一 $x \in C$,令

$$G(x)=\{y \in C: p(f(y)-y) \leqslant p(f(y)-x)\}.$$

则可证 $G:C\to 2^C$ 也是一 KKM 映象.

3° 变分不等式问题

设 H 是一 Hilbert 空间,C 是 H 中之一凸子集,$f:C\to H$ 是一映象. 对每一 $x \in C$,令

$$G(x)=\{y \in C: \langle f(y), y-x \rangle \leqslant 0\}.$$

用与(Ⅱ)中相同的方法,可证 G 是一 KKM 映象.

下面我们讨论 KKM 映象的基本性质.

定理 3.2.2. 设 E 是一线性空间,$X \subseteq E$ 是一非空子集,$G:X\to 2^E$ 是一 KKM 映象,且对每一 $x \in X, G(x)$ 是有限闭的(即 $G(x)$ 与 E 的任一有限维子空间 L 的交 $L \bigcap G(x)$ 按 L 中的 Euclid 拓扑是闭的). 则集合族 $\{G(x):x \in X\}$ 具有限交性质.

证. 用反证法. 设存在某一有限集 $\{x_1,x_2,\cdots,x_n\} \subset X$,使得

$$\bigcap_{i=1}^n G(x_i)=\varnothing. \tag{3.2.4}$$

令 $L=\mathrm{span}\{x_1,x_2,\cdots,x_n\}, C=\mathrm{co}\{x_1,x_2,\cdots,x_n\}$,故 $C \subset L$. 设 d 是 L 上的欧氏度量. 由假定,对每一 $i=1,2,\cdots,n, L \bigcap G(x_i)$ 是 L 中的闭集,故

$$d(x,L \bigcap G(x_i))=0 \Leftrightarrow x \in L \bigcap G(x_i).$$

由(3.2.4)知,$\bigcap\limits_{i=1}^n (L \bigcap G(x_i))=\varnothing$.

现定义一函数 $\lambda:C\to C$ 如下:

$$\lambda(c) = \sum_{i=1}^{n} \mathrm{d}(c, L \cap G(x_i)), c \in C.$$

现证,对每一 $c \in C, \lambda(c) > 0$. 事实上,如果有某一 $\bar{c} \in C$,使 $\lambda(\bar{c}) = 0$,则 $\bar{c} \in \bigcap_{i=1}^{n} (L \cap G(x_i))$. 这与前面的结论矛盾. 故结论成立. 再定义 $f: C \to C$ 如下:

$$f(c) = \frac{1}{\lambda(c)} \left(\sum_{i=1}^{n} \mathrm{d}(c, L \cap G(x_i)) x_i \right).$$

则 f 连续. 于是由 Brouwer 不动点定理,存在 $c^* \in C \subset L$,使得 $c^* = f(c^*)$. 记

$$I = \{ i \in \{1, 2, \cdots, n\} : \mathrm{d}(c^*, L \cap G(x_i)) \neq 0 \}.$$

则对每一 $i \in I, c^* \notin L \cap G(x_i)$,从而 $c^* \notin G(x_i)$. 故

$$c^* \notin \bigcup_{i \in I} G(x_i). \tag{3.2.5}$$

但因 G 是 KKM 映象,于是有

$$c^* = f(c^*) = \frac{1}{\lambda(c^*)} \left(\sum_{i=1}^{n} \mathrm{d}(c^*, L \cap G(x_i)) x_i \right)$$

$$= \frac{1}{\lambda(c^*)} \left(\sum_{i \in I} \mathrm{d}(c^*, L \cap G(x_i)) x_i \right) \in \mathrm{co}\{x_i : i \in I\} \subset \bigcup_{i \in I} G(x_i).$$

这与(3.2.5)相矛盾. 定理得证.

作为定理 3.2.2 的直接推论,我们给出 Ky Fan 的关于 KKM 定理的无穷维推广.

定理 3.2.3(FKKM 定理[104]). 设 E 是一 Hausdorff 拓扑线性空间,X 是 E 中的非空子集. 设 $G: X \to 2^E$ 为一 KKM 映象. 再设对每一 $x \in X, G(x)$ 为 E 中的闭集且至少存在一点 $x_0 \in X$,使得 $G(x_0)$ 是 E 中的紧集,则

$$\bigcap_{x \in X} G(x) \neq \varnothing. \tag{3.2.6}$$

证. 对每一 $x \in X$,令 $\tilde{G}(x) = G(x) \cap G(x_0)$,则 $\{\tilde{G}(x) : x \in X\}$ 是 $G(x_0)$ 中的闭集族. 因 E 是 Hausdorff 的,故紧集中的每一闭子集是紧的. 从而 $\{\tilde{G}(x) : x \in X\}$ 是一紧集族. 又因对每一 $x \in X, \tilde{G}(x)$ 是闭集,故 $\tilde{G}(x)$ 是有限闭的. 由定理 3.2.2,$\{\tilde{G}(x) : x \in X\}$ 具有限交性质. 于是由紧集的性质知 $\bigcap_{x \in X} \tilde{G}(x) \neq \varnothing$,从而有

$$\bigcap_{x \in X} G(x) = \bigcap_{x \in X} (G(x) \cap G(x_0)) = \bigcap_{x \in X} \tilde{G}(x) \neq \varnothing.$$

定理得证.

1981 年,Gwinner 对定理 3.2.3 给出如下的推广[117].

定理 3.2.4. 设 E 是一 Hausdorff 拓扑线性空间，$X \subset E$ 是一闭集，$G:$ $X \to 2^E$ 是一 KKM 映象，满足下列条件：

（i）对每一 $x \in X$，$G(x)$ 是有限闭的；

（ii）存在 $x_0 \in X$，使得 $\overline{G(x_0)}$ 是 E 中的紧集；

（iii）存在包含 x_0 的一有限维截口 $D = X \bigcap F$，其中 F 是 E 中任一包含 x_0 的有限维子空间，使得

$$\overline{(\bigcap_{y \in D} G(y))} \bigcap D = (\bigcap_{y \in D} G(y)) \bigcap D.$$

则 $\bigcap_{x \in X} G(x) \neq \varnothing$.

§3.3　广义 KKM 映象与广义 KKM 定理

（I）对角拟-凸（对角拟-凹）

在本节中假定 E 是一拓扑空间，X 是 E 之一非空凸集.

定义 3.3.1. 设 $\varphi: X \times X \to (-\infty, +\infty]$ 是一函数.

（i）$y \longmapsto \varphi(x, y)$ 称为**拟凸的**，如果对任意的 $\lambda \in (-\infty, \infty]$，集 $\{y \in X: \varphi(x, y) \leqslant \lambda\}$ 是 X 中的凸集.

（ii）$y \longmapsto \varphi(x, y)$ 称为**对角拟凸的**，如果对任意的有限集 $\{y_1, y_2, \cdots, y_n\} \subset X$ 及 $y_0 \in co\{y_1, y_2, \cdots, y_n\}$，有

$$\varphi(y_0, y_0) \leqslant \max_{1 \leqslant i \leqslant n} \varphi(y_0, y_i). \tag{3.3.1}$$

（iii）$y \longmapsto \varphi(x, y)$ 称为 γ-**对角拟凸的**，其中 $\gamma \in (-\infty, \infty]$ 是一给定的数，如果对任意的有限集 $\{y_1, y_2, \cdots, y_n\} \subset X$，$y_0 \in co\{y_1, y_2, \cdots, y_n\}$，有

$$\gamma \leqslant \max_{1 \leqslant i \leqslant n} \varphi(y_0, y_i). \tag{3.3.2}$$

（iv）$y \longmapsto \varphi(x, y)$ 称为**对角凸的**，如果对任意的有限集 $\{y_1, y_2, \cdots, y_n\} \subset X$ 及 $y_0 \in co\{y_1, y_2, \cdots, y_n\}$，$y_0 = \sum_{i=1}^{n} \alpha_i y_i$，其中 $\alpha_i \geqslant 0$，$\sum_{i=1}^{n} \alpha_i = 1$，

$$\varphi(y_0, y_0) \leqslant \sum_{i=1}^{n} \alpha_i \varphi(y_0, y_i). \tag{3.3.3}$$

（v）如果 $y \longmapsto -\varphi(x, y)$ 是拟凸的（或：对角拟凸的，γ-对角拟凸的，对角凸的），则称 $y \longmapsto \varphi(x, y)$ 是**拟凹的**（或：**对角拟凹的，γ-对角拟凹的，对角凹的**).

注. 由上面的定义知：如果 $y \longmapsto \varphi(x, y)$ 是对角拟凸的（或：对角拟凹的），则 $y \longmapsto \varphi(x, y)$ 是 γ-对角拟凸的（或：γ-对角拟凹的），其中

$$\gamma = \inf_{x \in X} \varphi(x,x) \ (\text{或} \ \gamma = \sup_{x \in X} \varphi(x,x)). \tag{3.3.4}$$

命题 3.3.1. 设 $\varphi: X \times X \to (-\infty, +\infty]$ 是一函数,则下列结论等价:

(i) $y \longmapsto \varphi(x,y)$ 是拟凸的;

(ii) 对任一给定的 $x \in X$,及任意的有限集 $\{y_1, y_2, \cdots, y_n\} \subset X$ 和 $y_0 \in \mathrm{co}\{y_1, y_2, \cdots, y_n\}$.

$$\varphi(x, y_0) \leqslant \max_{1 \leqslant i \leqslant n} \varphi(x, y_i). \tag{3.3.5}$$

证. (i)$\Rightarrow$(ii). 设相反,存在一有限集 $\{y_1, y_2, \cdots, y_n\}$ 及 $y_0 \in \mathrm{co}\{y_1, y_2, \cdots, y_n\}$, $y_0 = \sum_{i=1}^{n} \alpha_i y_i, \alpha_i \geqslant 0, \sum_{i=1}^{n} \alpha_i = 1$,使得

$$\varphi(x, y_0) > \max_{1 \leqslant i \leqslant n} \varphi(x, y_i).$$

故 $y_i \in \{y \in X : \varphi(x,y) < \varphi(x, y_0)\}, i = 1, 2, \cdots, n$. 因 $y \longmapsto \varphi(x,y)$ 是拟凸的,故 $\{y \in X : \varphi(x,y) \leqslant \varphi(x, y_0)\}$ 是凸的,从而 $\{y \in X : \varphi(x,y) < \varphi(x, y_0)\}$ 也是凸的,故有

$$y_0 = \sum_{i=1}^{n} \alpha_i y_i \in \{y \in X : \varphi(x,y) < \varphi(x, y_0)\}.$$

因此 $\varphi(x, y_0) < \varphi(x, y_0)$. 矛盾. 结论(ii)得证.

(ii)$\Rightarrow$(i). 对任给的 $\lambda \in (-\infty, +\infty]$ 及任意的 $y_1, y_2 \in \{y \in X : \varphi(x,y) \leqslant \lambda\}$,由条件(3.3.5),对任意的 $y_0 \in \mathrm{co}\{y_1, y_2\}$,有

$$\varphi(x, y_0) \leqslant \max_{1 \leqslant i \leqslant 2} \varphi(x, y_i) \leqslant \lambda.$$

此即 $y_0 \in \{y \in X : \varphi(x,y) \leqslant \lambda\}$. 故 $\{y \in X : \varphi(x,y) \leqslant \lambda\}$ 是一凸集. 证毕.

类似的,如果 $y \longmapsto \varphi(x,y)$ 是拟凹的,也有与命题 3.3.1 相类似的结果.

注. 由上面的定义和命题 3.3.1,易知下面的指向成立:对任给的 $x, y \in X$,

$y \longmapsto \varphi(x,y)$ 是凸的(或凹的)$\Rightarrow y \longmapsto \varphi(x,y)$ 是拟凸的(或拟凹的)$\Rightarrow$ $y \longmapsto \varphi(x,y)$ 是对角凸的(或对角凹的)$\Rightarrow$ 对某一 $\gamma \in (-\infty, +\infty]$, $y \longmapsto \varphi(x,y)$ 是 γ 对角拟凸的(或 γ 对角拟凹的).

(II)广义 KKM 映象及广义拟凸性

在本小节中,我们假定 E, F 是两个线性拓扑空间,X, Y 分别是 E 和 F 的两个子集.

定义 3.3.2(Chang-Zhang[65]). 一映象 $G: X \to 2^F$ 称为**广义 KKM 的**,如果对任意的有限集 $\{x_1, x_2, \cdots, x_n\} \subset X$,存在一有限集 $\{y_1, y_2, \cdots, y_n\} \subset F$,使得对任意有限子集 $\{y_{i_1}, y_{i_2}, \cdots, y_{i_k}\} \subset \{y_1, y_2, \cdots, y_n\}, 1 \leqslant k \leqslant n$,有

$$\mathrm{co}\{y_{i_1}, y_{i_2}, \cdots, y_{i_k}\} \subset \bigcup_{j=1}^{k} G(x_j). \tag{3.3.6}$$

注. 由定义知,如果 $G: X \to 2^E$ 是一 KKM 映象,则 G 是一广义的 KKM 映象.事实上,对任一有限集 $\{x_1, x_2, \cdots, x_n\} \subset X$,取 $y_i = x_i, i = 1, 2, \cdots, n$,因为 G 是 KKM 映象,故(3.3.6)成立.

下面给出一个反例,说明此命题的逆命题不成立.

例 3.3.1. 设 $E = (-\infty, +\infty), X = [-2, 2], G: X \to 2^E$ 是由下式定义的映象:

$$G(x) = \left[-\left(1 + \frac{x^2}{5}\right), 1 + \frac{x^2}{5}\right], x \in X. \tag{3.3.7}$$

因 $\bigcup\limits_{x \in X} G(x) = \left[-\frac{9}{5}, \frac{9}{5}\right]$. 如果 $x \in \left[-2, -\frac{9}{5}\right) \cup \left(\frac{9}{5}, 2\right]$,则 $x \notin G(x)$. 故 $G: X \to 2^E$ 不是 KKM 映象.

下面我们证明 $G: X \to 2^E$ 是一广义 KKM 映象.事实上,对任一有限集 $\{x_1, x_2, \cdots, x_n\} \subset X$ 及 $\{y_1, y_2, \cdots, y_n\} \subset [-1, 1]$,则对任一有限子集 $\{y_{i_1}, y_{i_2}, \cdots, y_{i_k}\} \subset \{y_1, y_2, \cdots, y_n\}$ 有

$$\mathrm{co}\{y_{i_1}, y_{i_2}, \cdots, y_{i_k}\} \subset [-1, 1] = \bigcap_{x \in X} G(x) \subset \bigcup_{j=1}^{k} G(x_{i_j}).$$

定义 3.3.3.[65] 设 $\varphi: X \times Y \to (-\infty, +\infty], \gamma \in (-\infty, +\infty]$. $y \longmapsto \varphi(x, y)$ 称为 γ 广义拟凸的(或 γ 广义拟凹的),如果对任意的有限子集 $\{y_1, y_2, \cdots, y_n\} \subset Y$,存在一有限子集 $\{x_1, x_2, \cdots, x_n\} \subset X$ 使得对任意的子集 $\{x_{i_1}, x_{i_2}, \cdots, x_{i_k}\} \subset \{x_1, x_2, \cdots, x_n\}$ 及 $x_0 \in \mathrm{co}\{x_{i_1}, x_{i_2}, \cdots, x_{i_k}\}$,有

$$\gamma \leqslant \max_{1 \leqslant j \leqslant k} \varphi(x_0, y_{i_j}) \tag{3.3.8}$$

$$(\text{或 } \gamma \geqslant \min_{1 \leqslant j \leqslant k} \varphi(x_0, y_{i_j})) \tag{3.3.9}$$

注. 如果 $E = F, X = Y$ 且 $y \longmapsto \varphi(x, y)$ 是 γ 对角拟凸的(或 γ 对角拟凹的),则 $y \longmapsto \varphi(x, y)$ 也是 γ 广义拟凸的(或 γ 广义拟凹的).

下面我们建立广义 KKM 映象和 KKM 映象与 γ 广义拟凸(γ 广义拟凹)和 γ 对角拟凸(γ 对角拟凹)之间的本质联系.

命题 3.3.2. 设 $\varphi: X \times Y \to (-\infty, +\infty]$,则下列二结论等价:

（ⅰ）由下式定义的映象 $G: Y \to 2^X$:

$$G(y) = \{x \in X : \varphi(x, y) \leqslant \gamma\} (\text{或 } G(y) = \{x \in X : \varphi(x, y) \geqslant \gamma\})$$

是广义 KKM 映象;

（ⅱ）$y \longmapsto \varphi(x, y)$ 是 γ 广义拟凹的(或 γ 广义拟凸的).

证. 仅就（ⅰ）⟺（ⅱ）中之前一情形证明,而后一情形可类似证明.

（ⅰ）⇒（ⅱ）. 因 $G:Y\to 2^X$ 是广义 KKM 映象, 故对任意的有限集 $\{y_1,$ $y_2,\cdots,y_n\}\subset Y$, 存在有限集 $\{x_1,x_2,\cdots,x_n\}\subset X$, 使得对任意的子集 $\{x_{i_1},$ $x_{i_2},\cdots,x_{i_k}\}\subset\{x_1,x_2,\cdots,x_n\}$ 和任一 $x_0\in co\{x_{i_1},x_{i_2},\cdots,x_{i_k}\}$ 有 $x_0\in$ $\bigcup\limits_{j=1}^{k}G(y_{i_j})$, 因而存在某一 $m\in\{1,2,\cdots,k\}$, 使得 $x_0\in G(y_{i_m})$. 于是有

$$\varphi(x_0,y_{i_m})\leqslant\gamma.$$

故 $\min\limits_{1\leqslant j\leqslant k}\varphi(x_0,y_{i_j})\leqslant\gamma$. 此即 $y\longmapsto\varphi(x,y)$ 是 γ 广义拟凹的.

（ⅱ）⇒（ⅰ）. 设 $y\longmapsto\varphi(x,y)$ 是 γ 广义拟凹的, 故对任意的有限集 $\{y_1,y_2,\cdots,y_n\}\subset Y$, 存在有限集 $\{x_1,x_2,\cdots,x_n\}\subset X$, 使得对任意的子集 $\{x_{i_1},x_{i_2},\cdots,x_{i_k}\}\subset\{x_1,x_2,\cdots,x_n\}$ 和任一 $x_0\in co\{x_{i_1},x_{i_2},\cdots,x_{i_k}\}$ 有

$$\min\limits_{1\leqslant j\leqslant k}\varphi(x_0,y_{i_j})\leqslant\gamma.$$

因而存在某一 $m:1\leqslant m\leqslant k$, 使得 $\varphi(x_0,y_{i_m})\leqslant\gamma$. 从而 $x_0\in G(y_{i_m})$. 由于 x_0 $\in co\{x_{i_1},x_{i_2},\cdots,x_{i_k}\}$ 的任意性, 故有

$$co\{x_{i_1},x_{i_2},\cdots,x_{i_k}\}\subset\bigcup\limits_{j=1}^{k}G(y_{i_j}),$$

即 $G:Y\to 2^X$ 是一广义的 KKM 映象. 证毕.

同理可证下面的结果.

命题 3.3.3. 设 $\varphi:X\times Y\to(-\infty,+\infty]$. 则下列二结论等价:

（ⅰ）由下式定义的映象 $G:X\to 2^X$:

$$G(y)=\{x\in X:\varphi(x,y)\leqslant\gamma\}$$

$$（或\ G(y)=\{x\in X:\varphi(x,y)\geqslant\gamma\}）$$

是 KKM 映象;

（ⅱ）$y\longmapsto\varphi(x,y)$ 是 γ 对角拟凹的（或 γ 对角拟凸的）.

（Ⅲ）广义 KKM 定理

为了得出一个推广形式的 KKM 定理, 我们先给出两个一般性的结果.

定理 3.3.4(Chang-Zhang[65]). 设 E 是一 Hausdorff 拓扑线性空间, X 是 E 之一非空子集, $G:X\to 2^E$ 是一多值映象且对每一 $x\in X,G(x)$ 是有限闭的. 则集族 $\{G(x):x\in X\}$ 具有限交性质的充分必要条件是 G 为一广义的 KKM 映象.

证.（必要性） 设集族 $\{G(x):x\in X\}$ 具有限交性质, 故对任一有限集 $\{x_1,x_2,\cdots,x_n\}\subset X,\bigcap\limits_{i=1}^{n}G(x_i)\neq\varnothing$. 任取 $x_*\in\bigcap\limits_{i=1}^{n}G(x_i)$, 并令 $y_i=x_*,i=1,$ $2,\cdots,n$. 于是对任一有限集 $\{y_{i_1},y_{i_2},\cdots,y_{i_k}\}\subset\{y_1,y_2,\cdots,y_n\}$, 有

$$co\{y_{i_1},y_{i_2},\cdots,y_{i_k}\}=\{x_*\}\subset\bigcap\limits_{i=1}^{n}G(x_i)\subset\bigcup\limits_{j=1}^{k}G(x_{i_j}).$$

故 $G:X\rightarrow 2^E$ 是一广义的 KKM 映象.

（充分性）　设 $G:X\rightarrow 2^E$ 是一广义的 KKM 映象,如果集族 $\{G(x):x\in X\}$ 不具有限交性质,则存在某一有限集 $\{x_1,x_2,\cdots,x_n\}\subset X$,使得 $\bigcap\limits_{i=1}^{n}G(x_i)=\varnothing.$ 于是存在与 $\{x_1,x_2,\cdots,x_n\}$ 相应的子集 $\{y_1,y_2,\cdots,y_n\}\subset E$,使得对任意的 $\{y_{i_1},y_{i_2},\cdots,y_{i_k}\}\subset\{y_1,y_2,\cdots,y_n\}$ 有

$$\mathrm{co}\{y_{i_1},y_{i_2}\cdots,y_{i_k}\}\subset\bigcup_{j=1}^{k}G(x_{i_j}).$$

特别有 $\mathrm{co}\{y_1,y_2,\cdots,y_n\}\subset\bigcup\limits_{i=1}^{n}G(x_i).$ 令

$$S=\mathrm{co}\{y_1,y_2,\cdots,y_n\},L=\mathrm{span}\{y_1,y_2,\cdots,y_n\},$$

则 $S\subset L.$ 由假设条件,对每一 $x\in X,G(x)$ 是有限闭的,故 $G(x_i)\bigcap L$ 是闭集.用 d 表 L 上的 Euclid 距离,易知

$$\mathrm{d}(x,G(x_i)\bigcap L)>0\Leftrightarrow x\notin G(x_i)\bigcap L. \tag{3.3.10}$$

现定义一映象 $f:S\rightarrow[0,\infty)$ 如下:

$$f(c)=\sum_{i=1}^{n}\mathrm{d}(c,L\bigcap G(x_i)),c\in S.$$

由(3.3.10)及 $\bigcap\limits_{i=1}^{n}G(x_i)=\varnothing$ 知,对每一 $c\in S,f(c)>0.$ 令

$$F(c)=\sum_{i=1}^{n}\frac{1}{f(c)}\mathrm{d}(c,L\bigcap G(x_i))y_i. \tag{3.3.11}$$

故 $F:S\rightarrow S$ 是一连续映象.由 Brouwer 不动点定理,存在 $c_*\in S$,使得

$$c_*=F(c_*)=\sum_{i=1}^{n}\frac{1}{f(c_*)}\mathrm{d}(c_*,L\bigcap G(x_i))y_i. \tag{3.3.12}$$

记

$$I=\{i\in\{1,2,\cdots,n\}:\mathrm{d}(c_*,G(x_i)\bigcap L)>0\}. \tag{3.3.13}$$

于是对每一 $i\in I,c_*\notin G(x_i)\bigcap L.$ 因 $c_*\in L$,故 $c_*\notin G(x_i).$ 于是有

$$c_*\notin\bigcup_{i\in I}G(x_i). \tag{3.3.14}$$

由(3.3.12)和(3.3.13)得知

$$c_*=\sum_{i\in I}\frac{1}{f(c_*)}\mathrm{d}(c_*,L\bigcap G(x_i))y_i\in\mathrm{co}\{y_i:i\in I\}.$$

但因 $G:X\rightarrow 2^E$ 是一广义 KKM 映象,故又有

$$c_*\in\mathrm{co}\{y_i:i\in I\}\subset\bigcup_{i\in I}G(x_i). \tag{3.3.15}$$

这与(3.3.14)相矛盾.从而得知集族 $\{G(x):x\in X\}$ 具有限交性质.　证毕.

由定理 3.3.4 可得下面的重要定理.

定理 3.3.5. [65] 设 E 是一 Hausdorff 拓扑线性空间, X 是 E 之一非空子集, $G:X\to 2^E$ 是一多值映象, 且对每一 $x\in X$, $G(x)$ 是闭的, 而且存在某一 $x_0\in X$, 使得 $G(x_0)$ 是 E 中的紧集. 则 $\bigcap\limits_{x\in X}G(x)\neq\varnothing$ 的充分必要条件是 G 为广义的 KKM 映象.

证. (必要性) 设 $\bigcap\limits_{x\in X}G(x)\neq\varnothing$, 则 $\{G(x):x\in X\}$ 必具有限交性质. 另因对每一 $x\in X$, $G(x)$ 是 E 中的闭集, 故 $G(x)$ 必是有限闭的. 于是由定理 3.3.4 知, $G:X\to 2^E$ 是广义 KKM 映象.

(充分性) 设 G 是一广义 KKM 映象, 由定理 3.3.4 知 $\{G(x):x\in X\}$ 具有限交性质, 故 $\{G(x)\bigcap G(x_0):x\in X\}$ 也具有限交性质. 但因 $\{G(x)\bigcap G(x_0):x\in X\}$ 是 $G(x_0)$ 中的紧集族, 由紧集的性质, 即得

$$\varnothing\neq\bigcap\limits_{x\in X}\{G(x)\bigcap G(x_0)\}=G(x_0)\bigcap\bigcap\limits_{x\in X}G(x)=\bigcap\limits_{x\in X}G(x).$$

定理得证.

注. 易知 FKKM 定理(定理 3.2.3)是定理 3.3.5 的特例.

定理 3.3.6. 设 E 是一 Hausdorff 拓扑线性空间, X 是 E 之一非空子集, $G:X\to 2^E$ 是一具非空闭值的广义 KKM 映象. 如果存在一紧凸集 $X_0\subset X$, 使得 $\bigcap\limits_{x\in X_0}G(x)$ 是 E 之一非空的紧子集, 而且对任意的有限子集 $\{x_1,x_2,\cdots,x_n\}\subset X$,

$$\bigcap\limits_{x\in X_1}(K\bigcap G(x))\neq\varnothing,$$

其中 $X_1=X_0\bigcup\{x_1,x_2,\cdots,x_n\}$, $K=\mathrm{co}(X_1)$, 则 $\bigcap\limits_{x\in X}G(x)\neq\varnothing$.

证. 因 $G:X\to 2^E$ 是具闭值的广义 KKM 映象, 由定理 3.3.4 知, 集族 $\{G(x):x\in X\}$ 具有限交性质. 因 X_0 是 X 中的紧凸集, 故对任一有限集 $\{x_1,x_2,\cdots,x_n\}\subset X$, $K=\mathrm{co}\{X_0\bigcup\{x_1,x_2,\cdots,x_n\}\}$ 也是 X 之一紧凸集. 令 $D=\bigcap\limits_{x\in X_0}G(x)$, 由定理的条件知

$$\bigcap\limits_{x\in X_1}\{K\bigcap G(x)\}\neq\varnothing.$$

于是有

$$\bigcap\limits_{i=1}^{n}(D\bigcap G(x_i))=\bigcap\limits_{x\in X_1}G(x)\supset\bigcap\limits_{x\in X_1}\{K\bigcap G(x)\}\neq\varnothing.$$

上式表明集族 $\{D\bigcap G(x):x\in X\}$ 具有限交性质. 因 $D\bigcap G(x)(x\in X)$ 是紧集, 从而由紧集的性质即得

$$\bigcap\limits_{x\in X}D\bigcap G(x)=D\bigcap(\bigcap\limits_{x\in X}G(x))=\bigcap\limits_{x\in X}G(x)\neq\varnothing.$$

定理证毕.

作为定理 3.3.6 的直接推论可得下面的重要结果.

推论 3.3.7(Allen[6]). 设 E 是一 Hausdorff 拓扑线性空间,X 是 E 之一非空凸子集,$G:X\rightarrow 2^E$ 是具非空闭值的 KKM 映象. 如果存在一非空的紧凸子集 $X_0\subset X$,使得 $\bigcap\limits_{x\in X_0}G(x)$ 是 E 之一非空紧子集,则

$$\bigcap_{x\in X}G(x)\neq\varnothing.$$

证. 下面我们证明,在推论所给条件下,对任意的有限集 $\{x_1,x_2,\cdots,x_n\}\subset X$,$\bigcap\limits_{x\in X_1}(K\bigcap G(x))\neq\varnothing$,其中 $X_1=X_0\bigcup\{x_1,x_2,\cdots,x_n\}$,$K=\text{co}(X_1)$.

事实上,定义映象 $F:X_1\rightarrow 2^K$ 如下:

$$F(y)=K\bigcap G(y),y\in X_1.$$

因对每一 $y\in X_1$,$G(y)$ 是 E 之一闭子集,而 K 是 E 之一紧子集,故对每一 $y\in X_1$,$F(y)$ 是 K 之一紧子集. 又因 G 是一 KKM 映象,故对任意的有限子集 $\{y_1,y_2,\cdots,y_n\}\subset X_1\subset X$ 有

$$\text{co}\{y_1,y_2,\cdots,y_n\}\subset\bigcup_{i=1}^n G(y_i).$$

因 $\text{co}\{y_1,y_2,\cdots,y_n\}\subset K$,故

$$\text{co}\{y_1,y_2,\cdots,y_n\}\subset K\bigcap(\bigcup_{i=1}^n G(y_i))=\bigcup_{i=1}^n K\bigcap G(y_i)$$
$$=\bigcup_{i=1}^n F(y_i).$$

上式表明 $F:X_1\rightarrow 2^K$ 是一 KKM 映象,于是由定理 3.3.5 有

$$\bigcap_{x\in X_1}F(x)=\bigcap_{x\in X_1}(K\bigcap G(x))\neq\varnothing.$$

故所要求证的结论得证. 于是推论 3.3.7 的结论由定理 3.3.6 直接可得.

由推论 3.3.7 可得下面的结果.

推论 3.3.8(Allen[6]). 设 E 是一 Hausdorff 拓扑线性空间,X 是 E 之一凸子集. 设 $g:X\times X\rightarrow \mathbf{R}$ 满足条件:

（ⅰ）$y\longmapsto g(x,y)$ 是下半连续的;

（ⅱ）$x\longmapsto g(x,y)$ 是拟凹的;

（ⅲ）$g(x,x)\leqslant 0,\forall x\in X$;

（ⅳ）存在非空的紧凸集 $X_0\subset X$,使得

$$\{y\in X:g(x,y)\leqslant 0,\forall x\in X_0\}$$

是 X 中的非空紧集.

则存在 $u\in X$,使得 $g(x,u)\leqslant 0,\forall x\in X$.

证. 令

$$G(x) = \{y \in X : g(x,y) \leqslant 0\}, x \in X.$$

在定理的条件（ⅰ）～（ⅲ）下，易知 $G: X \to 2^X$ 是具非空闭值的 KKM 映象. 另由条件（ⅳ）知

$$\bigcap_{x \in X_0} G(x) = \{y \in X : g(x,y) \leqslant 0, \forall x \in X_0\}$$

是 X 中的非空紧集. 于是推论 3.3.8 的结论由推论 3.3.7 直接可得.

§3.4　抽象变分不等式解的存在性定理

在本节中，我们将借助 KKM 定理及其推广形式研究下面的抽象的变分不等式

$$\varphi(x,y) \geqslant f(x) - f(y), \forall y \in X \tag{3.4.1}$$

解的存在性、唯一性及解集的性状. 我们先给出下面的一个一般性结果.

在本节中均设 E 是一 Hausdorff 拓扑线性空间，X 是 E 之一闭凸集，$f: X \to (\infty, +\infty]$ 且 $f \not\equiv +\infty$，$\varphi: X \times X \to \mathbf{R}$ 且 $\varphi(x,x) \geqslant 0, \forall x \in X$. 我们有下面的结果.

定理 3.4.1(Gwinner[117]). 设满足下列条件：

（ⅰ）存在紧集 $K \subset E$ 及 $x_0 \in X \cap K$ 使得

$$f(x) > \varphi(x,x_0) + f(x_0), \forall x \in X \backslash K;$$

（ⅱ）$y \longmapsto f(y) + \varphi(x,y)$ 在 X 上是拟凸的；

（ⅲ）对任意的有限维子空间 $F \subset E, x \longmapsto f(x) - \varphi(x,y)$ 在 $F \cap X$ 上是下半连续的；

（ⅳ）对 X 的任一有限维截口 $D = X \cap F$（其中 F 是 E 中的任一有限维子空间）及任一收敛于某一 $x \in D$ 的网 $\{x_\alpha\}_{\alpha \in I} \subset X \cap K$，当

$$f(x_\alpha) \leqslant \varphi(x_\alpha, y) + f(y), \forall y \in D, \alpha \in I$$

时，就有

$$f(x) \leqslant \varphi(x,y) + f(y), \forall y \in D. \tag{3.4.2}$$

则变分不等式(3.4.1)在 $X \cap K$ 中有解.

证. 对任一 $y \in X$，令

$$G(y) = \{x \in X : f(y) + \varphi(x,y) \geqslant f(x)\}. \tag{3.4.3}$$

(1)先证由(3.4.3)定义的映象 $G: X \to 2^X$ 是一 KKM 映象.

设 G 不是 KKM 映象，则存在某一有限集 $\{y_1, y_2, \cdots, y_n\} \subset X$，使得

$$\text{co}\{y_1,y_2,\cdots,y_n\}\not\subset\bigcup_{i=1}^{n}G(y_i).$$

故存在某一 $\overline{y}\in\text{co}\{y_1,y_2,\cdots,y_n\}$，$\overline{y}=\sum_{i=1}^{n}\lambda_iy_i$，其中 $\lambda_i\geqslant0$，$i=1,2,\cdots,n$，

$\sum_{i=1}^{n}\lambda_i=1$，使得 $\overline{y}\notin\bigcup_{i=1}^{n}G(y_i)$. 因而

$$\overline{y}\notin G(y_i),i=1,2,\cdots,n.$$

故有

$$f(y_i)+\varphi(\overline{y},y_i)<f(\overline{y}),i=1,2,\cdots,n \tag{3.4.4}$$

因而 $f(y_i)<+\infty,i=1,2,\cdots,n$.

另由条件(ⅱ)，$y\longmapsto f(y)+\varphi(x,y)$ 在 X 中拟凸，故

$$\{y\in X:f(y)+\varphi(\overline{y},y)<f(\overline{y})\} \tag{3.4.5}$$

为 X 中的凸集. 于是由(3.4.4)和(3.4.5)知

$$\overline{y}=\sum_{i=1}^{n}\lambda_iy_i\in\{y\in X:f(y)+\varphi(\overline{y},y)<f(\overline{y})\}.$$

从而有

$$f(\overline{y})+\varphi(\overline{y},\overline{y})<f(\overline{y}). \tag{3.4.6}$$

故 $f(\overline{y})\in\mathbf{R}$，且 $\varphi(\overline{y},\overline{y})<0$. 这与 $\varphi(x,x)\geqslant0,\forall x\in X$ 相矛盾. 故 $G:X\to2^X$ 是一 KKM 映象.

(2)现证存在 $x_0\in X$，使得 $\overline{G(x_0)}$ 是 X 中的紧集.

如果 X 是 E 中的紧集，显然 $\overline{G(x_0)}$ 是 X 中的紧集. 如果 X 不是 E 中的紧集，由条件(ⅰ)，存在紧集 $K\subset E$ 及 $x_0\in X\bigcap K$，使得

$$f(x)>\varphi(x,x_0)+f(x_0),\forall x\in X\backslash K.$$

因而对每一 $x\in X\backslash K$，必有 $x\notin G(x_0)$. 因 $G(x_0)\subset X$，故 $G(x_0)\subset K$，从而 $\overline{G(x_0)}$ 是 X 中的紧集.

(3)现证对每一 $y\in X,G(y)$ 是有限闭的.

设 F 为 E 中的任一有限维子空间，设 $\{x_\alpha\}\subset G(y)\bigcap F$ 且 $x_\alpha\to x\in X$. 下证 $x\in G(y)\bigcap F$.

事实上，因 $x_\alpha\in G(y)$，故 $f(y)+\varphi(x_\alpha,y)\geqslant f(x_\alpha)$，或

$$f(x_\alpha)-\varphi(x_\alpha,y)\leqslant f(y). \tag{3.4.7}$$

由条件(ⅲ)，$x\longmapsto f(x)-\varphi(x,y)$ 在 $F\bigcap X$ 上是下半连续的. 在(3.4.7)中对 α 取下极限，得

$$f(x)-\varphi(x,y)\leqslant\liminf_{\alpha}[f(x_\alpha)-\varphi(x_\alpha,y)]\leqslant f(y),$$

故 $x\in G(y)$.

（4）现证对任何包含 x_0 的有限维截口 $D=X\bigcap F$，均有

$$(\overline{\bigcap_{y\in D}G(y)})\bigcap D=(\bigcap_{y\in D}G(y))\bigcap D. \tag{3.4.8}$$

为证（3.4.8）成立，我们只需证明对任一网 $\{x_\alpha\}\subset\bigcap_{y\in D}G(y)$，当 $x_\alpha\to x$ 时，必有 $x\in\bigcap_{y\in D}G(y)$.

事实上，因 $x_0\in D$，故 $\bigcap_{y\in D}G(y)\subset G(x_0)$. 又因 $G(x_0)\subset X$，故由第（2）段中的证明知 $G(x_0)\subset K$，于是有

$$\{x_\alpha\}\subset\bigcap_{y\in D}G(y)\subset G(x_0)\subset X\bigcap K.$$

因为，对每一 $y\in D$，均有 $\{x_\alpha\}\subset G(y)$，故

$$f(x_\alpha)\leqslant\varphi(x_\alpha,y)+f(y),\ \forall\,y\in D.$$

由条件（ⅳ），对每一 $y\in D$ 有

$$f(x)\leqslant\varphi(x,y)+f(y),\ \forall\,y\in D.$$

因而 $x\in\bigcap_{y\in D}G(y)$.

（5）最后证明定理的结论成立.

由前面的证明知，在定理的条件下，定理 3.2.4 的条件被满足. 由该定理，存在 $\bar{x}\in\bigcap_{y\in X}G(y)$，即对任何 $y\in X$，有

$$f(y)+\varphi(\bar{x},y)\geqslant f(\bar{x}).$$

故 $\bar{x}$ 是变分不等式（3.4.1）的解. 但因 $x_0\in X$，且 $G(x_0)\subset X\bigcap K$，故有

$$\bar{x}\in\bigcap_{y\in X}G(y)\subset G(x_0)\subset X\bigcap K.$$

定理 3.4.1 证毕.

由定理 3.4.1 可得如下的推论.

推论 3.4.2. 设满足下列条件：

（ⅰ）X 是紧集；

（ⅱ）$y\longmapsto f(y)+\varphi(x,y)$ 在 X 上是拟凸的；

（ⅲ）$x\longmapsto f(x)-\varphi(x,y)$ 在任一有限维截口 $F\bigcap X$ 上是下半连续的，其中 F 是 E 中的任一有限维子空间；

（ⅳ）对 X 的任一有限维截口 $D=X\bigcap F$ 及任何收敛于某一 $x\in D$ 的网 $\{x_\alpha\}_{\alpha\in I}\subset X$，当

$$f(x_\alpha)\leqslant\varphi(x_\alpha,y)+f(y),\ \forall\,y\in D,\ \alpha\in I$$

时，必有 $f(x)\leqslant\varphi(x,y)+f(y)$.

则变分不等式（3.4.1）在 X 中有解.

证. 因 X 紧，在定理 3.4.1 中取 $K=X$，于是有 $X\backslash K=\varnothing$. 故定理 3.4.1 中的条件（ⅰ）满足. 易证定理 3.4.1 中的其余条件也满足. 结论得证.

推论 3.4.3. 设满足定理 3.4.1 中的条件(ⅰ),(ⅱ)及下列的条件(ⅲ′):

(ⅲ′)$x \longmapsto f(x) - \varphi(x, y)$在 X 上是下半连续的.

则变分不等式(3.4.1)在 $X \bigcap K$ 中有解.

证. 只要证明此时定理 3.4.1 中的条件(ⅳ)也满足即可.

事实上,对任一 $y \in D$,及对任一网$\{x_\alpha\}_{\alpha \in I} \subset X \bigcap K$,且 $x_\alpha \to x \in D$,当 $f(x_\alpha) \leqslant \varphi(x_\alpha, y) + f(y)$,或

$$f(x_\alpha) - \varphi(x_\alpha, y) \leqslant f(y), \forall y \in D, \alpha \in I$$

时,由条件(ⅲ)有

$$f(x) - \varphi(x, y) \leqslant \lim_{\alpha} \inf (f(x_\alpha) - \varphi(x_\alpha, y)) \leqslant f(y).$$

故定理 3.4.1 中的条件(ⅳ)满足. 证毕.

推论 3.4.4. 设 E 是一自反的 Banach 空间,X 是 E 中之有界闭凸集. 如果下列条件满足:

(ⅰ)$y \longmapsto f(y) + \varphi(x, y)$在 X 上拟凸;

(ⅱ)$x \longmapsto f(x) - \varphi(x, y)$在 X 的任一有限维子空间上下半连续;

(ⅲ)对任意的有限维截口 $D = X \bigcap F$(其中 F 是 E 的任意有限维子空间)及对任意收敛于某一 $x \in D$ 的网$\{x_\alpha\}_{\alpha \in I} \subset X$,当

$$f(x_\alpha) \leqslant \varphi(x_\alpha, y) + f(y), \forall y \in D, \alpha \in I$$

时,就推出

$$f(x) \leqslant \varphi(x, y) + f(y), \forall y \in D.$$

则变分不等式(3.4.1)在 X 中有解.

证. 因 E 是自反的,且 X 是 E 中的有界闭凸集,故 X 是 E 中之一弱紧凸集. 另因在有限维空间中,强收敛和弱收敛一致,故有限维空间上的下半连续性和弱下半连续性也是一致的. 故若在 E 上考察弱拓扑,则由推论 3.4.4 的条件知,推论 3.4.2 的条件被满足. 证毕.

作为定理 3.4.1 的另一推论,我们可以得出下面的著名的 **Ky Fan 极大极小不等式定理**.

定理 3.4.5(Ky Fan 极大极小不等式定理). 设 E 是一 Hausdorff 拓扑线性空间,X 是 E 之一非空的紧凸集,$f: X \to (-\infty, +\infty]$,$\varphi: X \times X \to \mathbf{R}$ 是二给定的函数且 $f \not\equiv +\infty$,$\varphi(x, x) \geqslant 0, \forall x \in X$. 如果下面的条件满足:

(ⅰ)$y \longmapsto f(y) + \varphi(x, y)$在 X 中拟凸;

(ⅱ)$x \longmapsto f(x) - \varphi(x, y)$在 X 中下半连续.

则存在 $\bar{x} \in X$,使得 $f(y) + \varphi(\bar{x}, y) \geqslant f(\bar{x}), \forall y \in X$.

证. 由推论 3.4.2 及推论 3.4.3,定理的结论直接可得.

特别的,当 E 是自反 Banach 空间时,则有下面的结论.

定理 3.4.6. 设 E 是一自反 Banach 空间,X 是 E 之一有界闭凸集. 如果下列条件满足:

（ⅰ） $y \longmapsto f(y) + \varphi(x, y)$ 在 X 上是拟凸的;

（ⅱ） $x \longmapsto f(x) - \varphi(x, y)$ 在 X 上是弱下半连续的.

则存在 $\bar{x} \in X$,使得 $f(y) + \varphi(\bar{x}, y) \geqslant f(\bar{x}), \forall y \in X$.

§3.5 H-空间上的广义 KKM 定理

1987 年,Horvath 仅用可缩性代替凸性的假定,推广了 KKM 定理. 另外,[127] 作者在 [63] 中引入了广义 KKM 映象的概念,在 Hausdorff 拓扑线性空间的框架下,推广了 FKKM 定理.

本节将在 Horvath 的抽象的 H-空间的框架下建立广义的 KKM 定理,从而对上述诸结果作出统一的和更一般的处理. 作为这些结果的应用,我们将在后面陆续给出.

定义 3.5.1(Bardaro-Ceppitelli[13]). 设 X 是一拓扑空间,$\{\Gamma_A\}$ 是 X 中给定的一族非空的可缩子集,以 X 中一切有限子集 A 编号,且当 $A \subset B$ 时,$\Gamma_A \subset \Gamma_B$. 则称二元对 $(x, \{\Gamma_A\})$ 为一 **H-空间**.

设 $(X, \{\Gamma_A\})$ 是一 H-空间,集 $D \subset X$ 称为 **H-凸的**（或**弱 H-凸的**）,如果对任一有限集 $A \subset D$,有 $\Gamma_A \subset D$（或 $\Gamma_A \bigcap D$ 是非空和可缩的）.

一子集 $K \subset X$ 称为 **H-紧的**,如果对任一有限集 $A \subset X$,存在一紧的弱 H-凸集 $D \subset X$,使得 $K \bigcup A \subset D$.

注. 由定义知,任何的 Hausdorff 拓扑线性空间、凸空间、可缩空间等都是 H-空间的特例.

事实上,当 X 是 Hausdorff 拓扑线性空间时,对任一有限集 $A = \{x_1, x_2, \cdots, x_n\} \subset X$,令 $\Gamma_A = \text{co}\{x_1, x_2, \cdots, x_n\}$,即知 X 为一 H-空间;另外,X 中的凸集必是 H-凸的. 又 X 的任一非空的紧凸集必为 H-紧的.

又当 X 是可缩空间时,对每一有限集 $A \subset X$,令 $\Gamma_A = X$,即可得知它是一 H-空间. 借助于这一结构,X 的唯一的 H-凸子集就是 X 本身.

定义 3.5.2. 设 X 是一拓扑空间,X 中的子集 A 称为在 X 中是**紧开（闭)的**,如果对每一紧集 $K \subset X$,集 $A \bigcap K$ 是 X 中的开(闭)集.

引理 3.5.1(Horvath[127]). 设 $(X, \{\Gamma_A\})$ 是一 H-空间,$x_1, x_2, \cdots, x_n$ 是

X 中任意的 n 个点(不必相异).则下列结论成立:

（ⅰ）对任一标准的 $(n-1)$-单形 $e_1e_2\cdots e_n$,存在连续映象 $f:e_1e_2\cdots e_n\to X$ 使得

$$f(e_{i_1}e_{i_2}\cdots e_{i_k})\subset\Gamma_{\{x_{i_1},x_{i_2},\cdots,x_{i_k}\}},$$

其中 $\{i_1,i_2,\cdots,i_k\}$ 是 $\{1,2,\cdots,n\}$ 的任一非空子集.

（ⅱ）对 X 中任意的 n 个紧闭子集 $M_1,M_2,\cdots,M_n$,若对任何 $\{i_1,i_2,\cdots,i_k\}\subset\{1,2,\cdots,n\}$ 有

$$\Gamma_{\{x_{i_1},x_{i_2},\cdots,x_{i_k}\}}\subset\bigcup_{j=1}^k M_{i_j},$$

则 $\bigcap\limits_{i=1}^n M_i\neq\varnothing$.

引理 3.5.2.[53] 设 $(X,\{\Gamma_A\})$ 是一 H-空间,$M_1,M_2,\cdots,M_n$ 是 X 中的 n 个紧闭集,且

$$\bigcup_{i=1}^n M_i=X,$$

则对 X 中任意 n 个点 $x_1,x_2,\cdots,x_n$(不必相异),存在 $\{i_1,i_2,\cdots,i_k\}\subset\{1,2,\cdots,n\}$ 使得

$$\Gamma_{\{x_{i_1},x_{i_2},\cdots,x_{i_k}\}}\cap\bigcap_{j=1}^k M_{i_j}\neq\varnothing.$$

证. 考虑 $\mathbf{R}^n$ 中的标准的 $(n-1)$-单形 $e_1e_2\cdots e_n$ 及引理 3.5.1 中的连续映象 $f:e_1e_2\cdots e_n\to X$.对 $u\in e_1e_2\cdots e_n$,令

$$I(u)=\{i:f(u)\in M_i\}\text{ 及 }S(u)=\text{co}\{e_i:i\in I(u)\}.$$

显然 $I(u)\neq\varnothing$,从而 $S(u)\neq\varnothing$.又因 $\bigcup\limits_{i\in I(u)}M_i$ 是紧闭的,故

$$U=e_1e_2\cdots e_n\setminus f^{-1}(\bigcup_{i\in I(u)}M_i)$$

是 u 在 $e_1e_2\cdots e_n$ 中之开邻域.如果 $u'\in U$,则 $I(u')\subset I(u)$,从而 $S(u')\subset S(u)$.因此,$S:e_1e_2\cdots e_n\to e_1e_2\cdots e_n$ 是具非空紧凸值的上半连续映象.由 Kakutani 不动点定理,存在 $u_0\in e_1e_2\cdots e_n$ 使得

$$u_0\in S(u_0)=\text{co}\{e_i:i\in I(u_0)\}.$$

令 $x_0=f(u_0)$,则 $x_0\in\Gamma_{\{x_i:i\in I(u_0)\}}$ 且 $x_0\in M_i,\forall i\in I(u_0)$,故 $\Gamma_{\{x_i:i\in I(u_0)\}}\cap$ $\bigcap\limits_{i\in I(u_0)}M_i\neq\varnothing$. 证毕.

定义 3.5.3. 设 X 是一非空集,$(Y,\{\Gamma_A\})$ 是一 H-空间,$F:X\to 2^Y$ 是一集值映象.若对任意的有限集 $\{x_1,x_2,\cdots,x_n\}\subset X$,存在相应的有限集 $\{y_1,y_2,\cdots,y_n\}\subset Y$,使得对任一子集 $\{y_{i_1},y_{i_2},\cdots,y_{i_k}\}\subset\{y_1,y_2,\cdots,y_n\},k\in\{1,2,\cdots,n\}$,有

$$\Gamma_{\{y_{i_1},y_{i_2},\cdots,y_{i_k}\}}\subset\bigcup_{j=1}^{k}F(x_{i_j}),$$

则称 F 是一 **H-广义 KKM 映象**（简称为广义 **KKM 映象**）.

应该指出：这里引出的 H-广义 KKM 映象，把在 §3.3 中引出的广义 KKM 映象推广到了 H-空间，并且也包含[13]中引出的 H-KKM 映象为特例.

下面的定理刻画了 H-广义 KKM 映象的基本性质，它是 FKKM 定理，Kim[152,定理 2]及 Horvath[127,定理 1 及推论 1]的推广.

定理 3.5.3(Chang-Ma[53]). 设 X 是一非空集，$(Y,\{\Gamma_A\})$ 是一 H-空间，$F:X\to2^Y$ 是一 H-广义 KKM 映象且满足下之一条件：

(i) 对任一 $x\in X$，$F(x)$ 在 Y 中是紧闭的；

(ii) 对任一 $x\in X$，$F(x)$ 在 Y 中是紧开的.

则集族 $\{F(x):x\in X\}$ 具有限交性质.

如果再设存在 $x_0\in X$，使得 $F(x_0)$ 是一紧集，则

$$\bigcap_{x\in X}F(x)\neq\varnothing.$$

证. 1°如果条件(i)满足，则对任一有限集 $\{x_1,x_2,\cdots,x_n\}\subset X$，因 $F:X\to2^Y$ 是一 H-广义 KKM 映象，故存在一有限集 $\{y_1,y_2,\cdots,y_n\}\subset Y$，使得对任意的有限子集 $\{y_{i_1},y_{i_2},\cdots,y_{i_k}\}\subset\{y_1,y_2,\cdots,y_n\}$，$(1\leqslant k\leqslant n)$，有

$$\Gamma_{\{y_{i_1},y_{i_2},\cdots,y_{i_k}\}}\subset\bigcup_{j=1}^{k}F(x_{i_j}).$$

于是由引理 3.5.1 有 $\bigcup_{i=1}^{n}F(x_i)\neq\varnothing$. 即集族 $\{F(x):x\in X\}$ 具有限交性质. 另外，如果再设存在 $x_0\in X$，使得 $F(x_0)$ 是一紧集，则 $\{F(x)\bigcap F(x_0):x\in X\}$ 是具有限交性质的紧集族. 于是有

$$\varnothing\neq\bigcap_{x\in X}(F(x)\bigcap F(x_0))=\bigcap_{x\in X}F(x).$$

2°如果条件(ii)满足，下证 $\{F(x):x\in X\}$ 具有限交性质.

设相反，$\{F(x):x\in X\}$ 不具有限交性质，则存在某一有限集 $\{x_1,x_2,\cdots,x_n\}\subset X$，使得

$$\bigcap_{i=1}^{n}F(x_i)=\varnothing.$$

令 $G(x_i)=Y\backslash F(x_i)$，则 $G(x_1),G(x_2),\cdots,G(x_n)$ 是 Y 中的紧闭集，而且

$$\bigcup_{i=1}^{n}G(x_i)=Y\backslash\bigcap_{i=1}^{n}F(x_i)=Y.$$

因 F 是 H-广义 KKM 映象，则对集 $\{x_1,x_2,\cdots,x_n\}$，存在 $\{y_1,y_2,\cdots,y_n\}\subset Y$，使得对任意的子集 $\{y_{i_1},y_{i_2},\cdots,y_{i_k}\}\subset\{y_1,y_2,\cdots,y_n\}$，$1\leqslant k\leqslant n$，有

$$\Gamma_{\{y_{i_1},y_{i_2},\cdots,y_{i_k}\}}\subset\bigcup_{j=1}^{k}F(x_{i_j})=Y\backslash\bigcap_{j=1}^{k}G(x_{i_j}).$$

但由引理 3.5.2, 对集 $\{y_1,y_2,\cdots,y_n\}\subset Y$, 存在 $\{y_{i_1},y_{i_2},\cdots,y_{i_m}\}\subset\{y_1,y_2,\cdots,y_n\}$ 使得

$$\Gamma_{\{y_{i_1},y_{i_2},\cdots,y_{i_m}\}}\bigcap\bigcup_{j=1}^{m}G(x_{i_j})\neq\varnothing.$$

矛盾. 由此矛盾, 定理得证.

应当指出: 仅仅条件(ⅰ)或(ⅱ)并不能保证集族 $\{F(x):x\in X\}$ 具有非空交. 例如, 设 $X=Y=\mathbf{R}$, $\Gamma_A=\mathrm{co}A$, $F_1(x)=\{y\in\mathbf{R}:y\geqslant|x|\}$, $F_2(x)=\{y\in\mathbf{R}:y>|x|\}$, 则映象 $F_1,F_2:\mathbf{R}\to2^{\mathbf{R}}$ 都是 H-广义 KKM 映象, 且 F_1 取闭值, F_2 取开值, 但 $\bigcap\limits_{x\in\mathbf{R}}F_i(x)=\varnothing$, $i=1,2$.

定理 3.5.4(Chang-Ma[53]). 设 $(X,\{\Gamma_A\})$ 是一 H-空间, D 是 X 之一非空子集, Y 是一拓扑空间. 设 $F:D\to2^Y$ 是一多值映象, $s\in\mathscr{C}(X,Y)$(这里 $\mathscr{C}(X,Y)$ 表 $X\to Y$ 的连续映象的集合)满足条件:

(ⅰ)对每一弱 H-凸集 $X'\subset X$, 当 $D\bigcap X'\neq\varnothing$ 时, 映象

$$\widetilde{F}:D\bigcap X'\to2^{X'},\ x\longmapsto s^{-1}F(x)\bigcap X'$$

是定义在 H-空间 $(X',\{\Gamma_{H\cap X'}\bigcap X'\})$ 上的 H-广义 KKM 映象;

(ⅱ)对任一 $x\in D$, $F(x)$ 在 Y 中是紧闭的;

(ⅲ)存在 H-紧集 $L\subset X$ 和紧集 $K\subset Y$, 使得对任意满足 $L\subset X_0\subset X$ 的弱 H-凸集 X_0 有

$$\bigcap_{x\in D\cap X_0}(F(x)\bigcap s(X_0))\subset K.$$

则 $\bigcap\limits_{x\in D}F(x)\neq\varnothing$.

证. 只要证明 $\bigcap\limits_{x\in D}(F(x)\bigcap K)\neq\varnothing$ 即可. 据条件(ⅱ), $F(x)\bigcap K$ 是 K 中的闭集. 为此, 只需证对每一有限子集 $A\subset D$, $\bigcap\limits_{x\in A}(F(x)\bigcap K)\neq\varnothing$ 即可.

设 $A\subset D$ 是任意给定的有限集, $X_0\supset L\bigcup A$ 是紧的弱 H-凸集. 由条件(ⅲ)知

$$\bigcap_{x\in D\cap X_0}(F(x)\bigcap s(X_0))\subset K.$$

从而有

$$
\begin{aligned}
s(\bigcap_{x\in D\cap X_0}\widetilde{F}(x))&=s(\bigcap_{x\in D\cap X_0}(s^{-1}(F(x))\bigcap X_0)\\
&\subset\bigcap_{x\in D\cap X_0}(F(x)\bigcap s(X_0))\subset\bigcap_{x\in D\cap X_0}(F(x)\bigcap K)\\
&\subset\bigcap_{x\in A}(F(x)\bigcap K).
\end{aligned}
$$

下证 $\displaystyle\bigcap_{x\in D\cap X_0}(\widetilde{F}(x))\neq\varnothing$.

事实上,由条件(ⅰ)知,$\widetilde{F}:D\cap X_0\to 2^{X_0}$ 是 H-广义 KKM 映象;由条件(ⅱ)及 $s(X_0)$ 的紧性知,对每一 $x\in D\cap X_0$,$\widetilde{F}(x)$ 是紧的. 于是由定理 3.5.3,即知 $\displaystyle\bigcap_{x\in D\cap X_0}\widetilde{F}(x)\neq\varnothing$. 证毕.

由定理 3.5.4 直接可得下面的结果.

定理 3.5.5(Bardaro-Ceppitelli[13]). 设 $(X,\{\Gamma_A\})$ 是一 H-空间,$F:X\to 2^X$ 是满足下列条件的 HKKM 映象:

(ⅰ)对任一 $x\in X,F(x)$ 是紧闭的;

(ⅱ)存在紧集 $L\subset X$ 及 H-紧集 $K\subset X$,使得对任意满足 $L\subset D\subset X$ 的弱 H-凸集 D 有

$$\bigcap_{x\in D}(F(x)\cap D)\subset L.$$

则 $\displaystyle\bigcap_{x\in D}F(x)\neq\varnothing$.

注. 定理 3.5.4 包含 Park[231]中的定理 3,Lassonde[164]中的定理 1 及 Fan[109]中的定理 4 为特例.

另由定理 3.5.3(ⅱ),易于得出下面的定理.

定理 3.5.6. 设 $(X,\{\Gamma_A\})$ 是一 H-空间,D 是 X 之一非空子集,Y 是一拓扑空间,$F:D\to 2^Y$ 是一多值映象,$s\in\mathscr{C}(X,Y)$ 满足条件:

(ⅰ)对任意的 $x\in D,F(x)$ 在 Y 中是紧开的;

(ⅱ)由下式定义的映象 $\widetilde{F}:D\to 2^X,\widetilde{F}(x)=s^{-1}F(x),x\in D$ 是一 H-广义 KKM 映象.

则集族 $\{F(x):x\in D\}$ 具有限交性质.

证. 因 $\widetilde{F}:D\to 2^X$ 是具紧开值的 H-广义 KKM 映象,于是由定理 3.5.3,对任意的有限集 $A\subset D$ 有

$$\bigcap_{x\in A}\widetilde{F}(x)=s^{-1}(\bigcap_{x\in A}F(x))\neq\varnothing,$$

从而 $\displaystyle\bigcap_{x\in A}F(x)\neq\varnothing$. 证毕.

由定理 3.5.6 可得下面的定理,它推广了 Park[231]中的闭覆盖的匹配定理.

定理 3.5.7.[53] 设 $(X,\{\Gamma_A\})$ 是一 H-空间,Y 是一拓扑空间,$s\in\mathscr{C}(X,Y)$. 设 $C_1,C_2,\cdots,C_n$ 是 Y 中的 n 个紧闭集且满足条件:

$$\bigcup_{i=1}^{n} C_i = Y.$$

则对 X 中任意的 n 个点 $x_1, x_2, \cdots, x_n$（不必相异），存在子集 $\{x_{i_1}, x_{i_2}, \cdots, x_{i_k}\} \subset \{x_1, x_2, \cdots, x_n\}$ 使得

$$s(\Gamma_{\{x_{i_1}, x_{i_2}, \cdots, x_{i_k}\}}) \cap \bigcap_{j=1}^{k} C_{i_j} \neq \varnothing.$$

证. 设不然，则存在某有限集 $\{x_1, x_2, \cdots, x_n\} \subset X$，使得对任意的子集 $\{x_{i_1}, x_{i_2}, \cdots, x_{i_k}\} \subset \{x_1, x_2, \cdots, x_n\}$ 有

$$s(\Gamma_{\{x_{i_1}, x_{i_2}, \cdots, x_{i_k}\}}) \cap \bigcap_{j=1}^{k} C_{i_j} = \varnothing.$$

从而有

$$s(\Gamma_{\{x_{i_1}, x_{i_2}, \cdots, x_{i_k}\}}) \subset Y \backslash \bigcap_{j=1}^{k} C_{i_j} = \bigcup_{j=1}^{k} (Y \backslash C_{i_j}).$$

令 $D = \{x_1, x_2, \cdots, x_n\}$，$F(x_i) = Y \backslash C_i$，则 $F : D \to 2^Y$ 满足定理 3.5.6 中所有的条件. 于是有

$$\varnothing \neq \bigcap_{i=1}^{n} F(x_i) = Y \backslash \bigcup_{i=1}^{n} C_i.$$

这与 $\bigcup_{i=1}^{n} C_i = Y$ 相矛盾.　证毕.

§3.6　超凸度量空间中的 KKM 定理

(Ⅰ)引言

定义 3.6.1. 一度量空间 (X, d) 称为**超凸的**，如果对 X 的任意点的族 $\{x_\alpha\}$ 及任意非负的实数族 $\{r_\alpha\}$ 满足条件 $d(x_\alpha, x_\beta) \leqslant r_\alpha + r_\beta$，则有

$$\bigcap B(x_\alpha, r_\alpha) \neq \varnothing,$$

其中 $B(x_\alpha, r_\alpha)$ 表 X 中以 x_α 为心，r_α 为半径的闭球.

定义 3.6.2. 设 A 是度量空间 (M, d) 中之一有界集. 我们记

（ⅰ）$\mathrm{co}(A) = \bigcap \{B \subset M, B$ 是 M 中包含 A 的闭球$\}$；

（ⅱ）$\mathscr{A}(M) = \{A \subset M : A = \mathrm{co}(A)\}$，即 $A \in \mathscr{A}(M)$ 当且仅当 A 是闭球的交，并称 A 是 M 的**容许子集**.

应当指出：如果 M 是一超凸度量空间，则 M 中的每一容许集也是超凸的.

正如 Sine[263] 及 Soardi[264] 指出的，超凸度量空间与非扩张映象之间的关系是极其重要的. 另一方面，由前几节我们也知道著名的 FKKM 定理在非线性分析，特别是在拓扑不动点理论的研究中是多么的重要. 正因为这

样,1996 年,Khamsi 在文献[150]中,首先在超凸度量空间的框架下,引入了 KKM 型定理,并成功地应用于研究超凸空间中的 Ky Fan 型的最佳逼近定理和 Schauder-Tychonoff 不动点定理. 近年来,Kirk 等[155]及 Park[232]进一步研究了超凸度量空间中的 KKM 理论.

本节的目的是更深入和更广泛地研究超凸度量空间中的 KKM 理论及其对超凸度量空间中的不动点定理、KKM 原理的刻画及对 Ky Fan 极大极小不等式定理的研究.

(Ⅱ)超凸度量空间中的 KKM 理论

设 X 是一非空集,我们分别用 $\mathscr{F}(x)$ 和 2^X 表 X 中一切非空的有限子集的族和 X 的一切子集的族. 如果 A 是一线性空间 E 中的子集,则 co(A)总表 A 的凸包.

设(M,d)是一度量空间,按照 Khamsi 的说法,子集 $S \subset M$ 称为**有限度量闭的**,如果对任一 $F \in \mathscr{F}(M)$,集 co(F)$\bigcap S$ 是闭的[150].

应该指出,co(F)总是适定的,且属于 $\mathscr{A}(M)$. 因此,如果 S 是 M 中的闭集,显然,它是有限度量闭的.

定理 3.6.1(Khamsi[150]). 设 H 是一超凸度量空间,X 是 H 的任一子集,$G:X \to 2^H$ 是一 KKM 映象,使得对每一 $x \in X$,$G(x)$ 是有限闭的,则集族$\{G(x):x \in X\}$具有限交性质.

如果进一步假定,存在 $x_0 \in X$,使得 $G(x_0)$ 是紧的,则有

$$\bigcap_{x \in X} G(x) \neq \varnothing.$$

(Ⅲ)超凸度量空间中的广义度量 KKM 定理

定义 3.6.3. 设 M 是一度量空间,X 是 M 中之一非空集,$G:X \to 2^M$ 是一具非空值的多值映象. G 称为**一度量 KKM 映象**,如果对任一有限子集 $F \in \mathscr{F}(X)$,co(F)$\subset \bigcup_{x \in F} G(x)$;$G$ 称为**广义度量 KKM 映象**,如果对任意的非空的有限集$\{x_1, x_2, \cdots, x_n\} \subset X$,存在集$\{y_1, y_2, \cdots, y_n\} \subset M$,使得对任意的$\{y_{i_1}, y_{i_2}, \cdots, y_{i_n}\} \subset \{y_1, y_2, \cdots, y_n\}$有

$$\text{co}\{y_{i_j}, j=1,2,\cdots,k\} \subset \bigcup_{j=1}^{k} G(x_{i_j}).$$

注. 由上述定义易知,每一度量 KKM 映象必是广义度量 KKM 映象,但其逆不必成立.

现在我们对超凸度量空间的广义度量 KKM 映象给出一个刻画.

定理 3.6.2.[150] 设 M 是一超凸度量空间,X 是 M 中之一非空集. 设 $G:X \to 2^M \setminus \{\varnothing\}$ 是具有限度量闭值的映象,则集族$\{G(x):x \in X\}$具有限交

性质的充分必要条件是 G 为一广义的度量 KKM 映象.

作为定理 3.6.2 的应用,可得下面的结果.

定理 3.6.3. 设 M 是一超凸度量空间,X 是 M 之一非空集,$G: X \to 2^M \backslash \{\varnothing\}$ 是具非空闭值的多值映象,且存在 $x_0 \in X$,使得 $G(x_0)$ 是紧的. 则 $\bigcap\limits_{x \in X} G(x) \neq \varnothing$ 当且仅当 G 是一广义的度量 KKM 映象.

证. 设 $\bigcap\limits_{x \in X} G(x) \neq \varnothing$,则集族 $\{G(x): x \in X\}$ 具有限交性质. 因对每一 $x \in X, G(x)$ 是闭的,故它是有限度量闭的. 故由定理 3.6.2,G 是广义度量 KKM 映象.

反之,设 G 是广义度量 KKM 映象,于是由定理 3.6.2 知,集族 $\{G(x): x \in X\}$ 具有限交性质. 又因 $G(x_0)$ 是紧集,故集族 $\{G(x) \bigcap G(x_0): x \in X\}$ 是一紧集族且具有限交性质,从而有

$$\varnothing \neq \bigcap_{x \in X} (G(x) \bigcap G(x_0)) = \bigcap_{x \in X} G(x).$$

证毕.

§3.7　广义凸空间(G-凸空间)上的 KKM 定理

下面介绍的广义凸空间（G-凸空间）的概念首先由 Park-Kim 引入[237,238].

(Ⅰ)广义凸空间

定义 3.7.1. 一广义凸空间（简写成 G-凸空间）是三元组 $(X, D; \Gamma)$,其中 X 是一拓扑空间,D 是 X 之一非空集,$\Gamma: \langle D \rangle \to 2^X$ 是一具非空值的映象且满足条件:

(ⅰ) 对任意的 $A, B \in \langle D \rangle$,若 $A \subset B$,则 $\Gamma(A) \subset \Gamma(B)$;

(ⅱ) 对任一 $A \in \langle D \rangle, |A| = n+1$,存在一连续函数 $\varphi_A: \Delta_n \to \Gamma(A)$,使得 $J \in \langle A \rangle$ 就有 $\varphi_A(\Delta_J) \subset \Gamma(J)$,其中 $\langle D \rangle$ 表 D 中一切非空的有限子集的族,Δ_J 表 Δ_n 的对应于 $J \in \langle A \rangle$ 的面.

我们记 $\Gamma(A) = \Gamma_A, \forall A \in \langle D \rangle$. 设 $(X, D; \Gamma)$ 是一 G-凸空间,X 的子集 C 称为 **G-凸的**,如果对任一 $A \in \langle D \rangle$,当 $A \subset C$ 时就有 $\Gamma_A \subset D$.

应该指出,当 $A \in \langle D \rangle$ 时,Γ_A 不必包含 A. 如果 $D = X$,则记 $(X, D; \Gamma) = (X; \Gamma)$.

任一凸空间 (X, D),当令 $\Gamma_A = \text{co}(A)$ 时,则成为一 G-凸空间. H-空间也是 G-凸空间.

G-凸空间的其他例子有:线性拓扑空间的凸集,具 Michael 凸结构的度量空间[199],及 Horvath 的伪凸空间[128]等.

正如 Horvath[129]所指出的,Aronszajn-Panitchpakdi 的超凸度量空间是 H-空间的特例,从而它也是 G-凸空间的特例.

定义 3.7.2. 设 $(X,D;\Gamma)$ 是一 G-凸空间.

(ⅰ)X 的子集 K 称为 **Γ-凸的**,如果对任一 $N\in\langle D\rangle$,当 $N\subset K$ 时就有 $\Gamma_A\subset K$;

(ⅱ)X 的子集 Y 的 Γ-凸包,记为 $\Gamma\text{-co}(Y)$,定义为 $\Gamma\text{-co}(Y)=\bigcap\{Z\subset X:Z$ 是包含 Y 的 Γ-凸集$\}$;

(ⅲ)映象 $F:D\to 2^X$ 称为 GKKM 映象,如果对任一 $N\in\langle D\rangle,\Gamma_N\subset G(N)$.

(Ⅱ)G-凸空间上的 KKM 定理

2002 年,Park 在 G-空间的框架下,给出了下面的 KKM 定理[235].

定理 3.7.1. 设 $(X,D;\Gamma)$ 是一 G-凸空间,$F:D\to 2^X$ 是满足下述条件的多值映象:

(ⅰ)F 是具闭值(相应的,开值)的;

(ⅱ)F 是一 KKM 映象.

则集族 $\{F(z):z\in D\}$ 具有限交性质(更确切地说,对任一 $N\in\langle D\rangle$,有 $\Gamma_N\bigcap\bigcap_{z\in N}F(z)\neq\varnothing$).

如果再设下面的条件(ⅲ)成立:

(ⅲ)$\bigcap_{z\in M}\overline{F(z)}$ 对某一 $M\in\langle D\rangle$ 是紧的,

则有 $\bigcap_{z\in D}\overline{F(z)}\neq\varnothing$.

证. 设 $N=\{a_0,a_1,\cdots,a_n\}\in\langle D\rangle$,则存在一连续函数 $\varphi_N:\Delta_n\to\Gamma_N$ 使得对任意的 $0\leqslant i_0<i_1<\cdots<i_k\leqslant n$ 有

$$\varphi_N(\text{co}\{v_{i_0},v_{i_1},\cdots,v_{i_k}\})\subset\Gamma(\{a_{i_0},a_{i_1},\cdots,a_{i_k}\})\bigcap\varphi_N(\Delta_n),$$

其中 $\text{co}\{v_{i_0},v_{i_1},\cdots,v_{i_k}\}$ 表 Δ_n 的面.

因 F 是一 KKM 映象,故有

$$\text{co}\{v_{i_0},v_{i_1},\cdots,v_{i_k}\}\subset\varphi_N^{-1}(\Gamma(\{a_{i_0},a_{i_1},\cdots,a_{i_k}\})\bigcap\varphi_N(\Delta_n))$$

$$\subset\bigcup_{j=0}^k\varphi_N^{-1}(F(a_{i_j})\bigcap\varphi_N(\Delta_n)).$$

因 $F(a_{i_j})\bigcap\varphi_N(\Delta_n)$ 在紧集 $\varphi_N(\Delta_N)$ 中是闭的(相应的,开的),故 $\varphi_N^{-1}(F(a_{i_j})\bigcap\varphi_N(\Delta_n))$ 在 Δ_n 中是闭的(相应的,开的).注意到 $a_i\longmapsto\varphi_N^{-1}(F(a_i)\bigcap\varphi_N(\Delta_n))$ 是 $\{v_0,v_1,\cdots,v_n\}$ 上的 KKM 映象,从而有

$$\bigcap_{i=1}^{n}\varphi_N^{-1}(F(a_{i_j})\bigcap\Gamma_N)\supset\bigcap_{i=0}^{n}\varphi_N^{-1}(F(a_i)\bigcap\varphi_N(\Delta_n))\neq\varnothing.$$

故知 $\Gamma_N\bigcap\bigcap_{z\in N}F(z)\neq\varnothing.$

第二个结论是显然的.　定理得证.

由定理 3.7.1 可得下面的

定理 3.7.2. 设 $(X,D;\Gamma)$ 是一 G-凸空间, $F:D\to 2^X$ 是满足下述条件的映象:

（ⅰ） $\bigcap_{z\in D}F(z)=\bigcap_{z\in D}\overline{F(z)}$;

（ⅱ） $\overline{F}$ 是一 KKM 映象;

（ⅲ）对某一 $M\in\langle D\rangle,\bigcap_{z\in M}\overline{F(z)}$ 是紧的.

则 $\bigcap_{z\in M}F(z)\neq\varnothing.$

证. 因 $\overline{F}:D\to 2^X$ 是闭值的, 由定理 3.7.1, 有

$$\bigcap_{z\in D}\overline{F(z)}\neq\varnothing.$$

于是由条件（ⅰ）, 定理的结论得证.

注. 当 $X=\Delta_n$ 时, 如果 D 是 Δ_n 的顶点集, 且 $\Gamma=\mathrm{co}$（凸包）, 则定理 3.7.1 就化为 KKM 定理. 而当 D 是拓扑线性空间 X（不必为 Hausdorff）的非空集时, 定理 3.7.1 推广了 FKKM 定理.

(Ⅲ) 广义 KKM 定理的特征

由定理 3.7.1 可得下面的关于广义 KKM 定理的有限交性质.

定理 3.7.3. 设 $(X,D;\Gamma)$ 是一 G-凸空间, I 是一非空集, $F:I\to 2^X$ 是具闭值（相应的, 开值）的映象.

（ⅰ）如果 F 是广义 KKM 的, 则对任一 $N\in\langle I\rangle$, 存在 $N'\in\langle D\rangle$ 使得 $\Gamma_{N'}\bigcap\bigcap_{z\in N}F(z)\neq\varnothing$;

（ⅱ）当 $X=D$ 且 $\Gamma_{\{x\}}=\{x\},\forall x\in X$ 成立时, 则上述结论的逆结论也成立.

证. （ⅰ）对任一 $N\in\langle I\rangle$, 存在函数 $\sigma:N\to D$ 使得当 $M\in\langle N\rangle$ 时, 就有 $\Gamma_{\sigma(M)}\subset F(M)$. 设 $\sigma(N)$ 有 $n+1$ 个点. 则存在一连续函数 $\varphi_N:\Delta_n\to\Gamma_{\sigma(N)}$ 使得 $\varphi_N(\Delta_M)\subset\Gamma_{\sigma(M)},\forall M\in\langle N\rangle$, 其中 Δ_M 是 Δ_n 的对应于 $\sigma(M)\subset\sigma(N)$ 的面. 因为

$$\Gamma_{\sigma(M)}\subset F(M)\bigcap\Gamma_{\sigma(N)},$$

故对任一 $M\in\langle N\rangle$ 有

$$\Delta_M\subset\varphi_N^{-1}(\Gamma_{\sigma(M)})\subset\bigcup_{z\in M}\{\varphi_N^{-1}(F(z)\bigcap\Gamma_{\sigma(N)})\}.$$

注意到 $F(z)\bigcap\Gamma_{\sigma(N)}$ 在 $\Gamma_{\sigma(N)}$ 中是闭的(相应的,开的),故 $\varphi_N^{-1}(F(z)\bigcap\Gamma_{\sigma(N)})$ 在 Δ_n 中是闭的(相应的,开的). 另因,$z\longmapsto\varphi_N^{-1}(F(z)\bigcap\Gamma_{\sigma(N)})$ 在 G-凸空间$(\Delta_n,N;\Gamma')$上定义了一 KKM 映象 $F':N\to2^{\Delta_n}$,其中 $\Gamma_M=\Delta_M,\forall M\in\langle N\rangle$. 于是由定理 3.7.1 有

$$\bigcap_{z\in N}F'(z)=\bigcap_{z\in N}\varphi_N^{-1}(F(z)\bigcap\Gamma_{\sigma(N)})\neq\varnothing.$$

由此得知

$$\Gamma_{\sigma(N)}\bigcap\bigcap_{z\in N}F(z)\neq\varnothing.$$

令 $N':=\sigma(N)\in\langle D\rangle$,结论(ⅰ)得证.

(ⅱ)设 $X=D$ 且 $\Gamma_{\{x\}}=\{x\}$,$\forall x\in X$. 对任一 $N\in\langle I\rangle$,由定理的假定知 $\bigcap_{z\in N}F(z)\neq\varnothing$. 取 $x^*\in\bigcap_{z\in N}F(z)$,定义一映象 $\sigma:N\to D=X$ 如下:

$$\sigma(z)=x^*,\forall z\in N.$$

则对 N 的任一非空子集 M,有

$$\Gamma_{\sigma(M)}=\Gamma_{\{x^*\}}=\{x^*\}\subset\bigcap_{z\in N}F(z)\subset F(M).$$

故 F 是一广义 KKM 映象. 证毕.

注. (ⅰ)如果$(X;\Gamma)$是一 H-空间,且 $I\subset X$,则定理 3.7.3(ⅰ)即为 Chang-Ma[53,定理 1,定理 4];

(ⅱ)当(X,Γ)是 G-凸空间,定理 3.7.3 包含 Tan[271,定理 2.2]为特例.

下面的定理,是定理 3.7.3 的一简单的推论.

定理 3.7.4. 设$(X;\Gamma)$是一 G-凸空间,且 $\Gamma_{\{x\}}=\{x\}$,$\forall x\in X$. 设 I 是一非空集,$F:I\to2^X$ 是一具闭值(相应的,开值)的映象. 则 F 是一广义 KKM 映象当且仅当$\{F(z):z\in I\}$具有限交性质(更确切地说,对任一 $N\in\langle I\rangle$,存在 $N'\in\langle X\rangle$,使得 $\Gamma_{N'}\bigcap\bigcap_{z\in N}F(z)\neq\varnothing$.)

注. (ⅰ)Chang-Zhang[65,定理 1]在 I 是一 Hausdorff 拓扑线性空间的凸子集及 F 取闭值的条件下,首先证明了定理 3.7.4.

(ⅱ)若$(X;\Gamma)$是 H-空间,且 $I\subset X$,则定理 3.7.4 的必要性在 Chang-Ma[53]被证明.

(ⅲ)如果 X 是一 Hausdorff 拓扑线性空间,则定理 3.7.4 就化为[167]中的定理 2.1,2.2,2.4 及推论 2.5,2.6.

(ⅳ)前面我们已经指出,超凸度量空间是 H-空间的特例,从而它也是 G-凸空间的特例. 因此,如果 X 是一超凸空间,则定理 3.7.4 就化为 Kirk 等[155]中的定理 2.1 及 Yuan[307]中的定理 2.2 和定理 2.4.

由定理 3.7.3 可得下面的定理.

定理 3.7.5. 设 $(X,D;\Gamma)$ 是一 G-凸空间, I 是一非空集, $F:I\to 2^X$ 是一具闭值的映象, 而且存在 $M\in\langle I\rangle$, 使得 $\bigcap\limits_{z\in M}F(z)$ 是紧的.

（ⅰ）如果 F 是一广义 KKM 映象, 则 $\bigcap\limits_{z\in I}F(z)\neq\varnothing$;

（ⅱ）如果 $X=D$, $\Gamma_{\{x\}}=\{x\}$ $(\forall x\in X)$ 且 $\bigcap\limits_{z\in I}F(z)\neq\varnothing$, 则 F 是一广义 KKM 映象.

由定理 3.7.2, 可得下面的定理.

定理 3.7.6. 设 $(X,D;\Gamma)$ 是一 G-凸空间, I 是一非空集, $F:I\to 2^X$ 是一转移闭值的映象, 而且存在某一 $M\in\langle I\rangle$ 使得 $\bigcap\limits_{z\in M}\overline{F(z)}$ 是紧的.

（ⅰ）如果 $\overline{F}$ 是一广义 KKM 映象, 则 $\bigcap\limits_{z\in I}F(z)\neq\varnothing$;

（ⅱ）如果 $X=D$, $\Gamma_{\{x\}}=\{x\}$, $\forall x\in X$ 且 $\bigcap\limits_{z\in I}F(z)\neq\varnothing$, 则 F 是一广义 KKM 映象.

下面的定理是定理 3.7.5 之一简单的推论.

定理 3.7.7. 设 $(X;\Gamma)$ 是一 G-凸空间且 $\Gamma_{\{x\}}=\{x\}$, $\forall x\in X$, I 是一非空集, $F:I\to 2^X$ 是一具闭值的映象且满足条件: 存在某一 $M\in\langle I\rangle$, 使得 $\bigcap\limits_{z\in M}F(z)$ 是一紧集. 则 F 是一广义 KKM 映象当且仅当 $\bigcap\limits_{z\in I}F(z)\neq\varnothing$.

注.（ⅰ）当 I 是一 Hausdorff 拓扑线性空间中的凸集时, 定理 3.7.7 在 Chang-Zhang[65] 中被得出;

（ⅱ）如果 $X=D$ 是一超凸度量空间, 则定理 3.7.7 就化为 Kirk 等 [155] 中的定理 2.2.

借助定理 3.7.2, 可以把定理 3.7.7 稍作推广, 即有下面的定理.

定理 3.7.8. 设 $(X;\Gamma)$ 是一 G-凸空间且满足条件: $\Gamma_{\{x\}}=\{x\}$, $\forall x\in X$. 设 I 是一非空集, $F:I\to 2^X$ 是一转移闭值的映象且存在某一 $M\in\langle I\rangle$, 使得 $\bigcap\limits_{z\in M}\overline{F(z)}$ 是紧的. 则 $\overline{F}$ 是一广义 KKM 映象, 当且仅当 $\bigcap\limits_{z\in I}F(z)$ 是非空紧的.

注. 当 X 是一超凸度量空间时, 由定理 3.7.8 即得 Kirk 等 [155] 中的定理 2.5.

§3.8　KKM 技巧及其应用

众所周知, FKKM 定理在处理许多非线性问题中起着重要的作用, 并逐渐地形成了一种独具特色的技巧, 即所谓的 **KKM 技巧**. 这一技巧的要点是: 根据问题的性质和条件, 适当地引进一个映象 $F:X\to 2^X$, 使得

(1)F 是 KKM 映象(或广义 KKM 映象),且满足 FKKM 定理(或广义 KKM 定理)的条件,于是,根据

$$\bigcap_{x\in X}F(x)\neq\varnothing$$

去求问题的解;或者

(2)F 不是 KKM 映象(或不是广义 KKM 映象),于是存在有限集$\{x_1,x_2,\cdots,x_n\}\subset X$ 具有某种**匹配性质**[109],由此求出问题的解.

下面用一些例子来说明这一技巧的应用.

例 3.8.1.(极值问题[115])

Weierstrass 定理是关于极值存在性最重要之一定理. 但这一定理过分地依赖于紧性条件,因此人们试图改进这一定理,使之适用于更大的范围. 1936 年,Mazur-Schauder 给出了下面的结果[197].

Mazur-Schauder 定理. 设 E 是一自反的 Banach 空间,C 是 E 中之一闭凸集,φ 是 C 上的下半连续的、下有界的凸泛函,且是强制的,即

$$\lim_{\|x\|\to+\infty}\varphi(x)=+\infty.$$

则存在 $x_0\in C$,使得

$$\inf_{x\in C}\varphi(x)=\varphi(x_0).$$

证. 令 $d=\inf_{x\in C}\varphi(x)$. 由 φ 的强制性,存在 $\zeta>0$ 使得 $\varphi(x)\geqslant d+1$,$\forall x\in C\backslash K$,其中 $K=C\cap\{x\in E:\|x\|<\zeta\}$. 因此,为了证明定理的结论,只需要证明存在 $x_0\in K$,使得 $\varphi(x_0)\leqslant\varphi(x)$,$\forall x\in K$ 即可. 令

$$F(x)=\{y\in K:\varphi(y)\leqslant\varphi(x)\}.$$

易知 $F:K\to 2^K$ 是一 KKM 映象,故对任意的有限集 $A\subset K$,$co(A)\subset\bigcup_{x\in A}F(x)$. 于是对 E 中的弱拓扑而言,$F:K\to 2^K$ 是一具紧值的 KKM 映象. 故由 FKKM 定理知 $\bigcap_{x\in K}F(x)\neq\varnothing$. 任取 $x_0\in\bigcap_{x\in K}F(x)$,则 x_0 即为所求的点.

证毕.

例 3.8.2.(变分不等式问题)

1966 年,Hartman,Stampacchia 证明了下面的结果[124].

Hartman-Stampacchia 定理. 设 H 是一 Hilbert 空间,C 是 H 中之一有界闭凸集. 设 $A:C\to H$ 是一单调的半连续映象,则存在 $y_0\in C$ 使得

$$\langle A(y_0),y_0-x\rangle\leqslant0,\forall x\in C.$$

证. 定义一映象 $G:C\to 2^H$ 如下:

$$G(x)=\{y\in C:\langle A(y),y-x\rangle\leqslant0\}.$$

易证 G 是一 KKM 映象. 现再定义一映象 $\Gamma: C \to 2^H$ 如下：

$$\Gamma(x) = \{y \in C: \langle A(x), y-x \rangle \leqslant 0\}.$$

由 A 的单调性知 $G(x) \subset \Gamma(x)$, $\forall x \in C$, 从而 Γ 也是 KKM 映象, 而且按弱拓扑, 对每一 $x \in C, \Gamma(x)$ 是 C 中的紧子集. 故由 FKKM 定理, $\bigcap\limits_{x \in C} \Gamma(x) \neq \varnothing$. 另外, 我们可以证明

$$\bigcap\limits_{x \in C} G(x) = \bigcap\limits_{x \in C} \Gamma(x) \neq \varnothing.$$

任取 $y_0 \in \bigcap\limits_{x \in C} G(x)$, 则 y_0 满足 $\langle A(y_0), y_0 - x \rangle \leqslant 0$, $\forall x \in C$.　证毕.

例 3.8.3. (不动点问题)

利用 KKM 技巧, 可得下面的重要的不动点定理[23].

Browder-Kirk 定理. 设 H 是一 Hilbert 空间, C 是 H 中之一有界闭凸集, $F: C \to C$ 是一非扩张映象, 则 F 在 C 中存在不动点.

证. 令 $A(x) = x - F(x)$, $x \in C$. 因 F 是非扩张的, 易知 $A: C \to H$ 是一连续的单调映射. 由例 3.8.2 知存在 $x_0 \in C$, 使得

$$\langle A(x_0), x_0 - x \rangle \leqslant 0, \forall x \in C.$$

在上式中取 $x = F(x_0)$, 则知 $\| A(x_0) \| = 0$, 即 $x_0 = F(x_0)$.

证毕.

Fan-Browder 不动点定理[26]. 设 $(X, \{\Gamma_A\})$ 是一紧的 H-空间, $B: X \to 2^X$ 是一映象且满足条件：

（ⅰ）对每一 $x \in X, B(x)$ 是非空 H-凸的；

（ⅱ）对每一 $y \in X, B^{-1}(y)$ 是开集.

则存在 $x_0 \in X$, 使得 $x_0 \in B(x_0)$.

证. 令 $F(y) = X \backslash B^{-1}(y)$, $y \in X$. 下证 $F: X \to 2^X$ 不是 KKM 映象.

事实上, 如果 F 是一 KKM 映象, 则由 FKKM 定理知 $\bigcap\limits_{y \in X} F(y) \neq \varnothing$. 取 $x_0 \in \bigcap\limits_{y \in X} F(y)$, 则 $y \notin B(y_0)$, $\forall y \in X$, 即 $B(y_0) = \varnothing$. 这与假设矛盾. 从而 $F: X \to 2^X$ 不是 KKM 映象, 故存在某一有限集 $A \subset X$, 使得

$$\Gamma_A \bigcap \bigcap\limits_{y \in A} B^{-1}(y) \neq \varnothing.$$

取 $x_0 \in \Gamma_A \bigcap \bigcap\limits_{y \in A} B^{-1}(y)$, 则 $y \in B(x_0)$, $\forall y \in A$. 因 $B(x_0)$ 是 H-凸的, 故 $\Gamma_A \subset B(x_0)$, 从而 $x_0 \in B(x_0)$.　证毕.

利用 KKM 技巧, 我们可证下面的重合定理.

定理 3.8.1(Chang-Ma[53]). 设 $(X, \{\Gamma_A\})$ 是一 H-空间, D 是 X 中之一非空子集, Y 是一拓扑空间, $s \in \mathscr{C}(X, Y)$. 再设 $U, V: D \to 2^Y$ 是满足下述条件的二映象：

（ⅰ）对每一 $x \in D, U(x)$ 在 Y 中是紧开的；

（ⅱ）对每一 $x \in X, V^{-1}(s(x))$ 关于 $U^{-1}(s(x))$ 是 H-凸的；

（ⅲ）存在 H-紧集 $L \subset X$ 及一紧集 $K \subset Y$，使得

$$U^{-1}(y) \neq \varnothing, \forall y \in \overline{s(X) \bigcap K},$$

而且对任一有限集 $A \subset D$，如果 $x \in L_A \backslash s^{-1}(K)$，则

$$U^{-1}(s(x)) \bigcap L_A \bigcap D \neq \varnothing,$$

其中 L_A 是满足条件：$L_A \supset L \bigcap A$ 的一紧的弱 H-紧集.

则存在 $\overline{x} \in D$，使得 $s(\overline{x}) \in V(\overline{x})$.

§3.9　Ky Fan 极大极小不等式定理及其等价形式

1972 年，Fan 建立了一个极大极小不等式定理. [108] 这一定理不仅在变分不等式理论，而且在非线性分析的诸多领域，特别是在对策理论、数理经济、控制理论、不动点理论、平衡点理论等方面起着极为重要的作用.

在本节中，我们将介绍 Ky Fan 的这一极大极小不等式定理，并给出其多种形式的推广和等价表述.

定理 3.9.1(Ky Fan 极大极小不等式定理[108])．设 E 是一 Hausdorff 拓扑线性空间，X 是 E 之一非空的紧凸集，$\varphi: X \times X \rightarrow \mathbf{R}$ 是满足下述条件的泛函：

（ⅰ）$x \longmapsto \varphi(x, y)$ 是下半连续的；

（ⅱ）$y \longmapsto \varphi(x, y)$ 是拟凹的.

则存在 $x_0 \in X$，使得

$$\sup_{y \in X} \varphi(x_0, y) = \min_{x \in X} \sup_{y \in X} \varphi(x, y) \leqslant \sup_{x \in X} \varphi(x, x).$$

证．令 $\gamma = \sup_{x \in X} \varphi(x, x)$. 对每一 $y \in X$，令

$$G(y) = \{x \in X : \varphi(x, y) \leqslant \gamma\}.$$

由条件（ⅰ），对每一 $y \in X, G(y)$ 是闭的. 又由命题 3.3.3 知，$G: X \rightarrow 2^X$ 是一 KKM 映象. 于是由 FKKM 定理知 $\bigcap_{y \in X} G(y) \neq \varnothing$. 任取 $\overline{x} \in \bigcap_{y \in X} G(y)$，于是有 $\varphi(\overline{x}, y) \leqslant \gamma, \forall y \in X$. 因而有

$$\min_{x \in X} \sup_{y \in X} \varphi(x, y) \leqslant \sup_{y \in X} \varphi(\overline{x}, y) \leqslant \sup_{x \in X} \varphi(x, x). \tag{3.9.1}$$

由条件（ⅰ）及命题 1.3.5，$\sup_{y \in X} \varphi(x, y)$ 是 x 的下半连续函数. 故存在 $x_0 \in X$，使得

$$\min_{x \in X} \sup_{y \in X} \varphi(x, y) = \sup_{y \in X} \varphi(x_0, y). \tag{3.9.2}$$

结合(3.9.1)和(3.9.2),定理的结论得证.

下面我们给出 Ky Fan 极大极小不等式定理的多种形式的推广.

定理 3.9.2.[65] 设 E 和 F 是两个 Hausdorff 拓扑线性空间,X 和 Y 分别是 E 和 F 的两个非空闭凸集.设 φ 和 $\psi:X\times Y\to(-\infty,+\infty]$ 是满足下述条件的二泛函:

(i) $x\longmapsto\varphi(x,y)$ 是下半连续的;

(ii) $y\longmapsto\psi(x,y)$ 是 γ-广义拟凹的,其中 $\gamma\in(-\infty,+\infty]$ 是一给定的数;

(iii) $\varphi(x,y)\leqslant\psi(x,y),\forall x\in X,y\in Y$;

(iv) 存在 $y_0\in Y$,使得集合
$$\{x\in X:\varphi(x,y_0)\leqslant\gamma\}$$
是 X 中的紧集.

则存在 $\bar{x}\in X$,使得 $\sup\limits_{y\in Y}\varphi(\bar{x},y)\leqslant\gamma$.

证. 令
$$T(y)=\{x\in X:\psi(x,y)\leqslant\gamma\},y\in Y,$$
$$G(y)=\{x\in X:\varphi(x,y)\leqslant\gamma\},y\in Y.$$
由条件(iii)知,对每一 $y\in Y,T(y)\subset G(y)$.由条件(ii)和命题 3.3.2,$T:Y\to2^X$ 是一广义 KKM 映象,从而 $G:Y\to2^X$ 也是一广义 KKM 映象.再由条件(i),对每一 $y\in Y,G(y)$ 是 X 中的闭集,而且 $G(y_0)$ 是紧集,于是由定理 3.2.3,$\bigcap\limits_{y\in Y}G(y)\neq\varnothing$.任取 $\bar{x}\in\bigcap\limits_{y\in Y}G(y)$,则对一切 $y\in Y$,有 $\varphi(\bar{x},y)\leqslant\gamma$.从而有
$$\sup\limits_{y\in Y}\varphi(\bar{x},y)\leqslant\gamma.$$

定理得证.

注. 定理 3.9.2 改进和推广了 Yen[303],Zhou-Chen[311]中的主要结果.

作为定理 3.9.2 的直接推论,可得下面的一个一般形式的 Ky Fan 极大极小不等式定理.

推论 3.9.3(推广的 Ky Fan 极大极小不等式定理). 设定理 3.9.2 的所有条件被满足,其中 $E=F,X=Y,\varphi=\psi$,且 $\gamma=\sup\limits_{x\in X}\varphi(x,x)$,则存在 $\bar{x}\in X$ 使得
$$\min\limits_{x\in X}\sup\limits_{y\in X}\varphi(x,y)=\sup\limits_{y\in X}\varphi(\bar{x},y)\leqslant\sup\limits_{x\in X}\varphi(x,x).$$

如果我们加强对 φ 和 X 的限制,则可得出下面的**标准形式的 Ky Fan**

极大极小不等式定理.

定理 3.9.4(Chang[31]). 设 E 是一 Hausdorff 拓扑线性空间,X 是 E 中的紧凸集,F 为一线性空间,Y 为 F 中的凸集合. 设 $\varphi: X \times Y \to \mathbf{R}$ 满足条件:

（ⅰ）$x \longmapsto \varphi(x,y)$ 是下半连续的凸泛函;

（ⅱ）$y \longmapsto \varphi(x,y)$ 为凹泛函.

则有

$$\sup_{y \in Y} \min_{x \in X} \varphi(x,y) = \min_{x \in X} \sup_{y \in Y} \varphi(x,y).$$

为了证明定理 3.9.4,我们先证明下面的辅助性结果.

定理 3.9.5. 设 E 是一 Hausdorff 拓扑线性空间,X 是 E 的一紧凸集. 设 $f_1, f_2, \cdots, f_n: X \to \mathbf{R}$ 是 n 个下半连续的凸泛函,则下列结论等价:

（ⅰ）存在 $\bar{x} \in X$,使得 $f_i(\bar{x}) \leqslant c, i = 1, 2, \cdots, n$;

（ⅱ）对任何的一组数 $\alpha_i \geqslant 0, i = 1, 2, \cdots, n, \sum_{i=1}^{n} \alpha_i = 1$,存在 $x_0 \in X$,使得

$$\sum_{i=1}^{n} \alpha_i f_i(x_0) \leqslant c. \tag{3.9.3}$$

证. （ⅰ）$\Rightarrow$（ⅱ）. 取 $x_0 = \bar{x}$,结论得证.

（ⅱ）$\Rightarrow$（ⅰ）. 设不然,则对任一 $x \in X$,存在某一 $i_1 : 1 \leqslant i_1 \leqslant n$,使得 $f_{i_1}(x) > c$. 令

$$O_i = \{x \in X : f_i(x) > c\}, i = 1, 2, \cdots, n.$$

因 f_i 下半连续,故 O_i 是开集,从而

$$F_i = X \backslash O_i = \{x \in X : f_i(x) \leqslant c\}, i = 1, 2, \cdots, n$$

为闭集. 于是对每一 $x \in X$,必存在某一 $i_0 : 1 \leqslant i_0 \leqslant n$ 使得 $x \in O_{i_0}$. 这就表明 $X = \bigcup_{i=1}^{n} O_i$. 不失一般性,可设每一 O_i 皆不空,且设 $x_i \in O_i, i = 1, 2, \cdots, n$. 于是对任一 $i = 1, 2, \cdots, n$,令 $\alpha_i = 1$,其余的 $\alpha_m = 0, m \neq i$. 于是由假定,存在 $x_0 \in X$,使得 $f_i(x_0) \leqslant c$,即 $x_0 \in F_i$. 因而 $F_i \neq \varnothing$,且 $x_i \notin F_i$. 另因每一紧 Hausdorff 拓扑空间是正规的,故由 Urysohn 定理,存在连续泛函 $\gamma_i : X \to [0,1]$,使得

$$\gamma_i(F_i) = \{0\}, \quad \gamma_i(x) > 0, \forall x \in O_i.$$

因而对任何 $x \in X$,有 $\sum_{i=1}^{n} \gamma_i(x) > 0$. 现令

$$\beta_i(x) = \gamma_i(x) / (\sum_{i=1}^{n} \gamma_i(x)), x \in X.$$

因而 $\beta_i: X \to [0,1]$ 连续. 令 $\psi: X \times X \to \mathbf{R}$,

$$\psi(x,y) = \sum_{i=1}^{n} \beta_i(x) f_i(y).$$

则 $x \longmapsto \psi(x,y)$ 连续, $y \longmapsto \psi(x,y)$ 是下半连续的凸泛函. 因而 $x \longmapsto \psi(x,x)$ 是下半连续的. 又因 X 紧, 故存在 $x^* \in X$, 使得

$$\psi(x^*, x^*) = \min_{x \in X} \psi(x,x) = c_0.$$

又因 $\beta_i(x) > 0 \Leftrightarrow x \in O_i \Leftrightarrow f_i(x) > c$, 故 $\psi(x^*, x^*) = c_0 > c$. 再令 $\varphi: X \times X \to \mathbf{R}$:

$$\varphi(x,y) = \psi(x,y) - c_0 = \sum_{i=1}^{n} \beta_i(x) f_i(y) - c_0.$$

则 $x \longmapsto \varphi(x,y)$ 连续, $y \longmapsto \varphi(x,y)$ 凸, 且对任何 $x \in X, \varphi(x,x) \geqslant 0$, 于是由定理 3.9.1, 存在 $\bar{x} \in X$, 使得 $\varphi(\bar{x}, y) \geqslant 0, \forall y \in X$, 从而有

$$\sum_{i=1}^{n} \beta_i(\bar{x}) f_i(y) \geqslant c_0 > c, \forall y \in X.$$

上式中的 $\beta_i(\bar{x}) \geqslant 0, i = 1, 2, \cdots, n$, 且 $\sum_{i=1}^{n} \beta_i(\bar{x}) = 1$. 与假设矛盾. 定理得证.

现在转向定理 3.9.4 的证明. 令

$$c = \sup_{y \in Y} \min_{x \in X} \varphi(x,y).$$

1° 当 $c < +\infty$ 时, 由于对每一 $y \in Y$, 及每一 $\bar{x} \in X$, 有

$$\varphi(\bar{x}, y) \geqslant \min_{x \in X} \varphi(x,y),$$

从而有

$$\sup_{y \in Y} \varphi(\bar{x}, y) \geqslant \sup_{y \in Y} \min_{x \in X} \varphi(x,y) = c.$$

由 $\bar{x}$ 的任意性, 知

$$\inf_{x \in X} \sup_{y \in Y} \varphi(x,y) \geqslant c. \tag{3.9.4}$$

另一方面, 任取 $y_1, y_2, \cdots, y_n \in Y$, 令

$$f_i(x) = \varphi(x, y_i), i = 1, 2, \cdots, n.$$

于是由条件 (i), 每一 $f_i: X \to \mathbf{R}$ 是下半连续的. 任取 $\alpha_i \geqslant 0, i = 1, 2, \cdots, n,$ $\sum_{i=1}^{n} \alpha_i = 1$, 并设 $y_0 = \sum_{i=1}^{n} \alpha_i y_i$. 于是由条件 (ii) 知, $y \longmapsto \varphi(x,y)$ 为凹的. 故对任一 $x \in X$, 有

$$\sum_{i=1}^{n} \alpha_i \varphi(x, y_i) \leqslant \varphi(x, \sum_{i=1}^{n} \alpha_i y_i) = \varphi(x, y_0). \tag{3.9.5}$$

由 c 的定义知 $\min\limits_{x\in X}\varphi(x,y_0)\leqslant c$. 但因 $\varphi(x,y_0)$ 关于 x 是下半连续的,故存在 $x_0\in X$,使得 $\varphi(x_0,y_0)\leqslant c$,于是由(3.9.5)即得

$$\sum_{i=1}^{n}\alpha_i f(x_0)=\sum_{i=1}^{n}\alpha_i\varphi(x_0,y_i)\leqslant\varphi(x_0,y_0)\leqslant c.$$

由定理 3.9.5,存在 $\overline{x}\in X$,使得

$$f_i(\overline{x})=\varphi(\overline{x},y_i)\leqslant c,i=1,2,\cdots,n.$$

此即

$$\overline{x}\in\bigcap_{i=1}^{n}\{x\in X:\varphi(x,y_i)\leqslant c\}.$$

其次,因 $x\longmapsto\varphi(x,y)$ 是下半连续的,故

$$F(y)=\{x\in X:\varphi(x,y)\leqslant c\},\quad y\in Y$$

是 X 中的闭集. 由命题 3.3.3 和定理 3.3.4,集族 $\{F(y):y\in Y\}$ 具有限交性质. 因 X 紧,故

$$\Omega:=\bigcap_{y\in Y}\{x\in X:\varphi(x,y)\leqslant c\}\neq\varnothing.$$

任取 $\widetilde{x}\in\Omega$,于是对任一 $y\in Y$,$\varphi(\widetilde{x},y)\leqslant c$,从而有

$$\inf_{x\in X}\sup_{y\in Y}\varphi(x,y)\leqslant\sup_{y\in Y}\varphi(\widetilde{x},y)\leqslant c. \tag{3.9.6}$$

结合(3.9.4)和(3.9.6)即得

$$\inf_{x\in X}\sup_{y\in Y}\varphi(x,y)=\sup_{y\in Y}\min_{x\in X}\varphi(x,y)=c.$$

由条件(i)和命题 1.3.5 及 X 的紧性知,$\sup\limits_{y\in Y}\varphi(x,y)$ 在 X 上达到极小值. 于是有

$$\min_{x\in X}\sup_{y\in Y}\varphi(x,y)=\inf_{x\in X}\sup_{y\in Y}\varphi(x,y)=\sup_{y\in Y}\min_{x\in X}\varphi(x,y).$$

2° 当 $c=+\infty$,仿 1° 中的方法,同样可证

$$\inf_{x\in X}\sup_{y\in Y}\varphi(x,y)\geqslant c=+\infty.$$

因而对每一 $x\in X$,有 $\sup\limits_{y\in Y}\varphi(x,y)=+\infty$. 任取 $x_0\in X$,有

$$\min_{x\in X}\sup_{y\in Y}\varphi(x,y)=\sup_{y\in Y}\varphi(x_0,y)=+\infty.$$

证毕.

下面再给出一个定理,它也是 Ky Fan 极大极小不等式定理的推广形式.

定理 3.9.6. 设 E 是一 Hausdorff 拓扑线性空间,X 是 E 之一非空闭凸集,$\varphi:X\times X\to\mathbf{R}$ 是一泛函,满足 $\varphi(x,x)=0$,$\forall x\in X$ 及下面的条件:

(i)存在紧凸集 $K\subset X$ 及 $x_0\in\overset{\circ}{K}$,使得

$$\varphi(x,x_0)\geqslant 0,\quad\forall x\in\partial K;$$

（ⅱ）$y \longmapsto \varphi(x,y)$ 是凹的；

（ⅲ）$x \longmapsto \varphi(x,y)$ 是下半连续的.

则存在 $x^* \in K$，使得

$$\sup_{y \in X} \varphi(x^*,y) \leqslant 0.$$

证. 因 K 是 X 中的紧凸集，故限制在 K 上考察 φ 时，则 φ 满足 Ky Fan 极大极小不等式定理的条件，因而存在 $x_* \in K$，使得

$$\varphi(x_*,y) \leqslant 0, \forall y \in K. \tag{3.9.7}$$

下证，对一切 $y \in X$，上式也成立. 事实上，

(1)当 $x_* \in \mathring{K}$ 时，则对任意的 $y \in X$，当 $t \in (0,1)$ 且充分小时，$ty +$ $(1-t)x_* \in \mathring{K}$. 故由(3.9.7)及 $y \longmapsto \varphi(x,y)$ 的凹性知

$$t\varphi(x_*,y) = t\varphi(x_*,y) + (1-t)\varphi(x_*,x_*)$$
$$\leqslant \varphi(x_*,ty+(1-t)x_*) \leqslant 0.$$

因而 $\varphi(x_*,y) \leqslant 0, \forall y \in X$.

(2)当 $x_* \in \partial K$ 时，由假设条件 $\varphi(x_*,x_0) \geqslant 0$. 设 $y \in X$，因 $x_0 \in \mathring{K}$，故 当 $t \in (0,1)$ 充分小时，有 $ty+(1-t)x_0 \in \mathring{K}$. 由(3.9.7)及 $y \longmapsto \varphi(x,y)$ 的 凹性知

$$t\varphi(x_*,y) \leqslant t\varphi(x_*,y) + (1-t)\varphi(x_*,x_0)$$
$$\leqslant \varphi(x_*,ty+(1-t)x_0) \leqslant 0.$$

故(3.9.7)对一切 $y \in X$ 成立. 于是有

$$\sup_{y \in X} \varphi(x_*,y) \leqslant 0.$$

证毕.

在第二章和本章中，我们介绍了 Hartman-Stampacchia 变分不等式、Brouwer 不动点定理、FKKM 定理及 Ky Fan 极大极小不等式定理. 这些著名的结果分别由这些作者在不同的时期，从不同的角度而得出. 下面我们将证明这四个定理是相互等价的，从而得知，在这之前，我们所介绍的诸多重要的结论和定理，都是以 Brouwer 不动点定理为基础而建立的.

为了讨论方便，我们先给出 Ky Fan 极大极小不等式的几何形式.

定理 3.9.7. 设 E 是一 Hausdorff 拓扑线性空间，X 是 E 之一紧凸集. 设集 $\Gamma \subset X \times X$ 满足条件：

（ⅰ）对任一 $y \in X$，$\Gamma_2(y) = \{x \in X : (x,y) \in \Gamma\}$ 是开的；

（ⅱ）对任一 $x \in X$，$\Gamma_1(x) = \{y \in X : (x,y) \in \Gamma\}$ 是一凸集；

（ⅲ）$\Delta \cap \Gamma = \varnothing$，其中 $\Delta = \{(x,x) : x \in X\}$.

则存在 $x_0 \in X$，使得 $\Gamma_1(x_0) = \varnothing$.

下面我们证明定理 3.9.1 与定理 3.9.7 是等价的.

定理 3.9.8. 定理 3.9.1 与定理 3.9.7 等价.

证. 设定理 3.9.1 成立，定义一泛函 $\varphi : X \times X \to [0,1]$ 如下：

$$\varphi(x,y) = \begin{cases} 1, & \text{如果 } (x,y) \in \Gamma, \\ 0, & \text{如果 } (x,y) \notin \Gamma, \end{cases} \tag{3.9.8}$$

则有

$$\{x \in X : \varphi(x,y) \leqslant \lambda\} = \begin{cases} \varnothing, & \text{如果 } \lambda < 0, \\ X \backslash \Gamma_2(y), & \text{如果 } 0 \leqslant \lambda < 1, \\ X, & \text{如果 } \lambda \geqslant 1, \end{cases} \tag{3.9.9}$$

$$\{y \in X : \varphi(x,y) > \lambda\} = \begin{cases} X, & \text{如果 } \lambda < 0, \\ \Gamma_1(x), & \text{如果 } 0 \leqslant \lambda < 1, \\ \varnothing, & \text{如果 } \lambda \geqslant 1. \end{cases} \tag{3.9.10}$$

由定理 3.9.1 中的条件（ i ），$x \longmapsto \varphi(x,y)$ 是下半连续的. 由定理 3.9.1 的条件（ ii ），$y \longmapsto \varphi(x,y)$ 是拟凹的，又因 $\Gamma \bigcap \Delta = \varnothing$，故 $\varphi(x,x) = 0, \forall x \in X$. 于是由定理 3.9.1，存在 $x_0 \in X$，使得

$$\varphi(x_0, y) \leqslant 0, \forall y \in X,$$

即 $(x_0, y) \notin \Gamma$，从而 $\Gamma_1(x_0) = \varnothing$. 故定理 3.9.7 成立.

反之，令 $\mu = \sup\limits_{x \in X} \varphi(x,x)$.

$$\Gamma = \{(x,y) \in X \times X : \varphi(x,y) > \mu\}, \tag{3.9.11}$$

$$\Gamma_2(y) = \{x \in X : \varphi(x,y) > \mu\}, y \in X. \tag{3.9.12}$$

于是由定理 3.9.7 的条件（ i ），对任一 $y \in X$，$\Gamma_2(y)$ 是开的；另由该定理的条件（ ii ），知

$$\Gamma_1(x) = \{y \in X : \varphi(x,y) > \mu\}, x \in X$$

是凸的. 另外由（3.9.11）知 $\Gamma \bigcap \Delta = \varnothing$. 故由定理 3.9.7，存在 $x_0 \in X$，使得 $\Gamma_1(x_0) = \varnothing$，即 $\varphi(x_0, y) \leqslant \mu, \forall y \in X$，从而有 $\sup\limits_{y \in X} \varphi(x_0, y) \leqslant \mu$. 因 $x \longmapsto \varphi(x,y)$ 是下半连续的，故由命题 1.3.5，$\sup\limits_{y \in X} \varphi(x,y)$ 关于 $x \in X$ 也是下半连续的. 故存在 $\bar{x} \in X$，使得

$$\sup_{y \in X} \varphi(\bar{x}, y) = \min_{x \in X} \sup_{y \in X} \varphi(x,y) \leqslant \sup_{y \in X} \varphi(x_0, y) \leqslant \sup_{x \in X} \varphi(x,x).$$

定理证毕.

定理 3.9.9. 下面的定理相互等价：

（ i ）Brouwer 不动点定理（定理 2.1.1）；

（ⅱ）FKKM 定理（定理 3.2.3）；

（ⅲ）Ky Fan 极大极小不等式定理（定理 3.9.1）；

（ⅳ）Hartman-Stampacchia 变分不等式定理（定理 2.1.2）.

证.（ⅰ）$\Rightarrow$（ⅱ）$\Rightarrow$（ⅲ）已在定理3.2.3及定理3.9.1中证明.

（ⅲ）$\Rightarrow$（ⅳ）.令 $\varphi(x,y)=\langle A(x),x-y\rangle$，其中 $A:K\rightarrow \mathbf{R}^n$ 是一连续映象.在定理 2.1.2 的条件下，φ 满足定理 3.9.1 的条件.故存在 $\overline{x}\in X$ 使得

$$\varphi(\overline{x},y)\leqslant \sup_{x\in X}\varphi(x,x)=0,\forall y\in X,$$

即，$\langle A(\overline{x}),y-\overline{x}\rangle\geqslant 0,\forall y\in X$；

（ⅳ）$\Rightarrow$（ⅰ）.设 K 是 $\mathbf{R}^n$ 中的有界闭凸集，$f:K\rightarrow K$ 是一连续映象.令 $A(x)=x-f(x),x\in K$，则 $A:K\rightarrow \mathbf{R}^n$ 连续.故由定理 2.1.2，存在 $\overline{x}\in K$，使得

$$\langle \overline{x}-f(\overline{x}),y-\overline{x}\rangle\geqslant 0,\forall y\in K.$$

取 $y=f(\overline{x})$，故有 $\|\overline{x}-f(\overline{x})\|^2=0$，即 $\overline{x}=f(\overline{x})$.故 f 在 K 中有不动点.

证毕.

§3.10　Ky Fan 极大极小不等式定理的应用

在本节中，我们将给出 Ky Fan 极大极小不等式定理在鞍点问题中的应用.

定理 3.10.1（鞍点定理）.设 E,F 是二 Hausdorff 拓扑线性空间，X,Y 分别是 E 和 F 中的二紧集，设 $x\longmapsto \varphi(x,y)$ 是上半连续的，$y\longmapsto \varphi(x,y)$ 是下半连续的，则下列结论等价：

（ⅰ）$\min\limits_{y\in Y}\max\limits_{x\in X}\varphi(x,y)=\max\limits_{x\in X}\min\limits_{y\in Y}\varphi(x,y)$；

（ⅱ）存在点 $(\overline{x},\overline{y})\in X\times Y$ 使得

$$\varphi(x,\overline{y})\leqslant \varphi(\overline{x},\overline{y})\leqslant \varphi(\overline{x},y),\forall x\in X,y\in Y. \qquad (3.10.1)$$

证.（ⅰ）$\Rightarrow$（ⅱ）.设结论（ⅰ）成立，则存在 $\overline{x}\in X,\overline{y}\in Y$ 使得

$$\min_{y\in Y}\max_{x\in X}\varphi(x,y)=\max_{x\in X}\varphi(x,\overline{y})\geqslant\varphi(x,\overline{y}),\forall x\in X,$$

$$\max_{x\in X}\min_{y\in Y}\varphi(x,y)=\min_{y\in Y}\varphi(\overline{x},y)\leqslant\varphi(\overline{x},y),\forall y\in Y.$$

因上二式左端相等，故有

$$\varphi(x,\overline{y})\leqslant\varphi(\overline{x},y),\forall x\in X,y\in Y.$$

取 $x=\overline{x}$，有 $\varphi(\overline{x},y)\geqslant\varphi(\overline{x},\overline{y}),\forall y\in Y$.又取 $y=\overline{y}$，有 $\varphi(x,\overline{y})\leqslant\varphi(\overline{x},\overline{y})$，$\forall x\in X$.从而（3.10.1）得证.

（ⅱ）⇒（ⅰ）. 设 $(\overline{x},\overline{y})\in X\times Y$ 满足(3.10.1)，于是对任一 $x\in X,y\in Y$ 有

$$\min_{y\in Y}\varphi(x,y)\leqslant\varphi(x,\overline{y})\leqslant\max_{x\in X}\varphi(x,\overline{y})\leqslant\varphi(\overline{x},\overline{y})$$

$$\leqslant\min_{y\in Y}\varphi(\overline{x},y)\leqslant\varphi(\overline{x},y)\leqslant\max_{x\in X}\varphi(x,y).$$

因对每一 $x\in X,\min\limits_{y\in Y}\varphi(x,y)\leqslant\varphi(\overline{x},\overline{y})$，从而有

$$\sup_{x\in X}\min_{y\in Y}\varphi(x,y)\leqslant\varphi(\overline{x},\overline{y}). \tag{3.10.2}$$

又因 $\max\limits_{x\in X}\varphi(x,y)\geqslant\varphi(\overline{x},\overline{y})$，$\forall y\in Y$，故有

$$\inf_{y\in Y}\max_{x\in X}\varphi(x,y)\geqslant\varphi(\overline{x},\overline{y}). \tag{3.10.3}$$

由(3.10.2)和(3.10.3)得知

$$\sup_{x\in X}\min_{y\in Y}\varphi(x,y)\leqslant\varphi(\overline{x},\overline{y})\leqslant\inf_{y\in Y}\max_{x\in X}\varphi(x,y). \tag{3.10.4}$$

另因对每一 $x\in X,\min\limits_{y\in Y}\varphi(x,y)\leqslant\min\limits_{y\in Y}\varphi(\overline{x},y)$，故

$$\sup_{x\in X}\min_{y\in Y}\varphi(x,y)\leqslant\min_{y\in Y}\varphi(\overline{x},y). \tag{3.10.5}$$

但因 $\overline{x}\in X$，于是又有

$$\sup_{x\in X}\min_{y\in Y}\varphi(x,y)\geqslant\min_{y\in Y}\varphi(\overline{x},y)\geqslant\varphi(\overline{x},\overline{y}). \tag{3.10.6}$$

结合(3.10.4)和(3.10.6)即得

$$\sup_{x\in X}\min_{y\in Y}\varphi(x,y)=\min_{y\in Y}\varphi(\overline{x},y)=\varphi(\overline{x},\overline{y}). \tag{3.10.7}$$

类似地，由 $\max\limits_{x\in X}\varphi(x,\overline{y})\leqslant\max\limits_{x\in X}\varphi(x,y)$，$\forall y\in Y$，可得

$$\inf_{y\in Y}\max_{x\in X}\varphi(x,y)=\max_{x\in X}\varphi(x,\overline{y})=\varphi(\overline{x},\overline{y}). \tag{3.10.8}$$

结合(3.10.7)和(3.10.8)，有

$$\max_{x\in X}\min_{y\in Y}\varphi(x,y)=\min_{y\in Y}\max_{x\in X}\varphi(x,y).$$

定理得证.

注. 一点 $(\overline{x},\overline{y})\in X\times Y$ 称为**鞍点**，如其满足(3.10.1).

利用 Ky Fan 极大极小不等式定理及鞍点定理，即可得出下面的 Von Neumann 定理. 这一定理在数理经济及对策理论中起到重要的作用.

定理 3.10.2(Von Neumann[207]). 设 E,F 是二 Hausdorff 拓扑线性空间，$X\subset E,Y\subset F$ 是二紧凸集. 设 $\varphi:X\times Y\rightarrow\mathbf{R}$ 满足条件：

（ⅰ）$y\longmapsto\varphi(x,y)$ 是上半连续的凹泛函；

（ⅱ）$x\longmapsto\varphi(x,y)$ 是下半连续的凸泛函.

则存在 φ 的鞍点 $(\overline{x},\overline{y})\in X\times Y$.

证. 由定理 3.9.4 及定理 3.10.1，结论即得.

利用推广形式的 Ky Fan 极大极小不等式定理(即定理 3.9.2)可得下

面的鞍点定理.

定理 3.10.3(Chang-Zhang[65]). 设 E 是一 Hausdorff 拓扑线性空间，X 是 E 之一紧凸集，设 $\varphi: X \times X \to \mathbf{R}$ 满足条件：

（ⅰ）$x \longmapsto \varphi(x, y)$ 是下半连续的，又 $y \longmapsto \varphi(x, y)$ 是 0-广义拟凹的；

（ⅱ）$y \longmapsto \varphi(x, y)$ 是上半连续的，又 $x \longmapsto \varphi(x, y)$ 是 0-广义拟凸的.

则存在 $(\bar{x}, \bar{y}) \in X \times X$，其为 φ 的鞍点.

证. 在定理 3.9.2 中，取 $\varphi \equiv \psi$. 由条件（ⅰ）及定理 3.9.2 知，存在 $\bar{x} \in X$，使得

$$\varphi(\bar{x}, y) \leqslant 0, \forall y \in X. \tag{3.10.9}$$

令 $\lambda(x, y) = -\varphi(y, x)$，则由条件（ⅱ），$x \longmapsto \lambda(x, y)$ 是下半连续的，且 $y \longmapsto \lambda(x, y)$ 是 0-广义拟凸的. 故由定理 3.9.2，存在 $\bar{y} \in X$，使得

$$\lambda(\bar{y}, x) = -\varphi(x, \bar{y}) \leqslant 0, \forall x \in X. \tag{3.10.10}$$

由(3.10.9)及(3.10.10)即得

$$\varphi(\bar{x}, y) \leqslant \varphi(\bar{x}, \bar{y}) \leqslant \varphi(x, \bar{y}), \forall x, y \in X. \tag{3.10.11}$$

证毕.

注. 如果 $y \longmapsto \varphi(x, y)$ 是上半连续的，$x \longmapsto \varphi(x, y)$ 是下半连续的，且 X 是一紧凸集，则由(3.10.11)可得

$$\max_{y \in X} \inf_{x \in X} \varphi(x, y) = \min_{x \in X} \sup_{y \in X} \varphi(x, y) = 0.$$

第四章　Ky Fan 最佳逼近定理

近年来,研究不动点理论从自映象转向非自映象,已成为非线性泛函分析理论及应用研究的一个十分活跃的课题.显然,定义在赋范线性空间 E 的紧凸集 X 上的连续非自映象 $f:X{\to}E$ 不一定有不动点(例如当 $f(X)\bigcap X=\varnothing$ 时,f 在 X 上显然没有不动点).但是,1969 年 Ky Fan 证明了下面的结果[107]:

定理 A. 设 E 是一线性赋范空间,X 是 E 之一非空紧凸集,$f:X{\to}E$ 是一连续映象,则或者 f 在 X 中存在不动点,或者存在一点 $u{\in}X$,使得

$$\| u-f(u) \| \leqslant \| f(u)-x \| ,\forall x{\in}X,$$

即存在 $u{\in}X$ 使得

$$\| u-f(u) \| =\mathrm{d}(f(u),X)$$

定理 B. 设 E 是一局部凸的 Hausdorff 拓扑线性空间,X 是 E 之一非空紧凸集,$f:X{\to}E$ 是一连续映象,则或者 f 在 X 中存在不动点,或者存在一点 $u{\in}X$ 及一定义在 E 上的半范数 p,使得

$$0<p(u-f(u))=\min\{p(x-f(u)):x{\in}X\}.$$

上面两个定理称为 **Ky Fan 最佳逼近定理**.近年来这两个定理已被 Reich 推广到多值映象的情形.[242] 而在 Sehgal-Singh[253],Ha[119],Park[230],Ding-Tan[97] 中,上述二定理已被推广到连续或上半连续的多值映象的情形.

在本章中,我们将介绍某些更为一般的最佳逼近定理,它们改进和推广了上述的结果.

§4.1　Ky Fan 最佳逼近定理

定义 4.1.1. 设 E 是一度量空间,X 是 E 之一子集,$T:X{\to}E$ 是一映象.一点 $u{\in}X$ 称为 T 的最近点或 T 的最佳逼近,如果

$$\mathrm{d}(u,T(u))=\min_{x{\in}X}\mathrm{d}(x,T(u)).$$

首先,我们引入下面的 **Ky Fan 择一定理**.

定理 4.1.1.[107] 设 E 是一局部凸的 Hausdorff 拓扑线性空间,X 是 E

之一非空的紧凸集,$T:X\rightarrow E$ 是一连续映象,则

或者

（ⅰ）存在 $u\in X$,使得 $u=T(u)$;

或者

（ⅱ）存在 $u\in X$ 及 E 上之一连续半范数 p,使得

$$0<p(u-T(u))=\min_{x\in X}p(x-T(x)).\qquad(4.1.1)$$

证. 如果（ⅰ）不成立,则对任一 $x\in X,x\neq T(x)$. 因 E 是局部凸的 Hausdorff 拓扑线性空间,故对任一 $x\in X$,存在一连续的半范数 $p_x:E\rightarrow\mathbf{R}$,使得 $p_x(x-T(x))>0$,即

$$x\in O_x=\{y\in X:p_x(y-T(y))>0\}.$$

因 p_x 是连续的,故 O_x 是 X 中之一开集. 又因 $X=\bigcup_{x\in X}O_x$,且 X 是紧的,故存在一有限子集 $\{x_1,x_2,\cdots,x_n\}\subset X$,使得 $X=\bigcup_{i=1}^n O_{x_i}$. 因 $p_{x_i}(x-T(x))=0$ 当且仅当 $x\notin O_{x_i}$,故有

$$\sum_{i=1}^n p_{x_i}(x-T(x))>0,\forall x\in X.$$

对每一 $i=1,2,\cdots,n$,定义一映象 $\beta_i:X\rightarrow[0,1]$ 如下:

$$\beta_i(x)=\frac{p_{x_i}(x-T(x))}{\sum_{i=1}^n p_{x_i}(x-T(x))}.$$

因 T 是连续的,故 β_i 也连续. 定义函数 $\varphi:X\times X\rightarrow\mathbf{R}$:

$$\varphi(x,y)=\sum_{i=1}^n\beta_i(x)\cdot p_{x_i}(y-T(x))-\sum_{i=1}^n\beta_i(x)\cdot p_{x_i}(x-T(x)),$$

则 $\varphi(x,y)$ 关于 $x\in X$ 是连续的,且对每一 $i=1,2,\cdots,n$ 及任一 $t\in[0,1]$ 有

$$p_{x_i}(ty_1+(1-t)y_2-T(x))$$
$$=p_{x_i}(t(y_1-T(x))+(1-t)(y_2-T(x)))$$
$$\leqslant tp_{x_i}(y_1-T(x))+(1-t)p_{x_i}(y_2-T(x)).$$

上式表明 $\varphi(x,y)$ 关于 $y\in X$ 是凸的. 又显然有 $\varphi(x,x)=0,\forall x\in X$. 于是由 Ky Fan 极大极小不等式定理,存在 $u\in X$,使得 $\varphi(u,y)\geqslant 0,\forall y\in X$. 从而对一切 $y\in X$ 有

$$\sum_{i=1}^n\beta_i(u)\cdot p_{x_i}(y-T(u))\geqslant\sum_{i=1}^n\beta_i(u)\cdot p_{x_i}(u-T(u)).$$

又因 $u\in X$,故存在 $i_0\in\{1,2,\cdots,n\}$,使得 $u\in O_{x_{i_0}}$,从而有 $\beta_i(u)>0$. 由此得

知 $p_{x_{i_0}}(u-T(u))>0$. 令 $p=\sum\limits_{i=1}^{n}\beta_i(u)p_{x_i}:E\to\mathbf{R}$，则 p 是 E 上之一连续的半范数，故

$$p(y-T(u))\geqslant p(u-T(u))>0,\forall y\in X.$$

定理得证.

如果 E 是一赋范的线性空间，则有下面的更为深入的结果.

定理 4.1.2. [107] 设 E 是一赋范的线性空间，X 是 E 之一紧凸集. 设 $T:X\to E$ 是一连续映象，则存在 $u\in X$ 使得

$$\|u-T(u))\|=\min_{x\in X}\|x-T(u)\|. \tag{4.1.2}$$

证. 令 $\varphi:X\times X\to\mathbf{R}$

$$\varphi(x,y)=\|y-T(x)\|-\|x-T(x)\|,$$

则 $x\longmapsto\varphi(x,y)$ 是连续的，$y\longmapsto\varphi(x,y)$ 是凸的，且 $\varphi(x,x)=0,\forall x\in X$. 故由 Ky Fan 极大极小不等式定理，存在 $u\in X$，使得 $\varphi(u,y)\geqslant 0,\forall y\in X$，即

$$\|u-T(u)\|\leqslant\|y-T(u)\|,\forall y\in X.$$

因 $u\in X$，故有

$$\|u-T(u)\|=\min_{x\in X}\|x-T(u)\|.$$

注. 由上面的二定理，易于得出著名的 Tychonoff 不动点定理和 Schauder 不动点定理. 事实上，如果 X 是一局部凸的 Hausdorff 拓扑线性空间 E 中之一非空的紧凸子集，$T:X\to X$ 是一连续映象，则对任一连续的半范数 $p:E\to[0,+\infty)$ 有

$$\min_{x\in X}p(x-T(u))=0.$$

上式表明定理 4.1.1 中的结论（ⅱ）不能成立，从而结论（ⅰ）必成立. 故 T 在 X 中必存在不动点. 因而得出 Tychonoff 不动点定理.

另外，如果 X 是一赋范线性空间 E 中之一非空的紧凸集，$T:X\to X$ 是一连续映象，则（4.1.2）右端为 0，故 $u\in X$ 是 T 之一不动点. 从而得出 Schauder 不动点定理.

类似于定理 4.1.2 可得下面的结果.

定理 4.1.3. 设 E 是一局部凸的 Hausdorff 拓扑线性空间，X 是 E 中之一非空的紧凸集，$T:X\to E$ 是一连续映象，则对任一连续半范数 $p:E\to\mathbf{R}^+$，存在一点 $x_p\in X$，使得

$$p(x_p-T(x_p))=\min_{x\in X}p(x-T(x_p)). \tag{4.1.3}$$

证. 令 $\varphi(x,y)=p(y-T(x))-p(x-T(x))$，$x,y\in X$，则定理 4.1.3 的结论由 Ky Fan 极大极小不等式定理直接可得.

§4.2　凝聚映象最佳逼近的存在性

定义 4.2.1. 设 E 是一 Banach 空间，S 是 E 之一有界子集. 令

$$\alpha(S)=\inf\{\delta>0:S \text{ 可表为有限个集合的并}:S=\bigcup_{i=1}^{n}S_i,$$
$$\text{其中每一 } S_i \text{ 的直径 } d(S_i)\leqslant\delta\},$$

则 $\alpha(S)$ 称为 **S 的 Kuratowski 非紧性测度**.

定义 4.2.2. 设 E_1,E_2 是两个实的 Banach 空间，$D\subset E_1$. 设 $A:D\to E_2$ 是一连续的有界的映象. 如果存在一常数 $k\geqslant0$，使得对任意的有界集 $S\subset D$ 有

$$\alpha(A(S))\leqslant k\cdot\alpha(S),$$

则称 A 是 D 上的 **k-集压缩映象**. 特别地，如果 $k<1$，则称 A 是**严格的集压缩映象**；如果 $k=1$，则称 A 是 **1-集压缩映象**.

如果对任何非相对紧的有界集 $S\subset D$ 都有

$$\alpha(A(S))<\alpha(S),$$

则称 A 是 D 上的**凝聚映象**.

A 称为**半紧的**，如果 $\{x_n\}$ 是 D 中的任一有界序列，当 $\{x_n-A(x_n)\}$ 收敛时，则存在 $\{x_n\}$ 之一收敛的子序列.

注. 由定义 4.2.2 直接可知：

（ⅰ）A 是全连续的当且仅当 A 是 0-集压缩的；

（ⅱ）A 是严格集压缩的，则它是凝聚的；

（ⅲ）A 是凝聚的，则 A 是 1-集压缩的.

本节以下，我们总假定 X 是一实 Banach 空间，且记

$S_r=\{x\in X:\parallel x\parallel=r\}$,

$B_r=\{x\in X:\parallel x\parallel\leqslant r\}$,

$I_M(x)=\{y\in X:$ 存在 $z\in M$ 和 $c>0$ 使得 $y=x+c(z-x)\}$，（称 I_M 为 M 在 x 处的内向集，其中 M 是 X 中之一凸集）. 易知 $M\subset I_M(x)$. 另记

$\overline{B_{r,l}}=\{x\in X:r\leqslant\parallel x\parallel\leqslant l\}$，$0<r<l$.

关于定义在 Banach 空间闭球上的凝聚映象的最佳逼近的存在性问题，Lin[182]证明了下面的结果.

定理 4.2.1.[182] 设 $f:\overline{B_l} \to X$ 是一凝聚映象,则存在 $u \in \overline{B_l}$ 使得

$$\| f(u) - x \| \geqslant \| u - f(u) \|, \forall x \in \overline{B_l}. \qquad (4.2.1)$$

证. 定义一映象 $h:X \to \overline{B_l}$ 如下:

$$h(x) = \begin{cases} x, & \text{当} \| x \| \leqslant l, \\ \dfrac{lx}{\| x \|}, & \text{当} \| x \| > l. \end{cases}$$

易知 h 是一 1-集压缩映象. 令 $F(x) = h \circ f(x)$, 则 $F:\overline{B_l} \to \overline{B_l}$ 是一凝聚映象. 于是由熟知的 Sadovskii 不动点定理,[249]存在 $u \in \overline{B_l}$ 使得 $u = F(u)$, 从而有

$$\| u - f(u) \| = \| h \circ f(u) - f(u) \|$$

$$= \begin{cases} \| f(u) - f(u) \| = 0, & \text{如果} \| f(u) \| \leqslant l, \\ \| f(u) \| - l, & \text{如果} \| f(u) \| > l. \end{cases}$$

$$(4.2.2)$$

另外,对每一 $x \in \overline{B_l}$ 有

$$\| f(u) \| - l \leqslant \| f(u) \| - \| x \| \leqslant \| f(u) - x \|. \qquad (4.2.3)$$

由(4.2.2)和(4.2.3)即得

$$\| u - f(u) \| \leqslant \| f(u) - x \|, \forall x \in \overline{B_l}.$$

定理证毕.

定理 4.2.2(Lin[181]). 设 $f:\overline{B_l} \to X$ 是一凝聚映象且满足下面任一条件:

（ⅰ）对任一 $x \in \overline{B_l}, x \neq f(x)$, 存在 $y \in I_{\overline{B_l}}(x)$ 使得

$$\| y - f(x) \| < \| x - f(x) \|;$$

（ⅱ）f 是**弱内向的**,即对任一 $x \in \overline{B_l}, f(x) \in \overline{I_{\overline{B_l}}(x)}$.

则 f 在 $\overline{B_l}$ 中有不动点.

证. 由定理 4.2.1 知,存在 $u \in \overline{B_l}$ 使得

$$\| u - f(u) \| \leqslant \| x - f(u) \|, \forall x \in \overline{B_l}. \qquad (4.2.4)$$

如果条件(ⅰ)满足,且 $u \neq f(u)$, 则存在 $y \in I_{\overline{B_l}}(u)$ 使得

$$\| y - f(u) \| < \| u - f(u) \|.$$

因 $y \in I_{\overline{B_l}}(u)$, 故存在 $z \in \overline{B_l}$ 及 $c > 0$, 使得 $y = u + c(z - u)$.

下证 $c > 1$.

事实上,如果 $c \leqslant 1$, 则 $y = (1-c)u + cz$. 因 $u, z \in \overline{B_l}$, 故 $y \in \overline{B_l}$. 由(4.2.4) 即得 $\| u - f(u) \| \leqslant \| f(u) - y \|$. 矛盾. 从而 $c > 1$.

又因

$$z=u+\frac{1}{c}(y-u)=\left(1-\frac{1}{c}\right)u+\frac{1}{c}y=(1-\beta)u+\beta y,$$

其中 $\beta=\frac{1}{c}<1$，故有

$$\begin{aligned}\|z-f(u)\| &\leqslant(1-\beta)\|u-f(u)\|+\beta\|y-f(u)\| \\ &<(1-\beta)\|u-f(u)\|+\beta\|u-f(u)\| \\ &=\|u-f(u)\|.\end{aligned}$$

这与(4.2.4)相矛盾. 故 $u=f(u)$.

易知条件(ⅱ)是条件(ⅰ)的特例，故结论亦成立. 　证毕.

Lin 对定理 4.2.2 作了改进，得出下面的结果.[184]

定理 4.2.3. 设 X 是一无限维的 Banach 空间，$f:S_r\to X$ 是一凝聚映象. 如果 $\|f(x)\|\geqslant r,\forall x\in S_r$，则存在 $u\in S_r$，它是 f 的最佳逼近，且

$$\|u-f(u)\|=\min_{x\in S_r}\|f(u)-x\|=\min_{x\in B_r}\|f(u)-x\|.$$

如果再设下之一条件满足：

（ⅰ）对任一 $x\in S_r,x\neq f(x)$，存在 $y\in I_{\overline{B}_r}(x)$ 使得

$$\|y-f(x)\|<\|x-f(x)\|;$$

（ⅱ）f 是弱内向的；

（ⅲ）$\|f(x)-x\|^2\geqslant\|f(x)\|^2-r^2,\forall x\in S_r.$

则 f 在 S_r 中存在不动点.

证. 定义一映象 $h:X\to\overline{B}_r$：

$$h(x)=\begin{cases}x, & \text{当}\|x\|<r, \\ \dfrac{rx}{\|x\|}, & \text{当}\|x\|\geqslant r.\end{cases}$$

则 h 是一 1-集压缩映象. 令 $F(x)=hof(x)$，则 F 是一凝聚映象. 因为，对任一 $x\in S_r,\|f(x)\|\geqslant r$，故有

$$\|F(x)\|=\left\|\frac{rf(x)}{\|f(x)\|}\right\|=r.$$

故 $F:S_r\to S_r$. 由 Massatt[195]知，F 在 S_r 中有不动点 u，从而有

$$\|u-f(u)\|=\|F(u)-f(u)\|=\|h(f(u))-f(u)\|$$

$$=\left\|\frac{rf(u)}{\|f(u)\|}-f(u)\right\|=\|f(u)\|-r. \tag{4.2.5}$$

于是对任意的 $x\in S_r$ 或 $x\in\overline{B}_r$，都有

$$\|f(u)\|-r\leqslant\|f(u)\|-\|x\|\leqslant\|f(u)-x\|. \tag{4.2.6}$$

由(4.2.5)和(4.2.6)即得

$$\| u - f(u) \| = \min_{x \in S_r} \| f(u) - x \| = \min_{x \in B_r} \| f(u) - x \|. \quad (4.2.7)$$

如果 f 还满足条件（ⅰ）或条件（ⅱ），用与定理 4.2.2 证明中相同的方法，可证 $u \in S_r$ 是 f 之一不动点.

如果 f 满足条件（ⅲ），下证 $u \in S_r$ 也是 f 的不动点. 事实上，由条件（ⅲ）有

$$\| f(u) - u \|^2 \geqslant \| f(u) \|^2 - r^2. \quad (4.2.8)$$

因 $\| f(u) \| \geqslant r$，且 $\dfrac{r f(u)}{\| f(u) \|} \in S_r$，由(4.2.7)即得

$$\| u - f(u) \| \leqslant \left\| \dfrac{r f(u)}{\| f(u) \|} - f(u) \right\| = \| f(u) \| - r,$$

从而有

$$\| u - f(u) \|^2 \leqslant (\| f(u) \| - r)^2. \quad (4.2.9)$$

由(4.2.8)和(4.2.9)可得

$$\| f(u) \|^2 - r^2 \leqslant (\| f(u) \| - r)^2$$
$$= \| f(u) \|^2 + r^2 - 2r \| f(u) \|.$$

从而 $\| f(u) \| \leqslant r$，故 $\| f(u) \| = r$. 由(4.2.7)即得 $\| u - f(u) \| = 0$，即 $u = f(u)$. 证毕.

§4.3　1-集压缩映象最佳逼近的存在性

在本节中，我们讨论 1-集压缩映象最佳逼近的存在性. 我们有下面的定理.

定理 4.3.1. 设 X 是一无限维的 Banach 空间，$f: S_r \to X$ 是一 1-集压缩映象，而且对任一 $x \in S_r$ 有

$$\| f(x) \| \geqslant (1 + \delta) r,$$

其中 $\delta > 0$ 是一常数. 则存在 $u \in S_r$ 使得

$$\| u - f(u) \| = \min_{x \in S_r} \| f(u) - x \| = \min_{x \in B_r} \| f(u) - x \|.$$

证. 设 $h: x \to \overline{B}_r$ 是由定理 4.2.3 的证明中所定义的 1-集压缩映象. 取 $\lambda \in \left(\dfrac{1}{1 + \delta}, 1 \right)$，则 $h \circ (\lambda f): S_r \to B_r$ 是严格集压缩映象. 又因

$$\| \lambda f(x) \| \geqslant \lambda (1 + \delta) r > r, \ \forall x \in S_r.$$

故 $\| h \circ (\lambda f)(x) \| = r$. 于是 $h \circ (\lambda f): S_r \to S_r$. 由 Massatt[195]中的结果，得

知存在 $u \in S_r$，使得 $ho(\lambda f)(u) = u$. 但因

$$\| u - f(u) \| = ho(\lambda f)(u) - f(u) \|$$
$$= \left\| \frac{r\lambda f(u)}{\| \lambda f(u) \|} - f(u) \right\| = \| f(u) \| - r,$$

而且对任何 $x \in S_r$（或 $x \in \overline{B_r}$）都有

$$\| f(u) \| - r \leqslant \| f(u) \| - \| x \| \leqslant \| f(u) - x \|.$$

于是得知 $\| u - f(u) \| \leqslant \| f(u) - x \|$，$\forall x \in S_r$（或 $x \in \overline{B_r}$），且

$$\| u - f(u) \| = \min_{x \in S_r} \| f(u) - x \| = \min_{x \in \overline{B_r}} \| f(u) - x \|.$$

如果进一步加强对 f 的限制，则有下面的结果.

定理 4.3.2. 设 X 是一无穷维的 Banach 空间，$f: \overline{B_l} \to X$ 是一半紧的 1-集压缩映象，$0 < r < l$. 设存在 $\delta > 0$，使得下面的任一条件成立：

（ⅰ）当 $x \in S_r$ 时有 $\| f(x) \| \leqslant \| x \|$，而当 $x \in S_l$ 时有

$$\| f(x) \| \geqslant (1 + \delta) \| x \|;$$

（ⅱ）当 $x \in S_r$ 时有 $\| f(x) \| \geqslant (1 + \delta) \| x \|$，而当 $x \in S_l$ 时有

$$\| f(x) \| \leqslant \| x \|.$$

则 f 在 $\overline{B_{r,l}}$ 中存在不动点.

证. 因 $f: \overline{B_l} \to X$ 是 1-集压缩的，故对任一子集 $\Omega \subset \overline{B_{r,l}}$ 有

$$\alpha(f(\Omega)) \leqslant \alpha(\Omega).$$

令 $f_n(x) = \lambda_n f(x)$，其中 $\lambda_n = \dfrac{n-1}{n}$，$n = 1, 2, \cdots$，则有

$$\alpha(f_n(\Omega)) = \alpha(\lambda_n f(\Omega)) \leqslant \lambda_n \alpha(\Omega).$$

即 f_n 是一严格集压缩映象.

当满足条件（ⅰ）时，取 n 充分大，使得 $1 > \lambda_n > \dfrac{1}{1+\delta}$，于是有

$$\| f_n(x) \| = \lambda_n \| f(x) \| \leqslant \| x \|, \quad \forall x \in S_r;$$

$$\| f_n(x) \| = \lambda_n \| f(x) \| \geqslant \frac{1}{1+\delta} \| f(x) \| \geqslant \| x \|, \quad \forall x \in S_l.$$

于是由 Sadovskii[249，定理 2]，存在 $x_n \in \overline{B_{r,l}}$ 使得

$$f_n(x_n) = x_n, \qquad 即 \lambda_n f(x_n) = x_n.$$

于是有

$$x_n - f(x_n) = x_n - \lambda_n f(x_n) + \lambda_n f(x_n) - f(x_n)$$
$$= (\lambda_n - 1) f(x_n) \to 0 \quad (n \to \infty).$$

因 f 是半紧的，故存在一收敛的子序列 $\{x_{n_k}\} \subset \{x_n\}$ 使得 $x_{n_k} \to x_0 \in \overline{B_{r,l}}$，因

f 连续,故有 $x_0 = f(x_0)$.

如果条件(ⅱ)被满足,类似可证 f 在 $\overline{B}_{r,l}$ 中存在不动点.

定理证毕.

§4.4 最佳逼近在锥中的存在性问题

设 X 是一实 Banach 空间,X 的子集 P 称为锥,如果 P 是一闭集且满足条件:(ⅰ)$P + P \subset P$;(ⅱ)当 $\lambda \geqslant 0$ 时,$\lambda P \subset P$;(ⅲ)如果 $x \in P$,且 $x \neq \theta$,则 $-x \notin P$.

以下均设 P 是 X 中的锥,并记

$$P_r = \{x \in P: \|x\| < r\};$$
$$\partial P_r = \{x \in P: \|x\| = r\};$$
$$P_{r,l} = \{x \in P: r < \|x\| < l\}, \quad 0 < r < l;$$
$$\overline{P}_{r,l} = \{x \in P: r \leqslant \|x\| \leqslant l\}, \quad 0 < r < l;$$
$$B_l = \{x \in X: \|x\| < l\}.$$

定理 4.4.1(Lin[182]). 设映象 $f: \overline{P}_l \to P$ 是凝聚的,则存在 $u \in \overline{P}_l$,它是 f 的最佳逼近.

证. 定义一映象 $h: X \to \overline{B}_l$ 如下:

$$h(x) = \begin{cases} x, & \text{如果 } \|x\| \leqslant l, \\ \dfrac{lx}{\|x\|}, & \text{如果 } \|x\| > l. \end{cases} \tag{4.4.1}$$

令 $F(x) = h \circ f(x)$,$x \in X$. 因 P 是锥,故 $\overline{P}_l = \overline{B}_l \cap P$,且 $h: P \to \overline{B}_l \cap P$. 这表明 $F: \overline{P}_l \to \overline{P}_l$ 是一凝聚映象. 故由 Sadovskii 不动点定理[249],存在 $u \in \overline{P}_l$,使得 $F(u) = u$. 于是有

$\|u - f(u)\|$

$= \|h(f(u)) - f(u)\|$

$$= \begin{cases} \|f(u) - f(u)\| = 0, & \text{如果 } \|f(u)\| \leqslant l, \\ \left\| \dfrac{lf(u)}{\|f(u)\|} - f(u) \right\| = \|f(u)\| - l, & \text{如果 } \|f(u)\| > l. \end{cases}$$

于是有

$$\|f(u)\| - l \leqslant \|f(u)\| - \|x\| \leqslant \|f(u) - x\|, \quad \forall x \in \overline{P}_l,$$

即 u 是 f 的最佳逼近,且

$$\| u-f(u) \| =\min_{x\in \overline{P_l}} \| x-f(u) \|.$$

证毕.

引理 4. 4. 2.[268] 设 X 是一实 Banach 空间，P 是 X 中的锥，$f: \overline{P_l} \to P$ 是严格集压缩映象. 再设下之一条件满足：

（ⅰ）$\| f(x) \| \leqslant \| x \|, \forall\, x\in \partial P_r$, 且 $\| f(x) \| \geqslant \| x \|, \forall\, x\in \partial P_l$；

（ⅱ）$\| f(x) \| \leqslant \| x \|, \forall\, x\in \partial P_l$, 且 $\| f(x) \| \geqslant \| x \|, \forall\, x\in \partial P_r$.

则 f 在 $\overline{P_{r,l}}$ 中存在不动点.

定理 4. 4. 3. 设 $f: \overline{P_l} \to P$ 是一 k-集压缩映象 $(0 < k < 1)$. 如果满足条件

$$\| f(x) \| \geqslant \| x \|, \forall\, x\in \partial P_r,$$

则存在 f 的最佳逼近 $u\in \overline{P_{r,l}}$, 且

$$\| u-f(u) \| =\min_{x\in \overline{P_l}} \| f(u)-x \| = \min_{x\in \overline{P_{r,l}}} \| f(u)-x \|.$$

证. 设 h 由 (4.4.1) 定义，则 $F(x)=h\circ f(x): \overline{P_l} \to \overline{P_l}$ 也是一 k-集压缩映象. 为证 F 在 $\overline{P_{r,l}}$ 中存在不动点，我们只需证明 F 满足引理 4.4.2 中的条件即可.

事实上，如果 $x\in \partial P_r$，则 $x\in P$ 且 $\| x \| =r$.

(a) 若 $r\leqslant f(x)\leqslant l$，则 $h(f(x))=f(x)$，故

$$\| F(x) \| = \| h(f(x)) \| = \| f(x) \| \geqslant r= \| x \|;$$

(b) 若 $\| f(x) \| > l$，则 $h(f(x))=\dfrac{lf(x)}{\| f(x) \|}$ 且

$$F(x)= \| h(f(x)) \| =l > r= \| x \|.$$

因而对每一 $x\in \partial P_r$, $\| F(x) \| \geqslant \| x \|$.

另一方面，对每一 $x\in \partial P_l$，则 $x\in P$，且 $\| x \| =l$，因而 $F(x)\in \overline{P_l}$. 故 $\| F(x) \| \leqslant l$, 即 $\| F(x) \| \leqslant \| x \|$. 于是由引理 4.4.2 知 F 在 $\overline{P_{r,l}}$ 中存在不动点 u. 再仿照定理 4.4.1，可证 u 是 f 的最佳逼近，而且有

$$\| u-f(u) \| =\min_{x\in \overline{P_l}} \| f(u)-x \| = \min_{x\in \overline{P_{r,l}}} \| f(u)-x \|.$$

定理 4. 4. 4. 设 f 除满足定理 4.4.3 中的条件外，还满足下之一条件：

（ⅰ）对每一 $x\in \partial P_l$，当 $x\neq f(x)$ 时，存在 $y\in P \bigcap I_{P_l}(x)$ 使得 $\| y-f(x) \| < \| x-f(x) \|$；

（ⅱ）对每一 $x\in \partial P_l, f(x)\in \overline{I_{P_l}(x)}$.

则 f 在 $\overline{P_{r,l}}$ 中存在不动点.

证. 由定理 4.4.3 知，存在 $u\in \overline{P_{r,l}}$ 使得

$$\|u-f(u)\|\leqslant\|f(u)-x\|,\forall x\in\overline{P_l}.$$

下证 u 是 f 的不动点. 事实上, 当 $u\in P_l$ 时, $\|u\|<l$, 故存在 $\lambda\in(0,1)$, 使得 $\lambda u+(1-\lambda)f(u)\in P_l$. 令 $v=\lambda u+(1-\lambda)f(u)$, 于是有

$$\|u-f(u)\|\leqslant\|f(u)-v\|=\lambda\|u-f(u)\|.$$

故 $\|u-f(u)\|=0$, 即 u 是 f 的不动点.

当 $u\in\partial P_l$ 时, 如果满足条件(i), 仿定理 4.4.2 可证 $u=f(u)$. 如果满足条件(ii), 则必满足条件(i). 定理得证.

定理 4.4.5. 设 $f:\overline{P_l}\to P$ 是一半紧的 1-集压缩映象且满足下之一条件:

(i) $\|f(x)\|\leqslant\|x\|,\forall x\in\partial P_r$,

  且 $\|f(x)\|\geqslant(1+\delta)\|x\|,\forall x\in\partial P_l$;

(ii) $\|f(x)\|\leqslant\|x\|,\forall x\in\partial P_l$,

  且 $\|f(x)\|\geqslant(1+\delta)\|x\|,\forall x\in\partial P_r$.

其中 $\delta>0,0<r<l$.

则 f 在 $\overline{P_{r,l}}$ 中存在不动点.

证. 取数列 $\{\lambda_n\}\subset\left(\dfrac{1}{1+\delta},1\right)$, 且 $\lambda_n\to1$. 令 $f_n(x)=\lambda_n f(x),x\in\overline{P_l}$. 对每一 $n\geqslant1,f_n:\overline{P_l}\to P$ 是严格的集压缩映象. 不妨设条件(i)成立(条件(ii)成立时一样可证), 于是有

$$\|f_n(x)\|=\lambda_n\|f(x)\|\leqslant\|x\|,\forall x\in\partial P_r,$$

及

$$\|f_n(x)\|=\lambda_n\|f(x)\|\geqslant\lambda_n(1+\delta)\|x\|\geqslant\|x\|,\forall x\in\partial P_l.$$

由引理 4.4.2, 存在 $x_n\in\overline{P_{r,l}}$ 使得 $\lambda_n f(x_n)=x_n$. 故有

$$x_n-f(x_n)=\lambda_n f(x_n)-f(x_n)=(\lambda_n-1)f(x_n)\to0\ (n\to\infty).$$

因 f 是半紧的, 故存在收敛的子列 $\{x_{n_k}\}\subset\{x_n\}$, 使得 $x_{n_k}\to x_0\in\overline{P_{r,l}}$ 由 f 的连续性, 有 $f(x_0)=x_0$. 证毕.

由定理 4.4.5 可得下面的定理, 它改进了 Sehgal 等[254]定理 5.

定理 4.4.6. 设 $f:\overline{P_l}\to P$ 是 1-集压缩的, 且存在 $\delta>0$, 使得

$$\|f(x)\|\geqslant(1+\delta)\|x\|,\forall x\in\partial P_r.$$

如果 $F(x)=h(f(x)):\overline{P_l}\to\overline{P_l}$ 是半紧的, 其中

$$h(x)=\begin{cases}x, & \text{如果 }x\in\overline{P_l},\\[2mm]\dfrac{lx}{\|x\|}, & \text{如果 }x\notin\overline{P_l},\end{cases}$$

则 f 在 $\overline{P}_{r,l}$ 中存在最佳逼近 u,且满足

$$\| u-f(u) \| = \min_{x\in\overline{P}_l} \| f(u)-x \| = \min_{x\in\overline{P}_{r,l}} \| f(u)-x \|.$$

证. 由假设知,$F(x)=h(f(x)):\overline{P}_l\to\overline{P}_l$ 是一半紧的 1-集压缩映象. 取 $\delta_1=\min\left\{\delta,\dfrac{l}{r}-1\right\}$.

(1) 如果 $x\in\partial P_l$,则 $x\in P$,且 $\| x \| = l$. 因 $F(x)\in\overline{P}_l$,故有 $\| F(x) \| \leqslant l$,即 $\| F(x) \| \leqslant \| x \|$.

(2) 如果 $x\in\partial P_r$,则 $x\in P$,且 $\| x \| = r$.

①如果 $r\leqslant \| f(x) \| \leqslant l$,则 $h(f(x))=f(x)$,从而有

$$\| F(x) \| = \| h(f(x) \| = \| f(x) \|$$
$$\geqslant(1+\delta) \| x \| \geqslant(1+\delta_1) \| x \|.$$

②如果 $\| f(x) \| \geqslant l$,则 $\| F(x) \| = \| h(f(x)) \| = l$. 因 $\delta_1\leqslant\dfrac{l}{r}-1$,故 $l\geqslant(1+\delta_1)r$. 于是有

$$\| F(x) \| = l \geqslant(1+\delta_1)r=(1+\delta_1) \| x \|.$$

从而得知 $\| F(x) \| \geqslant(1+\delta_1) \| x \|$,$\forall x\in\partial P_r$. 于是定理 4.4.5 的条件（ⅱ）被满足. 由该定理知,存在 $u\in\overline{P}_{r,l}$,使得 $F(u)=u$. 仿照定理 4.4.1 的证明,一样可证 u 是 f 的最佳逼近,且

$$\| u-f(u) \| = \min_{x\in\overline{P}_l} \| f(u)-x \| = \min_{x\in\overline{P}_{r,l}} \| f(u)-x \|.$$

证毕.

§4.5　多值映象最佳逼近的存在性问题

本节将介绍多值映象最佳逼近的存在性. 我们先给出下面的定义和引理.

设 X,Y 是二拓扑空间,$f:X\to 2^Y$ 是一多值映象. f 称为**紧值的**,如果对任一 $x\in X$,$f(x)$ 是 Y 中之一紧集;f 称为**上半连续的**,如果对任一 $x_0\in X$ 及 $f(x_0)$ 的任一邻域 $V\subset Y$,存在 x_0 的邻域 U 使得 $f(U)\subset V$.

引理 4.5.1[267]　设 X,Y 是二拓扑空间,$f:X\to 2^Y$ 是一紧值的上半连续映象. 如果 $\{x_\alpha\}_{\alpha\in\Gamma}$ 是 X 中收敛于 x 的网,且 $y_\alpha\in f(x_\alpha)$,$\alpha\in\Gamma$,则存在 $y\in f(x)$ 及一子网 $\{y_\beta\}\subset\{y_\alpha\}_{\alpha\in\Gamma}$,使得 $y_\beta\to y$.

以下设 (E,τ) 是具拓扑 τ 的局部凸的 Hausdorff 拓扑空间,E^* 为 E 的

对偶空间，$w=w(E,E^*)$ 为 E 的弱拓扑，P 与 Q 分别为产生拓扑 τ 和 w 的连续的半范数族. 因 $w \subset \tau$，故 $Q \subset P$.

定理 4.5.2. 设 X 是 E 之一非空凸子集，$f:(X,w) \to 2^{(E,\tau)}$ 是一连续的非空紧凸值的多值映象. 设 S 是 X 之一非空凸的弱紧子集，K 是 X 的弱紧子集，$p \in P$. 若对每一 $y \in X \backslash K$，存在 $x \in S$ 使得

$$p(x-f(y)) < p(y-f(y)),$$

其中 $p(x-f(y)) = \inf\limits_{z \in f(y)} p(x-z)$. 则存在 $u \in X$ 使得

$$p(u-f(u)) \leqslant p(f(u)-x), \forall x \in X.$$

证. 设 $g:X \times X \to \mathbf{R}$ 是由下式定义的函数：

$$g(x,y) = p(y-f(y)) - p(x-f(y)), x,y \in X.$$

现证其满足推论 3.3.8 的条件.

(a) 先证 $y \longmapsto g(x,y)$ 是弱下半连续的. 为此，只要证明对任一 $r \in \mathbf{R}$，集 $\Omega = \{y \in X : g(x,y) \leqslant r\}$ 是弱闭的.

事实上，设 $\{y_\alpha\}_{\alpha \in \Gamma} \subset \Omega$ 是一网，$y_\alpha \xrightarrow{\text{弱}} y \in X$. 因 $p \in P$ 是连续的且 f 是紧值的，故存在 $t_\alpha \in f(y_\alpha)$，$t \in f(y)$，使得

$$p(x-t_\alpha) = p(x-f(y_\alpha)), \qquad p(x-t) = p(x-f(y)).$$

由引理 4.5.1，存在 $\bar{t} \in f(y)$ 及一子网 $\{t_\beta\} \subset \{t_\alpha\}_{\alpha \in \Gamma}$ 使得 $t_\beta \xrightarrow{\tau} \bar{t}$. 对任给的 $\varepsilon > 0$，令

$$V = \{v \in E : p(x-v) < p(x-t) + \varepsilon\},$$

则 V 是 E 中的开集，且 $t \in f(y) \bigcap V$. 因 f 是下半连续的，故存在 y 的邻域 U，使得对任一 $v \in X \bigcap U$，$f(v) \bigcap V \neq \varnothing$ 最终成立. 取 $v_\beta \in f(y_\beta) \bigcap V$，则

$$p(x-t_\beta) = p(x-f(y_\beta)) \leqslant p(x-v_\beta) < p(x-t) + \varepsilon.$$

因 $t_\beta \xrightarrow{\tau} \bar{t}$，且 $\varepsilon > 0$ 是任意的，即得

$$p(x-\bar{t}) \leqslant p(x-t).$$

又因 $\bar{t} \in f(y)$，故又有

$$p(x-t) = p(x-f(y)) \leqslant p(x-\bar{t}).$$

从而得知 $p(x-\bar{t}) = p(x-t)$. 于是有

$$p(x-t_\beta) \to p(x-t),$$

即

$$p(x-f(y_\beta)) \to p(x-f(y)).$$

另因 p 连续且 f 是紧值的，故存在 $z_\beta \in f(y_\beta)$ 使得

$$p(y_\beta - z_\beta) = p(y_\beta - f(y_\beta)).$$

另由 $y_\beta \xrightarrow{\text{弱}} y$ 及引理 4.5.1 知，存在 $z \in f(y)$ 及子网 $\{z_\mu\} \subset \{z_\beta\}$ 使得

$z_\mu \xrightarrow{\tau} z$. 故由 Hahn-Banach 定理，存在 $x^* \in E^*$，使得

$$x^*(y-z) = p(y-z),$$

而且 $x^*(v) \leqslant p(v), \forall v \in E$. 因 $y_\mu - z_\mu \xrightarrow{弱} y-z$，故

$$\begin{aligned}
p(y-z) - p(x-f(y)) &= \lim_\mu [x^*(y_\mu - z_\mu) - p(x-f(y_\mu))] \\
&\leqslant \lim_\mu [p(y_\mu - z_\mu) - p(x-f(y_\mu))] \\
&\leqslant \lim_\mu [p(y_\mu - f(y_\mu)) - p(x-f(y_\mu))] \\
&\leqslant r,
\end{aligned}$$

从而有

$$p(y-f(y)) - p(x-f(y)) \leqslant p(y-z) - p(x-f(y)) \leqslant r.$$

上式表明 $y \in \Omega$，故 Ω 是弱闭的，从而 $y \longmapsto g(x,y)$ 是弱下半连续的.

(b)再证对每一 $y \in X, x \longmapsto g(x,y)$ 是拟凹的.

事实上，设 $x_1, x_2 \in X, \alpha, \beta \geqslant 0, \alpha + \beta = 1$，则 $\alpha x_1 + \beta x_2 \in X$. 任给 $y \in X$，存在 $z_i \in f(y)$，使得

$$p(x_i - z_i) = p(x_i - f(y)), i = 1, 2.$$

因 $f(y)$ 凸，故 $\alpha z_1 + \beta z_2 \in f(y)$. 于是有

$$\begin{aligned}
g(\alpha x_1 + \beta x_2, y) &= p(y-f(y)) - p(\alpha x_1 + \beta x_2 - f(y)) \\
&\geqslant p(y-f(y)) - p(\alpha(x_1 - z_1) + \beta(x_2 - z_2)) \\
&\geqslant p(y-f(y)) - \alpha p(x_1 - z_1) - \beta p(x_2 - z_2) \\
&= \alpha g(x_1, y) + \beta g(x_2, y).
\end{aligned}$$

故 $x \longmapsto g(x,y)$ 的拟凹性得证.

(c)g 满足推论 3.3.8 的条件(ⅲ)是显然的；

(d)最后证明 g 满足推论 3.3.8 的条件(ⅳ). 令

$$C = \{y \in X: g(x,y) \leqslant 0, \forall x \in S\}.$$

如果 $C = \varnothing$. 则 C 是弱紧的；若 $C \neq \varnothing$，则对任一 $y \in C$，有

$$p(y-f(y)) \leqslant p(x-f(y)), \forall x \in S.$$

根据定理的假设条件，上式表明 $y \in K$，因而 $C \subset K$. 又由 $y \longmapsto g(x,y)$ 的弱上半连续性知，$\{y \in X: g(x,y) \leqslant 0\}$ 是 K 中的弱闭集，从而

$$C = \bigcap_{x \in S} \{y \in X: g(x,y) \leqslant 0\}$$

也是 K 中的弱闭子集. 因 K 是弱紧的，故 C 也是弱紧的.

综上所述，对 (E, w) 而言，g 满足推论 3.3.8 的一切条件，故存在 $\overline{y} \in X$，使得 $g(x, \overline{y}) \leqslant 0, \forall x \in X$，即

$$p(\overline{y} - f(\overline{y})) \leqslant p(x - f(\overline{y})), \forall x \in X.$$

从而有

$$p(\overline{y}-f(\overline{y}))=\min_{x\in X}p(x-f(\overline{y})).$$

定理得证.

由定理 4.5.2 可得下面的推论.

推论 4.5.3. 若下列两条件之一成立:

（ⅰ）X 是 E 中之一非空的弱紧凸子集，$f:(X,w)\to 2^{(E,\tau)}$ 是一连续的具非空紧凸值的映象；

（ⅱ）X 是 E 中之一非空的弱紧凸子集，$f:(X,\tau)\to 2^{(E,\tau)}$ 是一连续的具非空紧凸值的映象.

则定理 4.5.2 的结论仍成立.

证. 条件（ⅱ）是条件（ⅰ）的特例. 而当条件（ⅰ）满足时，取 $K=S=X$，于是推论的结论由定理 4.5.2 直接可得. 证毕.

第五章　集值映象的不动点定理及 Ky Fan 截口定理

集值映象的不动点定理及 Ky Fan 截口定理与我们以后要介绍的拟变分不等式理论、相补问题理论等密切相关. 为了引用和叙述方便, 我们特辟此章, 介绍这方面的一些重要结果. 另外, 本章内容也是有趣的.

§5.1　定义和符号

定义 5.1.1. 设 X, Y 是二拓扑空间, $F: X \to 2^Y$ 是一集值映象.

（ⅰ）F 称为**闭图象的**, 如果其图象

$$\mathrm{Gr}(F) = \{(x, y) \in X \times Y : x \in X, y \in F(x)\}$$

是 $X \times Y$ 中之一闭集;

（ⅱ）F 称为在集合 $U(\subset X)$ 上是**紧的**, 如果 $F(U) = \bigcup_{x \in U} F(x)$ 是 Y 中的相对紧集;

（ⅲ）点 $x_0 \in X$ 称为 $F: X \to 2^X$ 的**不动点**, 如果 $x_0 \in F(x_0)$.

定义 5.1.2. 设 X, Y 是二拓扑空间, $F: X \to 2^Y$ 是一集值映象.

（ⅰ）称 F 在 $x_0 \in X$ 处**上半连续**, 如果对 $F(x_0)$ 的任一邻域 $V \subset Y$, 存在 x_0 的邻域 U, 使得 $F(U) \subset V$.

（ⅱ）称 F 在 $x_0 \in X$ 处**下半连续**, 如果对任给的与 $F(x_0)$ 相交的开集 $V \subset Y$, 存在 x_0 的邻域 $U \subset X$, 使得当 $x \in U$ 时, 就有 $F(x) \cap V \neq \varnothing$.

（ⅲ）称 F 为**上(下)半连续的**, 如果 F 在 X 的每一点处上(下)半连续.

（ⅳ）如果 F 在 X 的每一点处既上半连续又下半连续, 则称 F 在 X 上**连续**.

命题 5.1.1. 设 X, Y 是二拓扑空间, $F: X \to 2^Y$ 是一集值映象.

（ⅰ）F 是上半连续的, 当且仅当开集的原象是开集, 即对任一给定的开集 $V \subset Y$,

$$F^{-1}(V) = \{x \in X : F(x) \subset V\}$$

为 X 中的开集;

（ⅱ）F 是下半连续的, 当且仅当闭集的原象是闭集, 即对任一给定的闭集 $S \subset Y$,

$$F^{-1}(S) = \{x \in X : F(x) \subset S\}$$

为 X 中的闭集.

证. (i)"必要性" 任给 $x_0 \in F^{-1}(V)$, 则 $F(x_0) \subset V$. 因 F 在 x_0 处上半连续, 故存在 x_0 的邻域 U, 当 $x \in U$ 时, $F(x) \subset V$, 从而 $U \subset F^{-1}(V)$, 故 $F^{-1}(V)$ 为开集.

"充分性" 任取 $x_0 \in X$, 设 V 是 $F(x_0)$ 的邻域, 因 $x_0 \in F^{-1}(V)$, 且 $F^{-1}(V)$ 开, 故有 x_0 的邻域 $U \subset F^{-1}(V)$. 于是当 $x \in U$ 时, 有 $F(x) \subset V$. 结论(i)得证.

(ii)"必要性" 任取闭集 $S \subset Y$, 下证 $X \backslash F^{-1}(S)$ 为开集. 事实上, 任取 $x_0 \in X \backslash F^{-1}(S)$, 则 $x_0 \notin F^{-1}(S)$, 故 $F(x_0) \not\subset S$, 从而 $F(x_0) \bigcap (Y \backslash S) \neq \varnothing$. 因 $Y \backslash S$ 为开集, 且 F 在 x_0 处下半连续, 因而存在 x_0 的邻域 U, 使得当 $x \in U$ 时, $F(x) \bigcap (Y \backslash S) \neq \varnothing$. 故 $F(x) \not\subset S$, 从而 $U \subset X \backslash F^{-1}(S)$, 即 $X \backslash F^{-1}(S)$ 为开集, 因而 $F^{-1}(S)$ 为闭集.

"充分性" 任取 $x_0 \in X$, 并设 $V \subset Y$ 为任一开集, 使得 $F(x_0) \bigcap V \neq \varnothing$. 记 $S = Y \backslash V$, 则 S 为 Y 中的闭集, 且 $F(x_0) \not\subset S$, 或 $x_0 \notin F^{-1}(S)$. 但因 $F^{-1}(S)$ 闭, 故有 x_0 的邻域 U, 使得 $U \bigcap F^{-1}(S) = \varnothing$. 即当 $x \in U$ 时, $x \notin F^{-1}(S)$, 或 $F(x) \not\subset S$, 从而 $F(x) \bigcap V = F(x) \bigcap (Y \backslash S) \neq \varnothing$. 结论(ii)得证.

证毕.

命题 5.1.2. 设 X, Y 是二拓扑空间, $F: X \to 2^Y$ 为一映象.

(i) 如果 Y 是 Hausdorff 的, 且 F 是紧值的上半连续映象, 则 F 是闭图象的;

(ii) 若 Y 是一正则空间, F 是闭值的上半连续映象, 则 F 是闭图象的;

(iii) 若 Y 为度量空间, F 是局部紧的(即对每一 $x \in X$, 存在 x 之一邻域 U, 使得 $F(U)$ 为 Y 中的相对紧集)且是闭图象的, 则 F 是紧值上半连续的;

(iv) 设 Y 是一 Hausdorff 空间, F 是具非空紧值的上半连续映象, 则 F 映紧集为紧集;

(v) 设 X, Y 是两个 Hausdorff 拓扑空间且 Y 是紧的, F 为具非空闭值的映象, 则 F 上半连续的充分必要条件是 F 为闭图象的.

证. (i) 设 $x_\alpha \to x_0$, $y_\alpha \in F(x_\alpha)$ 且 $y_\alpha \to y_0$. 下证 $y_0 \in F(x_0)$. 设相反, $y_0 \notin F(x_0)$. 因 Y 是 Hausdorff 的, 故对每一 $y \in F(x_0)$, 存在 y 的邻域 $W_y \subset Y$ 及 y_0 的邻域 $V_y \subset Y$, 使得 $W_y \bigcap V_y = \varnothing$. 因 $\{W_y : y \in F(x_0)\}$ 是 $F(x_0)$ 之一

开覆盖. 由 $F(x_0)$ 的紧性知, 必有 $y_1, y_2, \cdots, y_n \in F(x_0)$ 使得

$$F(x_0) \subset \bigcup_{i=1}^{n} W_{y_i} = W.$$

设 $V = \bigcap_{i=1}^{n} V_{y_i}$, 则 V 是 y_0 的邻域, 且 $W \bigcap V \neq \varnothing$. 因 F 上半连续, 故对 $F(x_0)$ 的邻域 W, 存在 x_0 的邻域 U, 使得当 $x_\alpha \in U$ 时, $F(x_\alpha) \subset W$, 从而 $F(x_\alpha) \bigcap V$ $= \varnothing$. 这与 $y_\alpha \to y_0$ 矛盾. (i) 得证.

（ ii ）利用 Y 的正则性, 仿（ i ）可证结论（ ii ）.

（ iii ）因 F 是局部紧的, 故对每一 $x \in X$, $F(x) \subset Y$ 是相对紧的. 又因 F 是闭图象的, 易知 F 是闭值的, 从而 F 是紧值的. 下证 F 是上半连续的. 设不然, F 在某 $x_0 \in X$ 处不是上半连续的, 故存在 $F(x_0)$ 的邻域 V 及序列 $\{x_n\} \subset X, x_n \to x_0$, 使得 $F(x_n) \not\subset V$, 即存在 $y_n \in F(x_n)$, 使得 $y_n \notin V$. 因 F 是局部紧的, 故存在 N, 使得 $\bigcup_{n=N}^{\infty} F(x_n)$ 为 Y 中的相对紧集, 故存在 $\{y_n\}$ 的收敛子列 $\{y_{n_k}\}$, 使得 $y_{n_k} \to y_0$. 由 F 的闭图象性, 知 $y_0 \in F(x_0)$, 矛盾.

结论（ iii ）得证.

（ iv ）下面仅就 Y 为度量空间的情形进行证明（一般情形的证明可在引文[11]第 3 章命题 11 中找到）. 设（ iv ）中的结论不成立, 则存在紧集 $M \subset X$, 使得 $F(M)$ 不是 Y 中的紧集, 故存在序列 $\{x_n\} \subset M$ 和序列 $\{y_n\}, y_n \in F(x_n)$ 及 $\varepsilon > 0$, 使得 $d(y_m, y_n) > \varepsilon, m \neq n$. 因 M 紧, 故存在 $\{x_n\}$ 的子列（不妨仍记为 $\{x_n\}$）, 使得 $x_n \to x_0 \in M$. 因 F 上半连续, 且

$$B\left(F(x_0), \frac{1}{n}\right) = \left\{z \in Y : d(z, F(x_0)) < \frac{1}{n}\right\}$$

为 Y 中包含 $F(x_0)$ 的开集, 因而存在 $\{x_n\}$ 的子列（不妨仍记为 $\{x_n\}$）, 使得对每一 n 都有

$$F(x_n) \subset B\left(F(x_0), \frac{1}{n}\right).$$

上式表明, 对每一 y_n, 必存在 $z_n \in F(x_0)$, 使得 $d(y_n, z_n) < \frac{1}{n}$. 又因 $F(x_0)$ 紧, 故存在 $\{z_n\}$ 的子列（不妨仍记为 $\{z_n\}$）, 使得 $z_n \to y_0 \in F(x_0)$. 因而有

$$d(y_n, y_0) \leqslant d(y_n, z_n) + d(z_n, y_0) \to 0 \quad (n \to \infty).$$

即 $y_n \to y_0$, 这与 $d(y_m, y_n) > \varepsilon, \forall m, n, m \neq n$ 矛盾.

结论（ iv ）得证.

（ v ）我们仅就 X 和 Y 均为紧 Hausdorff 拓扑空间进行证明（一般情形参见[11]）.

"必要性"设 F 是上半连续的. 下证 $\mathrm{Gr}(F)$ 是 $X \times Y$ 中的闭集. 为此,只需证明 $(X \times Y) \backslash \mathrm{Gr}(F)$ 是 $X \times Y$ 中的开集即可.

事实上,任取 $(x,y) \in (X \times Y) \backslash \mathrm{Gr}(F)$,故 $y \notin F(x)$. 因紧 Hausdorff 空间必为正则空间,又由假设条件,$F(x)$ 是 Y 中的闭集,因而存在 y 的邻域 $V_1 \subset Y$,及 $F(x)$ 的邻域 $V_2 \subset Y$,使得 $V_1 \cap V_2 = \varnothing$. 因 F 上半连续,故存在 x 的邻域 $U \subset X$,使得对每一 x,$F(x) \subset V_2$,因而有
$$(U \times V_1) \cap \mathrm{Gr}(F) = \varnothing,$$
即
$$U \times V_1 \subset (X \times Y) \backslash \mathrm{Gr}(F).$$
因为 $U \times V_1$ 是 (x,y) 的邻域,从而得知 $(X \times Y) \backslash \mathrm{Gr}(F)$ 是开集. 必要性得证.

"充分性"设 $\mathrm{Gr}(F)$ 是 $X \times Y$ 中的闭集,而 $X \times Y$ 为紧 Hausdorff 拓扑空间,故 $\mathrm{Gr}(F)$ 为紧集.

如果 F 不是上半连续的,则存在 $\bar{x} \in X$ 及 $F(\bar{x})$ 的邻域 V 及 $\bar{x}$ 的邻域基 $\mathcal{N}(\bar{x})$,使得对每一 $U \in \mathcal{N}(\bar{x})$,必存在 $x_U \in U$ 及 $y_U \in F(x_U)$,使得 $y_U \notin V$,从而 $y_U \in Y \backslash V$. 于是有
$$(x_U, y_U) \in \mathrm{Gr}(F) \cap (\bar{U} \times (Y \backslash V)) := G_U \neq \varnothing.$$
显然 G_U 是 $\mathrm{Gr}(F)$ 中的闭集. 现取 $U_1, U_2, \cdots, U_n \in \mathcal{N}(\bar{x})$,则有 $U_0 \in \mathcal{N}(\bar{x})$,使得 $U_0 \subset \bigcap_{i=1}^{n} U_i$,而且
$$\bigcap_{i=1}^{n} G_{U_i} = \mathrm{Gr}(F) \cap (\bigcap_{i=1}^{n} \bar{U_i} \times (Y \backslash V)) \supset G_{U_0} \neq \varnothing.$$
上式表明集族 $\{G_U : U \in \mathcal{N}(\bar{x})\}$ 具有限交性质,故
$$G := \bigcap_{U \in \mathcal{N}(\bar{x})} G_U = \mathrm{Gr}(F) \cap ((\bigcap_{U \in \mathcal{N}(\bar{x})} \bar{U}) \times (Y \backslash V)) \neq \varnothing.$$
设 $(x,y) \in G$,故 $(x,y) \in ((\bigcap_{U \in \mathcal{N}(\bar{x})} \bar{U}) \times (Y \backslash V))$,且 $(x,y) \in \mathrm{Gr}(F)$. 由前者知 $x \in \bigcap_{U \in \mathcal{N}(\bar{x})} \bar{U} = \{\bar{x}\}$,即 $x = \bar{x}$,且 $y \in Y \backslash V$,故 $y \notin V$. 但由后者知 $y \in F(x) = F(\bar{x}) \subset V$. 矛盾. 由此矛盾得知结论成立.   证毕.

定义 5.1.3. 一拓扑线性空间 X 称为**拟完备的**,如果 X 中的每一有界闭集 K 是完备的,即 K 中的每一有界的 Cauchy 定向点列,必网收敛于 K 中的某一点.

由定义 5.1.3 知,每一 Banach 空间都是拟完备的.

命题 5.1.3. 设 X 是一拟完备的局部凸的 Hausdorff 拓扑线性空间,K 是 X 中的紧集,则 K 的闭凸包 $\overline{\mathrm{co}}(K)$ 也是紧的.

证. 因 K 的均衡的闭凸包是全有界的,于是由 X 的拟完备性,知 K 的

均衡闭凸包是紧集,而 K 的闭凸包是 K 的均衡闭凸包中的闭子集,从而是紧的.　证毕.

§5.2　Fan-Browder 不动点定理及其等价表述

1961 年,Ky Fan 利用他自己在文献[104]中所得到的 KKM 定理的推广形式,对多值映象建立了一个重要的且非常基本的"几何引理". 此后,在 1968 年,Browder[26]以不动点定理的形式也得出了同样的结果. 以后我们称这一不动点定理为 **Fan-Browder 不动点定理**,它在近代非线性分析中起到基础性的作用.

定理 5.2.1(Fan-Browder[26]). 设 E 是一 Hausdorff 拓扑线性空间,X 是 E 之一紧凸子集. 设 $S:X \to 2^X$ 是一多值映象且满足下面之一条件:

（i）对任一 $x \in X$,$S(x)$ 是非空凸的,且对每一 $y \in X$,$S^{-1}(y)=\{x \in X:y \in S(x)\}$ 是 X 中的开集;

（ii）对任一 $x \in X$,$S(x)$ 是开集,且对任一 $y \in X$,$S^{-1}(y)$ 为非空凸集.

则 S 在 X 中存在不动点.

证. 设条件(i)成立,但 S 在 X 中无不动点. 令

$$\varphi(x,y)=\begin{cases}-1, & \text{如果}(x,y) \in \mathrm{Gr}(S), \\ 0, & \text{如果}(x,y) \notin \mathrm{Gr}(S),\end{cases} \qquad x,y \in X.$$

因 S 无不动点,故对每一 $x \in X$,$x \notin S(x)$,因而 $(x,x) \notin \mathrm{Gr}(S)$. 于是得知 $\varphi(x,x)=0,\forall x \in X$.

下证 φ 满足 Ky Fan 极大极小不等式定理(即定理 3.9.1)的条件.

事实上,任取 $x \in X$ 及任一 $\alpha \in \mathbf{R}$,有

$$\{y \in X:\varphi(x,y) \leqslant \alpha\}=\begin{cases}X, & \alpha \geqslant 0, \\ S(x), & -1 \leqslant \alpha < 0, \\ \varnothing, & \alpha < -1.\end{cases}$$

由假设,$S(x)$ 是凸的,故 $y \longmapsto \varphi(x,y)$ 是拟凸的.

另对任一 $y \in X$ 及任一 $\alpha \in \mathbf{R}$,有

$$\{x \in X:\varphi(x,y) \geqslant \alpha\}=\begin{cases}\varnothing, & \text{如果 } \alpha > 0, \\ X \backslash S^{-1}(y), & \text{如果} -1 < \alpha \leqslant 0, \\ X, & \text{如果 } \alpha \leqslant -1.\end{cases}$$

由假设,$S^{-1}(y)$ 是开的,故 $x \longmapsto \varphi(x,y)$ 是上半连续的. 于是 $-\varphi$ 满足定理 3.9.1 的条件. 故存在 $\bar{x} \in X$,使得 $\varphi(\bar{x},y) \geqslant 0,\forall y \in X$. 但因 $\varphi(x,y) \leqslant 0,$

$\forall x,y \in X$. 故有 $\varphi(\bar{x},y)=0$, $\forall y \in X$. 即对任何 $y \in X$, $y \notin S(\bar{x})$, 故 $S(\bar{x})=\varnothing$. 这与假设 $S(\bar{x})\neq\varnothing$ 相矛盾. 由此矛盾知 S 在 X 中有不动点.

当满足条件（ⅱ）时，令 $J:X\times X\to X\times X$ 是由下式定义的映象：

$$J(x,y)=(y,x).$$

再令

$$T(x)=S^{-1}(x)=\{y\in X:x\in S(y)\}, x\in X.$$

故 $\mathrm{Gr}(T)=J(\mathrm{Gr}(S))$. 于是 x 为 T 的不动点，当且仅当 x 为 S 的不动点. 另外，还可看出，S 满足条件（ⅱ）时，则 T 满足条件（ⅰ），故 S 在 X 中存在不动点. 证毕.

Fan-Browder 不动点定理与定理 3.9.1（即 Ky Fan 极大极小不等式定理）之间的本质联系，由下面的定理得知.

定理 5.2.2. Fan-Browder 不动点定理与 Ky Fan 极大极小不等式定理等价.

证. 由定理 5.2.1 得知，定理 3.9.1 可推出 Fan-Browder 不动点定理.

下面证明由 Fan-Browder 不动点定理可推出定理 3.9.1.

用反证法，设定理 3.9.1 的结论不成立. 于是对每一 $x\in X$，必存在 $y\in X$，使得

$$\varphi(x,y)>\alpha:=\sup_{x\in X}\varphi(x,x).$$

故集合

$$S(x)=\{y\in X:\varphi(x,y)>\alpha\}\neq\varnothing, x\in X.$$

因而由上式定义的映象 $S:X\to 2^X$ 是具非空凸值的映象，而且对任一 $y\in X$，集

$$\begin{aligned}S^{-1}(y)&=\{x\in X:y\in S(x)\}\\&=\{x\in X:\varphi(x,y)>\alpha\}\end{aligned}$$

是 X 中的开集. 故由 Fan-Browder 不动点定理，存在 $\bar{x}\in S(\bar{x})$，使

$$\varphi(\bar{x},\bar{x})>\alpha.$$

这与 $\varphi(x,x)\leq\alpha$，$\forall x\in X$ 相矛盾. 定理得证.

1961 年，Ky Fan 在把 KKM 定理从有限维空间推广到无穷维空间的同时，证明了下面的截口定理（定理 5.2.3），[104] 从而进一步推广了著名的 Tychonoff 不动点定理. 1978 年，Itoh, Takahashi, Yanagi, 借助于 Brouwer 不动点定理，重新对该截口定理给出一简单的证明.[137] 此后的许多文献中进一步给出了 Ky Fan 截口定理的多种形式的推广，并给出其在变分不等式、相补问题及对策理论方面的应用.

下面,我们介绍 Ky Fan 截口定理,并证明它与 Fan-Browder 不动点定理的等价性.

定理 5.2.3(Ky Fan 截口定理[104]). 设 E 是一 Hausdorff 拓扑线性空间,X 是 E 中的非空紧凸集,A 是 $X \times X$ 中之一集使得对一切 $x \in X,(x,x) \in A$. 如果下面的一条件满足:

（ⅰ）对任一 $x \in X,\{y \in X,(x,y) \notin A\}$ 为凸集或空集,且对每一 $y \in X,\{x \in X:(x,y) \in A\}$ 为闭集;

（ⅱ）对任一 $x \in X,\{y \in X,(x,y) \in A\}$ 为闭集,且对每一 $y \in X,\{x \in X:(x,y) \notin A\}$ 为凸集或空集.

则存在 $x_0 \in X$,使得 $\{x_0\} \times X \subset A$.

证. 因条件(ⅰ),(ⅱ)是对称的. 现仅就条件(ⅰ)证之.

对任一 $x \in X$,令

$$S(x) = \{y \in X:(x,y) \notin A\}.$$

则 $S:X \to 2^X$. 如果对某一 $x_0 \in X,S(x_0) = \varnothing$,则由 S 的定义知,对每一 $y \in X,(x_0,y) \in A$,即 $\{x_0\} \times X \subset A$. 结论得证.

如果对一切 $x \in X,S(x) \neq \varnothing$,于是由定理的条件知 $S(x)$ 是凸的,且

$$\begin{aligned} S^{-1}(y) &= \{x \in X:y \in S(x)\} \\ &= \{x \in X:(x,y) \notin A\} \\ &= X \backslash \{x \in X:(x,y) \in A\} \end{aligned}$$

为 X 中的开集. 于是由 Fan-Browder 不动点定理,存在 $x_0 \in X$,使得

$$x_0 \in S(x_0) = \{y \in X:(x_0,y) \notin A\}.$$

因而有 $(x_0,x_0) \notin A$,这与 A 包含对角线的假设相矛盾. 于是存在某一 $x \in X$,使得 $S(x) = \varnothing$. 从而由前面的讨论得知定理的结论成立. 证毕.

下面给出 Ky Fan 截口定理与 Fan-Browder 不动点定理之间的等价性,即有下面的结果.

定理 5.2.4. 定理 5.2.1 与定理 5.2.3 是等价的.

证. 定理 5.2.1 $\Rightarrow$ 定理 5.2.3 已在定理 5.2.3 的证明中证明. 下证定理 5.2.3 $\Rightarrow$ 定理 5.2.1.

事实上,如果定理 5.2.1 的结论不成立,即 S 在 X 中无不动点,于是对任一 $x \in X$,都有 $x \notin S(x)$. 令

$$A = (X \times X) \backslash \mathrm{Gr}(S),$$

则对一切 $x \in X,(x,x) \in A$. 设定理 5.2.1 的条件(ⅰ)成立(满足条件(ⅱ)时,一样可证),于是对任一 $x \in X$,集合

$$S(x) = \{y \in X : (x,y) \in \mathrm{Gr}(S)\} = \{y \in X : (x,y) \notin A\}$$

是 X 中的开集,故对任一 $y \in X$,$\{x \in X : (x,y) \in A\}$ 是 X 中的闭集. 于是由定理 5.2.3 知,存在 $x_0 \in X$ 使得 $\{x_0\} \times X \subset A$. 即对任一 $y \in X$,$(x_0,y) \notin \mathrm{Gr}(S)$,从而 $S(x_0) = \varnothing$. 这与假设相矛盾. 因而 S 在 X 中存在不动点.

证毕.

注. 由定理 3.9.9,定理 5.2.2 及定理 5.2.4 知,Brouwer不动点定理、FKKM 定理、Ky Fan 极大极小不等式定理、Hartman-Stampacchia变分不等式定理、Fan-Browder 不动点定理及 Ky Fan 截口定理等都是相互等价的.

§5.3 Fan-Browder 不动点定理的进一步推广

近年来,Fan-Browder 不动点定理被许多人从多方面加以推广. 下面介绍的定理属于 Tarafdar. [280,282]

定理 5.3.1. 设 E 是一 Hausdorff 拓扑线性空间,K 是 E 中之一非空紧凸集,$T : K \to 2^K$ 是满足下列条件的映象:

(ⅰ) 对每一 $x \in K$,$T(x)$ 是 K 之一非空凸集;

(ⅱ) 对每一 $y \in K$,$T^{-1}(y) = \{x \in K : y \in T(x)\}$ 包含 K 之一开子集 O_y(O_y 可能是空的);

(ⅲ) $\bigcup\limits_{y \in K} O_y = K$.

则存在一点 $x_0 \in K$,使得 $x_0 \in T(x_0)$.

证. 因 K 紧,由条件(ⅲ),存在有限集 $\{y_1, y_2, \cdots, y_n\} \subset K$ 使得 $K = \bigcup\limits_{i=1}^{n} O_{y_i}$. 设 $\{f_1, f_2, \cdots, f_n\}$ 是与有限开覆盖 $\{O_{y_1}, O_{y_2}, \cdots, O_{y_n}\}$ 相对应的连续单位分解. 现定义一映象 $p : K \to K$ 如下:

$$p(x) = \sum_{i=1}^{n} f_i(x) y_i, \quad x \in K.$$

显然,p 是连续的,且对每一 $k = 1, 2, \cdots, n$,当 $f_k(x) \neq 0$ 时,则 $x \in O_{y_k} \subset T^{-1}(y_k)$,即 $y_k \in T(x)$. 因 $T(x)$ 凸,故对每一 $x \in K$,$p(x) \in T(x)$. 令 $S = \mathrm{co}\{y_1, y_2, \cdots, y_n\}$,则 $p : S \to S$. 故由 Brouwer 不动点定理,存在 $x_0 \in S$,使得 $x_0 = p(x_0) \in T(x_0)$. 证毕.

定理 5.3.2. [281] 设 E 是一 Hausdorff 拓扑线性空间,X 是 E 之一非空凸子集,$T : X \to 2^X$ 是满足下述条件的映象:

(ⅰ) 对每一 $x \in X$,$T(x)$ 是 X 之一非空凸集;

（ⅱ）对每一 $y \in X$，$T^{-1}(y) = \{x \in X : y \in T(x)\}$ 包含 X 之一相对开集 $O_y(O_y$ 可能为空集）；

（ⅲ）$\bigcup\limits_{x \in X} O_x = X$；

（ⅳ）存在这样的非空子集 $X_0 \subset X$，其包含于 X 之一紧凸集 X_1 中，而且使得 $D = \bigcap\limits_{x \in X_0} O_x^c$ 是紧的（D 可能为空集，又 $O_x^c = X \backslash O_x$）.

则存在一点 $x_0 \in X$，使得 $x_0 \in T(x_0)$.

证.（1）先设 $D = \varnothing$，下证对每一 $x \in X_1$，$T(x) \bigcap X_1 \neq \varnothing$. 设相反，如果有某一 $x_0 \in X_1$，使得 $T(x_0) \bigcap X_1 = \varnothing$，则 $\forall x \in X_1$，$x \notin T(x_0)$，即 $x_0 \notin T^{-1}(x)$. 于是

$$x_0 \in \bigcap\limits_{x \in X_1} O_x^c \subset \bigcap\limits_{x \in X_0} O_x^c = D.$$

这与 $D = \varnothing$ 矛盾. 于是，我们可以定义一多值映象 $G : X_1 \rightarrow 2^{X_1}$ 如下：

$$G(x) = T(x) \bigcap X_1.$$

故对任一 $x \in X_1$，$G(x)$ 是 X_1 之一非空子集. 从而对任一 $y \in X_1$，

$$G^{-1}(y) = \{x \in X_1 : y \in G(x)\}$$
$$= \{x \in X_1 : y \in T(x) \bigcap X_1\}$$
$$= T^{-1}(y) \bigcap X_1$$

包含 X_1 中之一相对开集 $O_y' = O_y \bigcap X_1$. 因 $\bigcap\limits_{x \in X_0} O_x^c = \varnothing$，故 $\bigcup\limits_{x \in X_0} O_x = X$，从而 $\bigcup\limits_{x \in X_1} O_x = X_1$. 于是有

$$\bigcup\limits_{x \in X_1} O_x' = \bigcup\limits_{x \in X_1} (O_x \bigcap X_1) = X_1.$$

于是由定理 5.3.1，存在 $x_0 \in X_1$，使得 $x_0 \in G(x_0) \subset T(x_0)$.

（2）现考察 D 是 X 中之一非空紧集的情形. 如果 T 在 X 中无不动点，则对任一 $x \in X_0$，$O_x^c \neq \varnothing$（如果 $O_x^c = \varnothing$，则 $x \notin O_x^c$，即 $x \in O_x \subset T^{-1}(x)$，故 $x \in T(x)$，这与 T 无不动点矛盾）.

现证对任意的有限集 $\{x_1, x_2, \cdots, x_n\} \subset X$，$co\{x_1, x_2, \cdots, x_n\} \subset \bigcup\limits_{i=1}^{n} O_{x_i}^c$.

事实上，如果存在某一有限集 $\{x_1, x_2, \cdots, x_n\} \subset X$，有某一 $x = \sum\limits_{i=1}^{n} \lambda_i x_i \notin \bigcup\limits_{i=1}^{n} O_{x_i}^c$，其中 $\lambda_i \geqslant 0$，$i = 1, 2, \cdots, n$，$\sum\limits_{i=1}^{n} \lambda_i = 1$，此即对每一 $i = 1, 2, \cdots, n$，$x \in O_{x_i} \subset T^{-1}(x_i)$. 故对每一 $i = 1, 2, \cdots, n$，$x_i \in T(x)$. 由 $T(x)$ 的凸性，$x \in T(x)$. 矛盾. 故结论成立.

现证对任一有限集 $\{x_1, x_2, \cdots, x_n\} \subset X$，$\bigcap\limits_{x \in K} F(x) \neq \varnothing$，其中 $F(x) =$

$O_x^c, K = \mathrm{co}\{X_1 \bigcup \{x_1, x_2, \cdots, x_n\}\}$ 是一紧集.

设不然,$\bigcap\limits_{x \in K} F(x) = \varnothing$. 定义一多值映象 $h: K \to 2^K$ 如下:

$$h(y) = \{x \in K: y \notin F(x)\} \neq \varnothing, \forall y \in K.$$

于是对任一 $x \in K$,有

$$\begin{aligned}
h^{-1}(x) &= \{y \in K: x \in h(y)\} \\
&= \{y \in K: y \notin F(x)\} \\
&= (F(x))^c \bigcap K \\
&= O_x \bigcap K = \widetilde{O}_x,
\end{aligned}$$

从而 $h^{-1}(x)$ 是 K 中之一相对开集. 现定义一多值映象 $j: K \to 2^K$ 如下:

$$j(x) = \mathrm{co}\{h(x)\}, x \in K.$$

因对每一 $x \in K, j(x) \supset h(x)$,故 $\widetilde{O}_x \subset h^{-1}(x) \subset j^{-1}(x)$. 又因 $\bigcap\limits_{x \in K} F(x) = \varnothing$,故知 $\bigcup\limits_{x \in K} \widetilde{O}_x = X$. 于是有 $\bigcup\limits_{x \in K} \widetilde{O}_x = \bigcup\limits_{x \in K} (O_x \bigcap K) = K$.

由定理 5.3.1,存在 $x_0 \in K$,使得 $x_0 \in j(x_0) = \mathrm{co}\{h(x_0)\}$. 故存在 $\{y_1, y_2, \cdots, y_m\} \subset K$,使得 $y_i \in h(x_0), i = 1, 2, \cdots, m$,且 $x_0 = \sum\limits_{i=1}^{m} \lambda_i y_i$,其中 $\lambda_i \geqslant 0, i = 1, 2, \cdots, m$,且 $\sum\limits_{i=1}^{m} \lambda_i = 1$. 即,对每一 $i = 1, 2, \cdots, m, x_0 \notin F(y_i)$,故 $x_0 \notin \bigcup\limits_{i=1}^{m} F(y_i)$. 这与我们前面已证明的结论:$X$ 的每一有限子集 $\{y_1, y_2, \cdots, y_n\}$ 的凸包 $\mathrm{co}\{y_1, y_2, \cdots, y_n\} \subset \bigcup\limits_{i=1}^{m} F(y_i) = \bigcup\limits_{i=1}^{m} O_{y_i}^c$ 相矛盾. 从而得证 $\bigcap\limits_{x \in K} F(x) \neq \varnothing$.

因 $X_0 \bigcup \{x_1, x_2, \cdots, x_n\} \subset K$,故

$$D \bigcap (\bigcap\limits_{i=1}^{n} F(x_i)) \supset \bigcap\limits_{x \in K} F(x) \neq \varnothing.$$

上式表明,集族 $\{F(x) \bigcap D: x \in X\}$ 具有限交性质. 因 D 是紧的,而 $F(x)$ 是闭的,故 $F(x) \bigcap D$ 是紧的. 于是有

$$\bigcap\limits_{x \in X} (F(x) \bigcap D) \neq \varnothing,$$

从而 $\bigcap\limits_{x \in X} F(x) = \bigcap\limits_{x \in X} O_x^c \neq \varnothing$. 这与条件(ⅲ)相矛盾. 这就证明了 T 在 X 中存在不动点. 证毕.

由定理 5.3.2 可得下面的推论.

推论 5.3.3. 设 X 是一 Hausdorff 拓扑线性空间中之一非空的凸集,$T: X \to 2^X$ 是一满足下述条件的多值映象:

（ⅰ）对任一 $x \in X, T(x)$ 是 X 之一非空的凸集；

（ⅱ）对任一 $y \in X, T^{-1}(y)$ 包含 X 之一相对开集 O_y；

（ⅲ）$\bigcup_{x \in X} O_x = X$；

（ⅳ）存在 $x_0 \in X$，使得 $O_{x_0}^c$ 是紧集（可能为空集）.

则存在 $x \in X$，使得 $x \in T(x)$.

证. 在定理 5.3.2 中取 $X_0 = X_1 = \{x_0\}$，结论由定理 5.3.2 直接可证.

§5.4　多值映象的内向集和外向集定理

作为前述的 Fan-Browder 不动点定理的发展和应用，在本节中我们介绍多值映象的内向集和外向集定理. 下面介绍的有关结论，实际上对某些拓扑线性空间也成立. 不过为了叙述方便起见，我们仅就赋范线性空间的情形进行讨论.

定义 5.4.1. 设 E 是一赋范线性空间，X 是 E 之一非空的凸子集，x 是 X 中任一给定的点，则集合

$I_X(x) = \{y \in E : 存在 z \in X 及 \tau > 0, 使得 y = x + \tau(z - x)\}$,

$O_X(x) = \{y \in E : 存在 z \in X 及 \tau > 0, 使得 y = x - \tau(z - x)\}$

分别称为 **X 在 x 处的内向集和外向集.**

由定义 5.4.1 易知 $X \subset I_X(x), \forall x \in X$.

定理 5.4.1. 设 E 是一赋范线性空间，X 是 E 之一非空紧凸集，$T : X \to 2^E$ 是具非空凸值的连续映象，而且对任何 $x \in X$，当 $x \notin T(x)$ 时，必存在 $y \in X$ 使得

$$d(y, T(x)) < d(x, T(x)). \tag{5.4.1}$$

则 T 在 X 中存在不动点.

证. 用反证法. 设 T 在 X 中无不动点. 现定义映象 $S : X \to 2^X$ 如下：

$$S(x) = \{y \in X : d(y, T(x)) < d(x, T(x))\}, x \in X.$$

由定理的假定知，S 是具非空值的映象. 又因 T 是凸值的，且

$$S(x) = T(x) + B(\theta, r_x), r_x = d(x, T(x)) > 0,$$

其中 $B(\theta, r_x)$ 表以 θ 为心，r_x 为半径的开球，故 S 也是凸值的. 下证对任一 $y \in X$，集合

$$S^{-1}(y) = \{x \in X : y \in S(x)\}$$

$$= \{x \in X : d(y, T(x)) < d(x, T(x))\}$$

是 X 中的开集. 事实上，任取 $x_0 \in S^{-1}(y)$，则

$$d(y,T(x_0))<d(x_0,T(x_0)).$$

令 $\psi:X\to\mathbf{R},\psi(x)=d(x,T(x))-d(y,T(x))$. 因 T 连续,故 ψ 也连续. 因 $\psi(x_0)>0,\psi^{-1}((0,+\infty))\subset X$ 为开集且 $x_0\in\psi^{-1}((0,+\infty))\subset S^{-1}(y)$,故 $S^{-1}(y)$ 也是 X 中的开集. 于是由 Fan-Browder 不动点定理,S 在 X 中存在不动点 $\bar{x}$,即 $\bar{x}\in S(\bar{x})$. 因而有

$$d(\bar{x},T(\bar{x}))<d(\bar{x},T(\bar{x})).$$

矛盾. 由此矛盾知 T 在 X 中有不动点.

借助定理 5.4.1,可得出下面的多值映象的内向集和外向集定理.

定理 5.4.2(内向集定理). 设 E 是一赋范线性空间,X 为 E 中之一非空紧凸集,$T:X\to 2^E$ 是具非空凸值的连续映象. 如果对每一 $x\in X$,当 $x\notin T(x)$ 时,在内向集 $I_X(x)$ 中存在 y,使得

$$d(y,T(x))<d(x,T(x)),$$

则 T 在 X 中存在不动点.

证. 由定理的假定,对每一 $x\in X$,当 $x\notin T(x)$ 时,存在 $y\in I_X(x)$,使得 $d(y,T(x))<d(x,T(x))$. 因 $X\subset I_X(x)$,故

(a) 当 $y\in X$ 时,则由定理 5.4.1 知定理的结论成立;

(b) 当 $y\in I_X(x)\backslash X$ 时,由 $I_X(x)$ 的定义知,存在 $z\in X$ 及 $\tau>0$,使得 $y=(1-\tau)x+\tau z$. 易知 $\tau>1$(事实上,如果 $\tau\in(0,1]$,则 $y\in X$,矛盾),故

$$z=\frac{1}{\tau}(y-(1-\tau)x)=\left(1-\frac{1}{\tau}\right)x+\frac{1}{\tau}y.$$

下证 $d(z,T(x))<d(x,T(x))$. 事实上,任取 $\varepsilon>0$,存在 $u,v\in T(x)$,使得

$$d(x,T(x))>\|x-u\|-\varepsilon,$$
$$d(y,T(x))>\|y-v\|-\varepsilon.$$

令 $w=(1-\alpha)u+\alpha v,\alpha=\frac{1}{\tau}$. 因 $T(x)$ 凸,故 $w\in T(x)$,于是有

$$\begin{aligned}
d(z,T(x))&\leqslant\|z-w\|=\|(1-\alpha)x+\alpha y-(1-\alpha)u-\alpha v\|\\
&=\|(1-\alpha)(x-u)+\alpha(y-v)\|\\
&\leqslant(1-\alpha)\|x-u\|+\alpha\|y-v\|\\
&<(1-\alpha)(\varepsilon+d(x,T(x)))+\alpha(\varepsilon+d(y,T(x)))\\
&=(1-\alpha)d(x,T(x))+\alpha d(y,T(x))+\varepsilon.
\end{aligned}$$

$$(5.4.2)$$

由假设,$d(x,T(x))-d(y,T(x))>0$,取 ε 使得

$$0 < \varepsilon < \alpha [d(x, T(x)) - d(y, T(x))],$$

由(5.4.2)有

$$d(z, T(x)) < d(x, T(x)).$$

于是由定理5.4.1直接可得定理5.4.2的结论. 证毕.

注. 应该指出:在定理5.4.1及定理5.4.2中,映象T的连续性不能减弱为上半连续性.这由下面的例子即可得知.

例5.4.1. 设$E = \mathbf{R}^2$, $X = \{(x, 0): 0 \leqslant x \leqslant 1\}$, $T: X \to 2^E$ 是由下式定义的映象:

$$T((x, 0)) = \begin{cases} co\{(1, 1), (1, 2)\}, & \text{如果 } x \in [0, 1), \\ co\{(1, 1), (1, 2), (0, 0)\}, & \text{如果 } x = 1, \end{cases}$$

则T是具非空凸值的上半连续映象,而且对任意的$(x, 0) \in X$,取$(y, 0) \in X \subset I_X((x, 0))$如下:

$$(y, 0) = \begin{cases} (1, 0), & \text{如果 } 0 \leqslant x < 1, \\ (0, 0), & \text{如果 } x = 1, \end{cases}$$

故$d((y, 0), T((x, 0))) < d((x, 0), T((x, 0)))$. 但显然$T$在$X$中无不动点.

下面给出多值映象的一个外向集定理.

定理5.4.3(外向集定理). 设E是一赋范线性空间,X是E之一非空紧凸集,$T: X \to 2^E$是具非空凸值的连续映象.设对任一$x \in X$,当$x \notin T(x)$时,存在$y \in O_X(x)$(X在x处的外向集),使得$d(y, T(x)) < d(x, T(x))$,则T在X中有不动点.

证. 我们首先注意下面的事实:如果存在$z \in X$及$\tau > 0$,使得$y = x - \tau(z - x) \in O_X(x)$,则由内向集的定义知$y^* = x + \tau(z - x) \in I_X(x)$. 现定义映象$T^*: X \to 2^E$如下:

$$T^*(x) = 2x - T(x), x \in X.$$

因T是具非空凸值的连续映象,故T^*也是具非空凸值的连续映象,而且

$$\begin{aligned} d(y^*, T^*(x)) &= \inf_{b^* \in T^*(x)} \| x + \tau(z - x) - b^* \| \\ &= \inf_{b \in T(x)} \| x + \tau(z - x) - (2x - b) \| \\ &= \inf_{b \in T(x)} \| x - \tau(z - x) - b \| \\ &= \inf_{b \in T(x)} \| y - b \| = d(y, T(x)). \end{aligned}$$

同理可证

$$d(x, T^*(x)) = d(x, T(x)).$$

因此,由定理的假定,对任一 $x \in X$,当 $x \notin T(x)$ 时,存在 $y \in O_X(x)$ 使得 $d(y, T(x)) < d(x, T(x))$. 于是由上面的讨论得知,对任一 $x \in X$,当 $x \notin T^*(x)$ 时,则存在 $y^* \in I_X(x)$,使得

$$d(y^*, T^*(x)) < d(x, T^*(x)).$$

于是由定理 5.4.2,存在 $\bar{x} \in X$,使得 $\bar{x} \in T^*(\bar{x})$,即

$$\bar{x} \in 2\bar{x} - T(\bar{x}), \text{或} \bar{x} \in T(\bar{x}).$$

证毕.

由内向集定理,还可得出下面的结果.

定理 5.4.4. 设 E 是一赋范线性空间,X 是 E 之一非空的紧凸集,$T: X \to 2^E$ 是一具非空闭凸值的连续映象. 如果对任一 $x \in X$,当 $x \notin T(x)$ 时,有

$$T(x) \bigcap \overline{I_X(x)} \neq \varnothing,$$

则 T 在 X 中存在不动点.

证. 由假设,对任一 $x \in X$,$T(x)$ 是一非空闭集,如果 $x \notin T(x)$,则 $d(x, T(x)) > 0$. 因 $T(x) \bigcap \overline{I_X(x)} \neq \varnothing$,故

$$\inf_{y \in I_X(x)} d(y, T(x)) = 0.$$

因而存在 $y \in I_X(x)$ 使得

$$d(y, T(x)) < d(x, T(x)).$$

于是由定理 5.4.2,T 在 X 中存在不动点.　证毕.

注. Halpern 已经指出:在定理 5.4.4 中,T 的连续性可以减弱为上半连续性.[123]

§5.5　Kakutani-Fan-Glicksberg 不动点定理

下面所要介绍的 Kakutani-Fan-Glicksberg(KFG)不动点定理是 Brouwer 不动点定理由单值映象到多值映象的推广. 这一定理在 1940 年由 Kakutani 就有限维空间情形而得出.[141] 1952 年 Fan[103] 及 Glicksberg[113] 把这一定理推广到局部凸空间,并得出下面的定理 5.5.2.

为此,我们先介绍下面的引理.

引理 5.5.1. 设 E 是一 Hausdorff 拓扑线性空间,X 是 E 中之一非空的紧集,$T: X \to 2^E$ 是具非空闭凸值的上半连续映象. 如果 A 是 X 中的闭集,则

$$Q = \{(x, y) \in X \times E: x \in X, y \in (T(x) + A)\},$$

$$\Omega = \{x \in X: x \in (T(x) + A)\}$$

均为闭集.

证. 我们仅就 Q 是 $X \times E$ 中的闭集证之,而 Ω 是 X 中的闭集类似可证. 为此,只要证 $(X \times E) \backslash Q$ 是开集即可.

任取 $(x_0, y_0) \in (X \times E) \backslash Q$,则 $x_0 \in X$,且 $y_0 \notin T(x_0) + A$. 由假设,$T(x_0)$ 是 X 中的闭集,且 A 为 X 中的闭集,又 X 是 E 中的紧集,故 $T(x_0) + A$ 是 E 中的紧集,从而是闭的. 另因每一紧的拓扑线性空间必是正则的,故存在 $U_1 \in \mathcal{N}(\theta)$($\theta$ 点的邻域基),使得

$$(y_0 + U_1) \bigcap (T(x_0) + A + U_1) = \varnothing. \qquad (5.5.1)$$

于是由 T 的上半连续性及紧值性,存在 $U_2 \in \mathcal{N}(\theta), U_2 \subset U_1$,使得当 $x \in (x_0 + U_2) \bigcap X$ 时,必有

$$T(x) \subset T(x_0) + U_1; \ T(x) + A \subset T(x_0) + U_1 + A. \qquad (5.5.2)$$

于是由 $(5.5.1)$ 和 $(5.5.2)$,当 $x \in (x_0 + U_2) \bigcap X$ 时

$$(y_0 + U_1) \bigcap (T(x) + A) = \varnothing.$$

因而存在 (x_0, y_0) 的邻域 $(x_0 + U_2, y_0 + U_2)$ 使得

$$(x_0 + U_2, y_0 + U_2) \bigcap Q = \varnothing,$$

即 $(x_0 + U_2, y_0 + U_2) \subset (X \times E) \backslash Q$. 即 $(X \times E) \backslash Q$ 为开集.　证毕.

定理 5.5.2(Kakutani-Fan-Glicksberg 定理). 设 E 是局部凸的 Hausdorff 拓扑线性空间,X 为 E 中的非空紧凸集,$T: X \to 2^X$ 是具非空闭凸值的上半连续映象,则 T 在 X 中存在不动点.

证. 1° 当 E 为 Hilbert 空间情形. 设 $\psi: X \times X \to \mathbf{R}$ 是由下式定义的映象:

$$\psi(x, y) = \max_{b \in T(x)} \langle y - x, x - b \rangle = \langle y - x, x \rangle - \min_{b \in T(x)} \langle y - x, b \rangle.$$

显然 $\psi(x, x) = 0, \forall x \in X$,且 $y \longmapsto \psi(x, y)$ 是凸的. 另由 T 的上半连续性,可证 $x \longmapsto \psi(x, y)$ 是上半连续的,故由定理 3.9.1,存在 $x_0 \in X$,使得

$$\max_{b \in T(x_0)} \langle y - x_0, x_0 - b \rangle = \psi(x_0, y) \geqslant 0, \forall y \in X. \qquad (5.5.3)$$

下证 x_0 是 T 的不动点. 设不然,$x_0 \notin T(x_0)$. 因 $T(x_0)$ 是 E 中的闭凸集. 由 Hilbert 空间的投影定理(即命题 1.2.3),存在 $\overline{y} \in T(x_0)$ 使得

$$0 < \mathrm{d}(x_0, T(x_0)) = \| x_0 - \overline{y} \|.$$

现取 $b \in T(x_0)$,于是由命题 1.2.3 知

$$\langle \overline{y} - x_0, \overline{y} - b \rangle \leqslant 0.$$

从而有

$$\langle \overline{y} - x_0, x_0 - b \rangle = \langle \overline{y} - x_0, x_0 - \overline{y} + \overline{y} - b \rangle$$

$$= - \parallel \bar{y} - x_0 \parallel^2 + \langle \bar{y} - x_0, \bar{y} - b \rangle$$

$$\leqslant - \parallel \bar{y} - x_0 \parallel^2.$$

由 $b \in T(x_0)$ 的任意性, 得

$$\max_{b \in T(x_0)} \langle \bar{y} - x_0, x_0 - b \rangle \leqslant - \parallel \bar{y} - x_0 \parallel^2 < 0.$$

这与 (5.5.3) 相矛盾. 因而在此情形时, 定理的结论得证.

2° 当 E 为局部凸的 Hausdorff 拓扑线性空间情形. 此时, E 存在凸的平衡吸收的零点邻域基 $\mathcal{N}(\theta)$, 且

$$\bigcap \{ \bar{U} : U \in \mathcal{N}(\theta) \} = \{ \theta \}.$$

现对每一 $U \in \mathcal{N}(\theta)$, 令

$$F_U = \{ x \in X : x \in T(x) + \bar{U} \}.$$

如果我们能证明: $\bigcap \{ F_U : U \in \mathcal{N}(\theta) \} \neq \varnothing$, 取 $x_0 \in \bigcap \{ F_U : U \in \mathcal{N}(\theta) \}$, 则有

$$x_0 \in \bigcap \{ T(x_0) + \bar{U} : U \in \mathcal{N}(\theta) \}$$

$$= T(x_0) + \bigcap \{ \bar{U} : U \in \mathcal{N}(\theta) \}$$

$$= T(x_0) + \{ \theta \} = T(x_0).$$

故 x_0 是 T 的不动点, 因而定理的结论得证.

可是, 由于对每一 $U \in \mathcal{N}(\theta)$

$$F_U = \{ x \in X : x \in T(x) + \bar{U} \} = \{ x \in X : x \in T(x) + \bar{U} \} \bigcap X.$$

于是由引理 5.5.1 知, F_U 为 X 中的闭集. 因 X 紧, 故要证 $\bigcap \{ F_U : U \in \mathcal{N}(\theta) \} \neq \varnothing$, 只要证集族

$$\{ F_U : U \in \mathcal{N}(\theta) \}$$

具有限交性质即可.

设 $U_1, U_2, \cdots, U_n$ 是 $\mathcal{N}(\theta)$ 中任意有限个集, 故存在 $U_0 \subset \bigcap_{i=1}^{n} U_i$, 使得 $U_0 \in \mathcal{N}(\theta)$. 于是有

$$F_{U_0} = \{ x \in X : x \in T(x) + \overline{U_0} \}$$

$$\subset \{ x \in X : x \in T(x) + \overline{\bigcap_{i=1}^{n} U_i} \}$$

$$\subset \{ x \in X : x \in T(x) + \overline{U_i} \}$$

$$= F_{U_i}, \qquad i = 1, 2, \cdots, n$$

故 $F_{U_0} \subset \bigcap_{i=1}^{n} F_{U_i}$. 于是, 如果我们能证明: 对每一 $U \in \mathcal{N}(\theta)$, $F_U \neq \varnothing$, 则 $\{ F_U : U \in \mathcal{N}(\theta) \}$ 具有限交性质.

因 X 紧, 对任给的 $U \in \mathcal{N}(\theta)$, 存在 $x_1, x_2, \cdots, x_k \in X$, 使得 $X \subset \bigcup_{i=1}^{k} (x_i +$

U). 又因 X 凸，故
$$C := \mathrm{co}\{x_1, x_2, \cdots, x_k\} \subset X.$$

现定义映象 $S_U : C \to 2^C$ 如下：
$$S_U(x) = \{T(x) \bigcup \overline{U}\} \bigcap C.$$

若能证明 S_U 在 C 中有不动点，即存在 $\overline{x} \in C$，使得
$$\overline{x} \in \{T(\overline{x}) + \overline{U}\} \bigcap C \subset \{T(\overline{x}) + \overline{U}\},$$

因而有 $\overline{x} \in F_U$，于是 $F_U \neq \varnothing$ 即被证明.

下面我们证明：对每一 $U \in \mathcal{N}(\theta)$，$S_U$ 在 C 中有不动点. 事实上，因 C 是 X 中的闭集，故其为紧集. 另因对每一 $x \in C, T(x) \subset X \subset \bigcup_{i=1}^{k}(x_i + U)$. 故存在 $i_0, 1 \leqslant i_0 \leqslant k$，使得 $x_{i_0} \in T(x) + U$. 于是有
$$x_{i_0} \in (T(x) + \overline{U}) \bigcap C \neq \varnothing.$$

上式表明 $S_U : C \to 2^C$ 是具非空闭凸值的映象. 又因 T 是上半连续的，易证 S_U 也是上半连续的. 而 S_U 实际上是定义在有限维的线性空间 $\mathrm{span}\{x_1, x_2, \cdots, x_n\}$ 上的一个多值映象，由 1° 中的证明，知 S_U 在 C 中有不动点.

定理证毕.

KFG 不动点定理有多种形式的推广. 下面的定理是其中重要的一个.

定理 5.5.3（Ha[118]）. 设 E 是一 Hausdorff 拓扑线性空间，K 为 E 中的紧凸集. Z 为一 n-维单形，$p: K \to Z$ 连续，$q: Z \to 2^K$ 是具非空闭凸值的上半连续映象，则 $p \circ q: Z \to 2^Z$ 在 Z 中存在不动点，其中 $p \circ q(z) = \{p(x): x \in q(z)\}, z \in Z$.

§5.6 Himmelberg 不动点定理

(Ⅰ) 引言

1972 年，Himmelberg 证明了下面的不动点定理. [125]

定理 5.6.1. 设 X 是一局部凸 Hausdorff 拓扑线性空间中的凸子集，而 D 是 X 之一非空紧子集. 设 $T: X \to 2^D$ 是一上半连续映象，使得对每一 $x \in X, T(x)$ 是 D 中之一非空的闭凸集. 则存在一点 $\overline{x} \in D$，使得 $\overline{x} \in T(\overline{x})$.

上面的定理称为 **Himmelberg 不动点定理**，它推广了 KFG 不动点定理.

(Ⅱ) 下半连续多值映象的不动点定理及应用

近年来，许多数学家正从事下半连续多值映象不动点的存在性问题的

研究. 但时至今日,成果甚少.

在本小节中,我们介绍一个关于下半连续多值映象的不动点定理. 作为这一定理的应用,我们将给出其对抽象经济平衡的存在性及定性对策等问题的应用.

本节给出的结果属于 Wu[285].

定理 5.6.2. 设 I 是一指标集. 对每一 $i \in I$,设 E_i 是局部凸的 Hausdorff 拓扑线性空间,X_i 是 E_i 中之一非空凸集,D_i 是 X_i 中之一非空紧的可度量化的子集. 设 $S_i, T_i: X \to 2^{D_i}$ 是满足下述条件的两个多值映象,其中 $X = \prod\limits_{i \in I} X_i$:

(i) 对每一 $x \in X$,$\overline{co}(S_i(x)) \subset T_i(x)$ 且 $S_i(x) \neq \emptyset$;

(ii) S_i 是下半连续的.

则存在点 $\overline{x} = \prod\limits_{i \in I} \overline{x_i} \in D := \prod\limits_{i \in I} D_i$ 使得对每一 $i \in I$,$\overline{x_i} \in T_i(\overline{x})$.

证. 因 D_i 是紧的,故 $D = \prod\limits_{i \in I} D_i$ 也是 X 中的紧集,从而 $co(D)$ 在 X 中是仿紧的(见[95]). 对每一 $i \in I$,因 $S_i: X \to 2^{D_i}$ 是下半连续的,而且 $S_i(x) \neq \emptyset$,$\forall x \in X$,从而映象 $\overline{co}S_i: X \to 2^{D_i}$,$(\overline{co}S_i)(x) = \overline{co}(S_i(x))$,$x \in X$ 是下半连续的(见 Michael[198,命题 2.3 和命题 2.6]),而且显然每一 $(\overline{co}S_i)(x)$ 是非空和完备的. 于是由 Michael[199,定理 1.1],存在一上半连续的具非空值的多值映象 $H_i: co(D) \to 2^{D_i}$,使得 $H_i(x) \subset (\overline{co}S_i)(x)$,$\forall x \in co(D)$.

对每一 $x \in co(D)$,令 $P_i(x) = \overline{co}(H_i(x))$,则 $P_i: co(D) \to 2^{D_i}$ 是具非空闭凸值的上半连续映象(见[245]引理 1 和引理 2),而且 $P_i(x) \subset (\overline{co}S_i)(x) \subset T_i(x)$,$\forall x \in co(D)$. 现定义一映象 $P: co(D) \to 2^D$ 如下:

$$P(x) = \prod\limits_{i \in I} P_i(x), x \in co(D).$$

则由[103]中的引理 3 知,P 是具非空闭凸值的上半连续映象. 故由 Himmelberg 不动点定理(即定理 5.6.1),存在 $\overline{x} = \prod\limits_{i \in I} \overline{x_i} \in D$,使得 $\overline{x} \in P(\overline{x})$,即 $\overline{x_i} \in P_i(\overline{x})$,$\forall i \in I$. 故 $\overline{x_i} \in T_i(\overline{x_i})$,$\forall i \in I$. 证毕.

由定理 5.6.2 可得下面的推论.

推论 5.6.3. 设 E 是一局部凸的 Hausdorff 拓扑线性空间,X 是 E 之一非空凸集,D 是 X 之一非空紧的可度量化的子集. 设 $S, T: X \to 2^D$ 是两个多值映象,满足下面的条件:

(i) 对每一 $x \in X$,$\overline{co}(S(x)) \subset T(x)$,且 $S(x) \neq \emptyset$;

(ii) S 是下半连续的.

则存在 T 的不动点 $\bar{x} \in D$.

推论 5.6.4. 设 E 是一局部凸的 Hausdorff 拓扑线性空间,X 是 E 之一非空的凸集,D 是 X 之一非空的紧的可度量化子集,$T:X \to 2^D$ 是一多值映象且满足下面的条件:

（ⅰ）对每一 $x \in X, T(x)$ 是一非空闭凸集;

（ⅱ）T 是下半连续的.

则存在 $\bar{x} \in D$,使得 $\bar{x} \in T(\bar{x})$.

（Ⅲ）抽象经济的平衡存在性

作为定理 5.6.2 的应用,在本小节中,我们介绍抽象经济的平衡的存在性.

定理 5.6.5. 设 $\Gamma=(X_i,A_i,B_i,P_i)_{i \in I}$ 是一抽象经济,使得对每一 $i \in I$ 满足下列条件:

（ⅰ）E_i 是一局部凸的 Hausdorff 拓扑线性空间,X_i 是 E_i 中之一非空凸集,D_i 是 X_i 中之一非空的紧的可度量化的子集;

（ⅱ）对每一 $x \in X=\prod\limits_{i \in I}X_i, P_i(X) \subset D_i, A_i(x) \subset B_i(x) \subset D_i$,而且 $B_i(x)$ 是非空凸的;

（ⅲ）集 $W_i=\{x \in X:A_i(x) \bigcap P_i(x) \neq \varnothing\}$ 是 X 中的闭集;

（ⅳ）映象 $A_i|_{w_i}, P_i|_{w_i}:W_i \to 2^{D_i}$ 是下半连续的,且 A_i 或者 $P_i:X \to 2^{D_i}$ 具有开上截口（T 称为具有**开上截口**,如果 $T(x)$ 对每一 $x \in X$ 是开集),而 $B_i:X \to 2^{D_i}$ 是下半连续的.

则存在 $\bar{x} \in D:=\prod\limits_{i \in I}D_i$,使得 $\bar{x_i} \in \overline{B_i(\bar{x})}$,而且 $A_i(\bar{x}) \bigcap P_i(\bar{x})=\varnothing, \forall i \in I$,即 $\bar{x}$ 是 Γ 之一平衡点.

定理 5.6.6. 设 $\Gamma=(X_i,A_i,B_i,P_i)_{i \in I}$ 是一满足下述条件的抽象经济:对每一 $i \in I$,

（ⅰ）X_i 是一局部凸的 Hausdorff 拓扑线性空间 E_i 之一非空凸集,D_i 是 X_i 之一非空紧的可度量化子集;

（ⅱ）对每一 $x \in X=\prod\limits_{i \in I}X_i, P_i(x) \subset D_i, A_i(x) \subset B_i(x) \subset D_i$,而且 $B_i(x)$ 是非空凸的;

（ⅲ）由下式定义的映象 $H_i:X \to 2^{D_i}$

$$H_i(x)=A_i(x) \bigcap P_i(x), \forall x \in X$$

是下半连续的;

（ⅳ）映象 $B_i:X \to 2^{D_i}$ 是下半连续的;

（ⅴ）对每一 $x \in X, x_i \notin \overline{co}(A_i(X) \bigcap P_i(x))$.

则存在点 $\overline{x} \in D = \prod\limits_{i \in I} D_i$，使得 $\overline{x_i} \in \overline{B_i(\overline{x})}$，且 $A_i(\overline{x}) \bigcap P_i(\overline{x}) = \varnothing, \forall i \in I$，即 $\overline{x}$ 是 Γ 之一平衡点.

证. 对每一 $i \in I$，令

$$W_i = \{x \in X : A_i(x) \bigcap P_i(x) \neq \varnothing\}.$$

则由条件（ⅲ），W_i 是 X 中的开集. 对每一 $x \in X$，令

$$S_i(x) = \begin{cases} A_i(x) \bigcap P_i(x), & \text{如果 } x \in W_i, \\ B_i(x), & \text{如果 } x \notin W_i, \end{cases} \quad i \in I,$$

$$T_i(x) = \begin{cases} \overline{co(A_i(x) \bigcap P_i(x))}, & \text{如果 } x \in W_i, \\ \overline{B_i(x)}, & \text{如果 } x \notin W_i, \end{cases} \quad i \in I.$$

则 $S_i, T_i : X \to 2^{D_i}$ 是两个具非空值的多值映象，而且 $\overline{co}(S_i(x)) \subset T_i(x)$，$\forall x \in X$.

下证 $S_i : X \to 2^{D_i}$ 是下半连续的. 事实上，对每一闭集 $V \subset D_i$，有

$$\{x \in X : S_i(x) \subset V\}$$

$$= \{x \in W_i : A_i(x) \bigcap P_i(x) \subset V\} \bigcup \{x \in X \backslash W_i : B_i(x) \subset V\}$$

$$= \{x \in X : A_i(x) \bigcap P_i(x) \subset V\} \bigcup \{x \in X \backslash W_i : B_i(x) \subset V\}.$$

由条件（ⅲ），集 $\{x \in X : A_i(x) \bigcap P_i(x) \subset V\}$ 在 X 中是闭的. 又因 W_i 在 X 中是开的，故 $X \backslash W_i$ 是闭集，从而集 $\{x \in X \backslash W_i : B_i(x) \subset V\}$ 在 X 中是闭的（因为 $B_i : X \to 2^{D_i}$ 是下半连续的）. 因而 $\{x \in X : S_i(x) \subset V\}$ 是 X 中的闭集. 这就证明了 $S_i : X \to 2^{D_i}$ 是下半连续的. 于是由定理 5.6.2，存在 $\overline{x} = \prod\limits_{i \in I} \overline{x_i} \in D = \prod\limits_{i \in I} D_i$，使得 $\overline{x_i} \in T_i(\overline{x})$，$\forall i \in I$，于是由条件（ⅴ）有

$$\overline{x_i} \in \overline{B_i(\overline{x})}, \text{且 } A_i(\overline{x}) \bigcap P_i(\overline{x}) = \varnothing, \forall i \in I.$$

即 $\overline{x} \in D$ 是 Γ 之一平衡点.

在定理 5.6.5 和定理 5.6.6 中，如果 $A_i(x) = B_i(x) = X_i, \forall x \in X, i \in I$，则得下面的定理.

定理 5.6.7. 设 $\Gamma = \{X_i, P_i : i \in I\}$ 是一定性对策，且对每一 $i \in I$ 满足下列条件：

（ⅰ）X_i 是局部凸 Hausdorff 拓扑线性空间 E_i 之一非空紧的可度量化的凸集；

（ⅱ）集 $W_i = \{x \in X : P_i(x) \neq \varnothing\}$ 是 X 中的闭集；

（ⅲ）$P_i|_{W_i} : W_i \to 2^{X_i}$ 是下半连续的；

（ⅳ）对每一 $x \in X, x_i \notin \overline{co}(P_i(x))$.

则存在对策 Γ 之一极大元，即存在一点 $\bar{x} \in X$，使得 $P_i(\bar{x}) = \varnothing, \forall i \in I$.

定理 5.6.8. 设 $\Gamma = \{X_i, P_i : i \in I\}$ 是一定性对策，且对每一 $i \in I$ 满足下列条件：

（ⅰ）X_i 是局部凸 Hausdorff 拓扑线性空间 E_i 中之一非空紧的可度量化的凸集；

（ⅱ）$P_i : X \to 2^{X_i}$ 是下半连续的；

（ⅲ）对每一 $x \in X, x_i \notin \overline{co}P_i(x)$.

则存在对策 Γ 之一极大元.

§5.7 Yannelis-Prabhakar 连续选择定理

（Ⅰ）引言

1992 年，Ding 等证明了下面的连续选择定理，[95] 它改进了 Yannelis-Prabhakar 的结果.

定理 A. 设 X 是一非空的仿紧的 Hausdorff 拓扑空间，Y 是一拓扑线性空间中的非空的凸集. 设 $S, T : X \to 2^Y$ 是二多值映象，满足条件：

（ⅰ）对每一 $x \in X, coS(x) \subset T(x)$，且 $S(x) \neq \varnothing$；

（ⅱ）对每一 $y \in Y, S^{-1}(y)$ 在 X 中是开的.

则 T 有一连续选择.

在本节中我们首先给出定理 A 的一种改进形式，然后证明一个不动点定理，它推广了 Fan-Browder 不动点定理.

（Ⅱ）连续选择定理及不动点定理

定理 5.7.1（Wu-Shen[289]）. 设 E 是一 Hausdorff 拓扑空间，X 是 E 之一非空的仿紧集，Y 是一 Hausdorff 拓扑线性空间 F 中之一非空集. 设 S, $T : X \to 2^Y$ 是两个多值映象且满足下面的条件：

（ⅰ）对每一 $x \in X, S(x)$ 是非空的，而且 $co(S(x)) \subset T(x)$；

（ⅱ）S 具有局部交性质（即对每一 $x \in X$，存在 x 的开邻域 U，使得 $\bigcap_{x \in U} S(x) \neq \varnothing$）.

则 T 有一连续选择，即存在一连续映象 $f : X \to Y$，使得 $f(x) \in T(x)$，$\forall x \in X$.

证. 由条件（ⅰ），对每一 $x \in X, S(x) \neq \varnothing$. 由条件（ⅱ），对每一 $x \in X$，

存在 x 的开邻域 $N(x)$ 使得

$$M(x) := \bigcap_{z \in N(x)} S(z) \neq \varnothing.$$

因 X 是仿紧的,存在 $\{N(x) : x \in X\}$ 的一局部有限的开加细 $\mathscr{F} = \{U_\alpha : \alpha \in D\}$ 及从属于 $\mathscr{F}$ 之一单位分解 $\{g_\alpha : \alpha \in D\}$,使得

(ⅰ) 对每一 $\alpha \in D$, $g_\alpha : X \to [0,1]$ 是连续的;

(ⅱ) 对每一 $\alpha \in D$, $\overline{\{x \in X : g_\alpha(x) > \alpha\}} \subset U_\alpha$;

(ⅲ) $\sum\limits_{\alpha \in D} g_\alpha(x) = 1, \forall x \in X$.

因为 $\mathscr{F}$ 是 $\{N(x), x \in X\}$ 的加细,故对每一 $\alpha \in D$,存在 $x_\alpha \in X$ 使得 $U_\alpha \subset N(x_\alpha)$. 又因 $M(x_\alpha) \neq \varnothing$,取 $y_\alpha \in M(x_\alpha)$. 现由下式定义一映象 $f : x \to \mathrm{co}(Y)$

$$f(x) = \sum_{\alpha \in D} g_\alpha(x) y_\alpha, x \in X.$$

因 $\mathscr{F}$ 是局部有限的,故至多存在有限多个 $g_\alpha(x) \neq 0$,因而 f 是连续的. 对每一 $x \in X$ 及每一 $\alpha \in D$,如果 $g_\alpha(x) \neq 0$,则 $x \in U_\alpha \subset N(x_\alpha)$,因此 $y_\alpha \in S(x)$. 于是由条件(ⅰ), $f(x) \in \mathrm{co}(S(x)) \subset T(x)$. 此即证明了 $f : X \to Y$ 是 T 的连续选择. 证毕.

注. 定理 5.7.1 是定理 A 的推广. 事实上,如果对每一 $y \in Y$, $S^{-1}(y)$ 是开的,则对每一使 $S(x) \neq \varnothing$ 的 $x \in X$,取一点 $y \in S(x)$,并令 $N(x) = S^{-1}(y)$,则 $N(x)$ 是 x 之一开邻域,且 $y \in \bigcap\limits_{z \in N(x)} S(z)$,从而 S 具有局部交性质.

又下面的例子指出,定理 5.7.1 是定理 A 的真推广:

例 5.7.1. 设 $E = F = \mathbf{R}$, $X = Y = [0,2)$, $T(x) = S(x) = [x,2)$, $\forall x \in X$,则 T 满足定理 5.7.1 的所有条件,但对每一 $y \in Y$, $T^{-1}(y) = [0,y]$ 不是 X 中的开集. 故 T 不满足定理 A 的所有条件.

定理 5.7.2. 设 I 是一指标集. 对每一 $i \in I$,设 X_i 是一局部凸 Hausdorff 拓扑线性空间的凸集,而 D_i 是 X_i 之一非空的紧子集. 设 $X := \prod\limits_{i \in I} X_i$,而 $S_i, T_i : X \to 2^{D_i}$ 是满足下述条件的多值映象:

(ⅰ) 对每一 $x \in X$, $\mathrm{co}(S_i(x)) \subset T_i(x)$,且 $S_i(x) \neq \varnothing$;

(ⅱ) S_i 具局部交性质.

则存在一点 $\overline{x} = \prod\limits_{i \in I} \overline{x_i} \in D := \prod\limits_{i \in I} D_i$,使得 $x_i \in T_i(\overline{x}), \forall i \in I$.

证. 因 D 是 X 中的紧集,由[95]中的引理 1 知 $\mathrm{co}(D)$ 是 X 中的仿紧集. 于是由定理 5.7.1,对每一 $i \in I$,存在 $T_i |_{\mathrm{co}(D)}$ 的连续选择 $f_i : \mathrm{co}(D) \to D_i$. 对每一 $x \in \mathrm{co}(D)$,令

$$f(x) = \prod_{i \in I} f_i(x).$$

于是由[103]中的引理 3 知 $f: \mathrm{co}(D) \to D$ 是上半连续的. 故由 Himmelberg 不动点定理,存在 $\bar{x} = \prod_{i \in I} \bar{x}_i \in D$,使得 $\bar{x} = f(\bar{x})$,即 $\bar{x}_i = f_i(\bar{x}), \forall i \in I.$ 故

$$\bar{x} \in \prod_{i \in I} T_i(\bar{x}).$$

证毕.

推论 5.7.3. 设 X 是一局部凸 Hausdorff 拓扑线性空间中的凸子集,D 是 X 中之一非空的紧子集,$T: X \to 2^D$ 是满足下述条件的多值映象:

(ⅰ) 对每一 $x \in X$,$T(x)$ 是非空凸的;

(ⅱ) T 具局部交性质.

则存在 $\bar{x} \in D$,使得 $\bar{x} \in T(\bar{x})$.

注. 推论 5.7.3 是 Fan-Browder 不动点定理之一改进.

§5.8 G-凸空间中的不动点定理

据 Park[235],在本节中,我们介绍 G-凸空间中的某些不动点定理.

本节以下均设 X 是一 Hausdorff 拓扑空间,D 是 X 的子集.

下面的 G-凸空间中的不动点定理是 Fan-Browder 不动点定理的推广.

定理 5.8.1. 设 (X, Γ) 是一 G-凸空间,$S, T: X \to 2^X$ 是满足下述条件的两个映象:

(ⅰ) 对每一 $x \in X$,$M \in \langle S(x) \rangle$ 就推出 $\Gamma_M \subset T(x)$,其中 $\langle S(x) \rangle$ 表 $S(x)$ 中一切有限子集的族;

(ⅱ) $X = \bigcup_{y \in X} \{\mathrm{int}\, S^{-1}(y)\}$;

(ⅲ) 存在 X 之一紧子集 K,使得对每一 $M \in \langle X \rangle$,存在一包含 M 的 G-凸子集 $L_M \subset X$,使得

$$L_M \bigcap \bigcap \{X \backslash \mathrm{int}\, S^{-1}(y): y \in L_M\} \subset K.$$

则存在 $\bar{x} \in K$,使得 $\bar{x} \in T(\bar{x})$.

证. 由(ⅱ),存在 $M \in \langle X \rangle$,使得

$$K \subset \bigcup_{y \in M} \{\mathrm{int}\, S^{-1}(y)\}. \tag{5.8.1}$$

由条件(ⅲ),存在包含 M 的紧的 G-凸子集 $L_M \subset X$,使得

$$L_M \backslash K \subset \{\mathrm{int}\, S^{-1}(y): y \in L_M\}. \tag{5.8.2}$$

由(5.8.1)知

$$L_M \bigcap K \subset \{\text{int } S^{-1}(y) : y \in L_M\}. \tag{5.8.3}$$

由(5.8.2)和(5.8.3)即得

$$L_M = \bigcup_{y \in L_M} \{\text{int}_{L_M} S^{-1}(y)\}.$$

其中 $\text{int}_{L_M} S^{-1}(y)$ 表 $S^{-1}(y)$ 在 L_M 中的内部. 于是存在 $A \in \langle L_M \rangle$, $|A| = n$ $+1$, 其中 n 是某一正整数, 及两个连续函数 $g: \Delta_n \to \Gamma_A$, $\psi: L_M \to \Delta_n$, 使得 $f = g \circ \psi$ 是 $T|_{L_M}$ 的一连续选择. 因 $\psi g: \Delta_n \to \Delta_n$ 是一连续函数, 故由 Brouwer 不动点定理, 存在 $\overline{u} \in \Delta_n$ 使得 $\overline{u} = \psi g(\overline{u})$. 令 $\overline{x} = g(\overline{u})$, 则 $\overline{x} = g(\overline{u}) = g \psi(g(\overline{u})) = g \psi(\overline{x}) = f(\overline{x}) \in T(\overline{x})$. 证毕.

下面我们给出 G-凸空间的一个例子. 为此, 先引入一个概念.

设 E 是一拓扑线性空间, Y 是 E 中的非空子集. Y 称为**几乎凸的**, 如果对 $\theta \in E$ 的任一邻域 V, 及对任一有限集 $\{y_1, y_2, \cdots, y_n\} \subset Y$, 存在一有限集 $\{z_1, z_2, \cdots, z_n\} \subset Y$, 使得对每一 $i = 1, 2, \cdots, n$, $z_i - y_i \in V$, 而且 co $\{z_1, z_2, \cdots, z_n\} \subset Y$.

引理 5.8.2. 设 X 是拓扑空间 E 中的子集, 如果存在 X 的一几乎凸集 Y, 则 X 是一 G-凸空间.

证. 设 V 是 $\theta \in E$ 之一邻域. 对任一 $A = \{y_1, y_2, \cdots, y_n\} \in \langle Y \rangle$, 则存在 $B = \{z_1, z_2, \cdots, z_n\} \in \langle Y \rangle$, 使得 $z_i - y_i \in V$, $i = 1, 2, \cdots, n$, 而且 co$(B) \subset Y \subset X$. 现令 $\Gamma_A = \text{co}(B)$, 则 $(X, Y; \Gamma)$ 是一 G-凸空间.

于是由引理 5.8.2 可得下面的结果.

定理 5.8.3.[235] 设 E 是一局部凸的 Hausdorff 拓扑线性空间, X 是 E 之一子集, 而 Y 是 X 中的几乎凸的稠密集, $T: X \to 2^X$ 是一多值映象且满足条件:

（i）T 是具闭值的紧的上半连续映象;

（ii）对每一 $y \in Y$, $T(y)$ 是凸的.

则 T 在 X 中有不动点.

第六章　拟变分不等式与隐变分不等式

拟变分不等式和**隐变分不等式**分别是具约束条件和隐约束条件的变分不等式. 这里所谓的隐约束条件是指与变分不等式的解有关的约束条件.

拟变分不等式(QVI)最早是由 Bensoussan, Lions 在研究与随机脉冲控制有关的问题时提出来的,[18,19] 而隐变分不等式最早的工作开始于 Ky Fan[108], Mosco[204]. 现在拟变分不等式和隐变分不等式无论在理论和应用方面, 都取得了重要的进展, 并成功地应用于力学和经济学中的某些问题. 例如 Baiocchia 通过求未知函数的变换, 解决非矩形水坝的渗流问题; Necas 等利用拟变分不等式解决摩擦问题; Malla, Nassif 利用拟变分不等式成功地解决了晶体管问题等. 而这两种变分不等式在经济平衡理论中的重要作用, 则是众所周知的.

近年来拟变分和隐变分不等式的理论在研究控制论、最优化理论、经济和交通的平衡理论、力学、对策理论及数学规划中的许多问题时, 已成为强有力的工具.

本章的目的, 是在一般的框架下, 借助不动点方法和拓扑方法, 介绍这两种变分不等式的基本理论及近期发展概况.

§6.1　局部凸空间中的广义拟变分不等式

1982 年, Chan-Pang[29]及 Fang-Peterson[110]讨论了下面的广义拟变分不等式(GQVI)问题.

设 $S \subset \mathbf{R}^n$ 是一非空集, $T: S \to 2^S$ 是一多值映象. 求 $x \in S, y \in T(x)$ 使得

$$\langle y, u-x \rangle \geqslant 0, \forall u \in S.$$

1987 年, Parida-Sen 讨论了下面的广义拟变分不等式问题.[229]

设 $S \subset \mathbf{R}^n, C \subset \mathbf{R}^p$ 是两个非空子集, $T: S \to 2^C$ 是一多值映象, $M: S \times C \to \mathbf{R}^n, \eta: S \times S \to \mathbf{R}^n$ 是二单值映象. 求 $x \in S, y \in T(x)$ 使得

$$\langle M(x,y), \eta(u,x) \rangle \geqslant 0, \forall u \in S.$$

近年来,Chang-Shu[55,56],Kum[162],Yao-Guo[302],Wu[286]及 Ding[91]在不同的条件下,考虑了下面的抽象的广义拟变分不等式:

设 E,F 是二拓扑空间,$X \subset E,Y \subset F$ 是二非空子集. 设 $S: X \to 2^X$,$T: X \to 2^Y$ 是二多值映象,而 $\varphi: X \times Y \times X \to \mathbf{R}$ 是一连续的泛函,满足 $\varphi(x,y,x) \geqslant 0, \forall x \in X, y \in Y$. 求 $x \in S(x), y \in T(x)$ 使得

$$\varphi(x,y,u) \geqslant 0, \forall u \in S(x). \tag{6.1.1}$$

本节的目的是在局部凸 Hausdorff 线性拓扑空间的框架下,讨论变分不等式(6.1.1)解的存在性. 本节主要结果属于 Wu[289].

定理 6.1.1. 设 E 是一局部凸的 Hausdorff 拓扑线性空间,X 是 E 之一非空的仿紧凸集,D 是 X 之一非空的紧子集. 设 Y 是一 Hausdorff 拓扑线性空间 F 的非空集,$S: X \to 2^D$ 是具非空闭凸值的连续映象,$T: X \to 2^Y$ 是一具非空凸值的多值映象且具局部交性质. 设 $\varphi: X \times Y \times X \to \mathbf{R}$ 是一连续泛函,且满足下面的条件:

（ⅰ） $z \longmapsto \varphi(x,y,z)$ 是拟凸的;

（ⅱ） 对每一 $x \in X$ 及每一 $y \in T(x), \varphi(x,y,x) \geqslant 0$.

则存在 $\bar{x} \in S(\bar{x}), \bar{y} \in T(\bar{x})$ 使得

$$\varphi(\bar{x}, \bar{y}, x) \geqslant 0, \forall x \in S(\bar{x}).$$

证. 因 X 是仿紧的,且 $T: X \to 2^Y$ 具非空凸值和局部交性质,故由定理 5.7.1,存在 T 之一连续选择 $f: X \to Y$.

对每一 $x \in X$,令

$$H(x) = \{z \in S(x) : \varphi(x, f(x), z) = \min_{u \in S(x)} \varphi(x, f(x), u)\}.$$

因 S 是具非空紧凸值的映象,而 φ 是连续的,且 $z \longmapsto \varphi(x,y,z)$ 是拟凸的,故 $H: X \to 2^D$ 是具非空凸值的.

对每一 $(x,u) \in X \times X$,令

$$\psi(x,u) = -\varphi(x, f(x), u).$$

由 φ 和 f 的连续性知 $\psi: X \times X \to \mathbf{R}$ 也是连续的. 又因 $S: X \to 2^D$ 是具非空紧值的连续的多值映象,而且

$$H(x) = \{z \in S(x) : \psi(x,z) = \max_{u \in S(x)} \psi(x,u)\},$$

故由[11]命题 23 知,$H: X \to 2^D$ 是上半连续的,而且显然 $H(x)$ 对每一 $x \in X$ 是紧的. 于是由 Himmelberg 不动点定理,存在 $\bar{x} \in D$,使得 $\bar{x} \in H(\bar{x})$,即 $\bar{x} \in S(\bar{x})$,且 $\varphi(\bar{x}, f(\bar{x}), \bar{x}) = \min_{u \in S(\bar{x})} \varphi(\bar{x}, f(\bar{x}), u)$. 取 $\bar{y} = f(\bar{x})$,则 $\bar{y} \in T(\bar{x})$,且 $\varphi(\bar{x}, \bar{y}, \bar{x}) = \min_{u \in S(\bar{x})} \varphi(\bar{x}, \bar{y}, u)$. 于是由条件（ⅱ）,对每一 $x \in S(\bar{x})$ 有

$$\varphi(\overline{x},\overline{y},x)\geqslant\min_{u\in S(\overline{x})}\varphi(\overline{x},\overline{y},u)=\varphi(\overline{x},\overline{y},\overline{x})\geqslant0.$$

定理得证.

推论 6.1.2. 设 E 是一局部凸的 Hausdorff 拓扑线性空间,X 是 E 之一非空的仿紧凸集,D 是 X 之一非空紧子集,而 Y 是 E^* 中的非空子集,其中 E^* 是 E 的对偶空间.设 $S:X\to2^D$ 是具非空闭凸值的连续的多值映象,$T:X\to2^Y$ 是具非空凸值且具局部交性质的多值映象.则存在 $\overline{x}\in S(\overline{x})$,$y\in T(\overline{x})$ 使得 $\mathrm{Re}\langle\overline{y},\overline{x}-z\rangle\leqslant0$,$\forall z\in S(\overline{x})$.

证. 记 $\varphi(x,y,z)=\mathrm{Re}\langle y,z-x\rangle$,于是由定理 6.1.1,存在 $\overline{x}\in S(\overline{x})$,$\overline{y}\in T(\overline{x})$ 使得

$$\mathrm{Re}\langle\overline{y},z-\overline{x}\rangle\geqslant0,\forall z\in S(\overline{x}).$$

证毕.

定理 6.1.3. 设 E 是一局部凸的 Hausdorff 拓扑线性空间,X 是 E 之一非空的紧凸集,而 Y 是一 Hausdorff 拓扑线性空间 F 的非空子集.设 $S:X\to2^X$ 是具非空闭凸值的连续映象,$T:X\to2^Y$ 是具非空凸值的且具局部交性质的多值映象,而 $\varphi:X\times Y\times X\to(-\infty,+\infty]$ 是上半连续的泛函.如果下面的条件满足:

（i）$u\longmapsto\varphi(x,y,u)$ 是凸的;

（ii）对每一 $x\in X$ 及每一 $y\in T(x)$,$\varphi(x,y,x)\geqslant0$,

则存在 $\overline{x}\in S(\overline{x})$,$\overline{y}\in T(\overline{x})$ 使得

$$\varphi(\overline{x},\overline{y},x)\geqslant0,\forall x\in S(\overline{x}).$$

证. 由定理 5.7.1,存在 T 的连续选择 $f:X\to Y$.对每一 $(x,u)\in X\times X$,令 $\psi(x,u)=-\varphi(x,f(x),u)$,则由 φ 的上半连续性及 f 的连续性知,$\psi:X\times X\to(-\infty,+\infty]$ 是下半连续的,而且由条件（i）知 $u\longmapsto\psi(x,u)$ 是凹的.因此,对每一有限集 $\{u_1,u_2,\cdots,u_n\}\subset X$ 及每一 $u_0\in\mathrm{co}\{u_1,u_2,\cdots,u_n\}$,$u_0=\sum_{i=1}^n\lambda_iu_i,\lambda_i\geqslant0,\sum_{i=1}^n\lambda_i=1$,由条件（ii）有

$$\sum_{i=1}^n\lambda_i\psi(u_0,u_i)\leqslant\psi(u_0,\sum_{i=1}^n\lambda_iu_i)$$
$$=\psi(u_0,u_0)$$
$$=-\varphi(u_0,f(u_0),u_0)\leqslant0.$$

故 $u\longmapsto\psi(x,u)$ 是 0-对角凹的.又因 $S:X\to2^X$ 是具非空闭凸值的连续的多值映象.由［280］中的定理 1,存在 $\overline{x}\in S(\overline{x})$ 使得

$$\sup_{u\in S(\overline{x})}\psi(\overline{x},u)\leqslant0,$$

即
$$\sup_{u\in S(\overline{x})}-\varphi(\overline{x},f(\overline{x}),u)\leqslant 0.$$

因而,取 $\overline{y}=f(\overline{x})$ 有 $\overline{y}\in T(\overline{x})$,而且

$$\varphi(\overline{x},\overline{y},u)\geqslant 0,\forall u\in S(\overline{x}).$$

证毕.

定理 6.1.4. 设 E 是一局部凸的 Hausdorff 拓扑线性空间,X 是 E 之一非空凸的完全正规的仿紧子集,Y 是一 Hausdorff 拓扑线性空间 F 的非空子集,而 D 是 X 之一非空的紧子集.设 $S:X\to 2^{D}$,$T:X\to 2^{Y}$ 是满足下述条件的多值映象:

(1)S 是具非空凸值的和开下截口的几乎上半连续映象;

(2)T 是具非空凸值的且具局部交性质的映象.

设 $\varphi:X\times Y\times X\to(-\infty,+\infty]$ 是一泛函.如果下面的条件满足

(ⅰ)$(x,y)\longmapsto\varphi(x,y,u)$ 是上半连续的,$u\longmapsto\varphi(x,y,u)$ 是拟凸的;

(ⅱ) 对每一 $x\in X$ 及每一 $y\in T(x)$,$\varphi(x,y,x)\geqslant 0$.

则存在 $\overline{x}\in S(\overline{x})$ 及 $\overline{y}\in T(\overline{x})$,使得

$$\varphi(\overline{x},\overline{y},x)\geqslant 0,\forall x\in S(\overline{x}).$$

证. 由定理 5.7.1,存在 T 之一连续选择 $f:X\to Y$.对每一 $x\in X$,令
$$G(x)=\{u\in S(x):\varphi(x,f(x),u)<0\}.$$

由条件(ⅰ),因 S 是凸值的,故 $G:X\to 2^{D}$ 也具凸值.又由条件(ⅰ)及 f 的连续性,知 $x\longmapsto\varphi(x,f(x),u)$ 是上半连续的.故集 $\{x\in X:\varphi(x,f(x),u)<0\}$ 是 X 中的开集.又因 S 具有开的下截口,故对每一 $u\in X$
$$G^{-1}(u)=\{x\in X:u\in G(x)\}$$
$$=S^{-1}(u)\bigcap\{x\in X:\varphi(x,f(x),u)<0\}$$

是 X 中的开集.从而得知 G 具有局部交性质,而且集
$$W=\{x\in X:G(x)\neq\varnothing\}=\bigcup_{u\in X}G^{-1}(u)$$

是 X 中的开子集.

1° 如果 $W=\varnothing$,则 $G(x)=\varnothing$,$\forall x\in X$,故对每一 $x\in X$,及每一 $u\in S(x)$,$\varphi(x,f(x),u)\geqslant 0$.但因 S 具开的下截口和非空凸值,由定理 5.7.2,存在一点 $\overline{x}\in X$,使得 $\overline{x}\in S(\overline{x})$.取 $\overline{y}=f(\overline{x})$,故 $\overline{y}\in T(\overline{x})$ 且

$$\varphi(\overline{x},\overline{y},u)\geqslant 0,\forall u\in S(\overline{x}).$$

2° 如果 $W\neq\varnothing$.因 X 是完全正规和仿紧的,故 W 是一 F_{σ} 集,从而由[110]定理 5.1.28,W 是仿紧的.故由定理 5.7.1,$G|_{W}:W\to 2^{D}$ 有一连续选择 $g:W\to D$.

现定义一多值映象 $H:X\to 2^D$ 如下：

$$H(x)=\begin{cases}\{g(x)\}, & \text{如果 } x\in W,\\ \overline{S(x)}, & \text{如果 } x\in X\backslash W.\end{cases}$$

易知 H 是具非空闭凸值的. 由 S 的几乎上半连续性得知 $\overline{S}:X\to 2^D$ 是上半连续的(见[245,引理 1]. 另由 $g:W\to D$ 的连续性及 W 是开集,知 $H:X\to 2^D$ 是上半连续的. 于是由 Himmelberg 不动点定理,存在点 $\overline{x}\in D$,使得 $\overline{x}\in H(\overline{x})$.

如果 $\overline{x}\in W$,则 $\overline{x}=g(\overline{x})\in G(\overline{x})$. 从而有 $\varphi(\overline{x},f(\overline{x}),x)<0$,这与条件（ⅱ）相矛盾. 故 $\overline{x}\in X\backslash W$. 这就表明 $\overline{x}\in\overline{S(\overline{x})}$ 且 $G(\overline{x})=\varnothing$,即 $\overline{x}\in\overline{S(\overline{x})}$ 且 $\varphi(\overline{x},f(\overline{x}),x)\geqslant 0,\forall x\in S(\overline{x})$. 取 $\overline{y}=f(\overline{x})$,则 $\overline{y}\in T(\overline{x})$,且

$$\varphi(\overline{x},\overline{y},x)\geqslant 0,\forall x\in S(\overline{x}).$$

证毕.

由定理 6.1.4 及推论 6.1.2 可得下面的结果.

推论 6.1.5. 设 E 是一局部凸的 Hausdorff 拓扑线性空间,X 是 E 之一非空凸的完全正规的仿紧集,E^* 是 E 的对偶空间,而 D 是 X 之一非空的紧子集,Y 是 E^* 中的非空子集. 设 $S:X\to 2^D$ 是具非空凸值的并具开下截口的几乎上半连续映象,而 $T:X\to 2^Y$ 是具非空凸值的和具局部交性质的多值映象. 则存在 $\overline{x}\in\overline{S(\overline{x})},\overline{y}\in T(\overline{x})$,使得

$$\mathrm{Re}\langle\overline{y},\overline{x}-z\rangle\leqslant 0,\forall z\in S(\overline{x}).$$

§6.2　H-空间中的广义拟变分不等式（Ⅰ）

在本节中,我们将讨论 H-空间中的广义拟变分不等式解的存在性. 为此我们先追述某些概念和结论.

本节中所讨论的拓扑空间均假定为 Hausdorff 的.

一拓扑空间称为**零调的**,如果其有理数域上的所有约化同调群为平凡的. 特别地,任一可缩空间是零调的,因而任一非空凸集或星形集都是零调的.

设 X,Y 是二拓扑空间,$\tau\in\mathbf{R}$. 一函数 $\varphi:X\times Y\to(-\infty,+\infty]$ 称为关于 y 是 **τ-转移上半连续的**,如果对任一 $x\in X,y\in Y$,由 $\varphi(x,y)<\tau$ 就蕴含存在 $x'\in X$ 及 y 的开邻域 $N(y)$,使得 $\varphi(x',z)<\tau,\forall z\in N(y)$.

定义 6.2.1. 设 X,Y 是二非空集,$\varphi:X\times Y\times X\to\mathbf{R}$ 是一泛函,$T:X\to 2^Y$ 是一多值映象. T 称为 **φ-单调的**,如果对任一 $(x,z)\in X\times X$ 及每一

$(u,v) \in T(x) \times T(z)$，有

$$\varphi(x,u,z) - \varphi(x,v,z) \geqslant 0.$$

注. 如果 X 是一拓扑线性空间 E 中的非空凸集，$Y = E^*$，且 $T: X \to 2^{E^*}$ 是一单调映象，令 $\varphi(x,w,z) = \langle w, x-z \rangle, \forall x, z \in X, w \in E^*$，则 T 是 φ-单调的.

下面的引理在证明本节的主要结果时是需要的.

引理 6.2.1. 设 X 是一拓扑空间 Z 中的非空紧子集，$(Y, \{\Gamma_A\})$ 是一 H-空间. 设 $G, F: Z \to 2^Y$，$T: Y \to 2^X$ 是满足下述条件的多值映象：

（ⅰ）对每一 $x \in X, G(x) \neq \varnothing$ 且 H-co$(G(x)) \subset F(x)$；

（ⅱ）$G^{-1}: Y \to 2^Z$ 是转移开值的，其中

$$G^{-1}(y) = \{x \in Z : y \in T(x)\}, y \in Y;$$

（ⅲ）T 是上半连续的，而且对每一 $y \in Y, T(y)$ 是 X 之一闭的零调子集.

则存在 $x_0 \in X, y_0 \in Y$，使得 $x_0 \in T(y_0)$ 且 $y_0 \in F(x_0)$.

证. 由[283]的定理 2.2，存在 $F|_X$ 的连续选择 $f: X \to Y$ 使得 $f = g \circ \psi$，其中 $g: \Delta_n \to Y$，$\psi: X \to \Delta_n$ 是二连续映象，n 是某一正整数，Δ_n 是一标准的 n-维单形. 对每一 $u \in \Delta_n$，令 $S(u) = T(g(u))$. 则由条件（ⅲ）及 g 的连续性，$S: \Delta_n \to 2^X$ 是具紧同调值的上半连续的多值映象. 因 $\psi: X \to \Delta_n$ 是一连续映象，故由[240]中的引理 2.1，存在一点 $u_0 \in \Delta_n$，使得 $u_0 \in \psi(S(u_0))$，即存在一点 $x_0 \in S(u_0) = T(g(u_0))$，使得 $u_0 = \psi(x_0)$. 令 $y_0 = g(u_0)$，则 $y_0 = g(\psi(x_0)) = f(x_0) \in F(x_0)$ 且 $x_0 \in T(y_0)$. 证毕.

如果 $X = Y$ 是一紧 H-空间，且 $T = I$ 是 X 上的恒等映象，由引理 6.2.1 可得下面的结果.

引理 6.2.2. 设 $(X, \{\Gamma_A\})$ 是一紧的 H-空间，$G, F: X \to 2^X$ 是二多值映象且满足条件：

（ⅰ）对每一 $x \in X, G(x) \neq \varnothing$，且 H-co$(G(x)) \subset F(x)$；

（ⅱ）$G^{-1}: X \to 2^X$ 是转移开值的.

则存在 $x_0 \in X$，使得 $x_0 \in F(x_0)$.

据引理 6.2.2，我们证明下面的定理.

定理 6.2.3. 设 $(X, \{\Gamma_A\})$ 是一紧 H-空间，Y 是一 Hausdorff 拓扑空间，$T: X \to 2^Y$ 是具非空紧值的上半连续的多值映象. 如果 $\varphi: X \times Y \times X$ 是满足下述条件的上半连续映象：

（ⅰ）$z \longmapsto \varphi(x,y,z)$ 是 H-拟凸的；

（ⅱ）对每一 $(x,z) \in X \times X$，集 $\{y \in T(x): \varphi(x,y,z) \geq 0\}$ 是零调的；

（ⅲ）对每一 $x \in X$，存在一点 $y \in T(x)$，使得 $\varphi(x,y,x) \geq 0$.

则存在 $\overline{x} \in X$ 及 $\overline{y} \in T(\overline{x})$，使得

$$\varphi(\overline{x},\overline{y},x) \geq 0, \forall x \in X.$$

证. 首先证明，存在一点 $\overline{x} \in X$，使得

$$\sup_{y \in T(\overline{x})} \varphi(\overline{x},y,x) \geq 0, \forall x \in X.$$

设相反，对每一 $u \in X$，存在 $z \in X$，使得

$$\sup_{w \in T(u)} \varphi(u,w,z) < 0.$$

令 $S(u) = \{v \in X: \sup_{w \in T(u)} \varphi(u,w,v) < 0\}$，则 $S: X \to 2^X$ 是具非空值的多值映象. 对每一 $u \in X$ 及每一有限子集 $A = \{v_1,v_2,\cdots,v_n\} \subset S(u)$，有

$$\sup_{w \in T(u)} \varphi(u,w,v_i) < 0, \ i = 1,2,\cdots,n.$$

故存在一实数 $r \in \mathbf{R}$，使得

$$\sup_{w \in T(u)} \varphi(u,w,v_i) < r < 0, \ i = 1,2,\cdots,n.$$

故对每一 $v \in \Gamma_A$ 及每一 $w \in T(u)$，由条件（ⅰ）有

$$\varphi(u,w,v) \leq \max_{1 \leq i \leq n} \varphi(u,w,v_i) < r,$$

从而有

$$\sup_{w \in T(u)} \varphi(u,w,v) \leq r < 0,$$

即 $v \in S(u)$. 这就证明了 $S(u)$ 是 H-凸的. 又因 $T: X \to 2^Y$ 是具非空紧值的上半连续的映象，且 φ 是上半连续的，于是由 [11, 命题 21] 知函数 $u \longmapsto \sup_{w \in T(u)} \varphi(u,w,v)$ 是上半连续的，因而对每一 $v \in X$，集

$$S^{-1}(v) = \{u \in X: v \in S(u)\}$$

$$= \{u \in X: \sup_{w \in T(u)} \varphi(u,w,v) < 0\}$$

是 X 中的开集. 故由引理 6.2.2，存在一点 $u \in X$，使得 $\overline{u} \in S(\overline{u})$，即

$$\sup_{w \in T(\overline{u})} \varphi(\overline{u},w,\overline{u}) < 0.$$

这与条件（ⅲ）相矛盾. 故存在一点 $\overline{x} \in X$，使得

$$\sup_{y \in T(\overline{x})} \varphi(\overline{x},y,x) \geq 0, \forall x \in X.$$

另由 φ 的上半连续性及 $T(\overline{x})$ 的紧性，对每一 $x \in X$，存在一点 $y(x) \in T(x)$，使得

$$\varphi(\overline{x},y(x),x) \geq 0.$$

令 $H(x) = \{y \in T(\overline{x}): \varphi(\overline{x},y,x) \geq 0\}$，则由条件（ⅱ）知 $H: X \to 2^{T(\overline{x})}$ 是具非

空零调值的多值映象. 因 φ 是上半连续的, $T(\bar{x})$ 是紧值的, 而且 Y 是一 Hausdorff 拓扑空间, 故 $H_:X \to 2^{T(\bar{x})}$ 是闭图象的, 从而 H 是具闭值的上半连续的多值映象.

如果定理 6.2.3 的结论不成立, 则对每一 $y \in T(\bar{x})$, 存在一点 $u \in X$, 使得

$$\varphi(\bar{x}, y, u) < 0,$$

令 $G(y) = \{x \in X_: \varphi(\bar{x}, y, x) < 0\}$, 则由条件 (i) 知 $G_: T(\bar{x}) \to 2^X$ 是具非空 H-凸值的多值映象, 而且对每一 $x \in X$

$$G^{-1}(x) = \{y \in T(\bar{x})_: x \in G(y)\}$$
$$= \{y \in T(\bar{x})_: \varphi(\bar{x}, y, x) < 0\}$$

在 $T(\bar{x})$ 中是开的. 故由引理 6.2.1, 存在 $x_0 \in X$, 及 $y_0 \in T(\bar{x})$, 使得 $x_0 \in G(y_0)$ 且 $y_0 \in H(x_0)$, 即 $\varphi(\bar{x}, y_0, x_0) < 0$, 且 $\varphi(\bar{x}, y_0, x_0) \geqslant 0$. 矛盾. 从而定理 6.2.3 的结论正确. 证毕.

注. 在定理 6.2.3 中, 如果 X 是一局部凸的 Hausdorff 拓扑线性空间 E 中的非空紧凸集, $Y = E^*$, 且 $\varphi(x, y, z) = \langle y, x - z \rangle$. 则定理 6.2.3 是定理 2.2.1 之推广.

定理 6.2.4. 设 $(X, \{\Gamma_A\})$ 是一紧 H-空间, Y 是一 Hausdorff 拓扑空间, $T_:X \to 2^X$ 是具非空紧值的上半连续的多值映象. 如果 $\varphi, \psi_: X \times Y \to \mathbf{R}$ 是两个满足下述条件的函数:

(i) $x \longmapsto \varphi(x, y)$ 是 H-拟凸的;

(ii) φ 是上半连续的;

(iii) 对每一 $x \in X, \{y \in T(x)_: \varphi(x, y) \geqslant c\}$ 是零调的, 其中 c 是一常数;

(iv) 对每一 $x \in X$, 存在一点 $y \in T(x)$, 使得 $\psi(x, y) \geqslant c$;

(v) $\psi(x, y) \leqslant \varphi(x, y), \forall (x, y) \in X \times Y$.

则存在一点 $\bar{x} \in X$ 及一点 $\bar{y} \in T(\bar{x})$ 使得

$$\varphi(x, \bar{y}) \geqslant c, \forall x \in X.$$

证. 对每一 $x \in X$, 令

$$S(x) = \{z \in X_: \max_{y \in T(x)} \varphi(z, y) < c\},$$
$$H(x) = \{z \in X_: \sup_{y \in T(x)} \psi(z, y) < c\}.$$

则 $S, H_: X \to 2^X$ 是两个多值映象, 且对每一 $x \in X, S(x) \subset H(x)$. 因 $z \longmapsto \varphi(z, y)$ 是 H-拟凸的, 故

$$S(x) = \bigcap_{y \in T(x)} \{z \in X : \varphi(z,y) < c\}$$

是 H-凸的. 令 $f(z,x) = \max\limits_{y \in T(x)} \varphi(z,y)$. 对每一给定的 $z \in X$ 及每一 $r \in \mathbf{R}$, 令

$$D = \{x \in X : f(z,x) \geqslant r\}.$$

如果 $\{x_\alpha : \alpha \in I\}$ 是 D 中的一网, 使得 $x_\alpha \to u$, 则

$$f(z,x_\alpha) \geqslant r, \forall \alpha \in I.$$

即 $\max\limits_{y \in T(x_\alpha)} \varphi(z,y) \geqslant r, \forall \alpha \in I$. 故对每一 $\alpha \in I$, 存在一点 $y_\alpha \in T(x_\alpha)$ 使得 $\varphi(z,y_\alpha) \geqslant r$. 由 [140] 中的命题 1, 存在一点 $v \in T(u)$ 及 $\{y_\alpha\}_{\alpha \in I}$ 之一子网 $\{y_\beta\}$ 使得 $y_\beta \to v$. 由条件 (ⅱ), $\varphi(z,v) \geqslant r$. 因而有

$$\max_{y \in T(u)} \varphi(z,y) \geqslant r, \text{ 即 } f(z,u) \geqslant r.$$

故 $u \in D$. 这就证明 D 是闭的. 因而 $f(z,x)$ 关于 x 是上半连续的. 于是对每一 $z \in X$,

$$S^{-1}(z) = \{x \in X : z \in S(x)\}$$
$$= \{x \in X : f(z,x) < c\}$$

是 X 中的开集.

如果 $S(x) \neq \varnothing, \forall x \in X$, 则由引理 6.2.2, 存在一点 $\bar{u} \in X$, 使得 $\bar{u} \in H(\bar{u})$, 即 $\sup\limits_{y \in T(u)} \psi(\bar{u},y) < c$. 这与条件 (ⅳ) 相矛盾. 故存在一点 $\bar{x} \in X$, 使得 $S(\bar{x}) = \varnothing$, 即

$$\max_{y \in T(\bar{x})} \varphi(x,y) \geqslant c, \forall x \in X.$$

因而, 由下式定义的多值映象 $M : X \to 2^{T(\bar{x})}$

$$M(x) = \{y \in T(\bar{x}) : \varphi(x,y) \geqslant c\}, x \in X$$

是具非空值的. 于是由条件 (ⅱ), (ⅲ) 及 $T(\bar{x})$ 的紧性知, $M : X \to 2^{T(\bar{x})}$ 是具非空紧零调值的上半连续映象.

如果定理 6.2.4 的结论不成立, 则对每一 $y \in T(\bar{x})$, 存在一点 $u \in X$, 使得 $\varphi(u,y) < c$, 故由下式定义的多值映象 $G : T(\bar{x}) \to 2^X$

$$G(y) = \{x \in X : \varphi(x,y) < c\}, y \in T(\bar{x})$$

具非空值. 另由条件 (ⅰ), (ⅱ) 知, 对每一 $y \in T(\bar{x})$, $G(y)$ 是 H-凸的, 而且 $G^{-1}(x) = \{y \in T(\bar{x}) : x \in G(y)\}$ 在 $T(\bar{x})$ 是开的. 于是由引理 6.2.1, 存在一点 $x_0 \in X$ 及一点 $y_0 \in T(\bar{x})$, 使得 $x_0 \in G(y_0)$ 及 $y_0 \in M(x_0)$, 即 $\varphi(x_0,y_0) < 0$ 且 $\varphi(x_0,y_0) \geqslant 0$. 矛盾. 故定理 6.2.4 的结论成立.　　证毕.

§6.3 H-空间中的广义拟变分不等式(Ⅱ)

在本节中,我们继续研究 H-空间中广义拟变分不等式解的存在性问题.本节结果来自于[48].

(Ⅰ)引理及结论

引理 6.3.1. 设 X 是一非空集,Y 是一拓扑空间,$G:X\rightarrow 2^Y$ 是一多值映象.

(ⅰ) G 是**转移闭值的**,当且仅当

$$\bigcap_{x\in X}G(x)=\bigcap_{x\in X}\overline{G(x)};\qquad\qquad(6.3.1)$$

(ⅱ) G 是**转移开值的**,当且仅当

$$\bigcup_{x\in X}G(x)=\bigcup_{x\in X}\text{int}(G(x));$$

(ⅲ) 如果 X 是一拓扑空间,对每一 $x\in X,G(x)$ 是非空的,且 G^{-1} 是转移开值的,则

$$X=\bigcup_{y\in Y}\text{int}(G^{-1}(y));$$

(ⅳ) 如果再设 X 是一紧拓扑空间,G 是非空 H-凸值的,且 G^{-1} 是转移开值的,则存在 G 的连续选择,即存在一连续函数 $f:X\rightarrow Y$,使得 $f(x)\in G(x),\forall x\in X$.

引理 6.3.2. 设 $(X,\{\Gamma_A\})$ 是一 H-空间,$F:X\rightarrow 2^X$ 是满足下述条件的 H-KKM 映象:

(ⅰ) F 是转移闭值的;

(ⅱ) 存在 X 之一紧子集 L 及 X 之一 H-紧子集 K,使得对 X 的每一满足 $K\subset D\subset X$ 的弱 H-凸子集 D,有:

$$\bigcap_{x\in D}(\overline{F(x)}\bigcap D)\subset L.$$

则 $\bigcap_{x\in X}F(x)\neq\varnothing$.

证. 因 F 是一 H-KKM 映象,故 $\overline{F}$ 是具闭值的 H-KKM 映象.由[13,定理1]有

$$\bigcap_{x\in X}\overline{F(x)}\neq\varnothing.$$

因 F 是转移闭值的,由引理 6.3.1 有

$$\bigcap_{x\in X}F(x)=\bigcap_{x\in X}\overline{F(x)}\neq\varnothing.$$

结论得证.

引理 6.3.3. 设 $(X,\{\Gamma_A\})$ 是一 H-空间,Z 是一任意集.设 G 是 Z 的一

非空子集，$f:X\times X\to Z$ 是一满足下述条件的映象：

（ⅰ）映象 $y\longmapsto\{x\in X:f(x,y)\in G\}$ 是转移闭值的；

（ⅱ）对每一 $x\in X$，集 $\{y\in X:f(x,y)\in G\}$ 是 H-凸的；

（ⅲ）存在 X 之一紧子集 L 及 X 之一 H-紧子集 K，使得对 X 的每一满足 $K\subset D\subset X$ 的弱 H-凸子集 D，有

$$\bigcap_{y\in D}(\overline{\{x\in X:f(x,y)\in G\}}\bigcap D)\subset L.$$

则下面的结论之一成立：

(1)存在一点 $\overline{y}\in X$，使得 $f(\overline{y},\overline{y})\notin G$；

(2)存在一点 $\overline{x}\in X$，使得 $f(\overline{x},y)\in G,\forall y\in X$.

证. 定义一多值映象 $F:X\to 2^X$ 如下：

$$F(y)=\{x\in X:f(x,y)\in G\},y\in X.$$

由条件（ⅰ），（ⅱ）知，引理 6.3.2 中的条件（ⅰ），（ⅱ）满足. 如果结论(1)不成立，则

$$f(y,y)\in G,\forall y\in X. \tag{6.3.2}$$

下证 F 是一 H-KKM 映象. 设不然，F 不是一 H-KKM 映象，故存在一有限集 $A\subset X$，使得 $\Gamma_A\not\subset\bigcup_{y\in A}F(y)$. 故存在 $z\in\Gamma_A$，使得 $z\notin\bigcup_{y\in A}F(y)$. 这就表明 $f(z,y)\notin G,\forall y\in A$. 从而有

$$A\subset\{y\in X:f(z,y)\notin G\}.$$

由条件（ⅱ）知，集 $\{y\in X:f(z,y)\notin G\}$ 是 H-凸的，故有

$$z\in\Gamma_A\subset\{y\in X:f(z,y)\notin G\},$$

即 $f(z,z)\notin G$. 这与(6.3.2)矛盾. 从而 F 是一 H-KKM 映象. 于是由引理 6.3.2 有

$$\bigcap_{y\in X}F(y)\neq\varnothing.$$

故存在 $\overline{x}\in X$，使得 $\overline{x}\in F(y),\forall y\in X$，即 $f(\overline{x},y)\in G,\forall y\in X$.　证毕.

利用上述结果，可得下面的一个关于乘积 H-空间中的不动点定理.

定理 6.3.4. 设 $\{(x_\alpha,\{\Gamma_{A_\alpha}\}):\alpha\in I\}$ 是一族 H-空间，I 是一指标集，$X=\prod_{\alpha\in I}X_\alpha$，且 $\{T_\alpha:\alpha\in I\}$ 是一族多值映象，$T_\alpha:X\to 2^{X_\alpha}$，$\alpha\in I$. 再设

（ⅰ）对任一 $x\in X$ 及任一 $\alpha\in I$，$T_\alpha(x)$ 是一非空的 H-凸集.

（ⅱ）下之一条件成立：

(a)当 I 是一有限集时，对每一 $\alpha\in I$，$T_\alpha^{-1}:X_\alpha\to 2^X$ 是转移开值的；

(b)当 I 是一无限集时，由下式定义的映象 $T^{-1}:X\to 2^X$：

$$T^{-1}(y)=\bigcap_{\alpha\in I}T_\alpha^{-1}(y_\alpha),y\in X$$

是转移开值的,其中 $y=(y_\alpha)_{\alpha\in I}$.

如果存在 X 之一紧子集 L 及 X 之一 H-紧子集 K,使得对 X 中满足 $K\subset D\subset X$ 的任一弱 H-凸子集 D,有

$$\bigcap_{y\in D}\overline{(\{x\in X:y_\beta\notin T_\beta(x)\text{对某一}\beta\in I\}\bigcap D)}\subset L, \qquad (6.3.3)$$

其中 y_β 是 y 在 X_β 上的投影.

则存在 $x^*\in X$ 使得

$$x^*\in\prod_{\alpha\in I}T_\alpha(x^*),\text{即 }x_\alpha^*\in T_\alpha(x^*),\forall\alpha\in I,$$

其中 x_α^* 是 x^* 在 X_α 上的投影,$\alpha\in I$.

证. 设结论不成立,于是对任一 $x\in X$,

$$x\notin\prod_{\alpha\in I}T_\alpha(x), \qquad (6.3.4)$$

即对任一 $x\in X$,存在某一 $\beta\in I$,使得 $x_\beta\notin T_\beta(x)$.

现定义集 $G\subset X\times X$ 如下:

$$G=\{(x,y)\in X\times X:y\notin\prod_{\alpha\in I}T_\alpha(x)\}.$$

由(6.3.4)知 $(x,x)\in G,\forall x\in X$,故 $G\neq\varnothing$.

由[283]引理 1.1 知,任意多个 H-凸集的乘积也是 H-凸的,故由条件 (i),对任意的 $x\in X$,集

$$\{y\in X:(x,y)\notin G\}=\{y\in X:y\in\prod_{\alpha\in I}T_\alpha(x)\}=\prod_{\alpha\in I}T_\alpha(x)$$

是 H-凸的. 另一方面,我们有

$$\begin{aligned}
\{x\in X:(x,y)\notin G\}&=\{x\in X:y\in\prod_{\alpha\in I}T_\alpha(x)\}\\
&=\{x\in X:y_\alpha\in T_\alpha(x),\forall\alpha\in I\}\\
&=\bigcap_{\alpha\in I}\{x\in X:x\in T_\alpha^{-1}(y_\alpha)\}. \qquad (6.3.5)
\end{aligned}$$

如果 I 是无限的,由条件(ii)(b)及(6.3.5)知,映象

$$y\longmapsto\{x\in X:(x,y)\notin G\} \qquad (6.3.6)$$

是转移开值的.

下面证明,当 I 是有限集时,映象(6.3.6)也是转移开值的. 事实上,如果

$$x\in\bigcap_{\alpha\in I}T_\alpha^{-1}(y_\alpha)=\{x\in X:(x,y)\notin G\},$$

则 $x\in T_\alpha^{-1}(y_\alpha),\forall\alpha\in I$. 故由条件(ii)(a),存在 $y_\alpha'\in X_\alpha$,使得

$$x\in\text{int}(T_\alpha^{-1}(y_\alpha')),\forall\alpha\in I.$$

因 I 是有限的,故有

$$x\in\bigcap_{\alpha\in I}\text{int}(T_\alpha^{-1}(y'_\alpha))\subset\text{int}(\bigcap_{\alpha\in I}T_\alpha^{-1}(y_\alpha'))=\text{int}(\{x\in X:(x,y')\notin G\}).$$

这就证明了映象(6.3.6)是转移开值的,故映象

$$y \longmapsto \{x \in X: (x,y) \in G\} = X \setminus \{x \in X: (x,y) \notin G\}$$

是转移闭值的. 另外,由(6.3.3)可得

$$\bigcap_{y \in D} \overline{(\{x \in X: (x,y) \in G\} \bigcap D)}$$

$$= \bigcap_{y \in D} \overline{(\{x \in X: y \notin \prod_{\alpha \in I} T_\alpha(x)\} \bigcap D)}$$

$$= \bigcap_{y \in D} \overline{(\{x \in X: 存在某 \beta \in I, y_\beta \notin T_\beta(x)\} \bigcap D)} \subset L.$$

取 $Z = X \times X$,并定义映象 $f: X \times X \to X \times X$ 如下:

$$f(x,y) = (x,y), \forall (x,y) \in X \times X.$$

易知引理 6.3.3 中所有的条件被满足. 于是由引理 6.3.3,存在 $\bar{x} \in X$,使得 $(\bar{x}, y) \in G, \forall y \in X$,即 $y \notin \prod_{\alpha \in I} T_\alpha(\bar{x}), \forall y \in X$,从而 $\prod_{\alpha \in I} T_\alpha(\bar{x})$ 是空集,因而存在 $\alpha \in I$,使得 $T_\alpha(\bar{x})$ 是空集,这与条件(ⅰ)相矛盾. 因而存在 $x^* \in X$,使得 $x^* \in \prod_{\alpha \in I} T_\alpha(x^*)$.　证毕.

应该指出:如果 $\{(X_\alpha, \{\Gamma_{A_\alpha}\}): \alpha \in I\}$ 是一族紧的 H-空间,则定理 6.3.4 中的条件(6.3.3)自动满足,故有下面的定理.

定理 6.3.5. 设 $(X_\alpha, \{\Gamma_{A_\alpha}\})$ 是一族 H-空间,$X = \prod_{\alpha \in I} X_\alpha$,$\{T_\alpha, \alpha \in I\}$ 是一族多值映象,$T_\alpha: X \to 2^{X_\alpha}, \forall \alpha \in I$,满足下列条件:

(ⅰ) 对任一 $x \in X$ 及任一 $\alpha \in I$,$T_\alpha(x)$ 是非空 H-凸的;

(ⅱ) 下之一条件成立:

(a)当 I 是有限集时,对任一 $\alpha \in I$,$T_\alpha^{-1}: X_\alpha \to 2^X$ 是转移开值的;

(b)当 I 是无限集时,由定理 6.3.4 中所定义的 $T^{-1}: X \to 2^X$ 是转移开值的.

则存在 $x^* \in X$,使得 $x^* \in \prod_{\alpha \in I} T_\alpha(x^*)$.

(Ⅱ)H-空间中广义拟变分不等式解的存在性

在本小节中,我们将利用在(Ⅰ)中所介绍的结果,在 H-空间的框架下,研究(6.1.1)型的广义拟变分不等式解的存在性.

定理 6.3.6. 设 $(X, \{\Gamma_A\})$ 是一紧的 Hausdorff H-空间,$(Y, \{\Gamma_A\})$ 是一 Hausdorff H-空间. 再设

(ⅰ) $T: X \to 2^Y$ 是具非空 H-凸值的多值映象,且 $T^{-1}: Y \to 2^X$ 是转移开值的;

(ⅱ) $S: X \to 2^X$ 是具非空 H-凸值的多值映象,而且对每一 $x \in X$,$S^{-1}(x)$ 是开的,并且 $\bar{S}: X \to 2^X$ 是上半连续的;

（ⅲ）$\varphi:X\times Y\times X\to\mathbf{R}$ 是满足下述条件的连续泛函：

（a）对每一 $x\in X$ 及每一 $y\in T(x),\varphi(x,y,x)\geqslant0$；

（b）$z\longmapsto\varphi(x,y,z)$ 是 H-拟凸的．

则存在 $\bar{x}\in S(\bar{x}),\bar{y}\in T(\bar{x})$ 使得

$$\varphi(\bar{x},\bar{y},x)\geqslant0,\forall x\in S(\bar{x}).$$

证. 由引理 6.3.1 的结论（ⅳ）及条件（ⅰ），存在多值映象 T 的连续选择 $f:X\to Y$. 又对每一 $n=1,2,\cdots$，定义一多值映象 $F_n:X\to2^X$ 如下：

$$F_n(x)=\left\{z\in S(x):\varphi(x,f(x),z)<\min_{u\in\bar{S}(x)}\varphi(x,f(x),u)+\frac{1}{n}\right\},x\in X.$$

因 $\bar{S}$ 是非空紧值的，且 S 是 H-凸值的，故由条件（ⅲ）（b），对每一 $x\in X$，$F_n(x)$ 是非空 H-凸的．另外，对任一 $z\in X$，有

$$F_n^{-1}(z)=\{x\in X:z\in F_n(x)\}$$

$$=\left\{x\in X:z\in S(x)且\varphi(x,f(x),z)<\min_{u\in\bar{S}(x)}\varphi(x,f(x),u)+\frac{1}{n}\right\}$$

$$=S^{-1}(z)\bigcap\left\{x\in X:\varphi(x,f(x),z)<\min_{u\in\bar{S}(x)}\varphi(x,f(x),u)+\frac{1}{n}\right\}$$

$$=S^{-1}(z)\bigcap\left\{x\in X:\varphi(x,f(x),z)+\max_{u\in\bar{S}(x)}[-\varphi(x,f(x),u)]<\frac{1}{n}\right\}.$$

因 φ 和 f 是连续的，于是由 Aubin-Ekeland[11,命题 21]知，$\bar{S}$ 是具紧值的上半连续映象，而且函数

$$x\longmapsto\max_{u\in\bar{S}(x)}[-\varphi(x,f(x),u)]$$

是上半连续的，因而函数

$$x\longmapsto\varphi(x,f(x),z)+\max_{u\in\bar{S}(x)}[-\varphi(x,f(x),u)]$$

是上半连续的．从而

$$\left\{x\in X:\varphi(x,f(x),z)+\max_{u\in\bar{S}(x)}[-\varphi(x,f(x),u)+\frac{1}{n}\right\}$$

是一开集．另一方面，由条件（ⅱ），$S^{-1}(z)$ 是开集，因而对任一 $z\in X$，$F_n^{-1}(z)$ 是开的．这就证明了 F_n^{-1} 是转移开值的．于是由 I 为单点集时的定理 6.3.5，存在 $x_n\in X$，使得

$$x_n\in F_n(x_n),\ n=1,2,\cdots\qquad(6.3.7)$$

因 X 是紧的，不失一般性，可设 $x_n\to\bar{x}\in X$，从而 $f(x_n)\to f(\bar{x})\in T(\bar{x})$.

另一方面，由 F_n 的定义和（6.3.7）有 $x_n\in S(x_n)$ 且

$$\varphi(x_n,f(x_n),x_n)<\min_{u\in\bar{S}(x_n)}\varphi(x_n,f(x_n),u)+\frac{1}{n},\ n=1,2,\cdots\qquad(6.3.8)$$

因 $\overline{S}$ 是紧值的且上半连续的,故 $\overline{S}$ 的图象是闭的,从而 $\overline{x} \in \overline{S}(\overline{x})$. 又因 $\overline{S}$ 是上半连续的,由[11]命题 19,函数

$$x \longmapsto \min_{u \in \overline{S}(x)} \varphi(x, f(x), u) = -\max_{u \in \overline{S}(x)} [-\varphi(x, f(x), u)]$$

是上半连续的. 于是由(6.3.8)有

$$\varphi(\overline{x}, f(\overline{x}), \overline{x}) \leqslant \limsup_{n \to \infty} \Big[\min_{u \in \overline{S}(x_n)} \varphi(x_n, f(x_n), u) + \frac{1}{n} \Big]$$

$$\leqslant \min_{u \in \overline{S}(\overline{x})} \varphi(\overline{x}, f(\overline{x}), u).$$

令 $\overline{y} = f(\overline{x})$,并使用条件(ⅲ)(a)有

$$\varphi(\overline{x}, \overline{y}, x) \geqslant \min_{u \in \overline{S}(\overline{x})} \varphi(\overline{x}, \overline{y}, u)$$

$$\geqslant \varphi(\overline{x}, \overline{y}, \overline{x}) \geqslant 0, \ \forall x \in S(\overline{x}).$$

证毕.

由定理 6.3.6 可得下面的推论.

推论 6.3.7. 设 $(X, \{\Gamma_A\}), (Y, \{\Gamma_B\}), T, \varphi$ 与定理 6.3.6 中的一样,则存在 $\overline{x} \in X, \overline{y} \in T(\overline{x})$,使得

$$\varphi(\overline{x}, \overline{y}, x) \geqslant 0, \ \forall x \in X.$$

证. 取 $S(x) \equiv X, \forall x \in X$,则结论由定理 6.3.6 直接可得.

推论 6.3.8. 设 E, F 是二 Hausdorff 拓扑线性空间,$X \subset E$ 是一非空的紧凸集,$Y \subset F$ 是一非空的凸集. 如果下列条件满足:

(ⅰ) $T: X \to 2^Y$ 是具非空凸值的多值映象,$T^{-1}: Y \to 2^X$ 是转移开值的;

(ⅱ) $S: X \to 2^X$ 是具非空凸值的多值映象,且对每一点 $x \in X, S^{-1}(x)$ 是开的,而且 $\overline{S}: X \to 2^X$ 是上半连续的;

(ⅲ) $\varphi: X \times Y \times X \to \mathbf{R}$ 是满足下述条件的连续函数:

(a) $\varphi(x, y, x) \geqslant 0, \ \forall x \in X$ 及 $\forall y \in T(x)$;

(b) $z \longmapsto \varphi(x, y, z)$ 是拟凸的.

则存在 $\overline{x} \in S(\overline{x}), \overline{y} \in T(\overline{x})$,使得

$$\varphi(\overline{x}, \overline{y}, x) \geqslant 0, \ \forall x \in S(\overline{x}).$$

定理 6.3.9. 设 $(X, \{\Gamma_A\})$ 是一紧 Hausdorff H-空间,$(Y, \{\Gamma_B\})$ 是一 Hausdorff H-空间. 再设

(ⅰ) $T: X \to 2^Y$ 是具非空 H-凸值的多值映象,而 $T^{-1}: Y \to 2^X$ 是转移开值的;

(ⅱ) $S: X \to 2^X$ 是具非空 H-凸值的下半连续的多值映象,而 $S^{-1}: X \to 2^X$ 是闭值的;

（iii）$\varphi:X\times Y\times X\to\mathbf{R}$ 是满足下述条件的连续函数：

（a）$\varphi(x,y,x)\geq0,\forall x\in X,\forall y\in T(x)$；

（b）对每一 $(x,y)\in X\times Y$，集

$$\{z\in X:\varphi(x,y,z)=\min_{u\in S(x)}\varphi(x,y,u)\}$$

是 H-凸的；

（iv）X 被有限个下型的集合所覆盖：

$$\{x\in S^{-1}(z):\varphi(x,f(x),z)=\min_{u\in S(x)}\varphi(x,f(x),u)\},z\in X.$$

则存在 $\bar{x}\in S(\bar{x}),\bar{y}\in T(\bar{x})$，使得

$$\varphi(\bar{x},\bar{y},x)\geq0,\forall x\in S(\bar{x}).$$

证. 由引理 6.3.1（iv），存在 T 之一连续选择 $f:X\to Y$. 现定义一多值映象 $F:X\to2^X$ 如下：

$$F(x)=\{z\in S(x):\varphi(x,f(x),z)=\min_{u\in S(x)}\varphi(x,f(x),u)\}.$$

因 φ 和 f 是连续的，而 S 是 H-凸值的，故 F 是非空 H-凸值的. 另外，对任一 $z\in X$，有

$$F^{-1}(z)=\{x\in X:z\in F(x)\}$$

$$=\{x\in X:z\in S(x)\text{且}\varphi(x,f(x),z)=\inf_{u\in S(x)}\varphi(x,f(x),u)\}$$

$$=S^{-1}(z)\bigcap\{x\in X:\varphi(x,f(x),z)+\sup_{u\in S(x)}[-\varphi(x,f(x),u)]=0\}.$$

因 φ 是连续的，且 S 是下半连续的，故由[11,命题 19]，函数

$$x\longmapsto\sup_{u\in S(x)}[-\varphi(x,f(x),u)]$$

是下半连续的，从而函数

$$x\longmapsto\varphi(x,f(x),z)+\sup_{u\in S(x)}[-\varphi(x,f(x),u)]$$

也是下半连续的. 因 $S^{-1}(z)$ 是闭的，故知对一切 $z\in X,F^{-1}(z)$ 是闭的.

另一方面，由条件（iv），存在一有限集 $A\subset X$，使得

$$F^{-1}(A)=\bigcup_{z\in A}F^{-1}(z)=X.$$

故由 Chang[41]的推论 3.6.4 知，存在 $\bar{x}\in X$，使得 $\bar{x}\in F(\bar{x})$，即

$$\bar{x}\in S(\bar{x}),\text{且 }\varphi(\bar{x},f(\bar{x}),\bar{x})=\min_{u\in S(\bar{x})}\varphi(\bar{x},f(\bar{x}),u).$$

因 f 是 T 的连续选择，故 $f(\bar{x})\in T(\bar{x})$.

令 $\bar{y}=f(\bar{x})$，于是有

$$\bar{y}\in T(\bar{x}),\text{且 }\varphi(\bar{x},\bar{y},\bar{x})=\min_{u\in S(\bar{x})}\varphi(\bar{x},\bar{y},u).$$

由对 φ 的假设，有

$$\varphi(\bar{x},\bar{y},x)\geq\min_{u\in S(\bar{x})}\varphi(\bar{x},\bar{y},u)\geq0,\forall x\in S(\bar{x}).$$

证毕.

定理 6.3.10. 设 $(X,\{\Gamma_A\})$，$(Y,\{\Gamma_B\})$ 是二 H-空间. 如果满足下列条件：

（ⅰ）$T:X\to 2^Y$ 是具非空 H-凸值的映象，而 $T^{-1}:Y\to 2^X$ 是转移开值的；

（ⅱ）$S:X\to 2^X$ 是具非空紧 H-凸值的映象；

（ⅲ）$\varphi:X\times Y\times X\to \mathbf{R}$ 是满足下述条件的函数：

(a)$\varphi(x,y,x)\geqslant 0$，$\forall x\in X$，$\forall y\in T(x)$；

(b)$z\longmapsto \varphi(x,y,z)$ 是下半连续的；

(c)对任意的 $(x,y)\in X\times Y$，集

$$\{z\in X:\varphi(x,y,z)=\min_{y\in S(x)}\varphi(x,y,u)\}$$

是 H-凸的；

(d)映象

$$z\longmapsto \{(x,y)\in S^{-1}(z)\times Y:\varphi(x,y,z)=\min_{u\in S(x)}\varphi(x,y,u)\}$$

是转移开值的；

（ⅳ）存在一紧子集 $L\subset X\times Y$ 及一 H-紧子集 $K\subset X\times Y$，使得对每一满足 $K\subset D\subset X\times Y$ 的弱 H-凸子集 D，有

$$\bigcap_{(u,v)\in D}\overline{(\{(x,y)\in X\times Y:u\notin F_1(x,y)\text{ 或 }v\notin T(x)\}\bigcap D)}\subset L,$$

其中 $F_1:X\times Y\to 2^X$ 是由下式定义的多值映象：

$$F_1(x,y)=\{z\in S(x):\varphi(x,y,z)=\min_{u\in S(x)}\varphi(x,y,u)\},(x,y)\in X\times Y.$$

则存在 $\bar{x}\in S(\bar{x})$，$\bar{y}\in T(\bar{x})$，使得

$$\varphi(\bar{x},\bar{y},u)\geqslant 0,\forall u\in S(\bar{x}).$$

证. 由假设，S 是紧值的和 H-凸值的，故 F_1 是非空 H-凸值的. 另外，对任一 $z\in X$，有

$$F_1^{-1}(z)=\{(x,y)\in S^{-1}(z)\times Y:\varphi(x,y,z)=\min_{u\in S(x)}\varphi(x,y,u)\}.$$

故由条件（ⅲ）(d)，F_1^{-1} 是转移开值的. 另一方面，如果定义一映象 $F_2:X\times Y\to 2^Y$ 如下：$F_2(x,y)=T(x)$. 于是由条件（ⅰ），F_2 是非空 H-凸值的，且 $F_2^{-1}:Y\to 2^{X\times Y}$ 是转移开值的. 故 F_1,F_2 满足定理 6.3.4 中所有的条件，其中 $I=\{1,2\}$. 故存在 $(\bar{x},\bar{y})\in X\times Y$，使得

$$(\bar{x},\bar{y})\in F_1(\bar{x},\bar{y})\times F_2(\bar{x},\bar{y}),$$

即

$$\bar{x}\in F_1(\bar{x},\bar{y}),\ \bar{y}\in F_2(\bar{x},\bar{y}).$$

由 F_1 和 F_2 的定义,即知

$$\overline{x}\in S(\overline{x}),\overline{y}\in T(\overline{x}),\varphi(\overline{x},\overline{y},\overline{x})=\min_{u\in S(\overline{x})}\varphi(\overline{x},\overline{y},u).$$

故由条件(ⅲ)(a)有

$$\varphi(\overline{x},\overline{y},x)\geqslant\min_{u\in S(\overline{x})}\varphi(\overline{x},\overline{y},u)=\varphi(\overline{x},\overline{y},\overline{x})\geqslant0,\ \forall x\in S(\overline{x}).$$

证毕.

推论 6.3.11. 如果在定理 6.3.10 中代条件(d)以下面的条件(d′):

(d′) 对每一 $z\in X$,集

$$\{(x,y)\in S^{-1}(z)\times Y:\varphi(x,y,z)=\min_{u\in S(\overline{x})}\varphi(x,y,u)\}$$

包含一开集 O_z(可能某些 O_z 是空集),使得

$$\bigcup_{z\in X}O_z=X\times Y.$$

则定理 6.3.10 的结论也成立.

证. 由条件(d′),对每一 $z\in X$,存在一开集 $O_z\subset X\times Y$,使得

$$F_1^{-1}(z)=\{(x,y)\in S^{-1}(z)\times Y:\varphi(x,y,z)=\min_{u\in S(x)}\varphi(x,y,u)\}\supset O_z,$$

且 $\bigcup_{z\in X}O_z=X\times Y$. 于是对任一 $(x,y)\in F_1^{-1}(z)$,存在 $z'\in X$,使得 $(x,y)\in O_{z'}$ $\subset F_1^{-1}(z')$,即 $(x,y)\in\mathrm{int}(F_1^{-1}(z'))$. 故 $F_1^{-1}:X\to2^{X\times Y}$ 是转移开值的. 于是定理 6.3.10 中的条件(d)满足. 证毕.

定理 6.3.12. 设 E 是一局部凸的 Hausdorff 拓扑线性空间,F 是一 Fréchet 空间.设 X 是 E 中之一非空的紧凸集,而 Y 是 F 中之一非空闭凸集.再设:

(ⅰ) $T:X\to2^Y$ 是具非空紧凸值的上半连续映象;

(ⅱ) $S:X\to2^X$ 是具非空闭凸值的连续映象;

(ⅲ) $\varphi:X\times Y\times X\to\mathbf{R}$ 是一连续泛函,且满足条件:

(a)$\varphi(x,y,x)\geqslant0,\ \forall x\in X,y\in Y$;

(b)$u\longmapsto\varphi(x,y,u)$ 是拟凸的.

则存在 $\overline{x}\in S(\overline{x}),\overline{y}\in T(\overline{x})$,使得

$$\varphi(\overline{x},\overline{y},x)\geqslant0,\ \forall x\in S(\overline{x}).$$

证. 定义一多值映象 $\Pi:X\times Y\to2^X$ 如下:

$$\Pi(x,y)=\{z\in S(x):\varphi(x,y,z)=\min_{u\in S(x)}\varphi(x,y,u)\}.$$

因 φ 连续,$u\longmapsto\varphi(x,y,u)$ 是拟凸的,故 $\Pi(x,y)$ 是一非空紧凸集.

下证 $\Pi:X\times Y\to2^X$ 是上半连续的. 由命题 5.1.2,只要证明 $\mathrm{Gr}(\Pi)$ 是闭的即可.

事实上,设 $\{(x_a,y_a)\}_{a\in I}$ 是 $X\times Y$ 中任一收敛于 (x,y) 的网,设 $z_a\in$

$\prod(x_\alpha,y_\alpha)$，且 $z_\alpha \to z \in X$. 因 $z_\alpha \in \prod(x_\alpha,y_\alpha)$，故 $z_\alpha \in S(x_\alpha)$. 由 S 的连续性知，$z \in S(x)$，而且对每一 $v \in S(x)$，存在 $v_\alpha \in S(x_\alpha)$，使得 $v_\alpha \to v$. 另外，由 $z_\alpha \in \prod(x_\alpha,y_\alpha)$，有

$$\varphi(x_\alpha,y_\alpha,z_\alpha) \leqslant \varphi(x_\alpha,y_\alpha,v_\alpha).$$

另由 φ 的连续性，有

$$\varphi(x,y,z) = \lim_\alpha \varphi(x_\alpha,y_\alpha,z_\alpha)$$
$$\leqslant \lim_\alpha \varphi(x_\alpha,y_\alpha,v_\alpha) = \varphi(x,y,v). \qquad (6.3.9)$$

由 $v \in S(x)$ 的任意性，结合 $(6.3.9)$ 有

$$\varphi(x,y,z) = \min_{v \in S(x)} \varphi(x,y,v).$$

上式表明 $z \in \prod(x,y)$，从而 $\mathrm{Gr}(\prod)$ 是闭的，因此 $\prod$ 是上半连续的. 又因 $T:$ $X \to 2^Y$ 是具非空紧凸值的上半连续的多值映象，故 $T(X)$ 是紧的. 因 F 是 Fréchet 空间，故由命题 5.1.3，$\overline{\mathrm{co}}(T(x))$ 是一紧凸集，令 $H = \overline{\mathrm{co}}(T(X))$，而且定义一多值映象 $G: X \times H \to 2^{X \times H}$ 如下：

$$G(x,y) = \prod(x,y) \times T(x).$$

故 $G: X \times H \to 2^{X \times H}$ 是具非空紧凸值的上半连续的多值映象. 于是由 KFG 不动点定理，存在 $(\overline{x},\overline{y}) \in X \times H$，使得

$$(\overline{x},\overline{y}) \in G(\overline{x},\overline{y}) = \prod(\overline{x},\overline{y}) \times T(\overline{x}).$$

即 $\overline{x} \in \prod(\overline{x},\overline{y})$，且 $\overline{y} \in T(\overline{x})$. 于是对一切 $x \in S(\overline{x})$ 有

$$\overline{x} \in S(\overline{x}),\overline{y} \in T(\overline{x}),\varphi(\overline{x},\overline{y},x) \geqslant \varphi(\overline{x},\overline{y},\overline{x}) \geqslant 0.$$

证毕.

定理 6.3.13. 设 E 是一自反 Banach 空间，F 是一 Fréchet 空间，$X \subset E$，$Y \subset F$ 是二非空闭凸集. 设 $T: X \to 2^Y$ 是具非空紧凸值的多值映象，而且关于 X 中的弱拓扑及 Y 中的强拓扑是上半连续的. 设 $M: X \times Y \to E^*$ 关于 X 中的弱拓扑，Y 中的强拓扑及 E^* 中的范数拓扑是连续的. 设 $\eta: X \times X \to E$ 是弱连续的（即关于 X 的弱拓扑和 E 的弱拓扑是连续的），且满足下述条件

（ⅰ）$\eta(x,x) = \theta, \forall x \in X$；

（ⅱ）函数 $u \longmapsto \langle M(x,y),\eta(u,x) \rangle$ 是凸的；

（ⅲ）存在 $\overline{u} \in X$，$\|\overline{u}\| < r$，使得对一切 $x \in X$，当 $\|x\| = r$ 时，有

$$\max_{y \in T(x)} \langle M(x,y),\eta(\overline{u},x) \rangle \leqslant 0.$$

则存在 $\overline{x} \in X,\overline{y} \in T(\overline{x})$，其为下面的 **$\eta$-变分不等式** 的解：

$$\langle M(\overline{x},\overline{y}),\eta(x,\overline{x}) \rangle \geqslant 0, \forall x \in X. \qquad (6.3.10)$$

证. 取 $X_r = X \cap B(\theta, r)$，其中 $B(\theta, r)$ 为以 θ 为心，$r > 0$ 为半径的闭球，故 X_r 是 X 中的弱紧凸集. 令

$$\varphi(x, y, u) = \langle M(x, y), \eta(u, x) \rangle,$$

则 $\varphi: X_r \times Y \times X_r \to \mathbf{R}$，而且按 X_r 中的弱拓扑和 Y 中的拓扑是连续的. 由定理 6.3.12，存在 $\bar{x} \in X, \bar{y} \in T(\bar{x})$，使得

$$\langle M(\bar{x}, \bar{y}), \eta(x, \bar{x}) \rangle \geqslant 0, \forall x \in X_r. \tag{6.3.11}$$

$1°$ 如果 $\|\bar{x}\| = r$，由条件（ⅲ），存在 $\bar{u} \in X_r$，使得

$$\langle M(\bar{x}, \bar{y}), \eta(\bar{u}, \bar{x}) \rangle = 0. \tag{6.3.12}$$

故对任一 $x \in X$，取 $\lambda \in (0, 1)$ 充分小，使得

$$w = \lambda x + (1 - \lambda) \bar{u} \in X_r.$$

于是由条件（ⅱ），(6.3.11) 及 (6.3.12) 有

$$0 \leqslant \langle M(\bar{x}, \bar{y}), \eta(w, \bar{x}) \rangle$$
$$\leqslant \lambda \langle M(\bar{x}, \bar{y}), \eta(x, \bar{x}) \rangle + (1 - \lambda) \langle M(\bar{x}, \bar{y}), \eta(\bar{u}, \bar{x}) \rangle$$
$$= \lambda \langle M(\bar{x}, \bar{y}), \eta(x, \bar{x}) \rangle.$$

此时定理的结论得证.

$2°$ 如果 $\|\bar{x}\| < r$，则对任一 $x \in X$，取 $\lambda \in (0, 1)$ 使得 $z = \lambda x + (1 - \lambda) \bar{x} \in X_r$. 与 $1°$ 中相类似的讨论，可证结论 (6.3.10) 也成立. 证毕.

定义 6.3.1. 设 E 是一 Hausdorff 拓扑空间，X 是 E 的子集，$\eta: X \times X \to E$ 是一映象，满足条件 $\eta(x, x) = \theta, \forall x \in X$. 设 $G: X \to 2^{E^*}$ 是具非空值的多值映象. G 称为 **η-单调的**，如果对任意的 $x, u \in X$，及对任意的 $y \in G(x)$，$v \in G(u)$，有

$$\langle y, \eta(u, x) \rangle + \langle v, \eta(x, u) \rangle \leqslant 0.$$

定理 6.3.14. 设 E, F, X, Y, T, M 与定理 6.3.13 中的相同. 设 $\eta: X \times X \to E$ 是满足下述条件的弱连续映象：

（ⅰ）$\eta(x, x) = \theta, \forall x \in X$；

（ⅱ）映象 $u \longmapsto \langle M(x, y), \eta(u, x) \rangle$ 是凸的，且由下式定义的多值映象 $G: X \to 2^{E^*}$：

$$G(x) = \{M(x, y) : y \in T(x)\}$$

是 η 单调的；

（ⅲ）存在 $\bar{u} \in X, \bar{v} \in T(\bar{u})$ 使得

$$\lim_{\substack{\|x\| \to \infty \\ x \in X}} \langle M(\bar{u}, \bar{v}), \eta(x, \bar{u}) \rangle > 0. \tag{6.3.13}$$

则存在 $\bar{x} \in X, \bar{y} \in T(\bar{x})$ 使得

$$\langle M(\overline{x},\overline{y}),\eta(x,\overline{x})\rangle\geqslant 0,\forall x\in X.$$

证. 由(6.3.13)知,存在 $r>\|\overline{u}\|$,使得对一切 $x\in X$,当 $\|x\|=r$ 时,有

$$\langle M(\overline{u},\overline{v}),\eta(x,\overline{u})\rangle>0.$$

因 G 是 η 单调的,故对一切 $x\in X$,$\|x\|=r$ 及对一切 $y\in T(x)$ 有

$$\langle M(x,y),\eta(\overline{u},x)\rangle\leqslant-\langle M(\overline{u},\overline{v}),\eta(x,\overline{u})\rangle<0.$$

于是定理 6.3.13 的条件被满足. 故定理 6.3.14 的结论由定理 6.3.13 直接可得.

（Ⅲ）某些特例

定理 6.3.15（Yao-Guo[302]）. 设 X 是 $\mathbf{R}^n$ 之一非空的紧凸子集,$f:X\rightarrow\mathbf{R}^n$. 设对每一 $y\in X$,集

$$\{x\in X:\langle f(x),x-y\rangle\leqslant 0\} \tag{6.3.14}$$

是闭的,则下面的变分不等式

$$\langle f(x),u-x\rangle\geqslant 0,\forall u\in X$$

在 X 中有解.

证. 定义一多值映象 $T:X\rightarrow 2^X$ 如下:

$$T(x)=\{u\in X:\langle f(x),x-u\rangle>0\},x\in X. \tag{6.3.15}$$

易知,对每一 $x\in X$,$T(x)$ 是凸集. 而由(6.3.14)知

$$\begin{aligned}T^{-1}(u)&=\{x\in X:u\in T(x)\}\\&=\{x\in X:\langle f(x),x-u\rangle>0\}\\&=X\backslash\{x\in X:\langle f(x),x-u\rangle\leqslant 0\},u\in X\end{aligned}$$

是开的,故 T^{-1} 是转移开的. 如果对每一 $x\in X$,$T(x)\neq\varnothing$,则由 I 为单点集时的定理 6.3.5,存在 $x^*\in X$,使得 $x^*\in T(x^*)$. 这与(6.3.15)相矛盾. 故必存在某一 $\overline{x}\in X$,使得 $T(\overline{x})=\varnothing$,即

$$\langle f(\overline{x}),\overline{x}-u\rangle\leqslant 0,\forall u\in X.$$

故

$$\langle f(\overline{x}),u-\overline{x}\rangle\geqslant 0,\forall u\in X.$$

证毕.

类似地可证下面的定理.

定理 6.3.16.[302] 设 X 是 $\mathbf{R}^n$ 中之一非空闭凸集,$f:X\rightarrow\mathbf{R}^n$ 是满足下述条件的函数:

（ⅰ）对每一 $y\in X$,集 $\{x\in X:\langle f(x),x-y\rangle\leqslant 0\}$ 是闭的;

（ⅱ）存在 X 之一非空有界集 D,使得对每一 $x\in X\backslash D$,存在 $y\in D$,使

得
$$\langle f(x), x-y \rangle > 0.$$

则存在 $\bar{x} \in X$，使得
$$\langle f(\bar{x}), u-\bar{x} \rangle \geqslant 0, \forall u \in X.$$

证. 设 $X_r = X \cap B(\theta, r)$，这里 $r > 0$ 取得充分大，使得 $D \subset \text{int}_X(X_r)$. 因 X_r 是非空紧凸的，故由定理 6.3.15，存在 $\bar{x} \in X_r$，使得
$$\langle f(\bar{x}), u-\bar{x} \rangle \geqslant 0, \forall u \in X_r. \tag{6.3.16}$$
另由条件（ⅱ），易知 $\|\bar{x}\| < r$，故对任一 $u \in X \setminus X_r$，存在 $\lambda \in (0,1)$，使得 $\lambda u + (1-\lambda)\bar{x} \in X_r$. 于是由 (6.3.16) 有
$$0 \leqslant \langle f(\bar{x}), \lambda u + (1-\lambda)\bar{x} - \bar{x} \rangle$$
$$= \langle f(\bar{x}), \lambda(u-\bar{x}) \rangle = \lambda \langle f(\bar{x}), u-\bar{x} \rangle.$$

从而有
$$\langle f(\bar{x}), u-\bar{x} \rangle \geqslant 0, \forall u \in X.$$

证毕.

（Ⅳ）应用

1. 极小化问题

定义 6.3.2. 设 Ω 是 $\mathbf{R}^n$ 中之一开子集，$f: \Omega \to \mathbf{R}$ 是一 Gâteaux 可微函数. f 称为在 Ω 上是**伪凸的**，如果对任意的点 $x, u \in \Omega, x \neq u$，由 $\langle \nabla f(x), u-x \rangle \geqslant 0$，推出 $f(u) \geqslant f(x)$.

定理 6.3.17. 设 X 是 $\mathbf{R}^n$ 中之一闭凸子集，Ω 是 $\mathbf{R}^n$ 中包含 X 的开凸集，$f: \Omega \to \mathbf{R}$ 是一 Gâteaux 可微函数. 设 f 在 Ω 上是伪凸的，而且 Gâteaux 微分 ∇f 满足下列条件：

（ⅰ）对任一 $y \in X$，集
$$\{x \in X : \langle \nabla f(x), x-y \rangle \leqslant 0\}$$
是闭的；

（ⅱ）存在 $x_0 \in X$，使得
$$\lim_{\substack{\|x\| \to \infty \\ x \in X}} \langle \nabla f(x), x-x_0 \rangle > 0. \tag{6.3.17}$$

则存在 $\bar{x} \in X$，使得
$$f(\bar{x}) = \min_{x \in X} f(x).$$

证. 由 (3.3.17)，存在 $r > 0$，使得对任一 $x \in X, \|x\| > r$ 有
$$\langle \nabla f(x), x-x_0 \rangle > 0.$$

取 $m > \max\{r, \|x_0\|\}$，有

$$\langle \nabla f(x), x-x_0 \rangle > 0, \forall x \in X \backslash B(\theta, m).$$

于是由定理 6.3.16,存在 $\overline{x} \in X$,使得

$$\langle \nabla f(\overline{x}), u-\overline{x} \rangle \geqslant 0, \forall u \in X.$$

因 f 在 X 上是伪凸的,由上一不等式,即得

$$f(x)-f(\overline{x}) \geqslant 0, \forall x \in X.$$

从而有

$$f(\overline{x}) = \min_{x \in X} f(x).$$

2. 非线性规划及鞍点问题

设 E 是一自反 Banach 空间,F 是一 Fréchet 空间,$X \subset E, Y \subset F$ 是二非空集,设 $L: X \times Y \to \mathbf{R}$ 是一泛函.

定义 6.3.3. 所谓的"**第一类的非线性规划问题**"是求 $(\overline{x}, \overline{y}) \in U$,使得

$$L(\overline{x}, \overline{y}) = \min_{(x,y) \in U} L(x,y), \tag{P_1}$$

其中

$$U = \{(x,y) \in X \times Y : L(x,y) = \max_{v \in Y} L(x,v)\}.$$

所谓的"**第二类的非线性规划问题**"是求 $(\overline{x}, \overline{y}) \in W$,使得

$$L(\overline{x}, \overline{y}) = \max_{(x,y) \in W} L(x,y), \tag{P_2}$$

其中

$$W = \{(x,y) \in X \times Y : L(x,y) = \min_{u \in X} L(u,y)\}.$$

所谓的"**鞍点问题**"是求 $\overline{x} \in X, \overline{y} \in Y$,使得

$$L(\overline{x}, y) \leqslant L(\overline{x}, \overline{x}) \leqslant L(x, \overline{y}), \forall x \in X, y \in Y. \tag{SPP}$$

引理 6.3.18.[193] 一点 $(x^*, y^*) \in X \times Y$ 是(SPP)的一解,当且仅当它是(P_1)和(P_2)的解.

定义 6.3.4. 设 E 是一 Banach 空间,Ω 是 E 之一非空开集,$\psi: \Omega \to \mathbf{R}$ 是一 Gâteaux 可微的泛函,而 $\eta: \Omega \times \Omega \to E$ 是一映象且满足条件:

（i）$\eta(x,x) = \theta, \forall x \in \Omega$;

（ii）$\psi(x) - \psi(u) \geqslant \langle \nabla \psi(u), \eta(x,u) \rangle, \forall x, u \in \Omega.$

则 ψ 称为 **η 凸的**.

引理 6.3.19. 设 E 是一自反 Banach 空间,F 是一 Fréchet 空间,X 是 E 中之一非空闭凸集,Y 是 F 中之一非空紧凸集,而 $L: \Omega \times Y \to \mathbf{R}$ 是一函数,使得函数 $x \longmapsto L(x,y)$ 在包含 X 的开集 $\Omega \subset E$ 上是 η 凸的. 如果 $x^* \in X, y^* \in Y$ 满足条件

（i）$L(x^*, y^*) = \max_{y \in Y} L(x^*, y)$;

（ⅱ）$\langle \nabla_x L(x^*,y^*),\eta(x,x^*)\rangle \geqslant 0, \forall x\in X$,

其中 $\nabla_x L$ 表 L 关于 x 的 Gâteaux 微分.

则 (x^*,y^*) 是(SPP)的一解.

证. 由定义 6.3.4 及条件（ⅱ）有

$$L(x,y^*)-L(x^*,y^*)\geqslant \langle \nabla_x L(x^*,y^*),\eta(x,x^*)\rangle \geqslant 0, \forall x\in X.$$

由此得知

$$L(x^*,y^*)\leqslant L(x,y^*), \forall x\in X. \tag{6.3.18}$$

于是由条件（ⅰ）有

$$L(x^*,y)\leqslant L(x^*,y^*), \forall y\in Y. \tag{6.3.19}$$

由(6.3.18)及(6.3.19),引理的结论得证.

定理 6.3.20. 设 E,F,X,Y,Ω 与引理 6.3.19 中的相同. 设 $L:\Omega\times Y\to \mathbf{R}$ 是一函数,而 $\eta:\Omega\times\Omega\to E$ 是一弱连续映象,且满足下面的条件:

（ⅰ）$x\longmapsto L(x,y)$ 是 η-凸的且弱连续的;

（ⅱ）$y\longmapsto L(x,y)$ 是凹的且连续;

（ⅲ）$\nabla_x L(u,v):X\times Y\to E^*$ 关于 X 上的弱拓扑,Y 上的强拓扑及 E^* 上的范数拓扑是连续的.

如果存在 $\bar{u}\in X,\bar{v}\in Y$ 使得

$$L(\bar{u},\bar{v})=\max_{v\in Y}L(\bar{u},v),\ \lim_{\substack{\|x\|\to\infty\\ x\in X}}\langle\nabla_x L(\bar{u},\bar{v}),\eta(x,\bar{u})\rangle>0. \tag{6.3.20}$$

则(SPP)有解,从而第一和第二类非线性规划问题(P_1)和(P_2)均有解.

证. 因 Y 是 F 中的紧凸集,且函数 $y\longmapsto L(x,y)$ 是凸的和连续的,易知对每一 $x\in X$,集

$$T(x)=\{y\in Y:L(x,y)=\max_{v\in Y}L(x,v)\}$$

是 Y 中的非空紧凸集,而且多值映象 $T:X\to 2^Y$ 是弱上半连续的.

另外,由条件（ⅰ）,函数 $x\longmapsto L(x,y)$ 是 η-凸的,故对任意的 $x,u\in X,y\in T(x),v\in T(u)$ 有

$$L(x,y)-L(u,v)\geqslant L(x,v)-L(u,v)$$
$$\geqslant\langle\nabla_x L(u,v),\eta(x,u)\rangle,$$
$$L(u,v)-L(x,y)\geqslant L(u,y)-L(x,y)$$
$$\geqslant\langle\nabla_x L(x,y),\eta(u,x)\rangle.$$

这就推出

$$\langle\nabla_x L(u,v),\eta(x,u)\rangle+\langle\nabla_x L(x,y),\eta(u,x)\rangle\leqslant 0.$$

故由下式定义的多值映象 $G:X\to 2^{E^*}$

$$G(x) = \{\nabla_x L(x, y) : y \in T(x)\}$$

是 η 单调的. 由定理 6.3.14, 存在 $\bar{x} \in X, \bar{y} \in T(\bar{x})$ 使得

$$\langle \nabla_x L(\bar{x}, \bar{y}), \eta(x, \bar{x}) \rangle \geqslant 0, \forall x \in X.$$

由上面的讨论知, 引理 6.3.19 的所有条件满足. 故由引理 6.3.19 知本定理的结论成立.   证毕.

§6.4　G-凸空间中的广义变分不等式

(Ⅰ)引言

最近, Park-Kim 引入容许多值映象和广义凸(G-凸)空间的概念.[237,238]这类映象及这类空间包含许多熟知的多值映象, 及一些具各种凸结构的空间为特例. 这些概念已成为研究非线性分析诸多问题的重要的工具.

在本节中, 我们将在 G-凸空间的框架下, 介绍抽象广义变分不等式和广义平衡问题的一些新的解的存在性定理. 为此, 我们首先追述某些概念.

设 X 是一拓扑空间, A 是 X 中之一给定的子集. 我们分别用 $\mathrm{ccl}(A)$ 和 $\mathrm{cint}(A)$ 表 A 的由下式定义的紧闭包和紧内部:

$$\mathrm{ccl}(A) = \bigcap \{B \subset X : A \subset B, B \text{ 是 } X \text{ 中的紧闭集}\},$$

$$\mathrm{cint}(A) = \bigcup \{B \subset X : B \subset A, B \text{ 是 } X \text{ 中的紧开集}\}.$$

设 X, Y 是二拓扑空间, $G : X \to 2^Y$ 是一多值映象. G 称为在 X 上是**转移紧开值的**(或**转移紧闭值的**), 如果对 $x \in X$ 及对每一非空的紧子集 $K \subset Y$, $y \in G(x) \bigcap K$(或 $y \notin G(x) \bigcap K$), 则存在 $x' \in X$, 使得 $y \in \mathrm{int}_K(G(x') \bigcap K)$(或 $y \notin \mathrm{cl}_K(G(x') \bigcap K)$.

显然, 每一开值(或闭值)映象 $G : X \to 2^Y$ 是转移开值的(或转移闭值的). 而每一转移开值的(或转移闭值的)映象 $G : X \to 2^Y$ 是转移紧开值的(或转移紧闭值的), 但一般来说, 其逆不成立.

映象 $G : X \to 2^Y$ 称为具有**紧局部交性质**, 如果对 X 的每一非空的紧子集 K, 及对每一使得 $G(x) \neq \varnothing$ 的 $x \in K$, 存在 x 之一开邻域 $N(x) \subset X$, 使得

$$\bigcap_{z \in N(x) \bigcap K} G(z) \neq \varnothing.$$

显然, 如果 G 具有紧局部交性质, 则对 X 的任一紧子集 K, G 在 K 上的限制 $G|_K : K \to 2^Y$ 具有局部交性质. 另外, 易知每一具有局部交性质的多值映象, 必具有紧局部交性质. 而其逆不成立.

设 X,Y 是二拓扑空间. 对给定的一类多值映象 L, 我们用 $L(X,Y)$ 表由下式定义的多值映象的集合:

$$L(X,Y)=\{T:X\to 2^Y:T\in L\}.$$

而 L_C 表 L 中有限个映象的复合映象的集合.

设 $\mathcal{U}$ 为满足下述条件的多值映象的族:

(1) $\mathcal{U}$ 包含 C (单值的连续映象类);

(2) 每一 $F\in\mathcal{U}_C(X,Y)$ 是具非空紧值的上半连续映象;

(3) 对任一标准的 n 维单形 Δ_n, 每一 $F\in\mathcal{U}_C(\Delta_n,\Delta_n)$ 存在不动点.

映象类 $\mathcal{U}$ 的例子有: 单值连续函数类 C, 具凸值的 Kakutani 映象类 K, 具零调值的零调映象类, Gorniewicz 意义下的容许映象类等(参见[237, 238]).

多值映象类 $\mathcal{U}_C^\kappa$ 定义如下:

$F\in\mathcal{U}_C^\kappa(X,Y)$ 当且仅当对 X 的任意紧子集 K, 存在 $F^*\in\mathcal{U}_C(K,Y)$ 使得 $F^*(x)\subset F(x)$, $\forall x\in K$.

多值映象类 $\mathcal{U}_C^\kappa$ 由 Park 和 Kim 在文献[237,238]中引入,并称之为**容许的多值映象类**,它包含非线性分析许多多值映象类为特例.

(Ⅱ) 抽象的广义变分不等式解的存在性

我们首先证明一个单侧的鞍点定理.

定理 6.4.1. 设 $(G;\Gamma)$ 是一紧的 G-凸空间, Y 是一拓扑空间, $F\in\mathcal{U}_C^\kappa(X,Y)$. 设 $f:X\times Y\to\mathbf{R}$ 是一实函数,且满足下列条件:

(ⅰ) f 在 $X\times Y$ 上是下半连续的,且 $y\longmapsto f(x,y)$ 是上半连续的;

(ⅱ) $x\longmapsto f(x,y)$ 是 G-拟凸的.

则存在 $x_0\in X$, $y_0\in F(x_0)$ 使得

$$f(x_0,y_0)\leqslant f(u,y_0),\ \forall u\in X.$$

证. 因 X 是紧的,可设 $F\in\mathcal{U}_C(X,Y)$. 故 F 在 X 上是具紧值的上半连续映象,由[11]命题 3.1.11, $F(X)$ 是紧的,故 F 是一紧映象. 对每一 $n=1,2,\cdots$,定义一映象 $G_n:Y\to 2^X$ 如下:

$$G_n(y)=\left\{x\in X:f(x,y)-\min_{u\in X}f(u,y)<\frac{1}{n}\right\}.$$

易知,对每一 $y\in Y$, $G_n(y)\neq\varnothing$. 因 $f(x,y)$ 在 $X\times Y$ 上是下半连续的,且 X 是紧的. 故由[10]定理 1 得知 $y\longmapsto\min_{u\in X}f(u,y)$ 是下半连续的. 从而由条件 (ⅰ) $y\longmapsto f(x,y)-\min_{u\in X}f(u,y)$ 是上半连续的. 因而集合

$$G_n^{-1}(x) = \left\{ y \in Y : f(x,y) - \min_{u \in X} f(u,y) < \frac{1}{n} \right\}, x \in X$$

是 Y 中的开集,故 G_n^{-1} 是转移紧开的. 又由条件(ii),对每一 $y \in Y$, $G_n(y)$ 是 G-凸的. 于是由 Ding[91]定理 3.6,存在 $(x_n, y_n) \in X \times Y$,使得 $x_n \in G_n(y_n)$,且 $y_n \in F(x_n)$. 即 $(x_n, y_n) \in \mathrm{Gr}(F)$,且

$$f(x_n, y_n) - \min_{u \in X} f(u, y_n) < \frac{1}{n}, n = 1, 2, \cdots \qquad (6.4.1)$$

因 X 和 $F(X)$ 均为紧的,不失一般性,可设 $x_n \to x_0, y_n \to y_0$. 由 F 的上半连续性,有 $y_0 \in F(x_0)$. 又由条件易知函数 $(x,y) \longmapsto f(x,y) - \min_{u \in X} f(u,y)$ 在 $X \times Y$ 上也是下半连续的. 于是由(6.4.1)得知

$$f(x_0, y_0) - \min_{u \in X} f(u, y_0) \leqslant \liminf_{n \to \infty} \left[f(x_n, y_n) - \min_{u \in X} f(u, y_n) \right] \leqslant 0.$$

因而存在 $x_0 \in X, y_0 \in F(x_0)$,使得

$$f(x_0, y_0) \leqslant f(u, y_0), \forall u \in X.$$

由定理 6.4.1 可得下面的广义平衡定理.

定理 6.4.2. 设 (X, Γ) 是一紧的 G-凸空间, Z 是一拓扑空间,且 $T \in \mathcal{U}_C^\kappa(X, Z)$. 设 $\varphi : X \times X \times Z \to \mathbf{R}$ 是一泛函,且满足条件:

(i) φ 在 $X \times X \times Z$ 上是下半连续的,对每一 $x \in X$,映象 $(y,z) \longmapsto \varphi(x,y,z)$ 在 $X \times Z$ 上是上半连续的;

(ii) $x \longmapsto \varphi(x,y,z)$ 是 G-拟凸的.

则存在 $x_0 \in X$ 及 $z_0 \in T(x_0)$ 使得

$$\varphi(x_0, x_0, z_0) \leqslant \varphi(u, x_0, z_0), \forall u \in X.$$

证. 令 $Y = X \times Z$,并定义一映象 $F : X \to 2^Y$ 和一函数 $f : X \times Y \to \mathbf{R}$ 如下:

$$F(x) = \{x\} \times T(x),$$
$$f(x, (y,z)) = \varphi(x,y,z), x \in X, (y,z) \in X \times Z.$$

则 $F \in \mathcal{U}_C^\kappa(X, Y)$,且定理 6.4.1 的所有条件满足,故由定理 6.4.1,存在 $x_0 \in X$,及 $(y_0, z_0) \in F(x_0)$,使得

$$\varphi(x_0, y_0, z_0) \leqslant \varphi(u, y_0, z_0), \forall u \in X.$$

易知 $(y_0, z_0) \in F(x_0) = \{x_0\} \times T(x_0)$,从而有 $x_0 = y_0$,且 $(x_0, z_0) \in \mathrm{Gr}(T)$. 证毕.

下面的定理,是众多已知的关于抽象的广义变分不等式解的存在性定理的推广形式.

定理 6.4.3. 设 $(X, D; \Gamma)$ 是一紧的 G-凸空间, Z 是一拓扑空间, $T \in$

$\mathcal{U}_C(X,Z)$. 设 $\varphi:D\times X\times Z\to\mathbf{R}$ 是一泛函,且满足条件:

（ⅰ）对每一 $x\in D,z\in T(x),\varphi(x,x,z)\leqslant 0$;

（ⅱ）对每一 $x\in D,(y,z)\longmapsto\varphi(x,y,z)$ 在 $X\times Z$ 上是下半连续的;

（ⅲ）$x\longmapsto\varphi(x,y,z)$ 在 D 上是 G-拟凹的.

则存在 $x_0\in X,z_0\in T(x_0)$ 使得

$$\varphi(x,x_0,z_0)\leqslant 0,\forall x\in D.$$

证. 因 X 是紧的,故可设 $T\in\mathcal{U}_C(X,Z)$. 因而 T 是具紧值的上半连续映象. 令

$$Y=Gr(T)=\{(y,z)\in X\times Z:z\in T(y)\},$$

并定义映象 $F:X\to 2^Y$ 如下:

$$F(x)=\{x\}\times T(x)=\{(x,z)\in X\times Z:z\in T(x)\},x\in X.$$

则 $F\in\mathcal{U}_C(X,Y)$. 另由 X 的紧性及[11]命题 3.1.11 知 $F(X)$ 是紧的. 故 F 是一紧映象. 如果定理的结论不成立,则对每一 $y\in X,z\in T(y)$,存在 $x\in D$ 使得 $\varphi(x,y,z)>0$. 现定义一映象 $G:Y\to 2^D$ 如下:

$$G((y,z))=\{x\in D:\varphi(x,y,z)>0\},(y,z)\in Y=Gr(T).$$

则对每一 $(y,z)\in Y,G((y,z))\neq\varnothing$. 由条件（ⅱ）,对每一 $x\in D$,

$$G^{-1}(x)=\{(y,z)\in Y:\varphi(x,y,z)>0\}$$

是 Y 中的开集. 故 G 满足定理 6.4.2 中的条件（ⅰ）,从而得知,对每一 $(y,z)\in Y,G((y,z))$ 是 G-凸的. 故由[91]中的定理 3.6(其中取 $G=T$),存在 $(x_0,(y_0,z_0))\in D\times Y$ 使得 $x_0\in G((y_0,z_0))$ 且 $(y_0,z_0)\in F(x_0)=\{x_0\}\times T(x_0)$. 因而得知 $x_0=y_0,(x_0,z_0)\in Gr(T)$,且 $\varphi(x_0,x_0,z_0)=\varphi(y_0,x_0,z_0)>0$. 这与条件（ⅰ）相矛盾. 从而定理 6.4.3 的结论得证.

§6.5　H-空间中的 Ky Fan 型隐变分不等式

在本节中,我们介绍 H-空间中 Ky Fan 型隐变分不等式的某些新结果.

定义 6.5.1. 设 $(X,\{\Gamma_A\})$ 是一 H-空间.

(1)X 称为局部凸的,如果 X 是一个一致空间,而且对一致结构 $\mathcal{U}$ 存在一基 $\{V_i:i\in I\}$,使得对每一 $i\in I$ 及对每一 $x\in X,V_i(x)=\{y\in X:(y,x)\in V_i\}$ 是 H-凸的;

(2)X 称为 l.c.-空间,如果 X 是一一致空间,而且对一致结构 $\mathcal{U}$,存在一基 $\{V_i:i\in I\}$,使得对每一 $i\in I$ 及对任一 H-凸集 E,集 $\{x\in X:E\cap V_i[x]$

$\neq\varnothing\}$ 是 H-凸的,其中 $V_i[x]=\{y\in X:(x,y)\in V_i\}$.

注. l. c. -空间的概念不同于局部凸 H-空间的概念. 但是如果 $(X,\{\Gamma_A\})$ 是一 l. c. -空间且 $\Gamma_{\{x\}}=\{x\}$,$\forall x\in X$,则其必是局部凸 H-空间. 每一局部凸拓扑线性空间的非空凸子集 X 是 l. c. -空间且 $\Gamma_A=\mathrm{co}(A)$,$\forall A\in\langle X\rangle$(其中 $\langle X\rangle$ 表 X 的一切非空有限集的族),从而 $(X,\{\mathrm{co}(A)\})$ 必是局部凸的 H-空间.

设 X 是一拓扑空间. 如果在 X 中赋以映象:
$$[\cdot,\cdot]:X\times X\to\{X\text{ 的连通子集的全体}\},$$
使得对任意的 $x_1,x_2\in X$ 有:$x_1,x_2\in[x_1,x_2]=[x_2,x_1]$,则 $(X,[\cdot,\cdot])$ 称为一**区间空间**,而 $[x_1,x_2]$ 称为一**区间**. 显然,每一满足条件 $\Gamma_{\{x\}}=\{x\}$,$\forall x\in X$ 的 H-空间 $(X,\{\Gamma_A\})$ 是一区间空间,而且 $[x_1,x_2]=\Gamma_{\{x_1,x_2\}}$,$\forall x_1,x_2\in X$.

设 $(X,[\cdot,\cdot])$ 是一区间空间. 一映象 $f:X\to(-\infty,+\infty]$ 称为**弱凸的**. 如果对每一 $r\in\mathbf{R}$,当 $f(y_1)<r$,且 $f(y_2)\leqslant r$ 时,就有 $f(y)<r$,$\forall y\in[y_1,y_2]\setminus\{y_1,y_2\}$.

设 X 是一拓扑空间,$\varphi:X\times X\to(-\infty,+\infty]$ 是一泛函,φ 称为**单调的**,如果
$$\varphi(x,y)+\varphi(y,x)\leqslant 0,\ \forall(x,y)\in X\times X.$$

(Ⅰ)辅助定理

定理 6.5.1. 设 $(X,[\cdot,\cdot])$ 是一 Hausdorff 区间空间,$f:X\to(-\infty,+\infty]$ 是一下半连续函数,且 $f\not\equiv+\infty$. 设 $\varphi:X\times X\to\mathbf{R}$ 是单调的,且 $\varphi(x,x)\geqslant 0$,$\forall x\in X$. 如果下列条件满足:

(ⅰ) $x\longmapsto\varphi(x,y)$ 在每一区间上是上半连续的;

(ⅱ) $y\longmapsto\varphi(x,y)+f(y)$ 是弱凸的.

则存在一点 $\bar{x}\in X$,使得
$$f(y)+\varphi(\bar{x},y)\geqslant f(\bar{x}),\ \forall y\in X,$$
当且仅当存在 $\bar{x}\in X$,使得
$$f(y)-\varphi(y,\bar{x})\geqslant f(\bar{x}),\ \forall y\in X.$$

推论 6.5.2. 设 E 是一 Hausdorff 拓扑线性空间,X 是 E 之一非空凸子集,$f:X\to(-\infty,+\infty]$ 是下半连续的函数,且 $f\not\equiv+\infty$,而 $\varphi:X\times X\to\mathbf{R}$ 是一单调函数,且 $\varphi(x,x)\geqslant 0$,$\forall x\in X$. 如果下面的条件满足:

(ⅰ) $x\longmapsto\varphi(x,y)$ 在每一线段上是上半连续的;

(ⅱ) $y\longmapsto f(y)+\varphi(x,y)$ 是一凸函数.

则存在一点 $\bar{x}\in X$,使得

$$f(y)+\varphi(\bar{x},y)\geqslant f(\bar{x}),\forall y\in X,$$

当且仅当

$$f(y)-\varphi(y,\bar{x})\geqslant f(\bar{x}),\forall y\in X.$$

证. 对任意的 $x_1,x_2\in X$,令 $[x_1,x_2]=\text{co}\{x_1,x_2\}$,则 X 是一区间空间. 另由条件(ⅱ),可以证明 $y\longmapsto f(y)+\varphi(x,y)$ 是弱凸的. 故推论的结论由定理 6.5.1 得知. 证毕.

定理 6.5.3. 设 $(X,\{\Gamma_A\}$ 是一 Hausdorff H-空间,且 $\Gamma_{\{x\}}=\{x\}$,$\forall x\in X$,$f:X\to(-\infty,+\infty]$ 是一下半连续函数,$f\not\equiv+\infty$. 设 $\varphi:X\times X\to\mathbf{R}$ 是一单调函数,$\varphi(x,x)\geqslant 0$,$\forall x\in X$. 如果下列条件满足:

(ⅰ) 存在一点 $x_0\in X$,及 X 之一紧集 K,使得

$$f(x)>f(x_0)+\varphi(x,x_0),\forall x\in X\backslash K;$$

(ⅱ) $y\longmapsto f(y)+\varphi(x,y)$ 是强 H-拟凹的;

(ⅲ) 对每一 $(x_1,x_2)\in X\times X$,$x\longmapsto\varphi(x,y)$ 在 $\Gamma_{\{x_1,x_2\}}$ 上是上半连续的;

(ⅳ) $y\longmapsto\varphi(x,y)$ 是下半连续的.

则下面的变分不等式

$$\varphi(\bar{x},y)\geqslant f(\bar{x})-f(y),\forall y\in X \qquad (6.5.1)$$

的解集是 K 之一非空的紧 H-凸集.

进一步,如果条件(ⅱ)代之以下面的条件(ⅱ′):

(ⅱ′) $y\longmapsto f(y)+\varphi(x,y)$ 是严格 H-拟凸的,

则变分不等式(6.5.1)有唯一解 $\bar{x}\in K$.

证. 对任意的 $x_1,x_2\in X$,令 $[x_1,x_2]=\Gamma_{\{x_1,x_2\}}$,则 X 是一区间空间. 对每一 $y\in X$,令

$$M(y)=\{x\in X:f(y)+\varphi(x,y)\geqslant f(x)\},$$
$$H(y)=\{x\in X:f(y)-\varphi(y,x)\geqslant f(x)\}.$$

由条件(ⅱ),(ⅳ)及 f 的下半连续性知 $H(y)$ 是闭的和 H-凸的. 令

$$S=\bigcap_{y\in X}M(y),$$

则 S 是变分不等式(6.5.1)的所有解的集合. 由定理 6.5.1 知 $S=\bigcap_{y\in X}H(y)$.

对每一有限子集 $\{y_1,y_2,\cdots,y_n\}\subset X$,如果 $x\notin\bigcup_{i=1}^{n}M(y_i)$,则 $f(y_i)+\varphi(x,y_i)<f(x)$,$\forall i\in\{1,2,\cdots,n\}$. 因为 $y\longmapsto f(y)+\varphi(x,y)$ 是 H-拟凸

的,故
$$\Gamma_{\{y_1,y_2,\cdots,y_n\}}\subset\{y\in X:f(y)+\varphi(x,y)<f(x)\}.$$
因 $\varphi(x,x)\geqslant0$,故 $x\notin\Gamma_{\{y_1,y_2,\cdots,y_n\}}$. 这就证明 $M:X\to2^X$ 是一 H-KKM 映象,
因而 $\mathrm{cl}(M):X\to2^X$ 也是一 H-KKM 映象. 另由条件(i)知 $M(x_0)\subset K$,故
$\mathrm{cl}(M(x_0))\subset K$ 且是紧集. 于是由 H-KKM 定理知
$$\bigcap_{y\in X}\mathrm{cl}(M(y))\neq\varnothing.$$
注意到 $\mathrm{cl}(M(y))\subset H(y),\forall y\in X$,故
$$S=\bigcap_{y\in X}H(y)\neq\varnothing.$$
因为
$$\bigcap_{y\in X}H(y)=S\subset\mathrm{cl}(S)\subset\mathrm{cl}(M(x_0))\subset K,$$
且对每一 $y\in X,H(y)$ 是闭的和 H-凸的,故 S 是 K 中的非空的紧 H-凸子
集.

如果条件(ii)代以条件(ii $'$),则对任意的 $x_1,x_2\in S$,有
$$f(y)+\varphi(x_i,y)\geqslant f(x_i),\forall y\in X,i=1,2. \tag{6.5.2}$$
因为 φ 是单调的且 $\varphi(x,x)\geqslant0$,故知 $\varphi(x,x)=0,\forall x\in X$. 如果 $x_1\neq x_2$,在
(6.5.2)中取 $y\in\Gamma_{\{x_1,x_2\}}\backslash\{x_1,x_2\}$. 于是由条件(ii)有
$$f(x_1)\leqslant f(y)+\varphi(x_1,y)<f(x_2)+\varphi(x_1,x_2)$$
及
$$f(x_2)\leqslant f(y)+\varphi(x_2,y)<f(x_1)+\varphi(x_2,x_1).$$
因而有
$$\varphi(x_1,x_2)>f(x_1)-f(x_2)\text{及}\varphi(x_2,x_1)>f(x_2)-f(x_1).$$
故 $\varphi(x_1,x_2)+\varphi(x_2,x_1)>0$. 这与 φ 的单调性矛盾. 故 S 包含唯一元,即变
分不等式(6.5.1)有唯一解 $\bar{x}\in K$. 证毕.

推论 6.5.4. 设 E 是一 Hausdorff 拓扑线性空间,X 是 E 之一非空闭
凸集,$F:X\to\mathbf{R}$ 是一下半连续函数,而 $\varphi:X\times X\to\mathbf{R}$ 是一单调函数,$\varphi(x,x)$
$\geqslant0,\forall x\in X.$

如果下面的条件满足:

(i)存在 E 之一紧子集 K 及一点 $x_0\in X$,使得
$$f(x)>\varphi(x,x_0)+f(x_0),\forall x\in X\backslash K;$$

(ii) $y\longmapsto f(y)+\varphi(x,y)$ 是凸的;

(iii) $x\longmapsto\varphi(x,y)$ 在 X 的每一线段上是上半连续的;

(iv) $y\longmapsto\varphi(x,y)$ 是下半连续的.

则下面的变分不等式

$$\varphi(x,y) \geqslant f(x) - f(y), \forall y \in X \qquad (6.5.3)$$

的解集是 $X \cap K$ 中之一非空紧凸集.

如果条件(ⅱ)代之以下面的条件

(ⅱ′) $y \longmapsto f(y) + \varphi(x,y)$ 是严格凸的,

则变分不等式(6.5.3)有唯一解 $\overline{x} \in X \cap K$.

证. 对每一有限集 $A \subset X$,令 $\Gamma_A = co(A)$,则 $(X, \{coA\})$ 是一 Hausdorff H-空间. 因为 $\varphi(x,x) \geqslant 0, \forall x \in X$,由条件(ⅰ)知,$x_0 \in X \cap K$. 又因 X 是 E 中的闭集,故 $X \cap K$ 是 X 中一非空紧集. 注意到 $X \backslash K = X \backslash (X \cap K)$,于是由条件(ⅰ)有

$$f(x) > \varphi(x,x_0) + f(x_0), \forall x \in X \backslash (X \cap K).$$

故推论 6.5.4 的结论由定理 6.5.3 直接可得.

(Ⅱ)H-空间中的 Ky Fan 型隐变分不等式

引理 6.5.5. [13] 设 $(X, \{\Gamma_A\})$ 是一紧的 Hausdorff 局部凸 H-空间,$T: X \rightarrow 2^X$ 是具闭零调值的上半连续的多值映象. 则存在 $x_0 \in X$,使得 $x_0 \in T(x_0)$.

定理 6.5.6. 设 $(X, \{\Gamma_A\})$ 是一紧的 Hausdorff l.c.-空间,且 $\Gamma_{\{x\}} = \{x\}, \forall x \in X, g: X \times X \rightarrow (-\infty, +\infty]$ 是一下半连续函数,而 $\psi: X \times X \times X \rightarrow \mathbf{R}$ 是一函数,$\psi(z,x,x) \geqslant 0, \forall (z,x) \in X \times X$. 如果下面的条件满足:

(ⅰ) 对每一 $z \in X$,存在一点 $x \in X$,使得 $g(z,x) < +\infty$;

(ⅱ) 对每一 $z \in X, \varphi(x,y) = \psi(z,x,y)$ 是单调的;

(ⅲ) 对每一 $x \in X, g(\cdot, x)$ 是上半连续的;

(ⅳ) $y \longmapsto g(z,y) + \psi(z,x,y)$ 是严格 H-拟凸的;

(ⅴ) $\psi(z, \cdot, y)$ 在每一 $\Gamma_{\{x_1,x_2\}} (x_1, x_2 \in X)$ 上是上半连续的,而且 $\psi(\cdot, x, \cdot)$ 是下半连续的.

则存在一点 $\overline{x} \in X$,使得

$$g(\overline{x}, y) + \psi(\overline{x}, \overline{x}, y) \geqslant g(\overline{x}, \overline{x}), \forall y \in X.$$

证. 对任意的 $x_1, x_2 \in X$,令 $[x_1, x_2] = \Gamma_{\{x_1,x_2\}}$,则 $(X, [\cdot, \cdot])$ 是一紧的 Hausdorff 区间空间. 对每一 $z \in X$,令 $f(x) = g(z,x), x \in X$. 则 f, φ 满足定理 6.5.1 的所有的条件. 由定理 6.5.1,一点 $\overline{x} \in X$ 是下面的变分不等式

$$f(y) + \varphi(\overline{x}, y) \geqslant f(\overline{x}), \forall y \in X \qquad (6.5.4)$$

的解,当且仅当 $\overline{x} \in X$ 是下面的变分不等式的解:

$$f(y)-\varphi(y,\overline{x})\geqslant f(\overline{x}),\forall y\in X. \tag{6.5.5}$$

注意到，f,φ 满足定理 6.5.3 第二部分中的条件，故由定理 6.5.3 知，变分不等式(6.5.4)有唯一解 $S(z)$，故变分不等式(6.5.5)也有唯一解 $S(z)$.

设 $\{(z_\alpha,S(z_\alpha)):\alpha\in I\}$ 是收敛于 (z,x) 的网. 于是对每一 $y\in X$，有

$$g(z_\alpha,y)-\psi(z_\alpha,y,S(z_\alpha))\geqslant g(z_\alpha,S(z_\alpha)),\forall\alpha\in I.$$

由条件(ⅲ)，(ⅴ)及 g 的下半连续性，知

$$g(z,x)\leqslant\liminf_\alpha g(z_\alpha,S(z_\alpha))$$
$$\leqslant\liminf_\alpha[g(z_\alpha,y)-\psi(z_\alpha,y,S(z_\alpha))]$$
$$\leqslant\limsup_\alpha[g(z_\alpha,y)-\psi(z_\alpha,y,S(z_\alpha))]$$
$$\leqslant g(z,y)-\psi(z,y,x),\forall y\in X.$$

这就证明了 $x=S(z)$，从而 S 的图象是闭的，而且 $S:X\to X$ 是单值的上半连续映象.

因 $(X,\{\Gamma_A\})$ 是紧的 Hausdorff 局部凸 H-空间，由引理 6.5.5，存在一点 $\overline{x}\in X$，使得 $\overline{x}=S(\overline{x})$，即

$$g(\overline{x},y)+\psi(\overline{x},\overline{x},y)\geqslant g(\overline{x},\overline{x}),\forall y\in X.$$

证毕.

在定理 6.5.6 中取 $g\equiv0$，则得下面的推论.

推论 6.5.7. 设 $(X,\{\Gamma_A\})$ 是一紧的 Hausdorff l. c.-空间，且 $\Gamma_{\{x\}}=\{x\}$，$\forall x\in X$，而 $\psi:X\times X\times X\to\mathbf{R}$ 是一函数，$\psi(z,x,x)\geqslant0$，$\forall(z,x)\in X\times X$. 如果下面的条件满足：

（ⅰ）对每一 $z\in X$，$\varphi(x,y)=\psi(z,x,y)$ 是单调的；

（ⅱ）$y\longmapsto\psi(z,x,y)$ 是严格 H-拟凸的；

（ⅲ）$x\longmapsto\psi(z,x,y)$ 在每一 $\Gamma_{\{x_1,x_2\}}(x_1,x_2\in X)$ 上是上半连续的，而且 $(z,y)\longmapsto\psi(z,x,y)$ 是下半连续的.

则存在一点 $\overline{x}\in X$，使得

$$\psi(\overline{x},\overline{x},y)\geqslant0,\forall y\in X.$$

第七章 Banach 空间中的变分包含

近年来,变分不等式在采用了一些新的方法和技巧后,已从不同的方向得以推广和发展. 而变分包含就是变分不等式之一重要而有用的推广.

本章将在 Banach 空间的框架下,引入和研究某些类型的多值变分包含. 借助一般的对偶原理、Michael 选择原理[198]、Nadler 定理[205]及其他的方法,证明某些解的存在性定理,并建立求解这些类型的多值变分包含的迭代算法.

§7.1 Banach 空间中某些类型的变分包含解的存在性及其迭代逼近

定义 7.1.1. 设 X 是一 Banach 空间, $g:X{\rightarrow}X^*$ (X 的对偶空间), T, $A:X{\rightarrow}X$ 是三个映象,而 $\varphi:X^*{\rightarrow}(-\infty,+\infty]$ 是一泛函.

现考虑下面的**变分包含问题**: 对任意给定的 $f\in X$,求 $u\in X$,使得

$$\begin{cases} g(u)\in D(\partial\varphi), \\ \langle T(u)-A(u)-f,v-g(u)\rangle\geqslant\varphi(g(u))-\varphi(v), \forall v\in X^*, \end{cases}$$

$$(7.1.1)$$

其中 $\partial\varphi$ 表 φ 的次微分.

为此,我们先给出下面的结果.

引理 7.1.1. 设 X 是一实的光滑的 Banach 空间, $T:X{\rightarrow}X$ 是一强增生映象, $k\in(0,1)$ 是 T 的强增生常数,而 $S:X{\rightarrow}X$ 是一增生映象. 则 $T+S:X{\rightarrow}X$ 也是一具强增生常数 k 的强增生映象.

证. 因 X 是光滑的 Banach 空间,故正规对偶映象 $J:X{\rightarrow}2^{X^*}$ 是单值的. 于是对任意的 $x,y\in X$,有

$$\langle(T+S)(x)-(T+S)(y),J(x-y)\rangle$$
$$=\langle T(x)-T(y),J(x-y)\rangle+\langle S(x)-S(y),J(x-y)\rangle$$
$$\geqslant k\parallel x-y\parallel^2.$$

故 $T+S$ 是具强增生常数 k 的强增生映象. 证毕.

引理 7.1.2. 设 X,g,T,A,φ 与定义 7.1.1 中的一样,如果 X 是一实

Banach 空间,则下列结论等价:

（ⅰ）$x^* \in X$ 是变分包含问题(7.1.1)的解;

（ⅱ）$x^* \in X$ 是由下式定义的映象 $S:X \to 2^X$ 的不动点:

$$S(x) = f - (T(x) - A(x) + \partial\varphi(g(x)));$$

（ⅲ）$x^* \in X$ 是方程 $f \in T(x) - A(x) + \partial\varphi(g(x))$ 的一解.

证. （ⅰ）$\Rightarrow$（ⅲ）.设 $x^* \in X$ 是变分包含问题(7.1.1)的解,则 $g(x^*) \in D(\partial\varphi)$,而且

$$\langle T(x^*) - A(x^*) - f, v - g(x^*) \rangle \geqslant \varphi(g(x^*)) - \varphi(v), \forall v \in X^*.$$

由 φ 的次微分的定义,得知

$$f + A(x^*) - T(x^*) \in \partial\varphi(g(x^*)). \tag{7.1.2}$$

上式表明 x^* 是方程 $f \in T(x) - A(x) + \partial\varphi(g(x))$ 的解.

（ⅲ）$\Rightarrow$（ⅱ）.把 x^* 加到(7.1.2)的两端,有

$$x^* \in f - (T(x^*) - A(x^*) + \partial\varphi(g(x^*))) + x^* = S(x^*), \tag{7.1.3}$$

故 x^* 是 S 在 X 中的不动点.

（ⅱ）$\Rightarrow$（ⅰ）.由（ⅱ）有 $f - (T(x^*) - A(x^*)) \in \partial\varphi(g(x^*))$,故由 $\partial\varphi$ 的定义知

$$\varphi(v) - \varphi(g(x^*)) \geqslant \langle f - (T(x^*) - A(x^*)), v - g(x^*) \rangle, \forall v \in X^*,$$

即

$$\langle T(x^*) - A(x^*) - f, v - g(x^*) \rangle \geqslant \varphi(g(x^*)) - \varphi(v), \forall v \in X^*,$$

即 x^* 是变分包含(7.1.1)的解. 证毕.

引理 7.1.3.[188] 设 $\{a_n\},\{b_n\},\{c_n\},\{\sigma_n\}$ 是四个非负实数列,满足条件:

$$a_{n+1} \leqslant (1 - \sigma_n)a_n + b_n + c_n, \forall n \geqslant n_0,$$

其中 n_0 是某一非负整数,$\sigma_n \in (0,1)$,$\sum_{n=1}^{\infty} \sigma_n = \infty$,$b_n = o(\sigma_n)$,$\sum_{n=0}^{\infty} c_n < \infty$. 则 $a_n \to 0$.

下面的定理是本节的主要结果.

定理 7.1.4. 设 X 是一实的一致光滑的 Banach 空间,$T,A:X \to X$,$g:X \to X^*$ 是三个连续映象,而 $\varphi:X^* \to (-\infty, +\infty]$ 是具连续 Gâteaux 微分 $\partial\varphi$ 的泛函且满足下面的条件:

（ⅰ）$T - A:X \to X$ 是具强增生常数 $k \in (0,1)$ 的强增生映象;

（ⅱ）$\partial\varphi \circ g:X \to X$ 是增生的.

对任意给定的 $f \in X$,定义一映象 $S:X \to X$ 如下:

$$S(x)=f-(T(x)-A(x)+\partial\varphi(g(x)))+x, x\in X.$$

如果 S 的值域 $R(S)$ 是有界的,则由下式定义的 Ishikawa 迭代序列 $\{x_n\}$:

$$\begin{cases} x_0\in X, \\ x_{n+1}=(1-\alpha_n)x_n+\alpha_n S(y_n), & n\geqslant 0 \\ y_n=(1-\beta_n)x_n+\beta_n S(x_n), \end{cases} \quad (7.1.4)$$

强收敛于变分包含(7.1.1)的唯一解,其中 $\{\alpha_n\}$,$\{\beta_n\}$ 是 $[0,1]$ 中的序列,满足下面的条件:

$$\alpha_n\to 0, \beta_n\to 0, \sum_{n=0}^{\infty}\alpha_n=\infty.$$

证. 因 X 是一致光滑的,故 X 是光滑的自反 Banach 空间,且正规对偶映象 $J:X\to 2^{X^*}$ 是单值的,并记之为 j.

(1)首先证明,变分包含(7.1.1)有唯一解. 事实上,由条件(i),(ii)及引理 7.1.1,得知映象 $T-A+\partial\varphi\circ g:X\to X$ 是具强增生常数 $k\in(0,1)$ 的强增生的连续映象. 由 Morales [202]知,$T-A+\partial\varphi\circ g$ 是满射的. 故对任给的 $f\in X$,方程

$$f=(T-A+\partial\varphi\circ g)(x) \quad (7.1.5)$$

有解 x^*. 因 X 是自反的,由引理 7.1.2 知点 x^* 是变分包含(7.1.1)的解,而且它也是 S 的不动点,即 $x^*=S(x^*)$.

下面证明,x^* 是变分包含(7.1.1)在 X 中的唯一解. 设 $u^*\in X$ 也是 (7.1.1)的解,则 u^* 也是 S 在 X 中的不动点,于是有

$$\begin{aligned} \|x^*-u^*\|^2 &= \langle x^*-u^*, j(x^*-u^*)\rangle \\ &= \langle S(x^*)-S(u^*), j(x^*-u^*)\rangle \\ &= \langle f-(T-A+\partial\varphi\circ g)(x^*)+x^* \\ &\quad -(f-(T-A+\partial\varphi\circ g)(u^*)+u^*), j(x^*-u^*)\rangle \\ &= \|x^*-u^*\|^2-\langle(T-A+\partial\varphi\circ g)(x^*) \\ &\quad -(T-A+\partial\varphi\circ g)(u^*), j(x^*-u^*)\rangle \\ &\leqslant \|x^*-u^*\|^2-k\|x^*-u^*\|^2. \end{aligned} \quad (7.1.6)$$

因 $k\in(0,1)$,由(7.1.6)即得 $x^*=u^*$. 故 x^* 是(7.1.1)的唯一解.

(2)下面证明由(7.1.4)定义的 Ishikawa 迭代序列 $\{x_n\}$ 强收敛于(7.1.1)的唯一解 x^*.

因 S 的值域 $R(S)$ 是有界的. 记

$$M=\sup\{\|S(x)-x^*\|+\|x_0-x^*\|: x\in X\}. \quad (7.1.7)$$

现证对一切 $n\geqslant 0$,

$$\| x_n - x^* \| \leqslant M, \quad \| y_n - x^* \| \leqslant M. \tag{7.1.8}$$

事实上,由(7.1.7)知 $\| x_0 - x^* \| \leqslant M$. 故有

$$\| y_0 - x^* \| = \| (1-\beta_0)(x_0 - x^*) + \beta_0(S(x_0) - x^*) \|$$

$$\leqslant (1-\beta_0) \| x_0 - x^* \| + \beta_0 \| S(x_0) - x^* \| \leqslant M.$$

设(7.1.8)对 $n=k\geqslant 1$ 成立,于是有

$$\| x_{k+1} - x^* \| = \| (1-\alpha_k)(x_k - x^*) + \alpha_k(S(y_k) - x^*) \|$$

$$\leqslant (1-\alpha_k) \| x_k - x^* \| + \alpha_k \| S(y_k) - x^* \|$$

$$\leqslant M.$$

$$\| y_{k+1} - x^* \| = \| (1-\beta_{k+1})(x_{k+1} - x^*) + \beta_{k+1}(S(x_{k+1}) - x^*) \|$$

$$\leqslant (1-\beta_{k+1}) \| x_{k+1} - x^* \| + \beta_{k+1} \| S(x_{k+1}) - x^* \|$$

$$\leqslant M.$$

故(7.1.8)被证明. 另因正规对偶映象 J 是单值的,故由(7.1.4)及定理 1.5.5 知

$$\| x_{n+1} - x^* \|^2$$

$$= \| (1-\alpha_n)(x_n - x^*) + \alpha_n(S(y_n) - x^*) \|^2$$

$$\leqslant (1-\alpha_n)^2 \| x_n - x^* \|^2 + 2\alpha_n \langle S(y_n) - x^*, j(x_{n+1} - x^*) \rangle$$

$$= (1-\alpha_n)^2 \| x_n - x^* \|^2 + 2\alpha_n \langle S(y_n) - x^*, j(y_n - x^*) \rangle$$

$$+ 2\alpha_n \langle S(y_n) - x^*, j(x_{n+1} - x^*) - j(y_n - x^*) \rangle. \tag{7.1.9}$$

首先,我们考察(7.1.9)右端第二项.

因为 $T-A+\partial\varphi og$ 是具常增生常数 $k \in (0,1)$ 的强增生映象,于是有

$$\langle S(y_n) - x^*, j(y_n - x^*) \rangle$$

$$= \langle S(y_n) - S(x^*), j(y_n - x^*) \rangle$$

$$= \langle f - (T-A+\partial\varphi og)(y_n) + y_n$$

$$- (f - (T-A+\partial\varphi og)(x^*), j(y_n - x^*) \rangle$$

$$= \| y_n - x^* \|^2 - \langle (T-A+\partial\varphi og)(y_n) - (T-A+\partial\varphi og)(x^*), j(y_n - x^*) \rangle$$

$$\leqslant (1-k) \| y_n - x^* \|^2. \tag{7.1.10}$$

另一方面,由(7.1.4)及引理7.1.3有

$$\| y_n - x^* \|^2 = \| (1-\beta_n)(x_n - x^*) + \beta_n(S(x_n) - x^*) \|^2$$

$$\leqslant (1-\beta_n)^2 \| x_n - x^* \|^2 + 2\beta_n \langle S(x_n) - x^*, j(y_n - x^*) \rangle$$

$$\leqslant \| x_n - x^* \|^2 + 2\beta_n \| S(x_n) - x^* \| \cdot \| y_n - x^* \|$$

$$\leqslant \| x_n - x^* \|^2 + 2\beta_n M^2. \tag{7.1.11}$$

把(7.1.11)代入(7.1.10)得

$$\langle S(y_n)-x^*,j(y_n-x^*)\rangle \leqslant (1-k)(\|x_n-x^*\|^2+2\beta_n M^2).$$
$$(7.1.12)$$

现考察(7.1.9)右端的第三项. 令

$$e_n=|\langle S(y_n)-x^*,j(x_{n+1}-x^*)-j(y_n-x^*)\rangle|. \qquad (7.1.13)$$

于是有

$$e_n \leqslant M\|j(x_{n+1}-x^*)-j(y_n-x^*)\|. \qquad (7.1.14)$$

因为

$$(x_{n+1}-x^*)-(y_n-x^*)=x_{n+1}-y_n$$
$$=(\beta_n-\alpha_n)x_n+\alpha_n S(y_n)-\beta_n S(x_n),$$

而$\{x_n\}$,$\{S(y_n)\}$,$\{S(x_n)\}$都是有界的,并且$\alpha_n\to 0$,$\beta_n\to 0$,故

$$\|x_{n+1}-x^*-(y_n-x^*)\|\to 0(n\to\infty).$$

由正规对偶映象j的一致连续性,有

$$\|j(x_{n+1}-x^*)-j(y_n-x^*)\|\to 0(n\to\infty).$$

于是由(7.1.14)有

$$e_n\to 0(n\to\infty) \qquad (7.1.15)$$

于是由(7.1.9),(7.1.10),(7.1.12)及(7.1.13)得知

$$\|x_{n+1}-x^*\|^2\leqslant[(1-\alpha_n)^2+2\alpha_n(1-k)]\|x_n-x^*\|^2$$
$$+2\alpha_n[2(1-k)\beta_n M^2+e_n]$$
$$=(1+\alpha_n^2-2\alpha_n k)\|x_n-x^*\|^2$$
$$+2\alpha_n[2(1-k)\beta_n M^2+e_n]$$
$$=[1-\alpha_n k+\alpha_n(\alpha_n-k)]\|x_n-x^*\|^2$$
$$+2\alpha_n[2(1-k)\beta_n M^2+e_n]. \qquad (7.1.16)$$

因为$\alpha_n\to 0(n\to\infty)$,故存在一正数$n_0$,当$n\geqslant n_0$时,$\alpha_n<k$. 故当$n\geqslant n_0$时,由(7.1.16)有

$$\|x_{n+1}-x^*\|^2\leqslant(1-\alpha_n k)\|x_n-x^*\|^2+2\alpha_n[2(1-k)\beta_n M^2+e_n].$$
$$(7.1.17)$$

令$\|x_n-x^*\|^2=a_n$,$\alpha_n k=\sigma_n$,$2\alpha_n[2(1-k)\beta_n M^2+e_n]=b_n$ 及 $c_n=0$,由(7.1.17)有

$$a_{n+1}\leqslant(1-\sigma_n)a_n+b_n+c_n,\forall n\geqslant n_0,$$

而且$\{a_n\}$,$\{b_n\}$,$\{c_n\}$,$\{\sigma_n\}$满足引理7.1.3的条件. 故知$a_n\to 0(n\to\infty)$,即$x_n\to x^*(n\to\infty)$. 证毕.

在定理 7.1.4 中,如果 $\beta_n=0$,$\forall n\geqslant 0$,则 $y_n=x_n$,而且 $x_{n+1}=(1-\alpha_n)x_n+\alpha_n S(x_n)$. 于是有下面的结果:

定理 7.1.5. 设 X,T,A,φ,S,g 满足定理 7.1.4 中的所有条件,则对任给的 $f\in X$,变分不等包含(7.1.1)在 X 中有唯一解 x^*,而且由下式定义的 Mann 迭代序列 $\{x_n\}$:

$$\begin{cases} x_0\in X, \\ x_{n+1}=(1-\alpha_n)x_n+\alpha_n S(x_n),n\geqslant 0 \end{cases}$$

强收敛于(7.1.1)的唯一解 x^*,其中 $\{\alpha_n\}$ 是 $[0,1]$ 中的序列且:

$$\alpha_n\to 0,\sum_{n=0}^{\infty}\alpha_n=\infty.$$

定理 7.1.6. 设 X 是一实 Banach 空间,$g:X\to X^*$ 是一映象,$T,A:X\to X$ 是二个一致连续的映象,使得 $T-A$ 是具强增生常数 $k\in(0,1)$ 的强增生映象,对给定的 $f\in X$,定义映象 $S:X\to X$ 如下:

$$S(x)=f-(T-A)(x)+x,\ x\in X. \tag{7.1.18}$$

如果 S 的值域 $R(S)$ 是有界的,则由(7.1.4)定义的 Ishikawa 迭代序列 $\{x_n\}$ 强收敛于下面的变分不等式

$$\langle T(x)-A(x)-f,v-g(x)\rangle\geqslant 0,\forall v\leqslant X \tag{7.1.19}$$

的唯一解,其中 $\{\alpha_n\},\{\beta_n\}$ 是 $[0,1]$ 中的序列,并且满足定理 7.1.4 中的条件.

证. 因 $T-A:X\to X$ 是强增生的和一致连续的,故 $T-A$ 是满射的. 于是对任给的 $f\in X$,方程 $f=(T-A)(x)$ 在 X 中有唯一解 x^*,从而 x^* 是 S 在 X 中的唯一的不动点. 另外,易知 x^* 也是变分不等式(7.1.19)的唯一解. 因 S 的值域 $R(S)$ 是有界的. 令

$$M=\sup\{\|S(x)-x^*\|+\|x_0-x^*\|:x\in X\}.$$

仿定理 7.1.4 一样可证:

$$\|x_n-x^*\|\leqslant M,\|y_n-x^*\|\leqslant M,\forall n\geqslant 0.$$

故由定理 1.5.5,对任意的 $j(x_{n+1}-x^*)\in J(x_{n+1}-x^*)$ 有

$\|x_{n+1}-x^*\|^2$

$=\|(1-\alpha_n)(x_n-x^*)+\alpha_n(S(y_n)-x^*)\|^2$

$\leqslant(1-\alpha_n)^2\|x_n-x^*\|^2+2\alpha_n\langle S(y_n)-x^*,j(x_{n+1}-x^*)\rangle$

$=(1-\alpha_n)^2\|x_n-x^*\|^2+2\alpha_n\langle S(x_{n+1})-x^*,j(x_{n+1}-x^*)\rangle$

$\qquad +2\alpha_n\langle S(y_n)-S(x_{n+1}),j(x_{n+1}-x^*)\rangle. \tag{7.1.20}$

下面我们考察(7.1.20)右端的第二项.

$\langle S(x_{n+1})-x^*,j(x_{n+1}-x^*)\rangle$

$=\langle S(x_{n+1})-S(x^*),j(x_{n+1}-x^*)\rangle$

$=\langle f-(T-A)(x_{n+1})+x_{n+1}-(f-(T-A)(x^*)+x^*),j(x_{n+1}-x^*)\rangle$

$$= \parallel x_{n+1} - x^* \parallel^2 - \langle (T-A)(x_{n+1}) - (T-A)(x^*), j(x_{n+1}-x^*) \rangle$$

$$\leqslant (1+k) \parallel x_{n+1} - x^* \parallel^2. \tag{7.1.21}$$

现考察(7.1.20)右端的第三项. 令

$$h_n = | \langle S(y_n) - S(x_{n+1}), j(x_{n+1}-x^*) \rangle |, \tag{7.1.22}$$

于是有

$$0 \leqslant h_n \leqslant M \cdot \parallel S(y_n) - S(x_{n+1}) \parallel. \tag{7.1.23}$$

因为

$$y_n - x_{n+1} = (1-\beta_n)x_n + \beta_n S(x_n) - (1-\alpha_n)x_n - \alpha_n S(y_n)$$

$$= (\alpha_n - \beta_n)x_n + \beta_n S(x_n) - \alpha_n S(y_n),$$

又 $\{x_n\}$, $\{S(x_n)\}$, $\{S(y_n)\}$ 均有界, 而且 $\beta_n \to 0, \alpha_n \to 0(n \to \infty)$, 于是得知 $y_n - x_{n+1} \to 0(n \to \infty)$. 因 T 和 A 均是一致连续的, 从而 S 也是一致连续的, 且 $S(y_n) - S(x_{n+1}) \to 0(n \to \infty)$. 于是由(7.1.23)有

$$h_n \to 0 \quad (n \to \infty) \tag{7.1.24}$$

由(7.1.20)~(7.1.22)得知

$$\parallel x_{n+1} - x^* \parallel^2 \leqslant (1-\alpha_n)^2 \parallel x_n - x^* \parallel^2$$

$$+ 2\alpha_n(1-k) \parallel x_{n+1} - x^* \parallel^2 + 2\alpha_n h_n.$$

从而有

$$\parallel x_{n+1} - x^* \parallel^2 \leqslant \frac{(1-\alpha_n)^2}{1-2\alpha_n(1-k)} \parallel x_n - x^* \parallel^2 + \frac{2\alpha_n h_n}{1-2\alpha_n(1-k)}.$$

$$\tag{7.1.25}$$

因为

$$\frac{(1-\alpha_n)^2}{1-2\alpha_n(1-k)} = 1 - \frac{2k-\alpha_n}{1-2\alpha_n(1-k)}\alpha_n,$$

而且 $\dfrac{2k-\alpha_n}{1-2\alpha_n(1-k)} \to 2k(n \to \infty)$, 故存在一正整数 n_1, 使得

$$\frac{2k-\alpha_n}{1-2\alpha_n(1-k)} > k, \forall n \geqslant n_1.$$

于是, 当 $n \geqslant n_1$ 时, 由(7.1.25)有

$$\parallel x_{n+1} - x^* \parallel^2 \leqslant (1-k\alpha_n) \parallel x_n - x^* \parallel^2 + \frac{2\alpha_n h_n}{1-2\alpha_n(1-k)}.$$

$$\tag{7.1.26}$$

在引理 7.1.3 中取 $a_n = \parallel x_n - x^* \parallel^2, \sigma_n = k\alpha_n, c_n = 0, b_n = \dfrac{2\alpha_n h_n}{1-2\alpha_n(1-k)}$,

则引理 7.1.3 中的条件满足. 于是有 $a_n \to 0$, 即 $x_n \to x^*(n \to \infty)$. 证毕.

§7.2　Banach空间中多值变分包含解的存在性及其逼近问题

本节的目的是在 Banach 空间中引入和研究一类不具紧性条件的更为一般的多值变分包含. 借助著名的 Michael 选择定理[198] 及 Nadler 不动点定理[205], 对此类多值变分包含问题, 建立一个解的存在性定理和解的逼近定理.

在本节中, 处处假定 X 是一实 Banach 空间, X^* 是 X 的对偶空间, $CB(X)$ 是 X 的一切非空的有界闭集的族, $\langle\cdot,\cdot\rangle$ 是 X 与 X^* 间的配对, $D(\cdot,\cdot)$ 是 $CB(X)$ 上的 Hausdorff 度量, $J:X\to 2^{X^*}$ 是正规对偶映象.

定义 7.2.1. 设 $A:D(A)\subset X\to 2^X$ 是一多值映象, $\varphi:[0,+\infty)\to[0,\infty)$ 是严格增的函数且 $\varphi(0)=0$. 映象 A 称为 **φ-强增生的,** 如果对任意的 $x,y\in D(A)$, 存在 $j(x-y)\in J(x-y)$, 使得对任意的 $u\in A(x),v\in A(y)$, 有

$$\langle u-v,j(x-y)\rangle \geqslant \varphi(\|x-y\|)\|x-y\|.$$

映象 A 称为 **φ-扩张的,** 如果对任意的 $x,y\in D(A)$, 及对任意的 $u\in A(x),v\in A(y)$, 有

$$\|u-v\| \geqslant \varphi(\|x-y\|).$$

注. 易知, 如果 A 是 φ-强增生的, 则 A 是 φ-扩张的.

现在, 我们考虑下面的问题:

设 $T,F:X\to CB(X)$ 是二多值映象, $A:D(A)\subset X\to 2^X$ 是一 m-增生映象, $g:X\to D(A)$ 是一单值映象, 而 $N(\cdot,\cdot):X\times X\to X$ 是一非线性映象, 对给定的 $f\in X$ 及 $\lambda>0$, 求 $q\in X,w\in T(q),v\in F(q)$ 使得

$$f\in N(w,v)+\lambda A(g(q)). \tag{7.2.1}$$

这一问题称为 Banach 空间中的**多值变分包含问题**.

由理论和应用学科提出的许多问题均可归结为这一类变分包含问题的研究.

现在, 我们考察问题(7.2.1)的某些特例.

(1)如果 $X=H$ 是一 Hilbert 空间, $A:D(A)=H\to H$ 是一极大单调映象, 则问题(7.2.1)等价于: 求 $q\in H,w\in T(q)$ 及 $v\in F(q)$, 使得

$$f\in N(w,v)+\lambda A(g(q)). \tag{7.2.2}$$

这一问题在适当的条件下, 首先在 Noor[217]中引入和研究.

(2)如果 $g\equiv I$(恒等映象),则问题(7.2.1)等价于:求 $q\in D(A)$，$w\in T(q)$ 及 $v\in F(q)$，使得

$$f\in N(w,v)+\lambda A(q). \tag{7.2.3}$$

(3)如果 $g=I,F=O,T=I,S:X\to X$ 是一单值映象，而且 $N(x,y)=S(x),\forall(x,y)\in X\times X.$ 则问题(7.2.1)等价于:求 $q\in D(A)$，使得

$$f\in S(q)+\lambda A(q). \tag{7.2.4}$$

这一问题在 Jung-Morales[139]中引入和研究.

(4)如果 $X=H$ 是一 Hilbert 空间，$\lambda=1$ 且 $A=\partial\varphi(\partial\varphi$ 是一真凸下半连续函数 $\varphi:H\to(-\infty,+\infty]$ 的次微分)，则问题(7.2.1)等价于:求 $q\in H,w\in T(q)$ 及 $v\in F(q)$，使得

$$\langle N(w,v)-f,x-g(q)\rangle\geqslant\varphi(g(q))-\varphi(x),\forall x\in H. \tag{7.2.5}$$

这一问题称为**广义多值混合变分不等式**，它首先在 Noor 等[222]中引入和研究.最近，这一问题在 N 是某些特定情形，而且在 Banach 空间的框架下，在文[35]中研究过.

(5)如果 H 是一 Hilbert 空间，$T,F,M:H\to 2^H$ 是三个多值映象，$m,S,G:H\to H$ 是三个单值映象，且 $K(z)=m(z)+K$，这里 K 是 X 中之一闭凸子集，$N(x,y)=S(x)+G(y)$，且

$$\varphi(x)=I_{K(z)}(x)=\begin{cases}0, & \text{如果 } x\in K(z),\\ +\infty, & \text{如果 } x\notin K(z),\end{cases}$$

则问题(7.2.5)等价于:求 $q\in H,w\in T(q),v\in F(q)$ 及 $z\in M(q)$，使得

$$g(q)\in K(q),\langle S(w)+G(v)-f,x-g(q)\rangle\geqslant 0,\forall x\in K(z).$$

$$\tag{7.2.6}$$

这一问题称为**广义强非线性隐拟变分不等式**，它在 Huang[130]中讨论过.

总结上面的讨论得知，适当选择映象 T,F,A,g,N 及空间 X，我们可以从问题(7.2.1)得到许多已知的和新的变分不等式、变分包含及相应的最优化问题为其特例.另外，这一类变分包含的研究，使我们可以在更一般的和统一的框架下，进一步研究数学、物理和工程中所提出的许多实际问题.

定义 7.2.2. 设 $T,F:X\to 2^X$ 是二多值映象，$N(\cdot,\cdot):X\times X\to X$ 是一非线性映象，而 $\varphi:[0,\infty)\to[0,\infty)$ 是一严格增的函数，$\varphi(0)=0$.

（i）映象 $x\longmapsto N(x,y)$ 称为**关于映象 T 是 φ-强增生的**，如果对任意的 $x_1,x_2\in X$，存在 $j(x_1-x_2)\in J(x_1-x_2)$，使得对任意的 $u_1\in T(x_1)$，$u_2\in T(x_2)$ 有

$$\langle N(u_1,y)-N(u_2,y),j(x_1-x_2)\rangle$$
$$\geqslant\varphi(\parallel x_1-x_2\parallel)\cdot\parallel x_1-x_2\parallel,\forall y\in X;$$

（ⅱ）映象 $y\longmapsto N(x,y)$ 称为**关于映象 F 是增生的**,如果对任意的 $y_1,y_2\in X$,存在 $j(y_1-y_2)\in J(y_1-y_2)$,使得对任意的 $v_1\in F(y_1),v_2\in F(y_2)$ 有

$$\langle N(x,v_1)-N(x,v_2),j(y_1-y_2)\rangle\geqslant0,\forall x\in X.$$

定义 7.2.3. 设 $T:X\rightarrow CB(X)$ 是一多值映象,T 称为 **ξ-Lipschitz 连续的**,如果对任意的 $x,y\in X$ 有

$$D(T(x),T(y))\leqslant\xi\parallel x-y\parallel,$$

其中 $\xi>0$ 是一常数,而 $D(\cdot,\cdot)$ 是 $CB(X)$ 上的 Hausdorff 度量.

引理 7.2.1. 设 X 是一实的光滑 Banach 空间,$T,F:X\rightarrow2^X$ 是二多值映象,$N(\cdot,\cdot):X\times X\rightarrow X$ 是一非线性的多值映象,满足下述条件:

（ⅰ）映象 $x\longmapsto N(x,y)$ 关于映象 T 是 φ 强增生的;

（ⅱ）映象 $y\longmapsto N(x,y)$ 关于 F 是增生的.

则映象 $S:X\rightarrow2^X$,

$$S(x)=N(T(x),F(x)),x\in X$$

是 φ 强增生的.

证. 因 X 是光滑的,故正规对偶映象 $J:X\rightarrow2^{X^*}$ 是单值的. 对任给的 $x_1,x_2\in X$,及 $u_i\in S(x_i),i=1,2$,存在 $w_i\in T(x_i)$ 及 $v_i\in F(x_i)$,使得 $u_i=N(w_i,v_i),i=1,2.$ 于是由条件（ⅰ）和（ⅱ）,有

$$\langle u_1-u_2,J(x_1-x_2)\rangle$$
$$=\langle N(w_1,v_1)-N(w_2,v_2),J(x_1-x_2)\rangle$$
$$=\langle N(w_1,v_1)-N(w_2,v_1),J(x_1-x_2)\rangle+\langle N(w_2,v_1)-N(w_2,v_2),J(x_1-x_2)\rangle$$
$$\geqslant\varphi(\parallel x_1-x_2\parallel)\cdot\parallel x_1-x_2\parallel.$$

故 $S=N(T(\cdot),F(\cdot))$ 是 φ-强增生的.　证毕.

引理 7.2.2. [198] 设 X,Y 是二 Banach 空间,$T:X\rightarrow2^Y$ 是具非空闭凸值的下半连续映象.则 T 有一连续选择,即存在一连续映象 $h:X\rightarrow Y$,使得 $h(x)\in T(x),\forall x\in X$.

引理 7.2.3. 设 X 是一实的一致光滑的 Banach 空间,$T:X\rightarrow2^X$ 是一下半连续的 m-增生映象.则下面的结论成立:

（ⅰ）T 有一连续的 m-增生选择;

（ⅱ）如果再设 T 也是 φ-强增生的,则 T 有一连续的 m-增生的和 φ-强增生的选择.

证.（ⅰ）众所周知,如果 X 是一致光滑的 Banach 空间,且 $T:X\rightarrow2^X$ 是 m-增生的,则对每一 $x\in X,T(x)$ 是非空闭凸的(参见 Deimling[89]). 由引理 7.2.2,T 有一连续选择 $h:X\rightarrow X$,使得 $h(x)\in T(x),\forall x\in X$.

下证 $h:X\rightarrow X$ 是 m-增生的.

事实上,因 $T:X\rightarrow2^X$ 是增生的,故对任意的 $x,y\in X$,及任意的 $u\in T(x),v\in T(y)$,有

$$\langle h(x)-h(y),J(x-y)\rangle\geqslant0.$$

这表明 $h:X\rightarrow X$ 是一连续的增生映象. 由 Martin[194],h 是一连续的 m-增生的选择映象.

（ⅱ）如果再设 T 是 φ-强增生的,则由（ⅰ）中给出的选择映象 $h:X\rightarrow X$ 也是 φ-强增生的.

事实上,对任意的 $x,y\in X$ 及任意的 $u\in T(x),v\in T(y)$ 有

$$\langle u-v,J(x-y)\rangle\geqslant\varphi(\|x-y\|)\cdot\|x-y\|. \tag{7.2.7}$$

令 $u=h(x)\in T(x),v=h(y)\in T(y)$,则由(7.2.7)有

$$\langle h(x)-h(y),J(x-y)\rangle\geqslant\varphi(\|x-y\|)\cdot\|x-y\|.$$

故 h 是 φ-强增生的. 证毕.

引理 7.2.4.[161] 设 X 是一致光滑的 Banach 空间,$A:D(A)\subset X\rightarrow2^X$ 是一 m-增生的 φ-扩张映象,其中 $\varphi:[0,\infty)\rightarrow[0,\infty)$ 是一严格增函数且 $\varphi(0)=0$. 则 A 是满射的.

为了求解多值变分包含(7.2.1),现在我们借助 Michael 连续选择定理 (即引理 7.2.2)及 Nadler 定理([205])提出下面的算法:

设 $\{\alpha_n\},\{\beta_n\}$ 是 $[0,1]$ 中的两个数列,f 是 X 中任意给定的元,而 $\lambda>0$ 是任一给定的数. 对给定的 $x_0\in X,u_0\in T(x_0)$ 及 $z_0\in F(x_0)$,取

$$y_0\in(1-\beta_0)x_0+\beta_0(f+x_0-N(u_0,z_0)-\lambda A(g(x_0))),$$
$$w_0\in T(y_0),\ v_0\in F(y_0).$$

现定义

$$x_1\in(1-\alpha_0)x_0+\alpha_0(f+y_0-N(w_0,v_0)-\lambda A(g(y_0))).$$

因为 $u_0\in T(x_0)$,且 $z_0\in F(x_0)$,由 Nadler 定理,存在 $u_1\in T(x_1)$ 及 $z_1\in F(x_1)$,使得

$$\|u_0-u_1\|\leqslant(1+1)D(T(x_0),T(x_1)),$$
$$\|z_0-z_1\|\leqslant(1+1)D(F(x_0),F(x_1)).$$

对 $x_1\in X,u_1\in T(x_1)$ 及 $z_1\in F(x_1)$,定义

$$y_1\in(1-\beta_1)x_1+\beta_1(f+x_1-N(u_1,z_1)-\lambda A(g(x_1))).$$

因 $w_0 \in T(y_0), v_0 \in F(y_0)$,由 Nadler 定理,存在 $w_1 \in T(y_1)$ 及 $v_1 \in F(y_1)$,使得

$$\| w_0 - w_1 \| \leqslant (1+1)D(T(y_0), T(y_1)),$$

$$\| v_0 - v_1 \| \leqslant (1+1)D(F(y_0), F(y_1)).$$

定义

$$x_2 \in (1-\alpha_1)x_1 + \alpha_1(f + y_1 - N(w_1, v_1) - \lambda A(g(y_1))).$$

继续这一方法,可得下面的算法:

算法 7.2.1. 对任意给定的 $x_0 \in X, u_0 \in T(x_0)$ 及 $z_0 \in F(x_0)$,计算序列 $\{x_n\}, \{y_n\}, \{u_n\}, \{z_n\}, \{w_n\}$ 及 $\{v_n\}$,使得对任意的 $n \geqslant 0$,

$$
\begin{cases}
(\text{i}) \ x_{n+1} \in (1-\alpha_n)x_n + \alpha_n(f + y_n - N(w_n, v_n) - \lambda A(g(y_n))), \\
(\text{ii}) \ y_n \in (1-\beta_n)x_n + \beta_n(f + x_n - N(u_n, z_n) - \lambda A(g(x_n))), \\
(\text{iii}) \ u_n \in T(x_n), \| u_n - u_{n+1} \| \leqslant \left(1 + \dfrac{1}{n+1}\right)D(T(x_n), T(x_{n+1})), \\
(\text{iv}) \ z_n \in F(x_n), \| z_n - z_{n+1} \| \leqslant \left(1 + \dfrac{1}{n+1}\right)D(F(x_n), F(x_{n+1})), \\
(\text{v}) \ w_n \in T(y_n), \| w_n - w_{n+1} \| \leqslant \left(1 + \dfrac{1}{n+1}\right)D(T(y_n), T(y_{n+1})), \\
(\text{vi}) \ v_n \in F(y_n), \| v_n - v_{n+1} \| \leqslant \left(1 + \dfrac{1}{n+1}\right)D(F(y_n), F(y_{n+1})).
\end{cases}
$$

$$(7.2.8)$$

由(7.2.8)所定义的迭代序列 $\{x_n\}$,称为 **Ishikawa 迭代序列**.

在算法 7.2.1 中,如果 $\beta_n = 0, \forall n \geqslant 0$,则 $y_n = x_n$. 取 $w_n = u_n$ 且 $z_n = v_n$, $\forall n \geqslant 0$,于是得出下面的算法.

算法 7.2.2. 对任给的 $x_0 \in X, w_0 \in T(x_0)$ 且 $v_0 \in F(x_0)$,计算序列 $\{x_n\}, \{w_n\}$ 及 $\{v_n\}$,使得对任意的 $n \geqslant 0$,

$$
\begin{cases}
x_{n+1} \in (1-\alpha_n)x_n + \alpha_n(f + x_n - N(w_n, v_n) - \lambda A(g(x_n))), \\
w_n \in T(x_n), \| w_n - w_{n+1} \| \leqslant \left(1 + \dfrac{1}{n+1}\right)D(T(x_n), T(x_{n+1})), \\
v_n \in F(x_n), \| v_n - v_{n+1} \| \leqslant \left(1 + \dfrac{1}{n+1}\right)D(F(x_n), F(x_{n+1})).
\end{cases}
$$

$$(7.2.9)$$

由(7.2.9)所定义的迭代序列 $\{x_n\}$ 称为 **Mann 迭代序列**.

下面,我们将对变分包含(7.2.1)建立一个解的存在性定理. 我们有下面的结果.

定理 7.2.5. 设 X 是一实的一致光滑的 Banach 空间,$T, F: X \to$

$CB(X),A:D(A)\subset X\to 2^X$ 是三个多值映象, $g:X\to D(A)$ 是一单值映象, 而 $N(\cdot,\cdot):X\times X\to X$ 是一单值的连续映象, 满足下述条件:

（ⅰ） $Aog:X\to 2^X$ 是 m-增生的;

（ⅱ） $T:X\to CB(X)$ 是 μ-Lipschitz 连续的, 其中 $\mu\in\left(0,\dfrac{1}{2}\right)$ 是一常数;

（ⅲ） $F:X\to CB(X)$ 是 ξ-Lipschitz 连续的, 其中 $\xi<\left(0,\dfrac{1}{2}\right)$ 是一常数;

（ⅳ） 映象 $x\longmapsto N(x,y)$ 关于 T 是 φ 强增生的, 其中 $\varphi:[0,\infty)\to[0,\infty)$ 是严格增的, 且 $\varphi(0)=0$;

（ⅴ） 映象 $y\longmapsto N(x,y)$ 关于 F 是增生的.

则对任意给定的 $f\in X$ 及 $\lambda>0$, 存在 $q\in X,w\in T(q)$ 及 $v\in F(q)$, 其为多值变分包含(7.2.1)的解.

证. 由条件(ⅳ),(ⅴ)及引理 7.2.1 得知, 由

$$S(x)=N(T(x),F(x)),x\in X$$

定义的映象 $S:X\to 2^X$ 是 φ-强增生的. 因 $N(\cdot,\cdot)$ 连续, 且 T 和 F 是 Lipschitz 连续的, 故 S 是连续的增生映象. 由 Morales[202], S 是 m-增生和 φ-强增生的. 由引理 7.2.3(ⅱ), S 有一连续的 φ-强增生的和 m-增生的选择映象 $h:X\to X$, 使得 $h(x)\in S(x)=N(T(x),F(x)),\forall x\in X$.

现在, 我们考察下面的变分包含:

$$f\in h(x)+\lambda A(g(x)),\forall\lambda>0. \tag{7.2.10}$$

由假设, λAog 是 m-增生的, 而 $h:X\to X$ 是连续和 φ-强增生的, 故 λAog 是 m-增生和 φ-扩张的. 由引理 7.2.4, $h+\lambda Aog:X\to 2^X$ 是满射的. 故对给定的 f 及 $\lambda>0$, 存在唯一的 $q\in X$, 使得

$$f\in h(q)+\lambda A(g(q))\subset N(T(q),F(q))+\lambda A(g(q)).$$

q 的唯一性由 $h+\lambda Aog$ 的 φ-强增生性直接可得. 故存在 $w\in T(q)$ 及 $v\in F(q)$ 使得

$$f\in N(w,v)+\lambda A(g(q)).$$

证毕.

下面我们将研究变分包含(7.2.1)解的逼近问题. 我们有下面的结果.

定理 7.2.6. 设 X,T,F,A,g,N 与定理 7.2.5 中的相同. 设 $\{\alpha_n\},\{\beta_n\}$ 是 $[0,1]$ 中的序列, 满足下面的条件:

（ⅰ） $\alpha_n\to 0,\beta_n\to 0(n\to\infty)$;

（ⅱ） $\displaystyle\sum_{n=0}^{\infty}\alpha_n=\infty$.

如果值域 $R(I-N(T(\ \cdot\ ),F(\ \cdot\ )))$ 及 $R(A\circ g)$ 均为有界的,而且对任给的 $u_0\in X,w_0\in T(x_0),z_0\in F(x_0),\{x_n\},\{w_n\},\{v_n\}$ 是由(7.2.8)所定义的序列.则存在子列 $\{x_{n_j}\}\subset\{x_n\},\{w_{n_j}\}\subset\{w_n\},\{v_{n_j}\}\subset\{v_n\}$ 分别收敛于变分包含(7.2.1)的解 q,w,v.

证. 在(7.2.8)的(ⅰ),(ⅱ)中,取 $h_n\in A(g(x_n)),k_n\in A(g(y_n))$,使得

$$\begin{cases} x_{n+1}=(1-\alpha_n)x_n+\alpha_n(f+y_n-N(w_n,v_n)-\lambda k_n), \\ y_n=(1-\beta_n)x_n+\beta_n(f+x_n-N(u_n,z_n)-\lambda h_n), \end{cases} n\geqslant 0.$$

$$(7.2.11)$$

令

$$\begin{cases} p_n=f+y_n-N(w_n,v_n)-\lambda k_n, \\ r_n=f+x_n-N(u_n,z_n)-\lambda h_n, \end{cases} n\geqslant 0.$$

则(7.2.11)可以写成:

$$\begin{cases} x_{n+1}=(1-\alpha_n)x_n+\alpha_n p_n, \\ y_n=(1-\beta_n)x_n+\beta_n r_n, \end{cases} n\geqslant 0. \qquad (7.2.12)$$

因为值域 $R(I-N(T(\ \cdot\ ),F(\ \cdot\ ))),R(A\circ g)$ 均有界,令

$$M=\sup\{\parallel w-q\parallel:w\in(f+x-N(T(x),F(x))-\lambda A(g(x))):x\in X\}$$
$$+\parallel x_0-q\parallel<\infty.$$

则有

$$\parallel p_n-q\parallel\leqslant M,\parallel r_n-q\parallel\leqslant M,\quad n\geqslant 0. \qquad (7.2.13)$$

因为 $\parallel x_0-q\parallel\leqslant M$,故有

$$\parallel y_0-q\parallel=\parallel(1-\beta_0)(x_0-q)+\beta_0(r_0-q)\parallel$$
$$\leqslant(1-\beta_0)\parallel x_0-q\parallel+\beta_0\parallel r_0-q\parallel\leqslant M,$$

从而有

$$\parallel x_1-q\parallel\leqslant(1-\alpha_0)\parallel x_0-q\parallel+\alpha_0\parallel p_0-q\parallel\leqslant M,$$
$$\parallel y_1-q\parallel\leqslant(1-\beta_1)\parallel x_1-q\parallel+\beta_1\parallel r_1-q\parallel\leqslant M.$$

由归纳法,可证

$$\parallel x_n-q\parallel\leqslant M,\parallel y_n-q\parallel\leqslant M. \qquad (7.2.14)$$

另一方面,由(7.2.13),(7.2.14)及引理7.1.3有

$$\parallel x_{n+1}-q\parallel^2=\parallel(1-\alpha_n)(x_n-q)+\alpha_n(p_n-q)\parallel^2$$
$$\leqslant(1-\alpha_n)^2\parallel x_n-q\parallel^2+2\alpha_n\langle p_n-q,j(x_{n+1}-q)\rangle$$
$$\leqslant(1-\alpha_n)^2\parallel x_n-q\parallel^2+2\alpha_n\langle p_n-q,j(y_n-q)\rangle$$
$$+2\alpha_n\langle p_n-q,j(x_{n+1}-q)-j(y_n-q)\rangle. \qquad (7.2.15)$$

现考察(7.2.15)右端第三项.因为

$$\| x_{n+1} - q - (y_n - q) \|$$
$$= \| x_{n+1} - y_n \|$$
$$= \| (1 - \alpha_n) \beta_n (x_n - r_n) + \alpha_n (p_n - y_n) \|$$
$$\leqslant (1 - \alpha_n) \beta_n \{ \| x_n - q \| + \| r_n - q \| \} + \alpha_n \{ \| p_n - q \| + \| y_n - q \| \}$$
$$\leqslant 2 ((1 - \alpha_n) \beta_n + \alpha_n) M \rightarrow 0.$$

于是由 $j: X \rightarrow X^*$ 的一致连续性有

$$j(x_{n+1} - q) - j(y_n - q) \rightarrow 0 \quad (n \rightarrow \infty).$$

因为 $\{ p_n - q \}$ 是有界的,即得

$$\delta_n := | \langle p_n - q, j(x_{n+1} - q) - j(y_n - q) \rangle | \rightarrow 0 \quad (n \rightarrow \infty). \tag{7.2.16}$$

现在我们考察(7.2.15)右端的第二项.

因为 $w_n \in T(y_n), v_n \in F(y_n), k_n \in Ag(y_n)$,故有

$$N(w_n, v_n) + \lambda k_n \in [N(T(\,\cdot\,), F(\,\cdot\,)) + \lambda A(g(\,\cdot\,))](y_n).$$

又因 $q \in X$,使得

$$f \in h(q) + \lambda A(g(q)) \subset [N(T(\,\cdot\,), F(\,\cdot\,)) + \lambda A(g(\,\cdot\,))](q).$$

即 f 是 $[N(T(\,\cdot\,), F(\,\cdot\,)) + \lambda A(g(\,\cdot\,))](q)$ 中的一点. 由定理的假定:
$N(T(\,\cdot\,), F(\,\cdot\,)) + \lambda A(g(\,\cdot\,)): X \rightarrow 2^X$ 是 φ-强增生的,故有

$$\langle f - (N(w_n, v_n) + \lambda k_n), j(y_n - q) \rangle$$
$$= - \langle N(w_n, v_n) + \lambda k_n - f, j(y_n - q) \rangle$$
$$= - \varphi(\| y_n - q \|) \cdot \| y_n - q \|.$$

于是有

$$2\alpha_n \langle p_n - q, j(y_n - q) \rangle$$
$$= 2\alpha_n \langle f + y_n - N(w_n, v_n) - \lambda k_n - q, j(y_n - q) \rangle$$
$$= 2\alpha_n \{ \langle y_n - q, j(y_n - q) \rangle - \langle N(w_n, v_n) + \lambda k_n - f, j(y_n - q) \rangle \}$$
$$\leqslant 2\alpha_n \{ \| y_n - q \|^2 - \varphi(\| y_n - q \|) \| y_n - q \| \}. \tag{7.2.17}$$

把(7.2.16)及(7.2.17)代入(7.2.15)有

$$\| x_{n+1} - q \|^2 \leqslant (1 - \alpha_n)^2 \| x_n - q \|^2$$
$$+ 2\alpha_n [\| y_n - q \|^2 - \varphi(\| y_n - q \|) \| y_n - q \|] + 2\alpha_n \delta_n. \tag{7.2.18}$$

现对 $\| y_n - q \|^2$ 作估计:

$$\| y_n - q \|^2$$
$$= \| (1 - \beta_n)(x_n - q) + \beta_n (r_n - q) \|^2$$
$$\leqslant (1 - \beta_n)^2 \| x_n - q \|^2 + 2\beta_n \langle r_n - q, j(y_n - q) \rangle$$
$$\leqslant (1 - \beta_n)^2 \| x_n - q \|^2 + 2\beta_n \| r_n - q \| \cdot \| y_n - q \|$$

$$\leqslant \| x_n - q \|^2 + 2\beta_n M^2. \tag{7.2.19}$$

把(7.2.19)代入(7.2.18),并化简,即得

$$\| x_{n+1} - q \|^2 \leqslant (1 - \alpha_n)^2 \| x_n - q \|^2 + 2\alpha_n [\| x_n - q \|^2 + 2\beta_n M^2]$$
$$- 2\alpha_n \varphi(\| y_n - q \|) \| y_n - q \| + 2\alpha_n \delta_n$$
$$= \| x_n - q \|^2 - \alpha_n \varphi(\| y_n - q \|) \| y_n - q \|$$
$$- \alpha_n [\varphi(\| y_n - q \|) \| y_n - q \| - 4\beta_n M^2 - \alpha_n \| x_n - q \|^2 - 2\delta_n]. \tag{7.2.20}$$

令

$$\sigma = \liminf_{n \to \infty} \| y_n - q \|.$$

下证 $\sigma = 0$. 设相反, $\sigma > 0$. 于是对任给的 $\varepsilon > 0$, $\varepsilon < \sigma$, 存在正整数 n_1, 当 $n \geqslant n_1$ 时, $\| y_n - q \| > \varepsilon$. 于是由(7.2.20), 当 $n \geqslant n_1$ 时有

$$\| x_{n+1} - q \|^2 \leqslant \| x_n - q \|^2 - \alpha_n [\varphi(\varepsilon) \varepsilon]$$
$$- \alpha_n [\varphi(\varepsilon) \varepsilon - 4\beta_n M^2 - \alpha_n M^2 - 2\delta_n]. \tag{7.2.21}$$

因 $\beta_n \to 0$, $\alpha_n \to 0$ 且 $\delta_n \to 0$, 故存在 $n_0 \geqslant n_1$, 当 $n \geqslant n_0$ 时有

$$\varphi(\varepsilon) \varepsilon - 4\beta_n M^2 - \alpha_n M^2 - 2\delta_n \to 0.$$

故由(7.2.21)有

$$\| x_{n+1} - q \|^2 \leqslant \| x_n - q \|^2 - \alpha_n [\varphi(\varepsilon) \varepsilon], \quad \forall n \geqslant n_0.$$

即

$$\alpha_n \varphi(\varepsilon) \cdot \varepsilon \leqslant \| x_n - q \|^2 - \| x_{n+1} - q \|^2, \quad n \geqslant n_0$$

于是,对任意的正整数 $m \geqslant n_0$, 有

$$\sum_{n=n_0}^{m} \alpha_n \varphi(\varepsilon) \cdot \varepsilon \leqslant \| x_{n_0} - q \|^2 - \| x_{m+1} - q \|^2 \leqslant \| x_{n_0} - q \|^2. \tag{7.2.22}$$

在(7.2.22)中让 $m \to \infty$ 即得

$$\infty = \sum_{n=n_0}^{\infty} \alpha_n \varphi(\varepsilon) \cdot \varepsilon \leqslant \| x_{n_0} - q \|^2.$$

矛盾. 从而得知 $\sigma = 0$. 故存在子序列 $\{ y_{n_j} \} \subset \{ y_n \}$ 使得 $y_{n_j} \to q$, 即

$$y_{n_j} = (1 - \beta_{n_j}) x_{n_j} + \beta_{n_j} r_{n_j} \to q.$$

因 $\beta_n \to 0$, $\alpha_n \to 0$, 且 $\{ r_n \}$, $\{ p_n \}$ 是有界的, 故有

$$x_{n_j} \to q \ (j \to \infty).$$

现记 $x_j = x_{n_j}$, $y_j = y_{n_j}$, 于是 $\{ x_j \}$ 和 $\{ y_j \}$ 分别是 $\{ x_n \}$ 和 $\{ y_n \}$ 的子序列, 而且有

$$x_j \to q, \quad y_j \to q \ (j \to \infty).$$

因为 T 是 μ-Lipschitz 的，而 F 是 ξ-Lipschitz 的，其中 $\mu,\xi\in\left(0,\dfrac{1}{2}\right)$. 于是由 (7.2.8) 中的条件（ⅲ）和（ⅳ）有

$$\| u_j - u_{j+1} \| \leqslant \left(1+\frac{1}{j+1}\right)D(T(x_j),T(x_{j+1}))$$

$$\leqslant\mu\left(1+\frac{1}{j+1}\right)\| x_j - x_{j+1} \|,$$

$$\| z_j - z_{j+1} \| \leqslant \left(1+\frac{1}{j+1}\right)D(F(x_j),F(x_{j+1}))$$

$$\leqslant\xi\left(1+\frac{1}{j+1}\right)\| x_j - x_{j+1} \|.$$

上面二式说明：$\{u_j\},\{z_j\}$ 均是 Cauchy 列.

用同样方法可证 $\{w_j\},\{v_j\}$ 也是 Cauchy 列. 故存在 $u^*,z^*,w^*,v^*\in X$，使得

$$u_j\to u^*,w_j\to w^*,v_j\to v^*,z_j\to z^*\ (j\to\infty).$$

下证 $u^*=w^*=w,z^*=v^*=v$.

事实上，因

$$\begin{aligned}
d(w^*,T(q))&\leqslant d(w^*,w_j)+d(w_j,T(q))\\
&\leqslant d(w^*,w_j)+D(T(y_j),T(q))\\
&\leqslant d(w^*,w_j)+\mu\| y_j - q \|\to 0\ (j\to\infty).
\end{aligned}$$

故 $w^*\in T(q)$. 类似可证，$u^*\in T(q)$. 又因

$$\begin{aligned}
d(z^*,F(q))&\leqslant d(z^*,z_j)+d(z_j,F(q))\\
&\leqslant d(z^*,z_j)+D(F(x_j),F(q))\\
&\leqslant d(z^*,z_j)+\xi\| x_j - q \|\to 0\ (j\to\infty).
\end{aligned}$$

故有 $z^*\in F(q)$. 类似可证 $v^*\in F(q)$.

下证 $w^*=u^*=w$. 事实上，我们有

$$\begin{aligned}
d(w^*,w)&\leqslant d(w^*,w_j)+d(w_j,w)\\
&\leqslant d(w^*,w_j)+D(T(y_j),T(q))\\
&\leqslant d(w^*,w_j)+\mu\| y_j - q \|\to 0\ (j\to\infty).
\end{aligned}$$

上式表明 $w^*=w$. 又因

$$\begin{aligned}
d(u^*,w)&\leqslant d(u^*,u_j)+d(u_j,w)\\
&\leqslant d(u^*,u_j)+D(T(x_j),T(q))\\
&\leqslant d(u^*,u_j)+\mu\| x_j - q \|\to 0.
\end{aligned}$$

故 $u^*=w$.

类似可证 $z^* = v^* = v$.

总结上面的讨论得知,存在序列$\{x_n\}$,$\{w_n\}$和$\{v_n\}$的子序列$\{x_j\}$,$\{w_j\}$及$\{v_j\}$,强收敛于多值变分包含(7.2.1)的解(q, w, v).

证毕.

§7.3　Banach 空间中多值变分包含解的逼近问题

本节继续研究多值变分包含(7.2.1)解的逼近问题.借助 Michael 的选择定理和 Nadler 定理,我们提供另一种算法求解这一类变分包含.

首先,我们追述下面的概念.

一 Banach 空间 X 的子集 D 称为 X 的**收缩核**,如果存在一连续映象 $Q: X \to D$ 使得 $Q(x) = x$,$\forall x \in D$. 这一映象 Q 称为 **X 到 D 上的保核收缩**.

设$\{\alpha_n\}$,$\{\beta_n\}$是$[0,1]$中的二序列,$f \in X$是一给定的点,$\lambda > 0$是一给定的正数. 设$\{u_n\}$,$\{v_n\}$是X中的二序列,而Q是X到$D(A)$上的非扩张的保核收缩,其中映象$A: D(A) \subset X \to 2^X$. 对给定的$x_0 \in D(A)$,$h_0 \in T(x_0)$,$z_0 \in F(x_0)$,取

$$\begin{cases} y_0 \in (1-\beta_0)x_0 + \beta_0(f+x_0-N(h_0,z_0)-\lambda A(g(x_0)))+v_0, \\ w_0 \in T(Q(y_0)), \\ k_0 \in F(Q(y_0)), \end{cases}$$

并定义

$$\begin{cases} p_0 \in (1-\alpha_0)x_0 + \alpha_0(f+Q(y_0)-N(w_0,k_0)-\lambda A(g(Q(y_0))))+u_0, \\ x_1 = Q(p_0). \end{cases}$$

因为$h_0 \in T(x_0)$,$z_0 \in F(x_0)$,由 Nadler 定理,存在$h_1 \in T(x_1)$及$z_1 \in F(x_1)$,使得

$$\| h_0-h_1 \| \leqslant (1+1)D(T(x_0),T(x_1)),$$
$$\| z_0-z_1 \| \leqslant (1+1)D(F(x_0),F(x_1)).$$

对$x_1 \in D(A)$,$h_1 \in T(x_1)$,$z_1 \in F(x_1)$,定义

$$y_1 \in (1-\beta_1)x_1 + \beta_1(f+x_1-N(h_1,z_1)-\lambda A(g(x_1)))+v_1.$$

因$w_0 \in T(Q(y_0))$及$k_0 \in F(Q(y_0))$,由 Nadler 定理,存在$w_1 \in T(Q(y_1))$及$k_1 \in F(Q(y_1))$,使得

$$\| w_0-w_1 \| \leqslant (1+1)D(T(Q(y_0)),T(Q(y_1))),$$
$$\| k_0-k_1 \| \leqslant (1+1)D(F(Q(y_0)),F(Q(y_1))).$$

定义

$$\begin{cases} p_1 \in (1-\alpha_1)x_1 + \alpha_1(f+Q(y_1)-N(w_1,k_1)-\lambda A(g(Q(y_1))))+u_1, \\ x_2 = Q(p_1). \end{cases}$$

继续这一程序,可得下面的算法:

算法 7.3.1. 对任给的 $x_0 \in D(A), h_0 \in T(x_0), z_0 \in F(x_0)$,计算序列 $\{y_n\}, \{p_n\}, \{x_n\}, \{h_n\}, \{k_n\}, \{w_n\}$ 及 $\{z_n\}$,使得对一切 $n \geqslant 0$,

$$\begin{cases} (\text{i})\ x_{n+1}=Q(p_n), \\[4pt] (\text{ii})\ p_n \in (1-\alpha_n)x_n + \alpha_n(f+Q(y_n)-N(w_n,k_n)-\lambda A(g(Q(y_n))))+u_n, \\[4pt] (\text{iii})\ y_n \in (1-\beta_n)x_n + \beta_n(f+x_n-N(h_n,z_n)-\lambda A(g(x_n)))+v_n, \\[4pt] (\text{iv})\ h_n \in T(x_n),\ \|h_n-h_{n+1}\| \leqslant \left(1+\frac{1}{n+1}\right)D(T(x_n),T(x_{n+1})), \\[4pt] (\text{v})\ z_n \in F(x_n),\ \|z_n-z_{n+1}\| \leqslant \left(1+\frac{1}{n+1}\right)D(F(x_n),F(x_{n+1})), \\[4pt] (\text{vi})\ w_n \in T(Q(y_n)), \\[4pt] \qquad \|w_n-w_{n+1}\| \leqslant \left(1+\frac{1}{n+1}\right)D(T(Q(y_n)),T(Q(y_{n+1}))), \\[4pt] (\text{vii})\ k_n \in F(Q(y_n)), \\[4pt] \qquad \|k_n-k_{n+1}\| \leqslant \left(1+\frac{1}{n+1}\right)D(F(Q(y_n)),F(Q(y_{n+1}))). \end{cases}$$

$$(7.3.1)$$

由(7.3.1)定义的序列 $\{x_n\}$ 称为具误差的 **Ishikawa 迭代序列**.

在算法 7.3.1 中,如果 $\beta_n=0$ 且 $v_n=0, \forall n \geqslant 0$,则 $x_n=y_n$. 取 $w_n=h_n$, $z_n=k_n, n \geqslant 0$,则有下面的算法:

算法 7.3.2. 对任给的 $x_0 \in D(A), h_0 \in T(x_0), z_0 \in F(x_0)$,计算序列 $\{p_n\}, \{x_n\}, \{w_n\}$ 及 $\{k_n\}$,使得当 $n \geqslant 0$ 时有

$$\begin{cases} (\text{i})\ x_{n+1}=Q(p_n), \\[4pt] (\text{ii})\ p_n \in (1-\alpha_n)x_n + \alpha_n(f+x_n-N(w_n,k_n)-\lambda A(g(x_n)))+u_n, \\[4pt] (\text{iii})\ w_n \in T(x_n),\ \|w_n-w_{n+1}\| \leqslant \left(1+\frac{1}{n+1}\right)D(T(x_n),T(x_{n+1})), \\[4pt] (\text{iv})\ k_n \in F(x_n),\ \|k_n-k_{n+1}\| \leqslant \left(1+\frac{1}{n+1}\right)D(F(x_n),F(x_{n+1})). \end{cases}$$

$$(7.3.2)$$

则由(7.3.2)定义的序列 $\{x_n\}$ 称为具误差的 **Mann 型迭代序列**.

关于变分包含(7.2.1)的解的逼近问题,我们有下面的结果.

定理 7.3.1. 设 X, T, F, A, g 及 N 与定理 7.2.5 中的一样,设 $D(A)$ 是

X 中之一闭子集,$\{\alpha_n\}$,$\{\beta_n\}$ 是 $[0,1]$ 中的序列,$\{u_n\}$,$\{v_n\}$ 是 X 中的序列,满足下列条件:

（ⅰ）$\displaystyle\sum_{n=0}^{\infty}\parallel u_n\parallel<\infty,\lim_{n\to\infty}\parallel v_n\parallel=0$;

（ⅱ）$\displaystyle\lim_{n\to\infty}\alpha_n=0,\lim_{n\to\infty}\beta_n=0$;

（ⅲ）$\displaystyle\sum_{n=0}^{\infty}\alpha_n=\infty$.

对任给的 $x_0\in D(A)$,$h_0\in T(x_0)$ 及 $z_0\in F(x_0)$,设 $\{x_n\}$,$\{w_n\}$,$\{k_n\}$ 是由 (7.3.1)定义的迭代序列. 如果值域 $R(I-N(T(\,\cdot\,),F(\,\cdot\,)))$ 及 $R(A\circ g)$ 是有界的,而且存在一 X 到 $D(A)$ 上的非扩张的保核收缩 Q. 则存在 $\{x_n\}$,$\{w_n\}$ 和 $\{k_n\}$ 的子序列 $\{x_{n_i}\}$,$\{w_{n_i}\}$ 及 $\{k_{n_i}\}$ 分别强收敛于多值变分包含(7.2.1)的解 q,w,k.

证. 在(7.3.1)的（ⅱ）,（ⅲ）中取 $d_n\in Ag(x_n)$ 及 $e_n\in A(g(Q(y_n)))$,使得对一切 $n\geqslant0$,有

$$\begin{cases}x_{n+1}=Q(p_n),\\ p_n=(1-\alpha_n)x_n+\alpha_n(f+Q(y_n)-N(w_n,k_n)-\lambda e_n)+u_n,\\ y_n=(1-\beta_n)x_n+\beta_n(f+x_n-N(h_n,z_n)-\lambda d_n)+v_n.\end{cases}\quad(7.3.3)$$

令

$$\begin{cases}b_n:=f+x_n-N(h_n,z_n)-\lambda d_n,\\ c_n:=f+Q(y_n)-N(w_n,k_n)-\lambda e_n.\end{cases}\quad n\geqslant0,$$

则(7.3.3)可以写成:

$$\begin{cases}x_{n+1}=Q(p_n),\\ p_n=(1-\alpha_n)x_n+\alpha_nc_n+u_n,\quad n\geqslant0.\\ y_n=(1-\beta_n)x_n+\beta_nb_n+v_n,\end{cases}\quad(7.3.4)$$

因为值域 $R(I-N(T(\,\cdot\,),F(\,\cdot\,)))$ 及 $R(A\circ g)$ 是有界的,令

$$\begin{cases}d=\sup\{\parallel w-p\parallel:w\in(f+x-N(T(x),F(x)))-\lambda A(g(x)),\\ \quad x\in D(A)\}+\parallel p_0-q\parallel+\parallel x_0-q\parallel,\\ M=d+\displaystyle\sum_{n=0}^{\infty}\parallel u_n\parallel<\infty.\end{cases}$$

由此得知对一切 $n\geqslant0$,

$$\parallel c_n-q\parallel\leqslant d,\parallel b_n-q\parallel\leqslant d.\quad(7.3.5)$$

由归纳法,可证对一切 $n\geqslant0$ 有

$$\parallel x_n-q\parallel\leqslant M,\parallel p_n-q\parallel\leqslant M,\parallel y_n-q\parallel\leqslant M+\parallel v_n\parallel.\quad(7.3.6)$$

于是利用不等式$(7.3.4)\sim(7.3.6)$及引理 7.1.3,有

$$\|p_n-q\|^2\leqslant(1-\alpha_n)^2\|x_n-q\|^2+2\alpha_n\langle c_n-q,j(Q(y_n)-q)\rangle$$
$$+2\alpha_n\langle c_n-q,j(p_n-q)-j(Q(y_n)-q)\rangle+2\langle u_n,j(p_n-q)\rangle.$$

$$(7.3.7)$$

下面,首先考察$(7.3.7)$右端第三项. 因$q\in D(A)$,且$\{x_n\}\subset D(A)$,故由$(7.3.6)$有

$$\|p_n-q-(Q(y_n)-q)\|$$
$$\leqslant(1-\alpha_n)\|x_n-y_n\|+\alpha_n(\|c_n-q\|+\|y_n-q\|)+\|u_n\|$$
$$\leqslant(1-\alpha_n)(\beta_n\|x_n-b_n\|+\|v_n\|)+\alpha_n(M+M+\|v_n\|)+\|u_n\|$$
$$\leqslant2(1-\alpha_n)\beta_n M+\|v_n\|+\|u_n\|\to0\ (n\to\infty).\qquad(7.3.8)$$

因j在X的任一有界子集上是一致连续的,故

$$\|j(p_n-q)-j(Q(y_n)-q)\|\to0\ (n\to\infty),$$

从而有

$$\gamma_n=|\langle c_n-q,j(p_n-q)-j(Q(y_n)-q)\rangle|$$
$$\leqslant\mathrm{d}\cdot\|j(p_n-q)-j(Q(y_n)-q)\|\to0\ (n\to\infty).\qquad(7.3.9)$$

下面我们考察$(7.3.7)$右端的第二项.

因为$w_n\in T(Q(y_n)),k_n\in F(Q(y_n)),e_n\in A(g(Q(y_n)))$,即得

$$N(w_n,k_n)+\lambda e_n\in\{N(T(\cdot),F(\cdot))+\lambda A(g(\cdot))\}(Q(y_n)).$$

因为q是下面的变分包含

$$f\in h(q)+\lambda A(g(q))$$

的唯一解,于是有$f\in[N(T(\cdot),F(\cdot))+\lambda A(g(\cdot))](q)$. 由定理的假定,$N(T(\cdot),F(\cdot)):D(A)\to2^X$是$\varphi$-强增生的,从而有

$$\langle f-(N(w_n,k_n)+\lambda e_n),j(Q(y_n)-q)\rangle$$
$$\leqslant-\varphi(\|Q(y_n)-q\|)\cdot\|Q(y_n)-q\|.$$

于是有

$$2\alpha_n\langle c_n-q,j(Q(y_n)-q)\rangle$$
$$=2\alpha_n\{\langle Q(y_n)-q,j(Q(y_n)-q)\rangle-\langle N(w_n,k_n)+\lambda e_n-f,j(Q(y_n)-q)\rangle\}$$
$$\leqslant2\alpha_n\{\|y_n-q\|^2-\varphi(\|Q(y_n)-q\|)\cdot\|Q(y_n)-q\|\}.\qquad(7.3.10)$$

代$(7.3.9),(7.3.10)$入$(7.3.7)$得

$$\|p_n-q\|^2\leqslant(1-\alpha_n)^2\|x_n-q\|^2$$
$$+2\alpha_n\{\|y_n-q\|^2-\varphi(\|Q(y_n)-q\|)\|Q(y_n)-q\|\}$$
$$+2\alpha_n\gamma_n+2\|u_n\|M.\qquad(7.3.11)$$

另一方面,由$(7.3.4),(7.3.6)$及引理 7.1.3 有

$$\| y_n - q \|^2 \leqslant (1 - \beta_n)^2 \| x_n - q \|^2$$
$$+ 2\beta_n \langle b_n - q, j(y_n - q) \rangle + 2 \langle v_n, j(y_n - q) \rangle$$
$$\leqslant \| x_n - q \|^2 + 2\beta_n \| b_n - q \| \cdot \| y_n - q \| + 2 \| v_n \| \cdot \| y_n - q \|$$
$$\leqslant \| x_n - q \|^2 + \delta_n. \tag{7.3.12}$$

其中

$$\delta_n = 2(M + \| e_n \|)(\beta_n M + \| v_n \|) \to 0 \quad (n \to \infty).$$

代(7.3.12)入(7.3.11)并化简得

$$\| p_n - q \|^2 \leqslant \| x_n - q \|^2 - \alpha_n \varphi(\| Q(y_n) - q \|) \| Q(y_n) - q \|$$
$$- \alpha_n \{ \varphi(\| Q(y_n) - q \|) \| Q(y_n) - q \| - \alpha_n M^2 - 2\delta_n - 2\gamma_n \}$$
$$+ 2 \| u_n \| \cdot M. \tag{7.3.13}$$

令

$$\sigma = \liminf_{n \to \infty} \| Q(y_n) - q \|.$$

下证 $\sigma = 0$. 设相反,$\sigma > 0$. 故对任给的 $\varepsilon > 0, \varepsilon < \sigma$,存在正整数 n_0,当 $n \geqslant n_0$ 时有

$$\| Q(y_n) - q \| > \varepsilon.$$

因而由 φ 的严格增性知 $\varphi(\varepsilon) > 0$. 于是由(7.3.13)有

$$\| p_n - q \|^2 \leqslant \| x_n - q \|^2 - \alpha_n \varphi(\varepsilon) \varepsilon$$
$$- \alpha_n \{ \varphi(\varepsilon) \varepsilon - \alpha_n M^2 - 2\delta_n - 2\gamma_n \} + 2 \| u_n \| M, \forall n \geqslant n_0. \tag{7.3.14}$$

因 $\alpha_n \to 0, \delta_n \to 0, \gamma_n \to 0(n \to \infty)$,故存在正整数 $n_1 \geqslant n_0$,使得当 $n \geqslant n_1$ 时有

$$\varphi(\varepsilon) \varepsilon - \alpha_n M^2 - 2\delta_n - 2\gamma_n > 0.$$

因而有

$$\alpha_n \varphi(\varepsilon) \varepsilon \leqslant \| x_n - q \|^2 - \| p_n - q \|^2 + 2 \| u_n \| M, \forall n \geqslant n_1.$$

因为 $\| x_{n+1} - q \| = \| Q(y_n) - Q(q) \| \leqslant \| p_n - q \|$,故有

$$\alpha_n \varphi(\varepsilon) \varepsilon \leqslant \| x_n - q \|^2 - \| x_{n+1} - q \|^2 + 2 \| u_n \| \cdot M, \forall n \geqslant n_1.$$

故对任意的正整数 $m \geqslant n_1$,有

$$\varphi(\varepsilon) \varepsilon \sum_{n = n_1}^{m} \alpha_n \leqslant \| x_{n_1} - q \|^2 + 2M \sum_{n = n_1}^{m} \| u_n \|. \tag{7.3.15}$$

让 $m \to \infty$,由(7.3.15)得

$$\infty \leqslant \| x_{n_1} - q \|^2 + 2M \sum_{n = n_1}^{m} \| u_n \| < \infty.$$

矛盾. 从而 $\sigma = 0$. 因而存在子序列 $\{ Q(y_{n_j}) \} \subset \{ Q(y_n) \}$,使得

$$Q(y_{n_j}) \to q \quad (n_j \to \infty). \tag{7.3.16}$$

于是由(7.3.8)和(7.3.16)有
$$\|p_{n_j}-q\| \leqslant \|p_{n_j}-q-(Q(y_{n_j})-q)\| + \|Q(y_{n_j})-q\| \to 0 \ (n_j \to \infty),$$
即
$$p_{n_j}=(1-\alpha_{n_j})x_{n_j}+\alpha_{n_j}c_{n_j}+u_{n_j} \to q \ (n_j \to \infty).$$
因 $\alpha_n \to 0, \beta_n \to 0, \|u_n\| \to 0, \|v_n\| \to 0$,且$\{c_n\}$和$\{b_n\}$为有界序列.因而
$$x_{n_j} \to q \ (n_j \to \infty),$$
从而
$$y_{n_j}=(1-\beta_{n_j})x_{n_j}+\beta_{n_j}b_{n_j}+v_{n_j} \to q \ (n_j \to \infty).$$

令 $x_j=x_{n_j}, p_j=p_{n_j}, y_j=y_{n_j}$,故$\{x_j\},\{p_j\},\{y_j\}$分别是$\{x_n\},\{p_n\}$, $\{y_n\}$的子序列,且 $x_j \to q, p_j \to q, y_j \to q \ (j \to \infty)$.

另因 T 是 μ-Lipschitz 的,F 是 ξ-Lipschitz 的,其中$\mu,\xi \in \left(0,\frac{1}{2}\right)$,于是由(7.3.1)中的条件(ⅳ),(ⅴ)有
$$\|h_j-h_{j+1}\| \leqslant \left(1+\frac{1}{j+1}\right)D(T(x_j),T(x_{j+1}))$$
$$\leqslant \mu\left(1+\frac{1}{j+1}\right)\|x_j-x_{j+1}\|,$$
$$\|z_j-z_{j+1}\| \leqslant \left(1+\frac{1}{j+1}\right)D(F(x_j),F(x_{j+1}))$$
$$\leqslant \xi\left(1+\frac{1}{j+1}\right)\|x_j-x_{j+1}\|.$$

上两式表明$\{h_j\},\{z_j\}$都是 Cauchy 列.设 $h_j \to h^*, z_j \to z^* \ (j \to \infty)$.另由(7.3.1)中的条件(ⅵ)和(ⅶ)有
$$\|w_j-w_{j+1}\| \leqslant \left(1+\frac{1}{j+1}\right)D(T(Q(y_j)),T(Q(y_{j+1})))$$
$$\leqslant \mu\left(1+\frac{1}{j+1}\right)\|y_j-y_{j+1}\|,$$
$$\|k_j-k_{j+1}\| \leqslant \left(1+\frac{1}{j+1}\right)D(F(Q(y_j)),F(Q(y_{j+1})))$$
$$\leqslant \xi\left(1+\frac{1}{j+1}\right)\|y_j-y_{j+1}\|.$$

上两式表明$\{w_j\}$和$\{k_j\}$均为 Cauchy 列.设 $w_j \to w^*, k_j \to k^* \ (j \to \infty)$.

下面我们证明 $h^*=w^*=w, z^*=k^*=k$,其中$(q,w,k), q \in D(A)$, $w \in T(q), k \in F(q)$是多值变分包含(7.2.1)的解.

事实上,因

$$d(w^* , T(q)) \leqslant d(w^* , w_j) + d(w_j , T(q))$$
$$\leqslant d(w^* , w_j) + D(T(Q(y_j)), T(q))$$
$$\leqslant d(w^* , w_j) + \mu \| y_j - q \| \to 0 \ (j \to \infty),$$

故有 $w^* \in T(q)$. 同理可证 $h^* \in T(q)$. 又因

$$d(w^* , w) \leqslant d(w^* , w_j) + D(T(Q(y_j)), T(q))$$
$$\leqslant d(w^* , w_j) + \mu \| y_j - q \| \to 0 \ (j \to \infty),$$

故有 $w^* = w$. 又因

$$d(h^* , w) \leqslant d(h^* , h_j) + D(T(x_j), T(q))$$
$$\leqslant d(h^* , h_j) + \mu \| x_j - q \| \to 0 \ (j \to \infty),$$

故有 $h^* = w$. 同理,我们可以证明 $z^* \in F(q), k^* \in F(q)$, 且 $z^* = k^* = k$.

总结上面的讨论,我们已经证明由(7.3.1)定义的序列 $\{x_n\}, \{w_n\}$ 和 $\{k_n\}$ 存在子序列,其收敛于多值变分包含(7.2.1)的解 (q, w, k).

证毕.

注. 我们追述下面的结论:

（ⅰ）如果 X 是自反的严格凸的 Banach 空间, $A: D(A) \subset X \to 2^X$ 是一 m-增生映象,则存在 X 到 $\overline{\mathrm{co}(D(A))}$ 上的非扩张的保核收缩,其中 $\overline{\mathrm{co}(D(A))}$ 是 A 的定义域的闭凸包.

（ⅱ）如果 X 是一 Banach 空间, X^* 是 X 的共轭空间并具 Fréchet 可微范数,而 $A: D(A) \subset X \to 2^X$ 是一 m-增生映象,则 $\overline{D(A)}$ 是凸的.

利用上述二结论及定理 7.3.1,可得下面的结果.

定理 7.3.2. 设 X 是一实的一致光滑的 Banach 空间, X^* 是 X 的对偶映象且具有 Fréchet 可微范数. 设 $T, F, A, g, N, \{\alpha_n\}, \{\beta_n\}, \{u_n\}, \{v_n\}$, $R(I - N(T(\cdot), F(\cdot)))$ 和 $R(A \circ g)$ 与定理 7.3.1 中的相同. 则对任给的 $x_0 \in D(A), h_0 \in T(x_0), z_0 \in F(x_0)$,由(7.3.1)定义的序列 $\{x_n\}, \{w_n\}, \{k_n\}$ 存在子序列,其收敛于多值变分包含(7.2.1)的解 (q, w, k).

证. 由假定, $A \circ g: D(A) \subset X \to 2^X$ 是 m-增生的, $D(A)$ 是闭的,且 X^* 具有 Fréchet 可微范数,故由前述二结论知 $\overline{D(A)}$ 是凸的,而且存在一个由 X 到 $\overline{D(A)}$ 上的非扩张的保核收缩 Q. 故定理 7.3.2 的结论由定理 7.3.1 直接可得.

第八章 向量变分不等式与向量
极大极小不等式

§8.1 引 言

自 Giannessi 在文献[111]中对有限维欧氏空间中的向量值函数引入向量变分不等式后，Chen 等[71,73—76]，Lee 等[171,173]及 Yang[295—297]进一步研究了抽象空间中向量值函数的向量变分不等式. 特别，Chen-Cheng 研究了有限维欧氏空间中向量函数的向量拟变分不等式；[73] Lee 等在抽象空间中对多值映象的广义向量变分不等式得出了解的存在性定理.[173]

最近，Kum 对纯量值函数研究了拟变分不等式和拟-似变分不等式，并对这两类变分不等式证明了某些解的存在性定理.[162]另外在 Yang[297]，Lee-Lee-Chang[174]中，对向量值函数的向量似变分不等式建立了解的存在性定理，而且得出了一类向量似变分不等式与一类不可微函数的向量最优化问题之间的联系.

不久前，Luc-Vargas[190]，Tanaka[277—279]，Tan-Yu-Yuan[272]，Chang 等[66]及其他作者,分别在局部凸空间和 Hausdorff 拓扑线性空间的框架下，对向量值映象得出了某些极大极小定理、松弛鞍点定理及鞍点定理.

本章将介绍向量变分不等式和向量拟变分不等式解的某些存在定理，并对 H-空间中具向量值的多值映象建立某些极大极小定理、松弛鞍点及鞍点的某些存在性定理.

§8.2 向量变分不等式解的存在性

在本节中,处处假定 X,Y 是实的 Banach 空间，K 是 X 中之一非空的闭凸集，$T:K \rightarrow L(X,Y)$ 是一映象，其中 $L(X,Y)$ 是 $X \rightarrow Y$ 的一切线性连续算子的集合. 设

$$\{C(x):x \in K\}$$

是 Y 中所有满足条件 int $C(x) \neq \varnothing, x \in K$ 的闭的尖凸锥的族,其中 int (D) 表集 D 的内部.

现考察下面的向量变分不等式:求 $x_0 \in K$,使得

$$\langle T(x_0), x-x_0 \rangle \notin -\text{int } C(x_0), \forall x \in K, \qquad (\text{VVI})$$

其中 $\langle T(x), y \rangle$ 表示线性有界算子 $T(x)$ 在 y 处的取值. 故 $\langle T(x), y \rangle \in Y$.

上面的问题是已知的 Hartman-Stampacchia 变分不等式(2.1.1)的推广. 事实上,当 $Y=\mathbf{R}, X=\mathbf{R}^n, L(X,Y)=X^*=\mathbf{R}^n, C(x)=\mathbf{R}^+, \forall x \in K$ 时,向量变分不等式问题(VVI)等价于:求 $x_0 \in K$,使得

$$\langle f(x_0), x-x_0 \rangle \geqslant 0, \forall x \in K, \qquad (\text{VI})$$

其中 $f:K \to \mathbf{R}^n$ 是一给定的函数.

定义 8.2.1. 设 $T:X \to L(X,Y)$ 是一映象,设集合

$$C_- := \bigcap_{x \in X} C(x)$$

是非空的. 称 T 是 (C_-)-**单调的**,如果

$$\langle T(y)-T(x), y-x \rangle \in C_-, \forall x,y \in X.$$

前面定义过,一映象 T 称为半连续的,如果对任意的 $x,y \in X$,映象 $t \longmapsto \langle T(x+ty), y \rangle$ 在 0^+ 处是连续的.

众所周知,线性化引理在变分不等式理论中,起到重要的作用. 现在,我们把这一引理推广到向量的情形.

引理 8.2.1. 设 (V,P) 是一有序的拓扑线性空间,P 是 V 中之一闭的尖凸锥且 int$(P) \neq \varnothing$,则对任意的 $y,z \in V$,下面的结论成立:

(i) 如果 $y-z \in \text{int } P$ 而 $y \notin \text{int } P$,则 $z \notin \text{int } P$;

(ii) 如果 $y-z \in P$,且 $y \notin \text{int } P$,则 $z \notin \text{int } P$;

(iii) 如果 $y-z \in -\text{int } P$ 且 $y \notin -\text{int } P$,则 $z \notin -\text{int } P$;

(iv) 如果 $y-z \in -P$,且 $y \notin -\text{int } P$,则 $z \notin -\text{int } P$.

证. 仅就结论(ii)进行证明,其余结论可类似地证明.

设相反,$z \in \text{int } P$. 因为 $P+\text{int } P \subset \text{int } P$,故 $y \in z+P \subset \text{int } P+P \subset \text{int } P$. 矛盾. 从而 $z \notin \text{int } P$.

引理 8.2.2. 设 $T:X \to L(X,Y)$ 是 (C_-)-单调的半连续的映象. 则下面的问题(8.2.1)和(8.2.2)是等价的:

对任意的凸集 $K \subset X$,

$$x \in K, \langle T(x), y-x \rangle \notin -\text{int } C(x), \forall y \in K; \qquad (8.2.1)$$

$$x \in K, \langle T(y), y-x \rangle \notin -\text{int } C(x), \forall y \in K. \qquad (8.2.2)$$

证. 因 T 是 (C_-)-单调的,故有

$$\langle T(y)-T(x),y-x\rangle\in C_-\subseteq C(x),\forall y\in K.$$

设 $x\in K$ 是 (8.2.1) 的解,则 $(Y,C(x))$ 是一序 Banach 空间. 由引理 8.2.1（ⅱ）有

$$\langle T(y),y-x\rangle\notin -\text{int}\,C(x),\forall y\in K.$$

反之,设 $x\in K$ 是 (8.2.2) 的解. 则对任一 $y\in K$ 及对任一 $\lambda\in(0,1)$,由 K 的凸性有

$$\langle T(\lambda y+(1-\lambda)x,\lambda y+(1-\lambda)x-x\rangle\notin -\text{int}\,C(x).$$

消去 λ,有

$$\langle T(x+\lambda(y-x)),y-x\rangle\notin -\text{int}\,C(x).$$

令 $W(x)=Y\backslash(-\text{int}\,C(x))$,于是有

$$\langle T(x+\lambda(y-x)),y-x\rangle\in W(x).$$

因 T 是半连续的,且 $W(x)$ 是闭集,让 $\lambda\rightarrow 0^+$,即得

$$\langle T(x),y-x\rangle\notin -\text{int}\,C(x),\forall y\in K.$$

证毕.

关于向量变分不等式 (VVI) 解的存在性问题,有下面的结果.

定理 8.2.3(Chen[71]). 设 X 是一自反 Banach 空间,Y 是一 Banach 空间,K 是 X 中之一非空有界的闭凸锥. 设 $C:K\rightarrow 2^Y$ 是一多值映象,使得对每一 $x\in K$,$C(x)$ 是 Y 中之一尖的闭凸锥,且 $\text{int}\,C(x)\neq\varnothing$. 令 $C_-=\bigcap_{x\in K}C(x)$,且设 $\text{int}\,C_-\neq\varnothing$. 设多值映象 $W(x)=Y\backslash\{-\text{int}\,C(x)\}$ 在 K 上是上半连续的,则向量变分不等式 (VVI) 有解.

证. 定义映象 $F_1:K\rightarrow 2^K$ 如下:

$$F_1(y)=\{x\in K:\langle T(x),y-x\rangle\notin -\text{int}\,C(x)\},\quad y\in K.$$

首先,我们证明 F_1 是 K 上的 KKM 映象. 设相反,F_1 不是 K 上的 KKM 映象,故存在 $\{x_1,x_2,\cdots,x_n\}\subset K$,$\sum_{i=1}^n\alpha_i=1$,$\alpha_i\geqslant 0$,$i=1,2,\cdots,n$ 使得

$$x=\sum_{i=1}^n\alpha_i x_i\notin\bigcup_{i=1}^n F_1(x_i).$$

于是有

$$\langle T(x),x_i-x\rangle\in -\text{int}\,C(x),\quad i=1,2,\cdots,n.$$

因为

$$\langle T(x),x\rangle=\sum_{i=1}^n\alpha_i\langle T(x),x_i\rangle\in\sum_{i=1}^n\alpha_i\langle T(x),x\rangle-\text{int}\,C(x),$$

故有
$$\langle T(x), x\rangle \in \langle T(x), x\rangle - \text{int } C(x).$$
矛盾. 由此矛盾知 F_1 是 K 上的 KKM 映象.

令
$$F_2(y) = \{x \in K : \langle T(y), y-x\rangle \notin -\text{int } C(x)\}, \quad y \in K.$$
下证对每一 $y \in K$, $F_1(y) \subset F_2(y)$.

事实上, 对每一 $x \in F_1(y)$, 我们有
$$\langle T(y), y-x\rangle - \langle T(x), y-x\rangle \in C_- \subset C(x).$$
因 $C(x)$ 是一凸锥, 且 $\text{int}C(x) \neq \varnothing$, 于是由引理 8.2.1(ii)有
$$\langle T(y), y-x\rangle \notin -\text{int}C(x).$$
即 $x \in F_2(y)$. 故 $F_1(y) \subset F_2(y)$. 从而 F_2 也是 K 上的一 KKM 映象. 易知
$$\bigcap_{y \in K} F_1(y) = \bigcap_{y \in K} F_2(y).$$
又因, 对每一 $y \in K$, $T(y) \in L(X, Y)$ 是连续的且 $W(x)$ 是上半连续的, 故对每一 $y \in K$, $F_2(y)$ 是闭的.

现在 X 中赋以弱拓扑, 故 K 是 X 中之一弱紧集 (因为自反 Banach 空间 X 中的每一有界闭凸集都是弱紧的). 又因 $F_2(y)$ 是 K 中的闭集. 故 $F_2(y)$, $y \in K$ 是 K 中的弱紧集. 于是有
$$\bigcap_{y \in K} F_1(y) = \bigcap_{y \in K} F_2(y) \neq \varnothing.$$
故存在 $x_0 \in K$, 使得
$$\langle T(x_0), x-x_0\rangle \notin -\text{int}C(x_0), \forall x \in K.$$

证毕.

§8.3 广义向量变分不等式

1993 年, Lee-Kim-Lee-Cho 研究了下面的一类广义向量变分不等式 (GVVI):[173]

设 X, Y 是二赋范线性空间, K 是 X 之一非空闭凸子集, $T : X \to 2^{L(X,Y)}$ 是一多值映象, 其中 $L(X, Y)$ 是 $X \to Y$ 的线性连续算子全体的空间, 而 C 是 Y 中之一闭的尖凸锥, 且 $\text{int}C \neq \varnothing$. 求 $x_0 \in K$, 使得对每一 $x \in K$, 存在 $s_0 \in T(x_0)$ 使得
$$\langle s_0, x-x_0\rangle \notin -\text{int}C, \tag{8.3.1}$$

其中$\langle s_0,y\rangle$表线性连续映象 s_0 在 y 处的取值.

现在,我们考察一类更一般的广义向量变分不等式,即求 $\bar{x}\in K$,使得对每一 $x\in K$,存在 $s\in T(\bar{x})$,使得

$$\langle s,x-\bar{x}\rangle\notin-\mathrm{int}\,C(\bar{x}),\tag{8.3.2}$$

其中$C:K\to2^Y$ 是一多值映象,使得对每一 $x\in K$,$C(x)$ 是 Y 中之一闭凸的体锥.

为此,我们追述某些概念.

Banach 空间 X 中的锥 P 称为**真的**,如果 $P\neq X$. P 称为**体锥**,如果其内部是非空的.

设 $C:K\to2^Y$ 是一映象,使得对每一 $x\in K$,$C(x)$ 是一闭凸的体锥. 我们仍记

$$C_-:=\bigcap_{x\in K}C(x).$$

定义 8.3.1. 设 X,Y 是二 Banach 空间,K 是 X 之一非空集,$T:K\to2^{L(X,Y)}$ 是一多值映象.

(i) T 称为**广义(C_-)-单调的**,如果对任意的 $x,y\in K$,及任意的 $s\in T(x)$,$t\in T(y)$,有

$$\langle s-t,\ x-y\rangle\in C_-;$$

(ii) T 称为在 K 上是**广义C-伪单调的**,如果对任意的 $x,y\in K$,存在 $s\in T(x)$,使得当 $\langle s,y-x\rangle\notin-\mathrm{int}\,C(x)$ 时,存在 $t\in T(y)$,使得$\langle t,y-x\rangle\notin-\mathrm{int}\,C(x)$;

(iii) T 称为**广义半连续的**,如果对任意的 $x,y\in K$,$t\in[0,1]$,多值映象

$$t\longmapsto\langle T(ty+(1-t)x),\ y-x\rangle$$

是上半连续的,其中

$$\langle T(ty+(1-t)x),\ y-x\rangle=\{\langle u,y-x\rangle:u\in T(ty+(1-t)x)\}.$$

应该指出:如果 T 是广义(C_-)-单调的,则其必为 C-伪单调的,而当 C 是一常值映象时,则广义(C_-)-单调性和广义 C-伪单调性就分别与 C-单调性和 C-伪单调性相重合. 另外,当 T 是单值映象时,则广义(C_-)-单调性与(C_-)单调性一致.

设 $X=Y=\mathbf{R}$,$C(x)=[0,\infty)$,$\forall x\in\mathbf{R}$,$T:\mathbf{R}\to2^{\mathbf{R}}$ 是由 $T(x)=(-\infty,x]$,$x\in\mathbf{R}$ 定义的映象,则易于看出:T 是广义 C-伪单调的,但 T 不是(C_-)单调的.

下面我们给出本节的主要结果.

定理 8.3.1. 设 X, Y 是二实 Banach 空间，K 是 X 之一非空的弱紧凸集. 设 $C: K \to 2^Y$ 是一多值映象，且满足条件：

（ⅰ）对每一 $x \in K$，$C(x)$ 是一真的闭凸的体锥；

（ⅱ）由 $W(x) = Y \setminus (-\operatorname{int} C(x))$ 所定义的多值映象 $W: K \to 2^Y$ 的图象 $\operatorname{Gr}(W)$ 是 $X \times Y$ 中的弱闭集.

如果 $T: K \to 2^{L(X,Y)}$ 是一广义的 C-伪单调的非空紧值的广义半连续的多值映象，则广义向量变分不等式(8.3.2)在 K 中有解.

证. 定义多值映象 $F_1, F_2: K \to 2^K$ 如下：对每一 $y \in K$，
$$F_1(y) = \{x \in K : \text{存在 } s \in T(x), \text{使得} \langle s, y - x \rangle \notin -\operatorname{int} C(x)\},$$
$$F_2(y) = \{x \in K : \text{存在 } s \in T(y), \text{使得} \langle s, y - x \rangle \notin -\operatorname{int} C(x)\}.$$

注意到：因对每一 $y \in K$，$y \in F_1(y)$. 故对每一 $y \in K$，$F_1(y) \neq \varnothing$. 定理的证明分成下面的四步：

1° F_1 是 K 上的 KKM 映象.

设相反，F_1 不是 K 上的 KKM 映象，故存在 $\{y_1, y_2, \cdots, y_n\} \subset K$，使得
$$\operatorname{co}\{y_1, y_2, \cdots, y_n\} \not\subset \bigcup_{i=1}^{n} F_1(y_i).$$

从而存在 $\bar{x} = \sum_{i=1}^{n} \lambda_i y_i \in \operatorname{co}\{y_1, y_2, \cdots, y_n\}$，其中 $\lambda_i \geqslant 0$，$i = 1, 2, \cdots, n$，$\sum_{i=1}^{n} \lambda_i = 1$，使得 $\bar{x} \notin \bigcup_{i=1}^{n} F_1(y_i)$. 因而对每一 $i = 1, 2, \cdots, n$，$\bar{x} \notin F_1(y_i)$. 故对任一 $s \in T(\bar{x})$，有
$$\langle s, y_i - \bar{x} \rangle \in -\operatorname{int} C(\bar{x}), \quad i = 1, 2, \cdots, n.$$

因 $-\operatorname{int} C(\bar{x})$ 是一凸锥，且 $\lambda_i \geqslant 0$，$\sum_{i=1}^{n} \lambda_i = 1$，故有
$$\sum_{i=1}^{n} \lambda_i \langle s, y_i - \bar{x} \rangle \in -\operatorname{int} C(\bar{x}).$$

于是有
$$\theta = \langle s, \bar{x} - \sum_{i=1}^{n} \lambda_i \bar{x} \rangle = \langle s, \sum_{i=1}^{n} \lambda_i (y_i - \bar{x}) \rangle$$
$$= \sum_{i=1}^{n} \lambda_i \langle s, y_i - \bar{x} \rangle \in -\operatorname{int} C(\bar{x}).$$

因而 $C(\bar{x}) = Y$. 这与条件（ⅰ）相矛盾. 从而 F_1 是 K 上的 KKM 映象.

2° 对每一 $y \in K$，$F_1(y) \subseteq F_2(y)$，且 F_2 是 KKM 映象.

事实上，因 T 是 C-伪单调的，故 $F_1(y) \subseteq F_2(y)$，$\forall y \in K$. 又因 F_1 是 KKM 的，故 F_2 也是 KKM 的.

$3°$ 对每一 $y \in K$，$F_2(y)$ 是弱紧的，且 $\bigcap\limits_{y \in K} F_2(y) \neq \varnothing$.

对任给的 $y \in K$，设 $\{x_\alpha\}$ 是 $F_2(y)$ 中的网，且 $\{x_\alpha\}$ 弱收敛于 $\bar{x} \in K$. 对每一 α，因 $x_\alpha \in F_\alpha(y)$，故存在 $t_\alpha \in T(y)$，使得

$$\langle t_\alpha, y - x_\alpha \rangle \notin -\operatorname{int} C(x_\alpha).$$

因 $T(y)$ 是 $L(X, Y)$ 中的紧集，故存在 $\{t_\alpha\}$ 的子网（不失一般性，仍记为 $\{t_\alpha\}$），使得 $t_\alpha \to t^*$. 因 t^* 由 X 中的弱拓扑到 Y 中的弱拓扑是连续的，故

$$\langle t^*, y - x_\alpha \rangle \rightharpoonup \langle t^*, y - \bar{x} \rangle,$$

这里 "$\rightharpoonup$" 表弱收敛. 又因

$$\| \langle t_\alpha - t^*, y - x_\alpha \rangle \|_Y \leqslant \| t_\alpha - t^* \|_{L(X,Y)} \cdot \| y - x_\alpha \|_X,$$

且 $\| t_\alpha - t^* \|_{L(X,Y)} \to 0$，而 $\| y - x_\alpha \|_X$ 有界，于是有

$$\langle t_\alpha - t^*, y - x_\alpha \rangle \rightharpoonup 0.$$

从而

$$\langle t_\alpha, y - x_\alpha \rangle = \langle t_\alpha - t^*, y - x_\alpha \rangle + \langle t^*, y - x_\alpha \rangle \rightharpoonup \langle t^*, y - \bar{x} \rangle.$$

由上式即得

$$(x_\alpha, \langle t_\alpha, y - x_\alpha \rangle) \rightharpoonup (\bar{x}, \langle t^*, y - \bar{x} \rangle).$$

因 $\operatorname{Gr}(W)$ 是 $X \times Y$ 中的弱闭集，故 $(\bar{x}, \langle t^*, y - \bar{x} \rangle) \in \operatorname{Gr}(W)$，从而 $\langle t^*, y - \bar{x} \rangle \in W(\bar{x})$，即 $\langle t^*, y - \bar{x} \rangle \notin -\operatorname{int} C(\bar{x})$. 故 $F_2(y)$ 是弱闭的. 因 K 是弱紧的，于是对每一 $y \in K$，$F_2(y)$ 也是弱紧的. 由第二步的证明知 F_2 是一 KKM 映象，从而有 $\bigcap\limits_{y \in K} F_2(y) \neq \varnothing$.

$4°$ 广义向量变分不等式(8.3.2)在 K 中有解.

事实上，由第三步知 $\bigcap\limits_{y \in K} F_2(y) \neq \varnothing$. 任取 $\bar{x} \in \bigcap\limits_{y \in K} F_2(y)$，于是对每一 $y \in K$，定义映象 $F: [0,1] \to 2^Y$ 如下：

$$F(\alpha) = \langle T(\alpha y + (1-\alpha)\bar{x}), y - \bar{x} \rangle, \quad \alpha \in [0,1].$$

因 T 是广义半连续的具非空紧值的映象，故 F 是具非空紧值的上半连续映象. 从而 $F([0,1])$ 是 Y 中的紧集. 设 $\{\alpha_n\}$ 是 $[0,1]$ 中的序列且单调下降地收敛于 0. 故对每一 α_n，存在 $t_n \in T(\alpha_n y + (1-\alpha_n)\bar{x})$，使得

$$\langle t_n, y - x \rangle \notin -\operatorname{int} C(\bar{x}).$$

因 $\{\langle t_n, y - x \rangle\}$ 是紧集 $F([0,1])$ 中的序列，不失一般性，可设

$$\langle t_n, y - \bar{x} \rangle \to w \in Y \ (n \to \infty)$$

由 F 的上半连续性，$w \in F(0)$. 故存在 $t \in T(\bar{x})$，使得 $w = \langle t, y - \bar{x} \rangle$. 由 W 的图象 $\operatorname{Gr}(W)$ 的弱闭性，知

$$\langle t, y - \bar{x} \rangle \notin -\operatorname{int} C(\bar{x}),$$

即 $\bar{x}$ 是广义向量变分不等式(8.3.2)的解. 证毕.

由定理 8.3.1 直接可得下面的推论.

推论 8.3.2. 设 X,Y 是二实 Banach 空间,K 是 X 之一非空的弱紧凸子集,$C:K \to 2^Y$ 是一多值映象,使得对每一 $x \in K$,$C(x)$ 是一真的闭凸的体锥. 设 $W:K \to 2^Y$ 是由 $W(x) = Y\backslash(-\text{int }C(x))$ 定义的多值映象,使得其图象 $\text{Gr}(W)$ 是 $X \times Y$ 中的弱闭集. 如果多值映象 $T:K \to 2^{L(X,Y)}$ 是广义 C-伪单调的非空紧值的映象,而且在 K 的线段上是上半连续的,则广义向量变分不等式(8.3.2)在 K 中有解.

证. 因 $T:K \to 2^{L(X,Y)}$ 在 K 的线段上是上半连续的,故其为广义半连续的. 因而定理的结论由定理 8.3.1 得知.

因为广义(C_-)-单调性蕴含广义 C-伪单调性,于是下面的结果由定理 8.3.1 直接可得.

推论 8.3.3. 设 X,Y,K,C,W 及 $\text{Gr}(W)$ 与定理 8.3.1 中的一样. 如果 $T:X \to 2^{L(X,Y)}$ 是广义半连续的,则广义向量变分不等式(8.3.2)在 K 中有解.

下面的结果是定理 8.3.1 和推论 8.3.3 的推论.

推论 8.3.4. 设 X,Y 是二实 Banach 空间,K 是 X 之一非空的弱紧凸子集,C 是 Y 中之一真的闭凸的体锥,使得 $Y\backslash(-\text{int }C)$ 是一弱闭集. 如果 $T:K \to 2^{L(X,Y)}$ 是 C-伪单调的(或 C-单调的)非空紧值的广义半连续的映象,则存在 $\bar{x} \in K$,使得对每一 $x \in K$,存在 $s \in T(x)$ 满足

$$\langle s, x - \bar{x} \rangle \notin -\text{int }C.$$

如果 T 是一单值映象,$Y = \mathbf{R}$,且对每一 $x \in K$,$C(x) = [0,\infty)$. 则广义向量变分不等式(8.3.2)就归结为熟知的经典的 Browder 变分不等式,即求 $\bar{x} \in K$,使得

$$\langle T(\bar{x}), x - \bar{x} \rangle \geqslant 0, \forall x \in K.$$

于是由定理 8.3.1 可得下面的结果.

推论 8.3.5. 设 X 是一实 Banach 空间,K 是 X 之一非空的弱紧的凸集,$T:K \to X^*$ 是一伪单调的半连续映象,则存在 $\bar{x} \in K$,使得

$$\langle T(\bar{x}), x - \bar{x} \rangle \geqslant 0, \forall x \in K.$$

而且上述变分不等式的解集是 K 中之一非空的弱紧的凸集.

§8.4　向量拟变分不等式

在本节中,我们研究具向量值的多值映象的向量拟变分不等式和向量

拟-似变分不等式解的存在性问题,此外还将介绍此类向量变分不等式与一类不可微的 Lipschitz 函数的向量最优化问题之间的联系. 本节结果见 Lee-Lee-Chang[174].

定义 8.4.1. 设 Y 是一实的 Hausdorff 拓扑线性空间,K 是 Y 中之一凸锥,使得 int$K \neq \varnothing$ 且 $K \neq Y$. 设 C 是 Y 中之一非空子集.

(ⅰ) 一点 $\bar{y} \in C$ 称为 C 的向量极小点(或 **Pareto-极小点**),如果对任一 $y \in C$, $y - \bar{y} \notin -K \backslash \{\theta\}$;$C$ 的所有的向量极小点的集合记为 $\mathrm{Min}_K C$.

(ⅱ) 一点 $\bar{y} \in C$ 称为 C 的**弱向量极小点**,如果对任一 $y \in C$, $y - \bar{y} \notin -\mathrm{int} K$. C 的所有的弱向量极小点的集合记为 $\mathrm{Wmin}_K C$.

应当指出,当 $Y = \mathbf{R}$,且 $K = \mathbf{R}^+$ 时,C 的(弱)向量极小点就与 C 在 $\mathbf{R}$ 中的通常极小点一致. 另外,易知 $\mathrm{Min}_K C \subset \mathrm{Wmin}_K C$.

关于(弱)向量极小点的基本性质,可以参考 Luc[189].

引理 8.4.1.[189] 设 Y 是一实的 Hausdorff 拓扑线性空间,C 是 Y 中之一非空的紧子集,K 是 Y 中之一闭凸锥,$K \neq Y$. 则 $\mathrm{Min}_K C \neq \varnothing$.

如果再设 int$K \neq \varnothing$,则 $\mathrm{Wmin}_K C \neq \varnothing$.

定义 8.4.2. 设 E 是一实的 Hausdorff 拓扑线性空间,X 是 E 之一非空凸子集. 设 Y 是一实的 Hausdorff 拓扑线性空间,K 是 Y 中之一凸锥使得 $K \neq Y$. 设 $f: X \rightarrow Y$ 是一映象.

(ⅰ) f 称为 K-凸的,如果对任意的 $x, y \in K$,
$$f(\lambda x + (1-\lambda)y) \in \lambda f(x) + (1-\lambda)f(y) - K, \forall \lambda \in [0,1];$$

(ⅱ) f 称为**自然 K-拟凸的**,如果对任意的 $x, y \in X$, $\lambda \in [0,1]$,
$$f(\lambda x + (1-\lambda)y) \in \mathrm{co}\{f(x), f(y)\} - K,$$
其中 $\mathrm{co}(A)$ 为集 A 的凸包;

(ⅲ) f 称为 K-**拟凸的**,如果对任意的 $x, y \in X$, $\lambda \in [0,1]$,
$$f(\lambda x + (1-\lambda)y) \in z - K, \forall z \in \bigcup(f(x), f(y)),$$
其中 $\bigcup(f(x), f(y))$ 是 $f(x)$ 和 $f(y)$ 的上界, 即
$$\bigcup(f(x), f(y)) := \{z \in Y : f(x) \in z - K \text{ 且 } f(y) \in z - K\}.$$

注.[279] (1)每一 K-凸映象是自然 K-拟凸的;而每一自然 K-拟凸映象是 K-拟凸的;(2)若 $X = Y = \mathbf{R}$, $K = \mathbf{R}^+$,则 K-凸性即是通常的凸性;自然 K-拟凸性及 K-拟凸性即是通常的拟凸性.

(Ⅰ)向量拟变分不等式

我们先介绍一个多值映象的向量拟变分不等式解的存在性定理.

定理 8.4.2(Kum[162]). 设 E, F 是二实的局部凸的 Hausdorff 拓扑线

性空间，X 是 E 之一非空的紧凸集，Y 是一实的 Hausdorff 拓扑线性空间，K 是 Y 中之一闭凸锥，使得 $\mathrm{int}\,K\neq\varnothing$ 且 $K\neq Y$. 设 $S:X\to 2^X$ 是一具非空闭值的连续的多值映象，$T:X\to 2^F$ 是一零调的映象（即 T 是上半连续的，而且对任一 $x\in X$，$T(x)$ 是非空的紧的零调集），C 是 F 的凸子集且 $T(x)\subset C$，而 $\psi:X\times C\times X\to Y$ 是满足下述条件的连续映象：对每一 $(x,y)\in X\times C$，集

$$V(x,y)=\{u\in S(x):\psi(x,y,u)\in \mathrm{Wmin}_K\psi(x,y,S(x))\}$$

是零调的.

则存在 $\overline{x}\in S(\overline{x})$ 及 $\overline{y}\in T(\overline{x})$，使得

$$\psi(\overline{x},\overline{y},x)-\psi(\overline{x},\overline{y},\overline{x})\notin -\mathrm{int}\,K,\ \forall x\in S(\overline{x}). \tag{8.4.1}$$

证. 对任意的 $(x,y)\in X\times C$，因 $S(X)$ 和 $T(X)$ 是紧集且

$$G(X\times C)\subset S(X)\times T(X)\subset X\times C,$$

故 G 是一紧的零调映象. 于是存在 $(\overline{x},\overline{y})\in X\times C$，使得 $(\overline{x},\overline{y})\in G(\overline{x},\overline{y})$，从而有 $\overline{x}\in S(\overline{x})$，$\overline{y}\in T(\overline{x})$，且

$$\psi(\overline{x},\overline{y},\overline{x})\in \mathrm{Wmin}_K\psi(\overline{x},\overline{y},S(x)).$$

于是对任一 $x\in S(\overline{x})$，

$$\psi(\overline{x},\overline{y},x)-\psi(\overline{x},\overline{y},\overline{x})\in Y\backslash(-\mathrm{int}\,K). \tag{8.4.2}$$

现证由条件（ⅱ），$\psi(\overline{x},\overline{y},x)\notin -\mathrm{int}\,K,\ \forall x\in S(\overline{x})$. 事实上，如果存在 $x^{**}\in S(\overline{x})$ 使得 $\psi(\overline{x},\overline{y},x^{**})\in -\mathrm{int}\,K$，于是由条件（ⅱ）

$$\psi(\overline{x},\overline{y},x^{**})-\psi(\overline{x},\overline{y},\overline{x})\in -\mathrm{int}\,K-K=-\mathrm{int}\,K.$$

这与(8.4.2)相矛盾.

于是存在 $\overline{x}\in S(\overline{x})$ 及 $\overline{y}\in T(\overline{x})$，使得

$$\psi(\overline{x},\overline{y},x)\notin -\mathrm{int}\,K,\ \forall x\in S(\overline{x}).$$

证毕.

推论 8.4.3. 设 X,E,F 与定理 8.4.2 中的一样. 设 Y 是一实的 Hausdorff 拓扑线性空间，K 是 Y 中之一闭凸锥，使得 $\mathrm{int}\,K\neq\varnothing$，$K\neq Y$ 且 $K\cup(-\mathrm{int}\,K)=Y$. 设 P 是 Y 中之一尖凸锥，使得 $P\backslash\{\theta\}\subset\mathrm{int}\,K$. 设 $S:X\to 2^X$ 是具非空闭凸值的连续的多值映象，$T:X\to 2^F$ 是具非空闭凸值的上半连续的多值映象，C 是 F 之一凸子集，且 $T(X)\subset C$. 设 $\psi:X\times C\times X\to Y$ 是满足下述条件的连续映象：

（ⅰ）映象 $u\longmapsto\psi(x,y,u)$ 是 K-拟凸的；

（ⅱ）$\psi(x,y,x)\in P,\ \forall(x,y)\in X\times C$.

则存在 $\overline{x}\in S(\overline{x})$，$\overline{y}\in T(\overline{x})$，使得

$$\psi(\overline{x},\overline{y},x)\notin -P\backslash\{\theta\}, \forall x\in S(\overline{x}).$$

证. 令

$$V(x,y)=\{u\in S(x):\psi(x,y,u)\in \text{Wmin}_K\psi(x,y,S(x))\},$$
$$(x,y)\in X\times C.$$

易知 $V(x,y)\neq\varnothing, \forall(x,y)\in X\times C.$

下证对每一 $(x,y)\in X\times C,V(x,y)$ 是凸的.

事实上,因 $K\neq Y$ 且 $K\bigcup(-\text{int}\,K)=Y$,故 $Y\backslash(-\text{int}\,K)=K$. 设 u_1,u_2 $\in V(x,y),\lambda_1,\lambda_2\in[0,1]$ 且 $\lambda_1+\lambda_2=1.$ 由 $V(x,y)$ 的定义知

$$u_1,u_2\in S(x),$$
$$\psi(x,y,s)-\psi(x,y,u_1)\in Y\backslash(-\text{int}\,K)=K, \forall s\in S(x),$$

且

$$\psi(x,y,s)-\psi(x,y,u_2)\in Y\backslash(-\text{int}\,K)=K, \forall s\in S(x).$$

由条件 (ⅰ), $\psi(x,y,s)-\psi(x,y,\lambda_1 u_1+\lambda_2 u_2)\in K=Y\backslash(-\text{int}\,K)$, $\forall s\in S(x)$. 因 $S(x)$ 是凸的,故 $\lambda_1 u_1+\lambda_2 u_2\in S(x)$. 于是有

$$\psi(x,y,\lambda_1 u_1+\lambda_2 u_2)\in \text{Wmin}_K\psi(x,y,S(x)), \forall(x,y)\in X\times C.$$

故 $\lambda_1 u_1+\lambda_2 u_2\in V(x,y)$,即 $V(x,y)$ 是凸的. 因凸集是零调的,故由定理 8.4.2,存在 $\overline{x}\in S(\overline{x})$ 及 $\overline{y}\in T(\overline{x})$,使得

$$\psi(\overline{x},\overline{y},x)-\psi(\overline{x},\overline{y},\overline{x})\notin -P\backslash\{\theta\}, \forall x\in S(\overline{x}).$$

因 P 是尖的,于是由条件 (ⅱ) 得知

$$\psi(\overline{x},\overline{y},x)\notin -P\backslash\{\theta\}, \forall x\in S(\overline{x}).$$

证毕.

定理 8.4.4. 设 X,E,F 与定理 8.4.2 中的一样,$Y=\mathbf{R}^n,P$ 是 Y 中之一闭的尖凸锥. 设 $S:X\to 2^X$ 是具非空闭凸值的连续的多值映象,$T:X\to 2^F$ 是一具非空闭凸值的上半连续映象,C 是 F 中包含 $T(X)$ 的一凸集,而 ψ: $X\times C\times X\to Y$ 是满足下述条件的连续映象:

(ⅰ) 对每一 $(x,y)\in X\times C$,映象 $u\longmapsto\psi(x,y,u)$ 是自然 P-拟凸的;

(ⅱ) $\psi(x,y,u)\in P, \forall(x,y)\in X\times C.$

则存在 $\overline{x}\in S(\overline{x}),\overline{y}\in T(\overline{x})$,使得

$$\psi(\overline{x},\overline{y},x)\notin -P\backslash\{\theta\}, \forall x\in S(\overline{x}).$$

证. 因 P 是 $\mathbf{R}^n$ 中闭的尖凸锥,故存在 $x^*\in\mathbf{R}^n, x^*\neq\theta$,使得

$$P\backslash\{\theta\}\subset\{x\in\mathbf{R}^n:\langle x^*,x\rangle>0\},$$

其中 $\langle\cdot,\cdot\rangle$ 是 $\mathbf{R}^n\times\mathbf{R}^n$ 中的内积. 令

$$K=\{x\in\mathbf{R}^n:\langle x^*,x\rangle\geqslant 0\},$$

则 $\mathrm{int}\,K=\{x\in\mathbf{R}^n:\langle x^*,x\rangle>0\}$. 因此 K 是 $\mathbf{R}^n$ 中的一闭凸锥,使得 $\mathrm{int}\,K\neq\varnothing$, $K\neq Y$ 且 $K\cup(-\mathrm{int}\,K)=Y$. 由 $P\subset K$ 及条件(ⅰ)得知,对每一 $(x,y)\in X\times C$,映象 $u\longmapsto\psi(x,y,u)$ 是自然 K-拟凸的,因而映象 $u\longmapsto\psi(x,y,u)$ 是 K-拟凸的. 于是由推论 8.4.3,存在 $\overline{x}\in S(\overline{x})$, $\overline{y}\in T(\overline{x})$,使得

$$\psi(\overline{x},\overline{y},x)\notin -P\backslash\{\theta\}, \forall x\in S(\overline{x}).$$

证毕.

(Ⅱ)向量拟-似变分不等式

在本小节中,我们讨论多值映象的向量拟-似变分不等式解的存在性问题. 为此,先给出下面的引理.

引理 8.4.5.[162] 设 E,Y 是二实的局部凸 Hausdorff 拓扑线性空间, X 是 E 之一有界子集,$L(E,Y)$ 是 E 到 Y 的一切线性连续映象的空间,且在 $L(E,Y)$ 中赋以有界收敛拓扑. 设 $\psi:L(E,Y)\times X\to Y$ 是由 $\psi(f,x)=\langle f,x\rangle$ 定义的映象,其中 $f\in L(E,Y)$, $x\in X$,而 $\langle f,x\rangle$ 表 f 在 x 处的计值. 则 ψ 是连续的.

证. $\langle(f_j,x_j)\rangle_{j\in I}$ 是 $L(E,Y)\times X$ 中的一网,其收敛于 $(f,x)\in L(E,Y)\times X$. 现考察下面的式子

$$\langle f_j,x_j\rangle-\langle f,x\rangle=\langle f_j-f,x_j\rangle+\langle f,x_j-x\rangle.$$

因在 $L(E,Y)$ 中赋以有界收敛拓扑,于是由上式得知 $\langle f_j,x_j\rangle\to\langle f,x\rangle$. 故 ψ 连续. 证毕.

注. (1) 如果 X 是紧的,则 X 是有界的,故映象 ψ 是连续的;

(2) 若 E 与 Y 均为线性赋范空间,则映象 ψ 是连续的,不必要求 X 是有界的.

下面的定理是 Kum[162]定理 2 的推广.

定理 8.4.6. 设 K,X,C,E,Y,S,T 与定理 8.4.2 中的一样. 设 $F=L(E,Y)$, $M:X\times C\to L(E,Y)$ 和 $\eta:X\times X\to E$ 是二连续映象,且满足下列条件:

(ⅰ) $\langle M(x,y),\eta(x,y)\rangle\in K$, $\forall (x,y)\in X\times C$;

(ⅱ) 对每一 $(x,y)\in X\times C$,下面的集合是零调的:
$$V(x,y)=\{u\in S(x):\langle M(x,y),\eta(u,x)\rangle$$
$$\in \mathrm{Wmin}_K\langle M(x,y),\eta(x,y)\rangle\}. \tag{8.4.3}$$

则下面的弱向量拟-似变分不等式有解,即存在 $\overline{x}\in S(\overline{x})$, $\overline{y}\in T(\overline{x})$ 使得

$$\langle M(\overline{x},\overline{y}),\eta(x,\overline{x})\rangle\notin -\mathrm{int}\,K, \forall x\in S(\overline{x}).$$

证. 令

$$\psi(x,y,u)=\langle M(x,y),\eta(u,x)\rangle,(x,y,u)\in X\times C\times X.$$

因 X 是紧的, η 是连续的, 故 $\eta(X\times X)$ 在 E 中是有界的. 由引理 8.4.5, 易知 ψ 是连续的. 故定理 8.4.6 的结论由定理 8.4.2 直接可得.

另由定理 8.4.4 可得下面的定理.

定理 8.4.7. 设 X,C,E,Y,P,S,T 与定理 8.4.4 中的相同. 设 $F=L(E,Y)$, 而 $\eta:X\times X\to E$ 是一连续映象, 满足条件:

（i）对每一 $(x,y)\in X\times C$, 映象 $u\longmapsto\langle y,\eta(u,x)\rangle$ 是自然 P-拟凸的;

（ii）$\langle y,\eta(x,x)\rangle\in P,\forall(x,y)\in X\times C.$

则下面的向量拟-似变分不等式有解, 即存在 $\overline{x}\in S(\overline{x}),\overline{y}\in T(\overline{x})$, 使得

$$\langle\overline{y},\eta(x,\overline{x})\rangle\notin-P\backslash\{\theta\},\forall x\in S(\overline{x}).$$

（Ⅲ）向量最优化问题

在本小节中, 我们将在一类多值映象的向量变分不等式与非可微 Lipschitz 函数的向量最优化问题间建立一种联系. 我们先给出如下的定义:

定义 8.4.3. 设 $h:\mathbf{R}^n\to\mathbf{R}$ 是一 Lipschitz 函数.

（i）由下式定义的函数称为 h 在点 $x\in\mathbf{R}^n$ 处沿方向 $v\in\mathbf{R}^n$ 的**广义方向导数**, 记为 $h^0(x;v)$:

$$h^0(x;v)=\limsup_{\substack{y\to x\\\lambda\to 0^+}}\lambda^{-1}[h(y+\lambda v)-h(y)];$$

（ii）由下式定义的函数, 称为 h 在点 $x\in\mathbf{R}^n$ 处的**广义梯度**, 记为 $\partial h(x)$:

$$\partial h(x)=\{\xi\in\mathbf{R}^n:h^0(x;v)\geqslant\langle\xi,v\rangle,\forall v\in\mathbf{R}^n\}.$$

定义 8.4.4.[244] 设函数 $h:\mathbf{R}^n\to\mathbf{R}$ 是 Lipschitz 的. 函数 h 称为关于 η 是**不变凸的**, 如果存在函数 $\eta:\mathbf{R}^n\times\mathbf{R}^n\to\mathbf{R}^n$, 使得

$$h(x)-h(u)\geqslant h^0(u;\eta(x,u)\rangle,\forall x,u\in\mathbf{R}^n.$$

下面的定理总结了 $\partial h(x)$ 的某些基本性质:

定理 8.4.8.[81]（i）$\partial h(x)$ 是 $\mathbf{R}^n$ 中之一非空的紧凸集, 而且 $\|\xi\|\leqslant k,\forall\xi\in\partial h(x)$;

（ii）多值映象 $x\longmapsto\partial h(x)$ 是闭的;

（iii）$h^0(x;v)=\max\{\langle\xi,v\rangle:\xi\in\partial h(x)\},\forall v\in\mathbf{R}^n.$

注. 设 $f=(f_1,f_2,\cdots,f_p):\mathbf{R}^n\to\mathbf{R}^p$ 是一函数. 对每一 i, $i=1,2,\cdots,p$, f_i 是一 Lipschitz 函数. 设 X 是 $\mathbf{R}^n$ 中之一非空子集, $\partial f(x):=\partial f_1(x)\times\cdots$

$\times \partial f_p(x), x \in X.$ 由定理 8.4.8 及[10]中的命题 7,知多值映象 $x \to \partial f(x)$: $X \to \mathbf{R}^{n \times p}$ 是具非空紧凸值的紧的上半连续映象. 于是由定理 8.4.7 可得下面的定理.

定理 8.4.9. 设 $f = (f_1, f_2, \cdots, f_p): \mathbf{R}^n \to \mathbf{R}^p$ 是一函数, 其中 $f_i(i=1, 2, \cdots, p)$ 是 Lipschitz 的, X 是 $\mathbf{R}^n$ 中之一非空的紧凸集. 对每一 $x \in X$, $\partial f(x) = \partial f_1(x) \times \partial f_2(x) \times \cdots \times \partial f_p(x)$, 且 $\eta: \mathbf{R}^n \times \mathbf{R}^n \to \mathbf{R}^n$ 是一连续函数. 如果下面的条件满足:

（ⅰ）对每一 $(x, y) \in X \times \mathbf{R}^{n \times p}$, 映象 $u \longmapsto \langle y, \eta(u, x) \rangle$ 是自然 $\mathbf{R}^p_+$ -拟凸的, 其中 $\mathbf{R}^p_+ := \{x \in \mathbf{R}^p : x = (x_1, x_2, \cdots, x_p), x_i \geqslant 0, i = 1, 2, \cdots, p\}$;

（ⅱ）$\langle y, \eta(x, x) \rangle \in \mathbf{R}^p_+, \forall (x, y) \in X \times \mathbf{R}^{n \times p}.$

则存在 $\overline{x} \in X, \overline{y} \in \partial f(\overline{x})$, 使得

$$\langle \overline{y}, \eta(x, \overline{x}) \rangle \notin -\mathbf{R}^p_+ \setminus \{\theta\}, \forall x \in X.$$

现在我们考察下面的向量最优化问题(P):

$$\min(f_1(x), f_2(x), \cdots, f_p(x)), \quad x \in X,$$

其中 X 是 $\mathbf{R}^n$ 中的非空子集.

我们称 $\overline{x} \in X$ 为最优化问题(P)的**有效解**, 如果对任一 $x \in X$,

$$(f_1(x), f_2(x), \cdots, f_p(x)) - (f_1(\overline{x}), f_2(\overline{x}), \cdots, f_p(\overline{x})) \notin -\mathbf{R}^p_+ \setminus \{\theta\},$$

其中 $f = (f_1, f_2, \cdots, f_p): \mathbf{R}^n \to \mathbf{R}^p$ 是一函数, 对每一 $i = 1, 2, \cdots, p, f_i$ 是一 Lipschitz 函数, $\partial f(x) := \partial f_1(x) \times \partial f_2(x) \times \cdots \times \partial f_p(x), x \in X.$

定理 8.4.10. 设 f_i 关于 η 是不变凸的. 若 $\overline{x} \in X$ 是下面的多值映象的向量似变分不等式的解:求 $\overline{x} \in X, \overline{y} \in \partial f(\overline{x})$ 使得

$$\langle \overline{y}, \eta(x, \overline{x}) \rangle \notin -\mathbf{R}^p_+ \setminus \{\theta\},$$

则 $\overline{x} \in X$ 是问题(P)之一有效解.

证. 设 $\overline{x}$ 不是问题(P)的有效解. 于是存在 $x^* \in X$ 使得

$$f(x^*) - f(\overline{x}) \in -\mathbf{R}^p_+ \setminus \{\theta\}.$$

故由 f_i 的不变凸性得知

$$\langle \overline{y}, \eta(x^*, \overline{x}) \rangle \in -\mathbf{R}^p_+ \setminus \{\theta\}.$$

这与假设相矛盾. 故定理结论成立.　证毕.

§8.5　广义向量似变分不等式

在本节中, 我们将借助 FKKM 定理, 进一步研究 Banach 空间中更为一般的多值 η 伪单调映象的向量广义似变分不等式解的存在性问题.

定义 8.5.1. 设 Y 是一序 Banach 空间, C 是 Y 中的一闭的尖凸锥且 int $C \neq \varnothing$, 而 A 是 Y 之一非空子集. 借助集 C, 定义一偏序如下:

$$x \leqslant y \text{ 当且仅当 } y - x \in C.$$

一点 $z_0 \in A$ 称为 A 的**向量极大点**, 如果集

$$\{z \in A : z_0 \leqslant z, \ z \neq z_0\} = \varnothing. \tag{8.5.1}$$

易知条件(8.5.1)等价于

$$A \bigcap (z_0 + C) = \{z_0\}.$$

以后我们用 Max(A)表 A 的一切向量极大点的集合.

由上面的定义, 有

$$\text{Max}(A) \subset A, \ \text{Max}(\alpha A) = \alpha \text{Max}(A), \ \forall \alpha > 0,$$

且

$$\text{Max}(A + x) = \text{Max}(A) + x, \ \forall x \in Y.$$

本节以后, 我们均假定 X 是一 Banach 空间, Y 是一序Banach空间, K 是 X 之一非空的闭凸集, $C : K \to 2^Y$ 是一多值映象, 使得对每一 $x \in K$, $C(x)$ 是 Y 中之一闭的尖凸锥, 且 int $C(x) \neq \varnothing$. 设 $\eta : K \times K \to X$ 是一连续映象, $T : X \to 2^{L(X,Y)}$ 是一多值映象.

现在, 我们研究下面的**广义向量值的似-变分不等式**:

求 $x_* \in K$, 使得

$$\text{Max}\langle T(x_*), \ \eta(y, x_*) \rangle \subset Y \backslash (-\text{int} C(x_*)), \ \forall y \in K, \tag{8.5.2}$$

其中

$$\langle T(x_*), \ \eta(y, x_*) \rangle = \bigcup_{u \in T(x_*)} \langle u, \ \eta(y, x_*) \rangle,$$

$$\text{Max}\langle T(x_*), \ \eta(y, x_*) \rangle = \sup_{u \in T(x_*)} \langle u, \ \eta(y, x_*) \rangle,$$

而且 $\langle u, \eta(y, x_*) \rangle$ 表由 X 到 Y 的线性算子 u 在 $\eta(y, x_*)$ 处的计值.

以后称问题(8.5.2)为**广义向量似变分不等式**.

某些特例:

(1) 如果 $T : X \to L(X, Y)$ 是一单值映象, $\eta(y, x) = y - g(x)$, 其中 $g : K \to K$ 是一单值映象, 则广义向量似变分不等式(8.5.2)等价于求 $x_* \in K$, 使得

$$\langle T(x_*), \ y - g(x_*) \rangle \notin -\text{int} C(x_*), \ \forall y \in K. \tag{8.5.3}$$

这一问题在 Siddiqi 等[261]中讨论过.

(2) 如果 $T : X \to L(X, Y)$ 是一单值映象, $\eta(y, x) = y - x$, 则问题 (8.5.2)等价于: 求 $x_* \in K$, 使得

$$\langle T(x_*),\ y-x_* \rangle \notin -\mathrm{int}\,C(x_*),\ \forall\, y \in K. \tag{8.5.4}$$

这一问题称为**向量值变分不等式**,它首先在 Chen[71]中讨论过.

(3) 如果 $C(x)\equiv C,\ \forall\, x \in K$,其中 C 是 Y 中之一闭凸锥,且 $\mathrm{int}\,C \neq \varnothing$, $\eta(y,x)=y-x$,则问题(8.5.2)等价于:求 $x_* \in K$,使得对每一 $y \in K$,存在 $u_* \in T(x_*)$,满足

$$\langle u_*,y-x_* \rangle \notin -\mathrm{int}\,C. \tag{8.5.5}$$

这一问题首先在 Lee 等[173]中讨论过.

(4) 如果 $C(x)\equiv C,\ \forall\, x \in K$,其中 C 与(3)中的相同,则问题(8.5.4)等价于:求 $x_* \in K$,使得

$$\langle T(x_*),y-x_* \rangle \notin -\mathrm{int}\,C,\ \forall\, y \in K. \tag{8.5.6}$$

这一问题在 Chen[75,76]中讨论过.

(5) 如果 $Y=\mathbf{R}$,$L(X,Y)=X^*$(X 的对偶空间),$C(x)\equiv \mathbf{R}_+,\ \forall\, x \in K$,则问题(8.5.2)等价于:求 $x_* \in K$,使得

$$\sup_{u \in T(x_*)}\langle u,\ \eta(y,x_*) \rangle \geqslant 0,\ \forall\, y \in K. \tag{8.5.7}$$

这一问题在 Cottle-Yao[86]中讨论过.

(6) 如果 $Y=\mathbf{R}$,$X=\mathbf{R}^n$,$C(x)\equiv \mathbf{R}^+,\ \forall\, x \in K \subset \mathbf{R}^n$,$L(X,Y)=\mathbf{R}^n$,且 $\eta(y,x)=y-x$,则问题(8.5.6)等价于:求 $x_* \in K$,使得

$$\langle T(x_*),\ y-x_* \rangle \geqslant 0,\ \forall\, y \in K. \tag{8.5.8}$$

这一变分不等式即为 Hartman-Stampacchia 变分不等式,它首先在[124]中引入和研究.

上面的讨论表明,广义向量似变分不等式是一类较为一般的向量变分不等式,它包含许多类型的向量变分不等式为特例. 对此类向量变分不等式的研究,将为我们提供一个统一的和一般的方法,去处理上述各类向量变分不等式.

定义 8.5.2. 设 X,Y 是二线性赋范空间,$T:X \to 2^{L(X,Y)}$ 是一多值映象,K 是 X 之一非空子集,$C:K \to 2^Y$ 是一映象,使得对每一 $x \in K$,$C(x)$ 是 y 中之一闭的尖凸锥,且 $\mathrm{int}\,C(x) \neq \varnothing$,$C(x) \neq Y$. 设 $\eta(x,y):K \times K \to Y$ 是一映象. 则

（ⅰ）T 称为 **η 伪单调的**,如果对任意的 $x,y \in X$,$u \in T(x)$,$v \in T(y)$,下面的结论成立:

当 $\langle u,\ \eta(y,x) \rangle \notin -\mathrm{int}\,C(x)$ 时,就推出 $\langle v,\eta(y,x) \rangle \notin -\mathrm{int}\,C(x)$;

（ⅱ）T 称为 **V-半连续的**,如果对任意的 $x,y \in X$ 及 $\alpha > 0$,有

$$\langle T(x+\alpha y),\ z \rangle \to \langle T(x),\ z \rangle,\quad \text{当}\ \alpha \to 0^+,\ \forall\, z \in X,$$

其中，$\langle T(u),z\rangle = \bigcup_{w\in T(x)}\langle w,z\rangle$.

定理 8.5.1. 设 X 和 Y 是二 Banach 空间，K 是 X 中的非空闭凸集，$C:K\to 2^Y, T:X\to 2^{L(X,Y)}$ 及 $\eta:K\times K\to X$ 是三个映象，且满足下面的条件：

（ⅰ）对每一 $x\in K$，$C(x)$ 是 Y 中之一尖的闭凸锥，且 $\mathrm{int}\,C(x)\neq\varnothing$，$C(x)\neq Y$；

（ⅱ）由下式定义的映象 $S:X\to 2^Y$
$$S(x)=Y\backslash(-\mathrm{int}\,C(x))$$
是闭的；

（ⅲ）T 是 η 伪单调的，且是具非空紧值的 V-半连续映象；

（ⅳ）η 是连续的仿射映象，且 $\eta(x,x)=\theta$，$x\in K$；

（ⅴ）存在 X 的非空的紧子集 D，使得对 K 的每一有限集 N，存在一非空紧凸集 $L_N\subset K$，使得 $N\subset L_N$. 而且对每一 $x\in L_N\backslash D$，存在 $y\in L_N$ 使得
$$\mathrm{Max}\langle T(y),\ \eta(y,x)\rangle\bigcap(-\mathrm{int}\,C(x))\neq\varnothing.$$
则**广义向量似变分不等式**(8.5.2)在 K 中有解，即存在 $x_*\in K$，使得
$$\mathrm{Max}\langle T(x_*),\ \eta(y,x_*)\rangle\subset Y\backslash(-\mathrm{int}\,C(x_*)),\ \forall y\in K.$$

定理 8.5.2. 在定理 8.5.1 中，如果代条件（ⅴ）以下面的条件（ⅴ′）：

（ⅴ′）存在非空的紧子集 $D\subset K$ 及一点 $y_0\in D$，使得
$$\mathrm{Max}\langle T(y_0),\ \eta(y_0,x)\rangle\bigcap(-\mathrm{int}\,C(x))\neq\varnothing,\ \forall x\in K\backslash D.$$
则定理 8.5.1 的结论仍成立.

证. 只要证明，由条件（ⅴ′）可推出定理 8.5.1 中的条件（ⅴ）即可.

事实上，对任意的有限集 $N\subset K$，令
$$L_N=\mathrm{co}(\{y_0\}\bigcup N\bigcup D)\subset K.$$
由条件（ⅴ′），对任一 $x\in L_N\backslash D\subset K\backslash D$，存在 $y_0\in L_N$ 使得
$$\mathrm{Max}\langle T(y_0),\ \eta(y_0,x)\rangle\bigcap(-\mathrm{int}\,C(x))\neq\varnothing.$$
故条件（ⅴ）成立.　证毕.

注. 定理 8.5.1 是 Yang[297]定理 2，Siddiqi 等[261]定理 2.1，Chen-Yang[76]定理 2.1 及 Lee 等[173]定理 2.1 的改进和推广. 另外定理 8.5.2 也改进和推广了 Cottle-Yao[86]中的定理 2.1.

最后，我们对广义向量值似变分不等式(8.5.2)再给出一个存在性定理.

定理 8.5.3. 设 X 是一 Banach 空间，K 是 X 之一非空闭凸集，$T:K\to 2^{X^*}$ 是一非空紧值映象，而 $\eta:K\times K\to X$ 是一连续的仿射映象且 $\eta(x,x)=0$，$\forall x\in K$. 如果下面的条件满足：

（ⅰ）对任意的 $x,y\in X$，$u\in T(x)$，$v\in T(y)$，由 $\langle u,\eta(y,x)\rangle\geqslant0$，就推出 $\langle v,\eta(y,x)\rangle\geqslant0$；

（ⅱ）T 是半连续的，即 $\forall x,y\in X$，$\alpha>0$，有

$$\lim_{\alpha\to0^+}\langle T(x+\alpha y),z\rangle=\langle T(x),z\rangle,\forall z\in X,$$

其中 $\langle T(\omega),z\rangle=\{\langle u,z\rangle:u\in T(\omega)\}$；

（ⅲ）存在一非空紧集 $D\subset X$，使得对每一有限集 $N\subset K$，存在一非空紧凸集 $L_N\subset K$，使得 $N\subset L_N$，而且对每一 $x\in L_N\backslash D$，存在 $y\in L_N$ 使得

$$\sup_{v\in T(y)}\langle v,\eta(y,x)\rangle<0.$$

则存在 $x_*\in K$，使得

$$\sup_{u\in T(x_*)}\langle u,\eta(y,x)\rangle\geqslant0,\forall y\in K,$$

其中 $\langle\cdot,\cdot\rangle$ 表 X 与 X^* 间的配对.

如果进一步假定 $T(x_*)$ 是 X^* 中的凸集，则存在一点 $u_*\in T(x_*)$，使得 $\langle u_*,\eta(y,x_*)\rangle\geqslant0,\forall y\in K$.

证. 在定理 8.5.1 中取 $Y=\mathbf{R}$，$C(x)\equiv\mathbf{R}^+$，$\forall x\in X$，$L(X,Y)=X^*$，则定理 8.5.3 的结论由定理 8.5.1 直接可得.

如果再设 $T(x_*)$ 是 X^* 中的凸集，现定义一函数 $\psi:K\times T(x_*)\to\mathbf{R}$ 如下：

$$\psi(y,u)=\langle u,\eta(y,x_*)\rangle,\ (y,u)\in K\times T(x_*).$$

则对每一 $y\in K$，$u\longmapsto\psi(y,u)$ 是一线性的连续映象，而且对每一 $u\in T(x_*)$，$y\longmapsto\psi(y,u)$ 是仿射的. 由 Kneser 极大极小定理（即定理 2.3.1）有

$$\sup_{u\in T(x_*)}\inf_{y\in K}\langle u,\eta(y,x_*)\rangle=\inf_{y\in K}\sup_{u\in T(x_*)}\langle u,\eta(y,x_*)\rangle\geqslant0.$$

因 $T(x_*)$ 是紧集，且 $u\longmapsto\inf_{y\in K}\langle u,\eta(y,x_*)\rangle$ 在 $T(x_*)$ 上连续，故存在 $u_*\in T(x_*)$ 使得

$$\inf_{y\in K}\langle u_*,\eta(y,x_*)\rangle=\sup_{u\in T(x_*)}\inf_{y\in K}\langle u,\eta(y,x_*)\rangle\geqslant0.$$

因而有

$$\langle u_*,\eta(y,x_*)\rangle\geqslant0,\forall y\in K.$$

证毕.

注. 定理 8.5.3 是一纯量值的似变分不等式，它推广了 Cottle-Yao [86] 中的相应的结果.

§8.6　H-空间中向量值映象的鞍点定理

在本节中,我们在 H-空间的框架下对具向量值的多值映象研究其松弛鞍点及鞍点的存在性和极大极小不等式解的存在性.

首先我们给出下面的引理.

引理 8.6.1.[279] 设 Z 是一 Hausdorff 拓扑线性空间,C 是 Z 之一闭的尖凸锥,且 int $C \neq \varnothing$. 设 A 是 Z 之一非空的紧子集. 则有

（ⅰ）min $A \neq \varnothing$,且 $A \subset \min A + C$;

（ⅱ）max $A \neq \varnothing$,且 $A \subset \max A - C$.

引理 8.6.2.[282] 设 X 是一紧拓扑空间,$(Y, \{\Gamma_B\})$ 是一 H-空间,$T: X \to 2^Y$ 是满足下述条件的多值映象:

（ⅰ）对每一 $x \in X$,$T(x)$ 是非空 H-凸的;

（ⅱ）对每一 $y \in Y$,$T^{-1}(y)$ 是开的.

则存在一连续映象 $h: X \to Y$,使得对任一 $x \in X, h(x) \in T(x)$.

如果再设 $X = Y$,且 X 是一紧的 H-空间,而 $T: X \to 2^X$ 是满足条件（ⅰ）,（ⅱ）的多值映象,则 T 在 X 中存在不动点.

定义 8.6.1. 设 X, Y 是二 Hausdorff 拓扑空间,Z 是一 Hausdorff 拓扑线性空间,C 是 Z 之一闭凸锥,且 int $C \neq \varnothing$. 设 $A \subset X, B \subset Y$ 是二非空集,$F: A \times B \to 2^Z$ 是一多值映象. 一点 $(x^*, y^*) \in A \times B$ 称为 F 在 $A \times B$ 中的**松弛鞍点**,如果

$$F(x^*, y^*) \bigcap \min F(A, y^*) \neq \varnothing,$$
$$F(x^*, y^*) \bigcap \max F(x^*, B) \neq \varnothing.$$

$(x^*, y^*) \in A \times B$ 称为 F 在 $A \times B$ 中的**鞍点**,如果

$$F(x^*, y^*) \bigcap \min F(A, y^*) \bigcap \max F(x^*, B) \neq \varnothing,$$

其中

$$F(A, y^*) = \bigcup_{a \in A} F(a, y^*); \quad F(x^*, B) = \bigcup_{b \in B} F(x^*, b).$$

注. 易知每一鞍点必是松弛鞍点,但其逆一般不成立.

引理 8.6.3.[272] 设 X 是一 Hausdorff 拓扑空间,$f: X \to 2^{\mathbf{R}}$ 是一紧值的连续的多值映象. 则函数 $x \longmapsto \min f(x)$ 及 $x \longmapsto \max f(x)$ 都是连续的.

（Ⅰ）松弛鞍点和鞍点的存在性定理

在本小节中,我们在 H-空间的框架下,对向量值的映象给出几个关于

松弛鞍点及鞍点的存在性定理.

定理 8.6.4(Chang 等[66]). 设 $(X,\{\Gamma_A\})$ 和 $(Y,\{\Gamma_B\})$ 是二紧的 Hausdorff 的 H-空间, Z 是一 Hausdorff 拓扑线性空间, C 是 Z 之一闭的尖凸锥且 int $C\neq\varnothing$. 设 $F:X\times Y\to 2^Z$ 是一多值映象, $\xi:Z\to\mathbf{R}$ 是一连续的严格增函数. 如果下列条件满足:

（ⅰ）函数 $\xi F:X\times Y\to 2^{\mathbf{R}}$ 是连续和非空紧值的;

（ⅱ）函数 $x\longmapsto\xi F(x,y)$ 是 H-拟凸的, 而函数 $y\longmapsto\xi F(x,y)$ 是 H-拟凹的.

则在 $X\times Y$ 中存在 F 的松弛鞍点.

证. 定义多值映象 $S_n:Y\to 2^X$ 及 $T_n:X\to 2^Y$, $n=1,2,\cdots$ 如下:

$$S_n(y)=\{u\in X:\min\xi F(u,y)<\min\xi F(X,y)+\frac{1}{n}\},$$

$$T_n(x)=\{v\in Y:\max\xi F(x,Y)-\frac{1}{n}<\max\xi F(x,v)\}.$$

由条件（ⅰ）及引理 8.4.2 中的条件（ⅲ）, 集 $\xi F(X,y)$ 及集 $\xi F(x,Y)$ 均为紧的. 故对任一 $x\in X$ 及任一 $y\in Y$, 集 $S_n(y)$ 及 $T_n(x)$ 均是非空的.

由条件（ⅱ）, 对任一 $y\in Y$ 及任一 $x\in X$, $S_n(y)$ 和 $T_n(x)$ 都是 H-凸的, $n=1,2,\cdots$.

下证对任一 $u\in X$ 及 $v\in Y$, $S_n^{-1}(u)$ 和 $T_n^{-1}(v)$ 均为开集.

事实上, 因为

$$S_n^{-1}(u)=\{y\in Y:u\in S_n(y)\}$$

$$=\{y\in Y:\min\xi F(u,y)-\min\xi F(X,y)<\frac{1}{n}\},$$

而且 $\xi F:X\times Y\to 2^{\mathbf{R}}$ 是非空紧值的连续映象, 故函数 $y\longmapsto\min\xi F(X,y)$ 及函数 $(u,y)\longmapsto\min\xi F(u,y)$ 均为连续的. 因而函数

$$y\longmapsto\min\xi F(u,y)-\min\xi F(X,y)$$

是下半连续的, 从而对每一 $u\in X$, $S_n^{-1}(u)$ 是开的.

类似地, 我们可以证明对每一 $v\in Y$, $T_n^{-1}(v)$ 也是开的.

总结上面的讨论, 我们已经证明, 对任意的 $x\in X$ 及 $y\in Y$, $T_n(x)$ 和 $S_n(y)$ 都是非空 H-凸的, 而对每一 $u\in X$ 及 $v\in Y$, $S_n^{-1}(u)$ 和 $T_n^{-1}(v)$ 均为开的.

对每一有限集 $D\subset X\times Y$, 令 $\Gamma_D=\Gamma_A\times\Gamma_B$, 其中 A 是 D 在 X 上的投影, B 是 D 在 Y 上的投影. 故 $(X\times Y,\{\Gamma_D\})$ 是一 H-空间.

现定义一多值映象 $W_n:X\times Y\to 2^{X\times Y}$, $n=1,2,\cdots$ 如下:

$$W_n(x,y)=S_n(y)\times T_n(x).$$

则对每一 $(x,y)\in X\times Y$，$W_n(x,y)$ 是一非空的 H-凸集. 另外，对每一 $(u,v)\in X\times Y$，$W_n^{-1}(u,v)=T_n^{-1}(v)\times S_n^{-1}(u)$. 故 $W_n^{-1}(u,v)$ 是一开集. 于是由引理 8.6.2，存在 $(x_n,y_n)\in X\times Y$，使得

$$(x_n,y_n)\in W_n(x_n,y_n)=S_n(y_n)\times T_n(x_n),n=1,2,\cdots$$

因为 $x_n\in S_n(y_n)\subset X,y_n\in T_n(x_n)\subset Y$，故有

$$\min \xi F(X,y_n)>\min \xi F(x_n,y_n)-\frac{1}{n}, \tag{8.6.1}$$

及

$$\max \xi F(x_n,Y)-\frac{1}{n}<\max \xi F(x_n,y_n). \tag{8.6.2}$$

因为 ξF 是紧值的，故存在 $s_n,t_n\in \xi F(x_n,y_n)$，使得

$$s_n=\min \xi F(x_n,y_n),$$
$$t_n=\max \xi F(x_n,y_n). \tag{8.6.3}$$

由 (8.6.1) 及 (8.6.2) 有

$$\min \xi F(X,y_n)>s_n-\frac{1}{n},$$
$$\max \xi F(x_n,Y)-\frac{1}{n}<t_n. \tag{8.6.4}$$

因为 X 和 Y 均为紧的，不失一般性，可以假定 $x_n\to x^*\in X$ 及 $y_n\to y^*\in Y$，另一方面，由条件（ⅰ）知 $\xi F(X,Y)$ 是紧的，而且 ξF 的图象 $\mathrm{Gr}(\xi F)$ 是闭的. 于是，我们可以假定 $t_n\to t^*\in \mathbf{R},s_n\to s^*\in \mathbf{R}$. 又由引理 8.6.3 知，函数 $y\longmapsto \min \xi F(X,y)$ 及函数 $x\longmapsto \xi F(x,Y)$ 都是连续的. 于是由 (8.6.3) 和 (8.6.4) 有

$$s^*\in \xi F(x^*,y^*),\quad t^*\in \xi F(x^*,y^*),$$

而且

$$s^*\leqslant \min \xi F(X,y^*),\quad t^*\geqslant \max \xi F(x^*,Y).$$

故存在 z^* 及 $w^*\in F(x^*,y^*)$ 使得 $s^*=\xi(z^*),t^*=\xi(w^*)$，且

$$\xi(z^*)=\min \xi F(X,y^*),$$
$$\xi(w^*)=\max \xi F(x^*,Y).$$

因为 ξ 是严格增的，故有

$$z^*=\min F(X,y^*),$$
$$w^*=\max F(x^*,Y).$$

于是

$$F(x^*,y^*)\bigcap \min F(X,y^*)\neq\varnothing,$$

且

$$F(x^*,y^*)\bigcap \max F(x^*,Y)\neq\varnothing.$$

上两式表明,F 在 $X\times Y$ 中有松弛鞍点. 证毕.

定理 8.6.5. 设 $(X,\{\Gamma_A\}),(Y,\{\Gamma_B\})$ 是二紧的 Hausdorff 的 H-空间,Z 是一 Hausdorff 拓扑线性空间,C 是 Z 中之一闭的尖凸锥且 int$C\neq\varnothing$. 设 $f:X\times Y\to Z$ 是一单值映象,$\xi:Z\to \mathbf{R}$ 是一连续的严格增的函数,使得 $\xi f:$ $X\times Y\to \mathbf{R}$ 满足定理 8.6.4 中的条件(ⅰ),(ⅱ). 则在 $X\times Y$ 中存在 f 之一鞍点,即存在 $(x^*,y^*)\in X\times Y$ 使得

$$f(x^*,y^*)\in \min f(X,y^*)\bigcap \max f(x^*,Y).$$

(Ⅱ)向量极大极小不等式解的存在性定理

引理 8.6.6. 设 X,Y 是二紧的 Hausdorff 拓扑空间,Z 是一 Hausdorff 拓扑线性空间,C 是 Z 中之一闭的尖凸锥且 int $C\neq\varnothing$. 如果 $F:X\times Y\to 2^Z$ 是一连续的非空紧值的映象,则有

$$\varnothing\neq \max F(x,Y)\subset \min\{\bigcup_{u\in X}\max F(u,Y)\}+C,\ \forall x\in X, \tag{8.6.5}$$

$$\varnothing\neq \min F(X,y)\subset \max\{\bigcup_{v\in Y}\min F(X,v)\}-C,\ \forall y\in Y. \tag{8.6.6}$$

证. 由命题 5.1.2 和引理 8.6.1,对每一 $x\in X,y\in Y$

$$\max F(x,Y)\neq\varnothing,\ \min F(X,y)\neq\varnothing.$$

由假定,多值映象 $y\longmapsto F(X,y)$ 是连续的,下证多值映象 $y\longmapsto \min F(X,y)$ 是闭的.

事实上,设 $\{y_a\}$ 是 Y 中的一网,使得 $y_a\to y\in Y$,而 $\{z_a\}$ 是 Z 中的网,使得 $z_a\in \min F(X,y_a)$ 且 $z_a\to z\in Z$. 因 $z_a\in \min F(X,y_a)$,故 $z_a\in F(X,y_a)$. 由假定,X 是紧的,F 是具紧值的连续映象,故 F 是一闭映象,而且其图象 Gr(F)是闭的.

现在我们证明 $z\in \min F(X,y)$. 设相反,如果 $z\notin \min F(X,y)$,则存在 $z^*\in F(X,y)$,使得

$$z^*-z\in -\text{int}C. \tag{8.6.7}$$

因 $y_a\to y,z^*\in F(X,y)$,且多值映象 $y\longmapsto F(X,y)$ 是下半连续的,故存在 $z_a^*\in F(X,y_a)$,使得 $z_a^*\to z^*$. 于是由(8.6.7),对充分大的 a,有

$$z_a^*-z_a\in -\text{int}C,$$

即当 a 充分大时,$z_a\notin \min F(X,y_a)$. 这与对一切 $a,z_a\in \min F(X,y_a)$ 相矛盾. 故 $z\in \min F(X,y)$,即多值映象 $y\longmapsto \min F(X,y)$ 是闭的. 于是由命

题 5.1.2 知，$\bigcup\limits_{y\in Y}\min F(X,y)$ 是紧的. 故由引理 8.6.1 有

$$\bigcup_{y\in Y}\min F(X,y)\subset\max\{\bigcup_{v\in Y}\min F(X,v)\}-C,$$

即

$$\min F(X,y)\subset\max\{\bigcup_{v\in Y}\min F(X,v)\}-C,\forall\,y\in Y.$$

用相同的方法，可证(8.6.5)也成立. 证毕.

由定理 8.6.4 及引理 8.6.6，可得下面的关于多值映象的向量极大极小不等式的存在定理.

定理 8.6.7. 设 $(X,\{\Gamma_A\})$ 和 $(Y,\{\Gamma_B\})$ 是二紧的 Hausdorff 的 H-空间，Z 是一 Hausdorff 拓扑线性空间，C 是 Z 之一闭的尖凸锥且 int $C\neq\varnothing$. 设 $F:X\times Y\to2^Z$ 是一多值映象，满足下面的条件：

（ⅰ）F 是具非空紧值的连续映象；

（ⅱ）存在一连续的严格增的函数 $\xi:Z\to\mathbf{R}$，使得多值映象 $x\longmapsto\xi F(x,y)$ 是 H-拟凸的，而且多值映象 $y\longmapsto\xi F(x,y)$ 是 H-拟凹的.

则存在 $(\overline{x},\overline{y})\in X\times Y$，使得

$$F(\overline{x},\overline{y})\bigcap\{(\min_{x\in X}\bigcup\max F(x,Y))+C\}\neq\varnothing,$$

且

$$F(\overline{x},\overline{y})\bigcap\{(\max_{y\in Y}\bigcup\min F(X,y))-C\}\neq\varnothing.$$

由定理 8.6.7，可得下面的向量值函数的向量极大极小定理.

定理 8.6.8. 设 X,Y,Z 与定理 8.6.7 中的相同. 设 $f:X\times Y\to Z$ 是一单值映象，满足下列条件：

（ⅰ）f 是连续的；

（ⅱ）存在一连续的和严格增的函数 $\xi:Z\to\mathbf{R}$，使得函数 $x\longmapsto\xi f(x,y)$ 是 H-拟凸的，而函数 $y\longmapsto\xi f(x,y)$ 是 H-拟凹的.

则存在 $(\overline{x},\overline{y})\in X\times Y$，使得

$$f(\overline{x},\overline{y})\in\{\min_{x\in X}\bigcup\max f(x,Y)+C\}\bigcap\{\max_{y\in Y}\bigcup\min f(X,y)-C\}.$$

而且存在 $z_1\in\min\limits_{x\in X}\bigcup\max f(x,Y)$ 及 $z_2\in\max\limits_{y\in Y}\bigcup\min f(X,y)$，使得

$$z_2-z_1\in C.$$

证. 由定理 8.6.7 得知，存在 $(\overline{x},\overline{y})\in X\times Y$，使得

$$f(\overline{x},\overline{y})\in\{\min_{x\in X}\bigcup\max f(x,Y)+C\}\bigcap\{\max_{y\in Y}\bigcup\min f(X,y)-C\}.$$

故存在

$$z_1\in\min_{x\in X}\bigcup\max f(x,Y),$$

$$z_2 \in \max \bigcup_{y \in Y} \min f(X, y).$$

使得

$$f(\overline{x}, \overline{y}) \in z_1 + C \text{ 且 } f(\overline{x}, \overline{y}) \in z_2 - C,$$

即 $f(\overline{x}, \overline{y}) - z_1 \geqslant \theta$，且 $z_2 - f(\overline{x}, \overline{y}) \geqslant \theta$. 从而有

$$z_2 - z_1 > \theta, \text{ 即 } z_2 - z_1 \in C.$$

证毕.

§8.7 W-空间中向量值映象的极大极小不等式

在本节中,我们在 W-空间中给出一个推广的截口定理和一个推广的不动点定理,并在具闭的尖凸锥的 Hausdorff 拓扑线性空间中,对向量值映象建立某些极大极小不等式定理.

（Ⅰ）修正的拓扑的 KKM 定理

定义 8.7.1. 设 X 是一 Hausdorff 拓扑空间,$\{C_A\}$ 是 X 的一族非空的连通集,以 X 中有限集 A 编号,使得 $A \subset C_A$,则称 $(X, \{C_A\})$ 为一 **W-空间**.

定义 8.7.2. 设 $(X, \{C_A\})$ 是一 W-空间. 集 $D \subset X$ 称为 **W-凸的**,如果对任意的有限子集 $A \subset D, C_A \subset D$.

注. （1）每一 Hausdorff 拓扑线性空间、凸空间、可缩空间、连通空间等都是 W-空间的特例.（2）设 $(X, \{\Gamma_A\})$ 是一 H-空间,如果对任一有限子集 $A \subset X, A \subset \Gamma_A$,则 $(X, \{\Gamma_A\})$ 就是一 W-空间.

引理 8.7.1. [49] 设 $(X, \{C_A\})$ 是一 W-空间,Y 是一 Hausdorff 空间,$F: X \rightarrow 2^Y$ 是满足下述条件的多值映象:

（ⅰ）F 是具非空闭值的上半连续映象;

（ⅱ）对任意的有限集 $A \subset X$,$\bigcap_{x \in A} F(x)$ 是连通的;

（ⅲ）对任意的 $x_1, x_2 \in X$,

$$F(C_{\{x_1, x_2\}}) \subset F(x_1) \bigcup F(x_2),$$

其中 $F(C_{\{x_1, x_2\}}) = \bigcup_{x \in C_{\{x_1, x_2\}}} F(x)$;

（ⅳ）Y 是紧的.

则 $\bigcap_{x \in X} F(x) \neq \varnothing$.

下面给出一个在 W-空间上的推广的截口定理.

定理 8.7.2. 设 $(X, \{C_A\})$ 是一 W-空间,Y 是一紧的 Hausdorff 拓扑空间,G 是 $X \times Y$ 中之一非空集,满足条件:

（ⅰ）G 在 $X \times Y$ 中是闭的；

（ⅱ）对任一有限集 $A \subset X$，$\bigcap_{x \in A} \{y \in Y : (x, y) \in G\}$ 是连通的；

（ⅲ）对每一 $y \in Y$，$B_y := \{x \in X : (x, y) \notin G\}$ 是一 W-凸集或空集.

则存在 $y_0 \in Y$，使得 $X \times \{y_0\} \subset G$.

证. 令 $F(x) = \{y \in Y : (x, y) \in G\}$，$x \in X$. 因 $\mathrm{Gr}(F) = G$，由条件（ⅰ）知 $\mathrm{Gr}(F)$ 是闭的. 又因 F 是紧的，且 F 是具闭值的上半连续的，故由条件（ⅱ），对任一有限集 $A \subset X$，$\bigcap_{x \in A} F(x)$ 是连通的.

下证对任意的 $x_1, x_2 \in X$，$F(C_{\{x_1, x_2\}}) \subset F(x_1) \bigcup F(x_2)$.

设相反，存在 $x_1, x_2 \in X$ 使得 $F(C_{\{x_1, x_2\}}) \not\subset F(x_1) \bigcup F(x_2)$，故存在 $y_* \in F(C_{\{x_1, x_2\}})$ 使得 $y_* \notin F(x_1)$ 且 $y_* \notin F(x_2)$. 于是存在 $x_* \in C_{\{x_1, x_2\}}$，使得 $y_* \in F(x_*)$. 但 $y_* \notin F(x_1)$ 且 $y_* \notin F(x_2)$. 于是有 $(x_*, y_*) \in G$. 但 $(x_1, y_*) \notin G$ 且 $(x_2, y_*) \notin G$，从而得知 $x_1, x_2 \in B_{y_*}$. 由条件（ⅲ）知，B_{y_*} 是 W-凸的，且 $C_{\{x_1, x_2\}} \subset B_{y_*}$，故 $(x_*, y_*) \notin G$. 这与 $(x_*, y_*) \in G$ 相矛盾. 故 F 满足引理 8.7.1 中所有的条件，因而 $\bigcap_{x \in X} F(x) \neq \varnothing$. 于是存在 $y_0 \in Y$，使得 $X \times \{y_0\} \subset G$. 证毕.

作为定理 8.7.2 的应用，我们得出下面的不动点定理.

定理 8.7.3. 设 $(X, \{C_A\})$ 是一紧的 W-空间，$P : X \to 2^X$ 是一多值映象，满足下面的条件：

（ⅰ）对任一 $x \in X$，$P(x) \neq \varnothing$ 且 $\mathrm{Gr}(P)$ 是开的；

（ⅱ）对任一有限集 $A \subset X$，$\bigcap_{y \in A} (X \backslash P^{-1}(y))$ 是连通的；

（ⅲ）对每一 $x \in X$，$P(x)$ 是 W-凸的.

则存在 $\bar{x} \in X$，使得 $\bar{x} \in P(\bar{x})$.

证. 设不然，即对任一 $x \in X$，$x \notin P(x)$. 现考察集
$$G = \{(x, y) \in X \times X : y \notin P(x)\}.$$
因对每一 $x \in X$，$(x, x) \in G$，故 G 是 $X \times X$ 中之一非空子集. 由条件（ⅰ），G 是 $X \times X$ 中的闭集. 由条件（ⅱ），对任一有限集 $A \subset X$，集
$$\bigcap_{y \in A} [X \backslash P^{-1}(y)] = \bigcap_{y \in A} [X \backslash \{x \in X : (x, y) \notin G\}]$$
$$= \bigcap_{y \in A} \{x \in X : (x, y) \in G\}$$
是连通的. 由条件（ⅲ），对每一 $x \in X$，$\{y \in X : (x, y) \notin G\} = P(x)$ 是 W-凸的或空集. 于是由定理 8.7.1，存在 $x_0 \in X$，使得 $\{x_0\} \times X \subset G$. 故对任一 $x \in X$，$x \notin P(x_0)$，即 $P(x_0) = \varnothing$，这与 $P(x_0) \neq \varnothing$ 相矛盾. 故存在 $\bar{x} \in X$，使得 $\bar{x} \in P(\bar{x})$. 证毕.

（Ⅱ）向量值的极大极小不等式

下面,我们在具尖凸锥的拓扑线性空间中,对向量值映象给出几个极大极小不等式定理.

设 Y 是一 Hausdorff 拓扑线性空间,S 是 Y 中之一闭的尖凸锥且 $\operatorname{int} S \neq \varnothing$,而 C 是 Y 中之一非空集. 下面的定义是定义 8.4.1 的等价表述.

（ⅰ）一点 $y_0 \in C$ 称为 C 的**极小点**,如果

$$C \bigcap (y_0 - S) = \{y_0\}.$$

以后用 $\operatorname{Min} C$ 表 C 的所有极小点的集合.

（ⅱ）一点 $y_0 \in C$ 称为 C 的**弱极小点**,如果

$$C \bigcap (y_0 - \operatorname{int} S) = \varnothing.$$

以后用 $\operatorname{Min}_w C$ 表 C 的一切弱极小点的集合.

（ⅲ）一点 $y_0 \in C$ 称为 C 的**极大点**,如果

$$C \bigcap (y_0 + S) = \{y_0\}.$$

以后用 $\operatorname{Max} C$ 表 C 的极大点的集合.

（ⅳ）一点 $y_0 \in C$ 称为 C 的**弱极大点**,如果

$$C \bigcap (y_0 + \operatorname{int} S) = \varnothing.$$

以后用 $\operatorname{Max}_w C$ 表 C 的弱极大点的集合.

引理 8.7.4. 设 X 是一 Hausdorff 拓扑空间中的非空紧集,Y 是一拓扑线性空间,S 是 Y 中之一闭的尖凸锥,且 $\operatorname{int} S \neq \varnothing$. 如果 $f: X \times X \to Y$ 是一连续映象,则

$$\varnothing \neq \bigcup_{t \in X} \operatorname{Max}_w f(X, t) \subset \operatorname{Min} \bigcup_{t \in X} \operatorname{Max}_w f(X, t) + S.$$

定义 8.7.3. 设 $(X, \{C_A\})$ 是一 W-空间,X 中的子集称为**弱 W-凸**的,如果对任一有限子集 $A \subset D$,则 $C_A \bigcap D$ 是连通的,即 $(D, \{C_{A \cap D} \bigcap D\})$ 是一 W-空间.

定理 8.7.5. 设 $(U, \{C_A\})$ 是一 W-空间,Y 是一 Hausdorff 拓扑线性空间,S 是 Y 中之一闭的尖凸锥且 $\operatorname{int} S \neq \varnothing$. 设 X 是 U 之一紧的弱 W-凸子集,$f: X \times X \to Y$ 是一满足下述条件的向量值的映象:

（ⅰ）对任一给定的 $m \in \operatorname{Max}_w \bigcup_{t \in X} f(t, t)$,则集

$$\bigcap_{x \in A} \{u \in X : f(x, u) - m \notin \operatorname{int} S\}$$

对任一有限集 $A \subset X$ 是连通的;

（ⅱ）对任一给定的 $m \in \operatorname{Max}_w \bigcup_{t \in X} f(t, t)$,则对每一 $u \in X$,下面的集合 B_u 是 W-凸的.

$$B_u = \{x \in X : f(x,u) - m \in \text{int } S\};$$

（ⅲ）f 是连续的.

则对每一 $m \in \text{Max}_w \bigcup\limits_{t \in X} f(t,t)$，存在

$$z \in \text{Min} \bigcup\limits_{t \in X} \text{Max}_w f(X,t)$$

使得 $z - m \notin \text{int } S$，而且有

$$\text{Max} \bigcup\limits_{t \in X} f(t,t) \subset \text{Min} \bigcup\limits_{t \in X} \text{Max}_w f(X,t) + K,$$

其中 $K = Y \setminus (-\text{int } S)$.

证. 因 $(X, \{C_{A \cap X} \cap X\})$ 是一 W-空间，又因 $\{(x,x) : x \in X\}$ 是紧的且 f 是连续的，于是由引理 8.6.1，$\text{Max} \bigcup\limits_{t \in X} f(t,t) \neq \varnothing$，从而

$$\text{Max}_w \bigcup\limits_{t \in X} f(t,t) \neq \varnothing.$$

设 $m \in \text{Max}_w \bigcup\limits_{t \in X} f(t,t)$，则存在 $t_0 \in X$ 使得 $m \in f(t_0, t_0)$. 令

$$G = \{(x,u) \in X \times X : m \in f(x,u) + K\}.$$

因 $m \in \text{Max}_w \bigcup\limits_{t \in X} f(t,t)$，故由 m 的弱极大性，得知 $(x,x) \in G, \forall x \in X$，从而知 G 是非空的. 又因 $m - K$ 是闭的，而且 f 是连续的，故 G 在 $X \times X$ 中也是闭的. 由条件（ⅰ），对任一有限集 $A \subset X$，集

$$\bigcap\limits_{x \in A} \{u \in X : (x,u) \in G\} = \bigcap\limits_{x \in A} \{u \in A : f(x,u) - m \notin \text{int } S\}$$

是连通的. 于是由条件（ⅱ），对每一 $u \in X$，集

$$\{x \in X : (x,u) \notin G\} = \{x \in X : f(x,u) - m \in \text{int } S\}$$

是 W-凸的或者是空的，因而由定理 8.7.2，存在 $u_0 \in X$，使得 $X \times \{u_0\} \subset G$，即对任意的 $x \in X, m \in f(x, u_0) + K$. 因为 $\text{Max}_w f(X, u_0)$ 是非空的，令 $x_0 \in X$，使得 $f(x_0, u_0) \in \text{Max}_w f(X, u_0)$，于是 $m \in f(x_0, u_0) + K$. 由引理 8.7.4 得知

$$\varnothing \neq \bigcup\limits_{t \in X} \text{Max}_w f(X,t) \subset \text{Min} \bigcup\limits_{t \in X} \text{Max}_w f(X,t) + S.$$

于是存在 $z \in \text{Min} \bigcup\limits_{t \in X} \text{Max}_w f(X,t)$，使得 $f(x_0, u_0) \in z + S$. 从而有

$$m \in f(x_0, u_0) + K \subset z + S + K = z + K,$$

即 $z - m \notin \text{int } S$.

另外，由于 $m \in \text{Max}_w \bigcup\limits_{t \in X} f(t,t)$ 的任意性，故有

$$\text{Max}_w \bigcup\limits_{t \in X} f(t,t) \subset \text{Min} \bigcup\limits_{t \in X} \text{Max}_w f(X,t) + K.$$

因为 S 是尖的，且 $\text{Max} \bigcup\limits_{t \in X} f(t,t) \subset \text{Max}_w \bigcup\limits_{t \in X} f(t,t)$，故有

$$\text{Max} \bigcup\limits_{t \in X} f(t,t) \subset \text{Min} \bigcup\limits_{t \in X} \text{Max}_w f(X,t) + K.$$

证毕.

定理 8.7.6. 设 $(X,\{C_A\})$ 是一 W-空间，Y 是一 Hausdorff 拓扑空间，Z 是一 Hausdorff 拓扑线性空间，S 是 Z 中之一闭的尖凸锥且 int $S\neq\varnothing$. 设 $f:X\times X\to Z$ 是一满足下述条件的映象：

（ⅰ）f 连续；

（ⅱ）(a) 对任一有限集 $A\subset X$，集 $\{y\in Y:f(x,y)\notin \text{int } S,\forall x\in A\}$ 是连通的.

　　　(b) 对任意的 $x_1,x_2\in X$,

$$f(x,y)-f(x_1,y)\in S \text{ 或 } f(x,y)-f(x_2,y)\in S,\forall x\in C_{\{x_1,x_2\}} \text{ 及 } \forall y\in Y;$$

（ⅲ）Y 是紧的.

则下之一结论成立：

(1) 存在 $\overline{x}\in X$，使得 $f(\overline{x},y)\in \text{int } S,\forall y\in Y$;

(2) 存在 $\overline{y}\in Y$，使得 $f(x,\overline{y})\notin \text{int } S,\forall x\in X$.

证. 定义映象 $F:X\to 2^Y$ 如下：

$$F(x)=\{y\in Y:f(x,y)\notin \text{int } S\},x\in X.$$

如果存在 $\overline{x}\in X$，使得 $F(\overline{x})=\varnothing$，则结论 (1) 成立.

如果对任一 $x\in X,F(x)\neq\varnothing$，因为 f 是连续的，故图象

$$\text{Gr}(F)=\{(x,y)\in X\times Y:f(x,y)\in Z\backslash\text{int }(S)\}$$

是闭的. 又因 Y 是紧的，故由引理 8.6.1，F 是具闭值的上半连续映象. 于是由条件（ⅱ）(a) 知，引理 8.7.1 的条件（ⅱ）成立. 由条件（ⅱ）(b)，对任给的 $x_1,x_2\in X$ 有

$$f(x_1,y)\in f(x,y)-S,\text{ 或 } f(x_2,y)\in f(x,y)-S,$$
$$\forall x\in C_{\{x_1,x_2\}} \text{ 及 } \forall y\in Y.$$

令 $z\in C_{\{x_1,x_2\}},y\in F(z)$，则 $f(z,y)\notin \text{int } S$. 又因 $f(x_1,y)\in f(z,y)-S$，或 $f(x_2,y)\in f(z,y)-S$，故

$$f(x_1,y)\in(Z\backslash\text{int } S)-S=Z\backslash\text{int } S,$$

或

$$f(x_2,y)\in(Z\backslash\text{int } S)-S=Z\backslash\text{int } S.$$

因而 $y\in F(x_1)\bigcup F(x_2)$. 故引理 8.7.1 的条件（ⅲ）成立. 于是由引理 8.7.1，$\bigcap\limits_{x\in X}F(x)\neq\varnothing$. 故存在 $\overline{y}\in Y$，使得 $f(x,\overline{y})\notin \text{int } S,\forall x\in X$.　　证毕.

第九章 相补问题

相补问题的理论与变分不等式理论紧密相关.相补问题理论及应用的研究开始于 20 世纪 60 年代 Lemke,Cottle 及 Dantzig 等人的工作.[83,175]近年来,由于变分不等式理论研究的深入,相补问题的理论和应用研究也得到重要的发展.在文献[133,134,146,208,209,214,225,226,250]中,Noor,Pang,Isac,Karamardian,Saigal,Cottle 及 Dantzig 等人讨论了多种类型的相补问题解的存在性条件,并把所得结果应用于控制论、最优化理论、非线性规划理论的研究.另外,在一定的条件下,经济平衡问题、交通平衡问题、电路联结及流体力学中的某些问题都可归结为相补问题.

本章将介绍相补问题的基本理论及某些最新的结果.

§9.1 一般的非线性相补问题解的存在性定理

设 E 是一局部凸的 Hausdorff 拓扑线性空间,E^* 是 E 的对偶空间.设 P 是 E 之一锥.集 $P^* \subset E^*$ 称为 P 的**对偶锥**,如果

$$P^* = \{f \in E^* : \langle f, x \rangle \geqslant 0, \forall x \in P\}.$$

定义 9.1.1. 设 E 是一局部凸的 Hausdorff 拓扑线性空间,P 是 E 中的锥,而 P^* 是 P 的对偶锥.设 $T: P \rightarrow E^*$ 是一映象.所谓的**"相补问题"**即是:求一点 $\overline{x} \in P$,使得

$$T(\overline{x}) \in P^* \text{ 且 } \langle T(\overline{x}), \overline{x} \rangle = 0. \tag{9.1.1}$$

下面我们证明:相补问题(9.1.1)等价于一个变分不等式问题.

定理 9.1.1. 设 E 是一局部凸的 Hausdorff 拓扑线性空间,E^* 是 E 的对偶空间,P 是 E 的锥,P^* 是 P 的对偶锥,且 $T: P \rightarrow E^*$ 是一映象.则有

$$\{x \in P : T(x) \in P^* \text{ 且 } \langle T(x), x \rangle = 0\}$$
$$= \{x \in P : \langle T(x), y - x \rangle \geqslant 0, \forall y \in P\}. \tag{9.1.2}$$

证. 记

$$A = \{x \in P : T(x) \in P^* \text{ 且 } \langle T(x), x \rangle = 0\},$$
$$B = \{x \in P : \langle T(x), y - x \rangle \geqslant 0, \forall y \in P\}.$$

如果 $x \in A$,则对任一 $y \in P$,有

$$\langle T(x),y-x\rangle=\langle T(x),y\rangle-\langle T(x),x\rangle=\langle T(x),y\rangle.$$

因 $T(x)\in P^*$，由 P^* 的定义知

$$\langle T(x),y-x\rangle=\langle T(x),y\rangle\geqslant0,\forall y\in P.$$

上式表明 $x\in B$.

反之，如果 $x\in B$，则对任一 $y\in P$，有

$$\langle T(x),y-x\rangle\geqslant0. \tag{9.1.3}$$

因 $x\in P$，对一切 $\lambda\geqslant0,\lambda x\in P$. 令 $y=\lambda x$.

(a)如果 $\lambda>1$，易知

$$\langle T(x),y-x\rangle=\langle T(x),(\lambda-1)x\rangle\geqslant0.$$

从而$\langle T(x),x\rangle\geqslant0$；

(b)如果 $\lambda\in[0,1]$，由(9.1.3)即得

$$-\langle T(x),(1-\lambda)x\rangle\geqslant0,即\langle T(x),x\rangle\leqslant0.$$

综合上面的讨论，有

$$\langle T(x),x\rangle=0.$$

下面我们证明 $T(x)\in P^*$. 事实上，如果 $T(x)\notin P^*$，则存在某 $y_0\in P$，使得$\langle T(x),y_0\rangle<0$. 但因 $y_0\in P$，故有

$$0\leqslant\langle T(x),y_0-x\rangle=\langle T(x),y_0\rangle-\langle T(x),x\rangle=\langle T(x),y_0\rangle,$$

这与$\langle T(x),y_0\rangle<0$ 相矛盾. 故 $T(x)\in P^*$，且 $x\in A$.

证毕.

关于相补问题(9.1.1)在 Hilbert 空间解的存在性问题，我们有下面的结果.

定理 9.1.2. 设 E 是一 Hilbert 空间，$P\subset E$ 是一闭锥，$T:P\to E^*$ 是一弱-强连续映象(即对任意的序列$\{x_n\}\subset P$，如果 $x_n\rightharpoonup x$，则 $T(x_n)\to T(x)$. 这里$\rightharpoonup$表示弱收敛). 再设存在一常数 $r>0$，使得

$$\langle T(x)-T(\theta),x\rangle\geqslant r\parallel x\parallel^2,\forall x\in P. \tag{9.1.4}$$

则相补问题(9.1.1)在 P 中有解.

证. 如果 $T(\theta)=\theta$，则 $T(\theta)\in P^*$ 且

$$\langle T(\theta),\theta\rangle=0.$$

故 θ 是相补问题(9.1.1)的解.

如果 $T(\theta)\neq\theta$，定义 $\varphi:P\times P\to\mathbf{R}$ 如下

$$\varphi(x,y)=\langle T(x),y-x\rangle,\ x,y\in P.$$

则 $y\longmapsto\varphi(x,y)$ 是凸的.

下证函数 $x\longmapsto\varphi(x,y)$ 是弱连续的.

事实上,如果 $x_n \to x_0$,则有

$$|\langle T(x_n), y-x_n \rangle - \langle T(x_0), y-x_0 \rangle|$$

$$\leqslant |\langle T(x_n)-T(x_0), y-x_n \rangle| + |\langle T(x_0), x_n-x_0 \rangle|$$

$$\leqslant \|T(x_n)-T(x_0)\| \cdot \sup_n \|y-x_n\| + |\langle T(x_0), x_n-x_0 \rangle| \to 0.$$

由此得

$$\varphi(x_n, y) \to \varphi(x_0, y), \forall y \in P,$$

即 φ 关于 x 是弱连续的,而且易知 $\varphi(x,x)=0, \forall x \in P$.

另外,因 P 是 E 中之一弱闭凸集,令

$$K=\{x \in P: \|x\| \leqslant \frac{1}{r}\|T(\theta)\|\}.$$

易知 K 是 P 中之一弱紧的凸集. 取 $x_0=\theta$,则 $x_0 \in \text{int } K$. 再取 $x \in \partial K$,于是由条件(9.1.4)得知

$$\varphi(x, x_0) = -\langle T(x), x \rangle$$

$$\leqslant -(r\|x\|^2 + \langle T(\theta), x \rangle)$$

$$\leqslant -(r\|x\|^2 - \|T(\theta)\| \cdot \|x\|) = 0.$$

这表明,φ 满足定理 3.9.1 的所有条件. 故存在 $\bar{x} \in K$,使得

$$\varphi(\bar{x}, y) = \langle T(\bar{x}), y-\bar{x} \rangle \geqslant 0, \forall y \in P.$$

由定理 9.1.1,$T(\bar{x}) \in P^*$ 且 $\langle T(\bar{x}), \bar{x} \rangle = 0$,即 $\bar{x}$ 是相补问题(9.1.1)的解.

由定理 9.1.2 可得下面的推论.

推论 9.1.3. 设 P 是 $\mathbf{R}^n$ 中之一闭凸锥,$T: P \to \mathbf{R}^n$ 是一连续映象. 如果存在一常数 $r > 0$,使得

$$\langle T(x)-T(\theta), x \rangle \geqslant r\|x\|^2, \forall x \in P,$$

则相补问题(9.1.1)在 P 中有解.

下面讨论另一类相补问题解的存在性.

设 E 是一局部凸的 Hausdorff 拓扑线性空间,F 是一拟完备的 Hausdorff 拓扑线性空间. 设 S 和 C 分别是 E 和 F 的子集,$T: S \to 2^C$ 和 $M: S \times C \to E^*$ 是二映象,K 是 E 之一闭锥,K^* 是 K 的对偶锥. 我们的问题是:求 $\bar{x} \in K$ 及 $\bar{y} \in T(\bar{x})$,使得

$$M(\bar{x}, \bar{y}) \in K^*, \langle M(\bar{x}, \bar{y}), \bar{x} \rangle = 0. \tag{9.1.5}$$

应该指出,相补问题(9.1.5)是一类较为广泛的相补问题. 例如,如果 $M(x,y)=y$,且 T 是一单值映象,则(9.1.5)包含 Saigal[250]中所研究的相补问题为特例. 如果 E 和 F 是二有限维的欧氏空间,(9.1.5)也包含 Parida-Sen[229]中所研究的相补问题为特例. 显然(9.1.5)包含相补问题

(9.1.1)为特例.

定理 9.1.4.[55] 设 E 是一自反 Banach 空间,F 是一局部凸的 Hausdorff 拓扑线性空间,K 是 E 中之一闭锥,C 是 F 之一闭凸子集.设 $T:K\rightarrow 2^C$ 是一具紧凸值的映象,且关于 K 上的弱拓扑及 C 上的拓扑是连续的.设 $M:K\times C\rightarrow E^*$ 关于 K 上的弱拓扑,C 上的拓扑及 E^* 上的范数拓扑是连续的.如果存在 $\bar{u}\in K$,$\|\bar{u}\|<r$,使得

$$\max_{y\in T(\bar{x})}\langle M(x,y),\bar{u}-x\rangle\leqslant 0,\ \forall\,x\in K,\ \|x\|=r, \tag{9.1.6}$$

则相补问题(9.1.5)在 K 中有解.

证. 在定理 9.1.4 的条件下,易于验证定理 6.3.13 的条件满足.由定理 6.3.13,存在 $\bar{x}\in K$,$\bar{y}\in T(\bar{x})$,使得

$$\langle M(\bar{x},\bar{y}),x-\bar{x}\rangle\geqslant 0,\ \forall\,x\in K. \tag{9.1.7}$$

在(9.1.7)中,先取 $x=\theta$,然后取 $x=2\bar{x}$,简化后,即得

$$\langle M(\bar{x},\bar{y}),\bar{x}\rangle=0\ \text{且}\ M(\bar{x},\bar{y})\in K^*.$$

定理 9.1.4 得证.

§9.2 Hilbert 空间中的广义强非线性拟补问题

在本节中,我们将在 Hilbert 空间的框架下引入和研究一类广义强非线性拟补问题,并讨论这类相补问题解的存在性及解的迭代逼近问题.

(Ⅰ)预备知识

设 H 是一 Hilbert 空间,K 是 H 中之一闭锥,K^* 是 K 的对偶锥,即

$$K^*=\{u\in H:\langle u,v\rangle\geqslant 0,\ \forall\,v\in K\}.$$

给定映象 $m:K\rightarrow K$,$A:H\rightarrow H$,$T:H\rightarrow H$,$V:H\rightarrow 2^H$.现考察下面的问题:

求 $u\in K(u)$,$y\in V(u)$,使得

$$T(u)+A(y)\in K^*(u),\text{且}\langle u-m(u),T(u)+A(y)\rangle=0. \tag{9.2.1}$$

其中

$$K(u)=m(u)+K,\ K^*(u)=(m(u)+K)^*.$$

(a)如果 m,A,T 和 V 均为非线性映象,则问题(9.2.1)称为**广义强非线性拟补问题**.

(b)如果 $V:H\rightarrow H$ 是一恒等映象,m,A,T 是非线性映象,则问题(9.2.1)等价于:求 $u\in K(u)$ 使得

$$T(u)+A(u)\in K^*(u),\text{且}\langle u-m(u),T(u)+A(u)\rangle=0. \tag{9.2.2}$$

这一问题称为**强非线性拟补问题**,它包含 Noor[214] 及 Siddiqi-Ansari [260] 所研究的相补问题为特例,从而,它也包含 Noor[209] 所讨论的广义非线性拟补问题为特例.

(c) 如果 $m=0$,则问题(9.2.2)等价于:求 $u \in K$,使得

$$T(u)+A(u) \in K^*, \quad \langle u, T(u)+A(u)\rangle=0. \tag{9.2.3}$$

这一问题首先在 Noor[209] 中研究过,并称之为**强非线性相补问题**.

(d) 如果 $H=\mathbf{R}^n, K=\mathbf{R}^n_+=\{u \in \mathbf{R}^n: u \geqslant 0\}, m, A, T$ 及 V 均为非线性映象,则问题(9.2.1)等价于:求 $u \in K(u), y \in V(u)$,使得

$$T(u)+A(y) \in K^*(u), \quad \langle u-m(u), T(u)+A(y)\rangle=0. \tag{9.2.4}$$

(e) 如果 $H=\mathbf{R}^n, K=\mathbf{R}^n_+$,则问题(9.2.2)等价于:求 $u \in K(u)$,使得

$$T(u)+A(u) \in K^*(u), \quad \langle u-m(u), T(u)+A(u)\rangle=0. \tag{9.2.5}$$

而问题(9.2.3)等价于:求 $u \in \mathbf{R}^n_+$,使得

$$T(u)+A(u) \geqslant 0, \quad \langle u, T(u)+A(u)\rangle=0. \tag{9.2.6}$$

特别,如果 T 为下型的仿射映象:

$$T(u)=M(u)+q,$$

其中 $q \in \mathbf{R}^n, M$ 是一 $n \times n$ 的矩阵,则问题(9.2.6)称为**适度非线性相补问题**,即求 $u \in \mathbf{R}^n_+$,使得

$$M(u)+q+A(u) \geqslant 0, \quad \langle u, M(u)+q+A(u)\rangle=0. \tag{9.2.7}$$

这一类相补问题在 Noor[214] 中讨论过.

问题(9.2.6)及(9.2.7)产生于下型的具约束条件的非线性偏微分方程的有限元逼近:

$$\begin{cases} -Lu(x)+f(x,u(x)) \geqslant 0, x \in D, \\ u(x) \geqslant 0, x \in D, \\ u(x)[-Lu(x)+f(x,u(x))]=0, x \in D, \\ u(x)=g(x), x \in \partial D. \end{cases} \tag{9.2.8}$$

其中 L 是一给定的线性椭圆算子,$D \subset \mathbf{R}^n$ 是具边界 ∂D 的定义域,$f(x,u(x))$ 是 x 和 $u(x)$ 之一非线性函数,而 $g(x)$ 是一给定的函数. 可以写成(9.2.8)型的常见的自由边值问题,包括介质渗流问题,轴承平衡问题和弹性接触问题等(见[81,82]).

(Ⅱ)迭代算法

首先我们给出下面的辅助性结果.

引理 9.2.1. 如果 $K(u)=m(u)+K$,则

$$K^*(u)=m^*(u) \bigcap K^*,$$

其中

$$m^*(u)=\{x\in H:\langle x,m(u)\rangle\geqslant 0\}.$$

证. 易知 $m^*(u)\cap K^*\subset K^*(u)$. 另一方面，对给定的 $x\in K^*(u)$，因 $\theta\in K$，故 $m(u)\in K(u)$，从而 $\langle x,m(u)\rangle\geqslant 0$，即 $x\in m^*(u)$.

其次，我们证明 $x\in K^*$. 设相反，$x\notin K^*$，则存在 $z\in K$，使得 $\langle x,z\rangle<0$. 令

$$\alpha=\langle x,m(u)\rangle/(-\langle x,z\rangle),y=m(u)+(\alpha+1)z\in K(u),$$

则 $\alpha\geqslant 0$，且

$$\langle x,y\rangle=\langle x,m(u)\rangle+\alpha\langle x,z\rangle+\langle x,z\rangle=\langle x,z\rangle<0.$$

这与 $x\in K^*(u)$ 相矛盾. 故 $x\in K^*$ 且

$$K^*(u)\subset m^*(u)\cap K^*.$$

从而有 $K^*(u)=m^*(u)\cap K^*$. 　证毕.

下面的引理是[31]中引理 9.5.5 的特例.

引理 9.2.2. 设 K 是 Hilbert 空间 H 中之一闭锥，$K(u)=m(u)+K$. 则对任意的 $u,v\in H$，有

$$P_{K(u)}v=m(u)+P_K(v-m(u)), \tag{9.2.9}$$

其中 $P_{K(u)}$ 是 H 到 $K(u)$ 上的投影.

引理 9.2.3. 设 K 是 Hilbert 空间 H 中之一闭锥，$K(u)=m(u)+K$，则 $u\in K(u),y\in V(u)$ 是广义强非线性拟补问题(9.2.1)的一解，当且仅当 $u\in K(u),y\in V(u)$ 是下面的广义强非线性拟变分不等式的解：

$$\langle v-u,T(u)+A(y)\rangle\geqslant 0,\forall v\in K(u). \tag{9.2.10}$$

证. （必要性） 设 $u\in K(u),y\in V(u)$ 是相补问题(9.2.1)的解. 因 $K(u)=m(u)+K$，如果 $v\in K(u)$，则 $v=m(u)+z,z\in K$ 是某一元. 于是由假设条件有

$$\langle T(u)+A(y),v-u\rangle=\langle T(u)+A(y),m(u)+z-u\rangle$$
$$=\langle T(u)+A(y),m(u)-u\rangle+\langle T(u)+A(y),z\rangle$$
$$=\langle T(u)+A(y),z\rangle\geqslant 0.$$

上式表明 $u\in K(u),y\in V(u)$ 是变分不等式(9.2.10)的解.

（充分性） 设 $u\in K(u),y\in V(u)$ 是变分不等式(9.2.10)的解，则 $u-m(u)\in K$. 因而 $2(u-m(u))\in K$. 因 $\theta\in K$，故 $m(u)\in K(u)$. 在(9.2.10)中分别取 $v=2u-m(u)$，及 $v=m(u)$，于是分别有

$$\langle T(u)+A(y),u-m(u)\rangle\geqslant 0,$$

及

$$\langle T(u)+A(y),u-m(u)\rangle \leqslant 0.$$

从而得知

$$\langle T(u)+A(y),u-m(u)\rangle =0. \qquad (9.2.11)$$

下面证明 $T(u)+A(y)\in K^*(u)$.

事实上,在(9.2.10)中取 $v=m(u)+z$,其中 z 是 K 中的任一点.由(9.2.11)有

$$0 \leqslant \langle T(u)+A(y),v-u\rangle$$
$$=\langle T(u)+A(y),m(u)+z-u\rangle$$
$$=\langle T(u)+A(y),z\rangle, \quad \forall z\in K.$$

上式表明 $T(u)+A(y)\in K^*$. 又因 $m:K\to K$,在(9.2.10)中取 $v=m(u)+u$,有 $v\in K(u)$. 于是得知

$$0 \leqslant \langle T(u)+A(y),m(u)+u-u\rangle =\langle T(u)+A(y),m(u)\rangle.$$

上式表明

$$T(u)+A(y)\in m^*(u).$$

故 $T(u)+A(y)\in K^* \bigcap m^*(u)$. 于是由引理 9.2.1 得证 $T(u)+A(y)\in K^*(u)$. 证毕.

引理 9.2.4. 设 K 是 Hilbert 空间 H 中之一闭锥,$K(u)=m(u)+K$. 则 $u\in K(u),y\in V(u)$ 是变分不等式(9.2.10)的解,当且仅当 $u\in K(u)$, $y\in V(u)$ 是下面的方程的解:

$$u=\lambda m(u)+\lambda P_K[u-\zeta(T(u)+A(y))-m(u)]+(1-\lambda)u, \qquad (9.2.12)$$

其中 $\lambda\in(0,1),\zeta>0$ 是一常数.

证. 我们知道 $u\in K(u),y\in V(u)$ 是变分不等式(9.2.10)的解,当且仅当

$$\langle \zeta(T(u)+A(y)),v-u\rangle \geqslant 0, \forall v\in K(u),$$

其中 $\zeta>0$ 是任一常数.把上面的式子写成:

$$\langle u-(u-\zeta(T(u)+A(y))),v-u\rangle \geqslant 0, \forall v\in K(u). \qquad (9.2.13)$$

由命题 1.2.3(i)知,(9.2.13)等价于下面的式子

$$u=P_{K(u)}[u-\zeta(T(u)+A(y))]$$
$$=m(u)+P_K(u-\zeta(T(u)+A(y))-m(u)) (由(9.2.9)).$$

以 $\lambda\in(0,1)$ 乘上式的两端,简化后,即得(9.2.12).

借助引理 9.2.3 及引理 9.2.4,现在对广义强非线性拟补问题(9.2.1)可以提出下面的一种统一的算法.

算法 9.2.1. 设 K 是 Hilbert 空间 H 的一闭锥,$m:K\to K,T:H\to H$,

$A:H\rightarrow H,V:H\rightarrow C(H)$ 是四个映象,其中 $C(H)$ 表 H 中的一切非空紧子集的族. 对任给的 $u_0\in K$,取 $y_0\in V(u_0)$,令

$$u_1=\lambda m(u_0)+\lambda P_K[u_0-\zeta(T(u_0)+A(y_0))-m(u_0)]+(1-\lambda)u_0.$$

因为 $y_0\in V(u_0)\in C(H)$,由 Nadler[205]中的结果知,存在 $y_1\in V(u_1)$ 使得

$$\|y_0-y_1\|\leqslant D(V(u_0),V(u_1)),$$

其中 $D(\cdot,\cdot)$ 是 $C(H)$ 上的 Hausdorff 度量. 令

$$u_2=\lambda m(u_1)+\lambda P_K[u_1-\zeta(T(u_1)+A(y_1))-m(u_1)]+(1-\lambda)u_1.$$

依次作下去,可得如下的两个序列 $\{u_n\},\{y_n\}$:

$$\begin{cases} y_n\in V(u_n),\ \|y_n-y_{n+1}\|\leqslant D(V(u_n),V(u_{n+1})) \\ u_{n+1}=\lambda m(u_n)+\lambda P_K[u_n-\zeta(T(u_n)+A(y_n))-m(u_n)] \\ \qquad +(1-\lambda)u_n,n=0,1,2,\cdots, \end{cases} \tag{9.2.14}$$

其中 $0<\lambda<1$,而 $\zeta>0$ 是一常数.

如果 $V:H\rightarrow H$ 是一恒等映象,于是由算法 9.2.1 可得下面的

算法 9.2.2. 对给定的 $u_0\in K$,计算

$$u_{n+1}=\lambda m(u_n)+\lambda P_K[u_n-\zeta(T(u_n)+A(y_n))-m(u_n)]$$
$$+(1-\lambda)u_n,\ n=0,1,2,\cdots \tag{9.2.15}$$

其次,如果 $m\equiv 0$,且 $V=I$,则由算法 9.2.2 可得下面的

算法 9.2.3. 对给定的 $u_0\in K$,计算

$$u_{n+1}=(1-\lambda)u_n+\lambda P_K[u_n-\zeta(T(u_n)+A(y_n))],n=0,1,2,\cdots \tag{9.2.16}$$

(Ⅲ)存在性和收敛性

在这一小节中,我们讨论广义强非线性拟补问题(9.2.1)的解的存在性,及由算法 9.2.1 所生成的迭代序列的收敛性. 我们有下面的结果.

定理 9.2.5. 设 H 是一 Hilbert 空间,$T:H\rightarrow H$ 是一 α-强单调的和 β-Lipschitz 的映象(其中 $\alpha>0,\beta>0$). 设 $A:H\rightarrow H$ 是一 ξ-Lipschitz 映象,$m:K\rightarrow K$ 是 γ-Lipschitz 映象(其中 $\xi>0,\gamma>0$),$V:H\rightarrow C(H)$ 是一 ηD-Lipschitz 映象(其中 $\eta>0,D$ 是 $C(H)$ 上的 Hausdorff 度量),即对任意的 $x,y\in H$,有

$$D(T(x),T(y))\leqslant\eta\|x-y\|.$$

如果下面的条件满足:

$$\left|\zeta-\frac{\alpha-(1-2\gamma)\xi\eta}{\beta^2-\xi^2\eta^2}\right|<\frac{\sqrt{[\alpha-(1-2\gamma)\xi\eta]^2-4(\beta^2-\xi^2\eta^2)(\gamma-\gamma^2)}}{\beta^2-\xi^2\eta^2} \tag{9.2.17}$$

$$\alpha > (1-2\gamma)\xi\eta + 2\sqrt{(\beta^2-\xi^2\eta^2)(\gamma-\gamma^2)}, \tag{9.2.18}$$

$$\zeta\xi\eta < 1-2\gamma, \ \gamma < \frac{1}{2}, \xi\eta < \alpha. \tag{9.2.19}$$

则存在 $u\in K(u), y\in V(u)$，它是广义强非线性拟补问题(9.2.1)的解，而且由算法 9.2.1 生成的序列 $\{u_n\}$ 和 $\{y_n\}$ 分别强收敛于 u 和 y.

证. 由命题 1.2.3(ⅱ)知 $P_K: H \to K$ 是非扩张的. 另由算法 9.2.1,有

$$\|u_{n+1}-u_n\|$$
$$= \|\lambda m(u_n)+\lambda P_K[u_n-\zeta(T(u_n)+A(y_n))-m(u_n)]+(1-\lambda)u_n$$
$$\quad -\lambda m(u_{n-1})-\lambda P_K[u_{n-1}-\zeta(T(u_{n-1})+A(y_{n-1}))-m(u_{n-1})]$$
$$\quad -(1-\lambda)u_{n-1}\|$$
$$\leqslant \lambda\|m(u_n)-m(u_{n-1})\|+(1-\lambda)\|u_n-u_{n-1}\|$$
$$\quad +\lambda\|u_n-u_{n-1}-\zeta(T(u_n)-T(u_{n-1}))$$
$$\quad -\zeta(A(y_n)-A(y_{n-1}))-m(u_n)+m(u_{n-1})\|$$
$$\leqslant 2\lambda\|m(u_n)-m(u_{n-1})\|+(1-\lambda)\|u_n-u_{n-1}\|$$
$$\quad +\lambda\|u_n-u_{n-1}-\zeta(T(u_n)-T(u_{n-1}))\|+\lambda\zeta\|A(y_n)-A(y_{n-1})\|.$$

因 T 是 α-强单调的和 β-Lipschitz 的,故得

$$\|u_n-u_{n-1}-\zeta(T(u_n)-T(u_{n-1}))\|^2 \leqslant (1-2\zeta\alpha+\zeta^2\beta^2)\|u_n-u_{n-1}\|^2.$$

又因 A 是 ξ-Lipschitz 的,而 V 是 η-D-Lipschitz 的,由(9.2.14)即得

$$\|A(y_n)-A(y_{n-1})\| \leqslant \xi\|y_n-y_{n-1}\|$$
$$\leqslant \xi D(V(u_n),V(u_{n+1}))$$
$$\leqslant \xi\eta\|u_n-u_{n-1}\|.$$

由上面所证的各个不等式,及 m 的 γ-Lipschitz 性,有

$$\|u_{n+1}-u_n\| \leqslant \theta\|u_n-u_{n-1}\|, \ n\geqslant 1, \tag{9.2.20}$$

其中 $\theta = 2\lambda\gamma+(1-\lambda)+\lambda\sqrt{1-2\zeta\alpha+\zeta^2\beta^2}+\lambda\zeta\xi\eta$.

由(9.2.17)~(9.2.19),易知 $\theta\in(0,1)$. 故由(9.2.20)知$\{u_n\}$是 H 中的 Cauchy 列. 令 $u_n\to u(n\to\infty)$,由(9.2.14)即得

$$\|y_{n+1}-y_n\| \leqslant D(V(u_{n+1}),V(u_n)) \leqslant \eta\|u_{n+1}-u_n\|.$$

从而$\{y_n\}$也是 H 中之一 Cauchy 列. 令 $y_n\to y$.

借助算法 9.2.1 及 P_K,T,A 及 m 的连续性有

$$u = \lambda m(u)+\lambda P_K[u-\zeta(T(u)+A(y))-m(u)]+(1-\lambda)u,$$

即

$$u = m(u)+P_K[u-\zeta(T(u)+A(y))-m(u)]\in K(u).$$

下面证明 $y\in V(u)$.事实上,因

$$d(y,V(u)) \leqslant \|y-y_n\| + d(y_n, V(u))$$
$$\leqslant \|y-y_n\| + D(V(u_n), V(u))$$
$$\leqslant \|y-y_n\| + \eta \|u_n - u\|,$$

其中 $d(y,V(u)) = \inf\{\|y-z\|, z \in V(u)\}$. 在上式右端让 $n \to \infty$, 即得 $d(y, V(u)) = 0$. 这表明 $y \in V(u)$.

于是由引理 9.2.3 和引理 9.2.4 知, $u \in K(u)$, $y \in V(u)$ 是相补问题 (9.2.1)的解, 而且 $u_n \to u, y_n \to y$.

证毕.

如果 $V = I$(恒等映象), 由定理 9.2.5 可得下面的结果.

定理 9.2.6. 设 T, m, A 与定理 9.2.5 中的一样, 如果下面的条件满足:

$$\left| \zeta - \frac{\alpha - (1-2\gamma)\xi}{\beta^2 - \xi^2} \right| < \frac{\sqrt{[\alpha - (1-2\gamma)\xi]^2 - 4(\beta^2 - \xi^2)(\gamma - \gamma^2)}}{\beta^2 - \xi^2},$$

$$\alpha > (1-2\gamma)\xi + 2\sqrt{(\beta^2 - \xi^2)(\gamma - \gamma^2)},$$

$$\zeta\xi < 1 - 2\gamma, \gamma < \frac{1}{2}, \xi < \alpha.$$

则问题(9.2.2)有解 $u \in K(u)$, 而且 $u_n \to u$, 其中 $\{u_n\}$ 是由算法 9.2.2 生成的序列.

定理 9.2.7. 设 A, T 与定理 9.2.5 中的相同, $m \equiv 0, V = I$. 如果下面的条件满足:

$$0 < \zeta < \frac{2(\alpha - \xi)}{\beta^2 - \xi^2}, \zeta\xi < 1, \xi < \alpha.$$

则相补问题(9.2.3)有解 $u \in K$, 而且 $u_n \to u(n \to \infty)$, 其中 $\{u_n\}$ 是由算法 9.2.3 生成的迭代序列.

§9.3 Hilbert 空间中适度非线性相补问题

Noor 在文[208, 209, 213]中研究了 Hilbert 空间中的适度非线性相补问题. 在本节中, 我们引入和研究一类广义适度非线性相补问题解的存在性及与之相关的迭代序列的收敛性. 本节结果是上述引文[208, 209, 213]中相应结果的改进和推广.

下设 H 是一 Hilbert 空间, K 是 H 中之一闭锥, K^* 是 K 的对偶锥.

设 $A: K \to H, T: K \to H, V: K \to 2^K$ 是三个映象. 所谓的"广义适度的非

线性相补问题" 是：求 $u \in K, y \in V(u)$，使得

$$T(u) + A(y) \in K^*, \langle u, T(u) + A(y) \rangle = 0. \tag{9.3.1}$$

如果 $V: K \to K$ 是一恒等映象，则问题 (9.3.1) 等价于求 $u \in K$，使得

$$T(u) + A(u) \in K^*, \langle u, T(u) + A(u) \rangle = 0. \tag{9.3.2}$$

这一问题在 Noor[209] 中研究过.

与相补问题 (9.3.1) 相对应，我们来讨论下面的**广义适度非线性变分不等式问题**，即求 $u \in K$ 和 $y \in V(u)$，使得

$$\langle T(u) + A(y), v - u \rangle \geqslant 0, \forall v \in K. \tag{9.3.3}$$

关于广义适度非线性相补问题 (9.3.1) 与广义适度非线性变分不等式问题 (9.3.3) 之间的关系，我们有下面的结果.

定理 9.3.1. 下面的结论等价：

（ⅰ）$u \in K, y \in V(u)$ 是相补问题 (9.3.1) 的解；

（ⅱ）$u \in K, y \in V(u)$ 是变分不等式问题 (9.3.3) 的解；

（ⅲ）$u \in K, y \in V(u)$ 满足下面的方程：

$$u = P_K[u - \delta(T(u) + A(y))]. \tag{9.3.4}$$

其中 P_K 是 $H \to K$ 上的投影，$\delta > 0$ 是一常数.

证. (ⅰ)$\Leftrightarrow$(ⅱ) 可仿照引理 9.2.3 证明.

(ⅱ)$\Leftrightarrow$(ⅲ). 只要注意到 (9.3.3) 等价于

$$\langle u - [u - \delta(T(u) + A(y))], v - u \rangle \geqslant 0, \forall v \in K. \tag{9.3.5}$$

另由命题 1.2.3(ⅰ) 知 (9.3.5) 等价于 (9.3.4). 证毕.

下面，我们研究广义适度非线性相补问题 (9.3.1) 的迭代算法.

算法 9.3.1. 设 $A: K \to H, T: K \to H, V: K \to C(K)$ 是三个映象. 对给定的 $u_0 \in K$，取 $y_0 \in V(u_0)$，并令

$$u_1 = P_K[u_0 - \delta(T(u_0) + A(y_0))].$$

对 $y_0 \in V(u_0) \in C(K)$，存在 $y_1 \in V(u_1)$，使得

$$\| y_0 - y_1 \| \leqslant D(V(u_0), V(u_1)),$$

其中 $D(\cdot, \cdot)$ 是 $C(K)$ 上的 Hausdorff 度量. 令

$$u_2 = P_K[u_1 - \delta(T(u_1) + A(y_1))].$$

继续上述过程，我们可得两个序列 $\{u_n\}, \{y_n\}$ 如下：

$$\begin{cases} y_n \in V(u_n), \| y_n - y_{n+1} \| \leqslant D(V(u_n), V(u_{n+1})), \\ u_{n+1} = P_K[u_n - \delta(T(u_n) + A(y_n))], n = 0, 1, 2, \cdots \end{cases} \tag{9.3.6}$$

其中 $\delta > 0$ 是一常数.

定理 9.3.2. 设 $T: H \to H$ 是一线性映象，$A: K \to H, V: K \to C(K)$ 是二

映象,满足下列条件:

（ⅰ）存在一常数 $\alpha>0$,使得

$$\langle T(u),u\rangle \geqslant \alpha \parallel u \parallel^2, \forall u \in H;$$

（ⅱ）存在一常数 $\beta>0$,使得

$$\parallel T \parallel \leqslant \beta;$$

（ⅲ）存在常数 $\gamma>0$ 及 $\eta>0$ 使得

$$D(V(u),V(v))\leqslant \eta \parallel u-v \parallel, \forall u,v \in K,$$

$$\parallel A(u)-A(v) \parallel \leqslant \gamma \parallel u-v \parallel, \forall u,v \in K.$$

如果 $\eta\gamma<\alpha$,且

$$0<\delta<2(\alpha-\gamma\eta)(\beta^2-\eta^2\gamma^2)^{-1}, \eta\gamma\delta<1. \tag{9.3.7}$$

则广义适度非线性相补问题(9.3.1)有解 $u \in K, y \in V(u)$,而且由算法 9.3.1 生成的迭代序列 $\{u_n\}$ 和 $\{y_n\}$ 分别收敛于 u 和 y.

证. 由命题 1.2.3(ⅱ)知,P_K 是非扩张的,故由(9.3.6)得知

$$\parallel u_{n+1}-u_n \parallel = \parallel P_K[u_n-\delta(T(u_n)+A(y_n))]$$
$$-P_K[u_{n-1}-\delta(T(u_{n-1})+A(y_{n-1}))] \parallel$$
$$\leqslant \parallel u_n-u_{n-1}-\delta(T(u_n)-T(u_{n-1}))-\delta(A(y_n)-A(y_{n-1})) \parallel$$
$$\leqslant \delta\gamma \parallel y_n-y_{n-1} \parallel + \parallel u_n-u_{n-1}-\delta(T(u_n)-T(u_{n-1})) \parallel$$
$$\leqslant \delta\gamma\eta \parallel u_n-u_{n-1} \parallel + \parallel u_n-u_{n-1}-\delta(T(u_n)-T(u_{n-1})) \parallel$$

由 T 的线性及条件(ⅰ)和(ⅱ)有

$$\parallel u_n-u_{n+1}-\delta(T(u_n)-T(u_{n-1})) \parallel^2$$
$$\leqslant (1-2\alpha\delta+\beta^2\delta^2) \parallel u_n-u_{n-1} \parallel^2.$$

从而有

$$\parallel u_n-u_{n+1} \parallel \leqslant \theta \parallel u_{n-1}-u_n \parallel, \tag{9.3.8}$$

其中

$$\theta = \sqrt{1-2\alpha\delta+\beta^2\delta^2} + \delta\gamma\eta.$$

因 $\eta\gamma<\alpha$,故由条件(9.3.7)知 $\theta\in(0,1)$,故 $\{u_n\}$ 是 H 中之一 Cauchy 列. 设 $u_n \to u\ (n\to\infty)$,另由(9.3.6)有

$$\parallel y_{n+1}-y_n \parallel \leqslant D(V(u_{n+1}),V(u_n))\leqslant \eta \parallel u_{n+1}-u_n \parallel.$$

易知 $\{y_n\}$ 也是 H 中的 Cauchy 列. 设 $y_n \to y\ (n\to\infty)$. 仿照定理 9.2.5 的证明,可证 $u\in K, y\in V(u)$ 是广义适度非线性相补问题(9.3.1)的解,而且由算法 9.3.1 所生成的序列 $\{u_n\}$ 和 $\{y_n\}$ 分别收敛于 u 和 y.

证毕.

§9.4　一类新型的相补问题

在本节中我们将介绍一类新型的相补问题,讨论其解的存在性,并给出其在数学规划中的应用.

设 $X=L^p[a,b]$,$p\geqslant 1$,K 是 $L^p[a,b]$ 中由下式定义的闭凸锥:
$$K=\{x\in L^p[a,b]:x(t)\geqslant 0,a.e.t\in[a,b]\}.$$
借助 K 在 $L^p[a,b]$ 中引进偏序"$\leqslant$":$x\leqslant y$ 当且仅当 $x(t)\leqslant y(t)$,$a.e.t\in[a,b]$;$x<y$,如果 $x(t)<y(t).a.e.t\in[a,b]$.

设 $S,T:K\to L^p[a,b]$ 是二映象,满足条件 $S(x)\leqslant x,\forall x\in K$. 设 $g\in L^p[a,b]$ 是一给定的点. 现在我们引出和研究一类新型的相补问题:

求 $\overline{x}\in K$,使得
$$\begin{cases}\overline{x}-T(\overline{x})-g\geqslant 0,\text{且}\\ \min\{\overline{x}(t)-S(\overline{x}(t)),\overline{x}(t)-T(\overline{x}(t))-g\}=0,a.e.t\in[a,b].\end{cases}$$

$$(9.4.1)$$

注. 应该指出:在本章前几节所讨论的相补问题,其一般形式是求 $\overline{x}\in K$,$\overline{y}\in T(\overline{x})$,$F(\overline{x},\overline{y})\in K^*$,使得 $\langle F(\overline{x},\overline{y}),\overline{x}\rangle=0$. 由于在广义配对 $\langle\cdot,\cdot\rangle$ 中,关于第二变元是线性的,故这种形式的相补问题本质上与一类特殊形式的变分不等式等价. 可是这里研究的相补问题(9.4.1)则不再等价于一个变分不等式问题. 因而它是一类新型的相补问题.

关于相补问题(9.4.1)有下面的结果.

定理 9.4.1. 设 $T,S:K\to L^p[a,b]$,$p\geqslant 1$ 是二保序的映象,且满足 $S(x)\leqslant x,\forall x\in K$. 如果对给定的元 $g\in L^p[a,b]$,存在 $x_0\in K$,使得
$$x_0-T(x_0)-g\geqslant 0.$$
则相补问题(9.4.1)在 K 中有解.

证. 令
$$D=\{x\in K:x\leqslant x_0\},$$
$$F(x)=\max\{T(x)+g,S(x)\},x\in D.$$
因 $L^p[a,b]$ 可分,故 $L^p[a,b]$ 中任何 Cauchy 列有子列几乎处处收敛. 因而 D 是一完备的向量格. 于是 $F:D\to D$ 是一保序映象. 故由 Tarski 不动点定理(见[310]),F 在 D 中有不动点,即存在 $\overline{x}\in D$,使得
$$\overline{x}=\max\{T(\overline{x})+g,S(\overline{x})\}.$$
从而有

$$\min\{\overline{x}-T(\overline{x})-g,\ \overline{x}-S(\overline{x})\}=0.$$

注. 由定理 9.4.1 的证明知,相补问题(9.4.1)的解不大于 x_0. 现记

$$\Omega=\{x\in K:x-T(x)-g\geqslant 0\}, \tag{9.4.2}$$

则 $x_0\in\Omega$. 于是由映象 F 和集合 D 的定义有

$$\inf\Omega=\inf\{x\in K:x\leqslant x_0\ \text{且}\ x-T(x)-g\geqslant 0\}$$
$$=\inf\{x\in D:F(x)\leqslant x\}. \tag{9.4.3}$$

另由 Tarski 不动点定理的证明知

$$\inf\{x\in D:F(x)\leqslant x\}$$

是 F 在 D 中的不动点集. 因而由(9.4.3)知,Ω 中的极小元是相补问题(9.4.1)的解. 故其解不必唯一.

定理 9.4.2. 设定理 9.4.1 中的条件满足,再设下面的条件满足:对任意的 $x,y\in K$,当 $x<y$ 时,有

$$T(y)-T(x)<y-x, \tag{9.4.4}$$
$$S(y)-S(x)<y-x. \tag{9.4.5}$$

则相补问题(9.4.1)在 K 中有唯一解.

证. 设 $x,y\in K$ 是相补问题(9.4.1)的二解. 易知 $z=x\vee y,w=x\wedge y$(这里 $x\vee y$ 和 $x\wedge y$ 分别为 x,y 的上确界和下确界)均为相补问题(9.4.1)的解. 于是由

$$\min\{z-T(z)-g,z-S(z)\}=0,$$
$$\min\{w-T(w)-g,w-S(w)\}=0,$$

及 $w-z>S(w)-S(z)$,即 $w-S(w)>z-S(z)$ 可得

$$w-T(w)-g=0.$$

因而有

$$0=w-T(w)-g\leqslant z-T(z)-g.$$

即 $w-z\leqslant T(w)-T(z)$. 这与(9.4.4)相矛盾. 证毕.

作为前述结果的应用,我们将讨论下面的一类规划问题.

设 K,S,T 与定理 9.4.1 中的一样,设 $f:K\to\mathbf{R}$ 是保序的函数. 我们的规划问题是:求

$$\min_{x\in W}f(x), \tag{9.4.6}$$

其中 $W=\{x\in K:x\geqslant\max\{T(x)+g,S(x)\}\}$.

我们有下面的结果.

定理 9.4.3. 设定理 9.4.1 中的条件满足,则由(9.4.2)所定义的集合 Ω 的极小元是规划问题(9.4.6)的解.

§9.5 广义相补问题

本节的目的是研究下面的广义相补问题：

求 $x \in X, z \in M(x)$ 和 $y \in F(x)$ 使得

$$x - z \in L(x), \quad B(x, y) \in L^*(x), \text{且} \langle B(x, y), x - m(x) \rangle = 0, \quad (9.5.1)$$

其中 E 是一局部凸的 Hausdorff 拓扑线性空间，K 和 C 都是 E 中的非空子集，$M, L: K \to 2^K$ 是二多值映象，而且对每一 $x \in K, L(x)$ 是一非空的锥，$A: X \to K$ 是由下式定义的映象

$$A(x) = M(x) + L(x), x \in X,$$

$F: X \to 2^C$ 是一多值映象，$B: X \times C \to E^*$ 是一单值映象.

广义相补问题 $(9.5.1)$ 是一个比较一般的相补问题，它包含许多已知的相补问题为特例. 例如当 M 是一单值映象，而 $E = \mathbf{R}^n$ 时，则相补问题 $(9.5.1)$ 就归结为 Yao[300] 中所研究的相补问题.

为了研究问题 $(9.5.1)$，我们先给出下面的定理.

定理 9.5.1. 设 E 是一局部凸 Hausdorff 拓扑线性空间，X 和 C 是 E 中的两个非空的凸子集. 设 $A: X \to 2^X$ 是具非空闭凸值的连续的多值映象，$F: X \to 2^C$ 是具非空闭凸值的上半连续的多值映象，而且 $B: X \times C \to E^*$ 是一连续映象. 如果下面的条件满足：

（ⅰ）A 和 F 均为全紧致的；

（ⅱ）空间 E 是第二纲的或者 X 是有界的.

则存在 $x_0 \in A(x_0)$ 及 $y_0 \in F(x_0)$，它是下面的广义拟变分不等式的解：

$$\inf_{u \in A(x_0)} \text{Re} \langle B(x_0, y_0), u - x_0 \rangle \geqslant 0. \quad (9.5.2)$$

证. 因 A 和 F 均为全紧致的，故存在 X 的非空紧子集 X_0 及 C 的非空紧子集 C_0，使得

$$A(X) := \bigcup_{z \in X} A(z) \subset X_0,$$

及

$$F(X) := \bigcup_{z \in X} F(z) \subset C_0.$$

现定义映象 $J: X \times C \to 2^X$ 如下：

$$J(x, y) = \{u \in A(x): \text{Re} \langle B(x, y), u - x \rangle\}$$
$$= \inf_{s \in A(x)} \text{Re} \langle B(x, y), s - x \rangle,$$

对每一 $(x, y) \in X \times C$. 由条件（ⅱ），映象 $(x, y, u) \longmapsto \text{Re} \langle B(x, y), u - x \rangle$: $X \times C \times X \to \mathbf{R} \bigcup \{-\infty, +\infty\}$ 是连续的. 因 A 是上半连续的，且 $A(x)$ 是非

空紧集,故对每一$(x,y)\in X\times C,J(x,y)\neq\varnothing$. 又因 B 和 A 是连续的,故 J 的图象 $\mathrm{Gr}(J)$ 是闭的. 因为 $J(x,y)\subset A(x)$,故 $J(X\times C)\subset A(x)\subset X_0$. 从而得知 J 是具非空闭凸值的上半连续映象.

现定义映象 $G:X\times C\to 2^{X\times C}$ 如下:
$$G(x,y)=\langle J(x,y),F(x)\rangle,x,y\in X\times C.$$
则 G 是具非空闭凸值的上半连续映象,且
$$G(X\times C)=\bigcup_{(x,y)\in X\times C}\langle J(x,y),F(x)\rangle$$
$$\subset\langle J(X\times C),F(X)\rangle$$
$$\subset\langle A(X)\times F(X)\subset X_0\times C_0.$$

注意到 $X_0\times C_0$ 是 $X\times C$ 中之一非空紧集,故 G 也是全紧致的. 从而 G 满足 Himmelberg 不动点定理的所有条件,故存在 $(x_0,y_0)\in X\times C$,使得 $(x_0,y_0)\in G(x_0,y_0)$. 由 G 的定义,结论得证.

作为定理 9.5.1 的直接推论,可得下面的结果.

推论 9.5.2. 设 E 是一局部凸的 Hausdorff 拓扑线性空间,X 是 E 中之一非空的紧凸集. 设 $A:X\to 2^X$ 是具非空闭凸值的连续映象,$F:X\to 2^C$ 是具非空紧凸值的上半连续映象,$B:X\times C\to E^*$ 是一单值的连续映象. 则存在 $x_0\in A(x_0),y_0\in F(x_0)$,使得
$$\inf_{u\in A(x_0)}\mathrm{Re}\langle B(x_0,y_0),u-x_0\rangle\geqslant 0.$$

注. 推论 9.5.2 是 Yao[300] 中定理 2.1 的无穷维推广.

为了应用定理 9.5.1 去研究广义相补问题 (9.5.1) 解的存在性,我们首先给出下面的引理.

引理 9.5.3. 广义拟变分不等式 (9.5.2) 有解,则广义拟补问题 (9.5.1) 也有解. 特别,如果映象 M 是单值的,则广义拟补问题 (9.5.1) 有解的充分必要条件是广义拟变分不等式 (9.5.2) 有解.

证. 设广义拟变分不等式 (9.5.2) 有解,则存在 $x_0\in X$ 及 $y_0\in F(x_0)$,使得
$$x_0\in A(x_0),\langle B(x_0,y_0),u-x_0\rangle\geqslant 0,\forall u\in A(x_0). \tag{9.5.3}$$

下证 x_0 是相补问题 (9.5.1) 的解.

事实上,因 $x_0\in A(x_0)$,故存在 $z_0\in M(x_0)$,使得 $x_0-z_0\in L(x_0)$. 因 $L(x_0)$ 是锥,取 $\theta\in L(x_0)$,故 $z_0\in A(x_0)$. 又 $x_0-z_0\in L(x_0)$,故 $2(x_0-z_0)+z_0=2x_0-z_0\in A(x_0)$. 在 (9.5.3) 中取 $u=z_0$,故得 $\langle B(x_0,y_0),z_0-x_0\rangle\geqslant 0$. 又取 $u=2x_0-z_0$,即得 $\langle B(x_0,y_0),x_0-z_0\rangle\geqslant 0$. 从而 $\langle B(x_0,y_0),z_0-x_0\rangle$

$=0$. 另因,对每一 $w\in L(x_0)$,有 $z_0+w\in A(x_0)$,且由(9.5.3)有
$$\langle B(x_0,y_0),w\rangle=\langle B(x_0,y_0),z_0+w-x_0\rangle\geqslant 0.$$
故 $B(x_0,y_0)\in L^*(x_0)$. 广义相补问题(9.5.1)有解得证.

特别,如果 M 是单值的,下证广义相补问题(9.5.1)的每一解都是广义拟变分不等式(9.5.2)的解.

事实上,设 $\bar{x}$ 是相补问题(9.5.1)的解,因 M 是单值的,故存在 $\bar{y}\in F(\bar{x})$,使得
$$B(\bar{x},\bar{y})\in L^*(\bar{x}),且\langle B(\bar{x},\bar{y}),\bar{x}-M(\bar{x})\rangle=0.$$
对每一 $u\in A(\bar{x})$,存在 $\bar{z}\in L(\bar{x})$,使得 $u=M(\bar{x})+\bar{z}$. 因 $B(\bar{x},\bar{y})\in L(\bar{x})$,故有
$$\langle B(\bar{x},\bar{y}),u-M(\bar{x})\rangle=\langle B(\bar{x},\bar{y}),\bar{z}\rangle\geqslant 0,\forall u\in A(\bar{x}).$$
故广义拟变分不等式(9.5.2)有解. 证毕.

引理 9.5.4. 设 E 是一拓扑线性空间,X 是 E 之一非空的凸集,D 是 X 中任一非空子集,且 $x\in\mathrm{int}_X D$. 则对每一 $u\in D$,存在 $\lambda_0\in(0,1)$,使得 $\lambda x+(1-\lambda)u\in D,\forall\lambda\in[\lambda_0,1]$.

证. 对每一 $u\in D$ 及 $x\in\mathrm{int}_X D$,因 X 是拓扑线性空间 E 的凸集,由函数 $\lambda\longmapsto\lambda x+(1-\lambda)u$ 在 x 处的连续性,结论即得.

引理 9.5.5. 下面的结论等价:

(i) 设 $x\in X$,且 $x\in A(x),y\in F(x)$,满足
$$\langle B(x,y),u-x\rangle\geqslant 0,\forall u\in A(x);$$

(ii) 存在一非空子集 $D\subset X,x\in\mathrm{int}_{A(x)}D$ 且 $y\in F(x)$,满足
$$\langle B(x,y),u-x\rangle\geqslant 0,\forall u\in A(x)\bigcap D.$$

证. 显然(i)⇒(ii). 现证(ii)⇒(i). 对任一 $u\in A(x)$,及 $x\in\mathrm{int}_{A(x)}D$,由引理 9.5.4,存在 $\lambda\in(0,1)$,使得 $\lambda x+(1-\lambda)u\in D$. 因 $A(x)$ 是凸的,故 $\lambda x+(1-\lambda)u\in A(x)\bigcap D$,于是
$$0\leqslant\langle B(x,y),\lambda x+(1-\lambda)u-x\rangle=(1-\lambda)\langle B(x,y),u-x\rangle.$$
从而 $\langle B(x,y),u-x\rangle\geqslant 0,\forall u\in A(x)$. 证毕.

定理 9.5.6. 设 E 是一自反 Banach 空间,X 是一非空凸子集,D 是 X 之一非空的闭凸的有界集. 设下列条件满足:

(i) $F:(X,w)\to 2^{(E,w)}$ 是具非空闭凸值的有界的连续映象,其中 $(X,w),(E,w)$ 表在集合 X 和 E 上赋以弱拓扑;

(ii) 设 $A_1:(D,w)\to 2^{(D,w)}$ 是由下式定义的映象:
$$A_1(x)=A(x)\bigcap D,x\in D,$$

（其中 $A:X \to 2^X$ 是一连续的多值映象，且具非空闭凸值），并设 A_1 是具非空闭凸值的上半连续映象；

（ⅲ）对每一 $x \in D, x \in \partial_{A(x)}(D)$，存在 $u \in \text{int}_{A(x)} D$ 使得

$$\sup_{y \in F(x)} \langle B(x,y), u-x \rangle \leqslant 0.$$

则广义相补问题(9.5.1)有解.

证. 因 E 是自反的 Banach 空间，且 D 是闭凸的有界集，故 (D,w) 在赋以相对弱拓扑 w 是 w-紧的. 由定理 9.5.1，存在 $x \in A(x) \bigcap D$ 及 $y \in F(x)$ 使得

$$\langle B(x,y), v-x \rangle \geqslant 0, \ \forall v \in A(x) \bigcap D.$$

如果 $x \in \text{int}_{A(x)} D$，则定理的结论由引理 9.5.5 直接可得. 如果 $x \in \partial_{A(x)}(D)$，则由条件（ⅲ），存在 $u \in \text{int}_{A(x)} D$ 使得

$$\langle B(x,y), u-x \rangle \leqslant 0, \ \forall y \in F(x).$$

因而得知 $\langle B(x,y), u-x \rangle = 0$.

现对任一 $v \in A(x)$，取 $\lambda \in (0,1)$ 使得 $\lambda u + (1-\lambda)v \in A(x) \bigcap D$，故有

$$0 \leqslant \langle B(x,y), \lambda u + (1-\lambda)v - x \rangle = (1-\lambda)\langle B(x,y), v-x \rangle,$$

即 $\langle B(x,y), v-x \rangle \geqslant 0, \ \forall v \in A(x)$. 故定理的结论由引理 9.5.3 得知.

证毕.

以下设 E 是一自反 Banach 空间，E^* 是 E 的对偶空间，并设

(1) X 是 E 之一非空凸子集，C 是 E^* 之一非空凸子集；

(2) $M,L:X \to 2^X$ 是二多值映象，而且对每一 $x \in X, L(x)$ 是一非空的锥；

(3) $F:X \to 2^C$ 是一多值映象；

(4) $A:X \to 2^X$ 是由 $A(x) = M(x) + L(x), x \in X$ 定义的映象；

(5) 对每一 $r > 0, A_r:B_r \to 2^{B_r}$ 是由下式定义的映象：

$$A_r(x) = A(x) \bigcap B_r, x \in B_r.$$

其中 $B_r = \{x \in E: \|x\| \leqslant r\}$；

(6) $B:X \times C \to E^*$ 是一连续的单值映象.

我们有下述的结果.

定理 9.5.7. 设 X 是 E 之一非空的锥. 再设：

（ⅰ）$F:(X,w) \to 2^C$ 是具非空闭凸值的上半连续映象；

（ⅱ）存在 $x_0 \in \bigcap_{x \in X} A(x)$ 使得

$$\limsup_{x \in A(x), \|x\| \to \infty} \sup_{y \in F(x)} \langle B(x,y), x_0 - x \rangle < 0;$$

（ⅲ）存在 $r_0>0$，使得对每一 $r\geqslant r_0$，$A_r:(X,w)\to 2^{(B_r,w)}$ 是具非空值的连续映象.

则广义相补问题(9.5.1)在 X 中有解.

证. 由条件（ⅱ），存在 $r_1>0$，使得对任意的 $x\in A(x)$，当 $\|x\|\geqslant r_1$ 时，有

$$\sup_{y\in F(x)}\langle B(x,y),x_0-y\rangle<0.$$

令 $r\geqslant\max\{r_0,r_1,\|x_0\|\}$. 因 E 是自反的 Banach 空间，故 B_r 是弱紧的. 再由定理 9.5.1，存在 $x\in A(x)\bigcap B_r(x)$ 和 $y\in F(x)$ 使得

$$\langle B(x,y),u-x\rangle\geqslant0,\forall u\in A(x)\bigcap B_r.$$

上式表明 $x\in A(x)\bigcap\mathrm{int}B_r=\mathrm{int}_{A(x)}B_r$. 故定理的结论由引理 9.5.5 及引理 9.5.3 直接可得. 证毕.

如果 $L(x)\equiv X,\forall x\in X$，且 $M:X\to 2^X$ 是一连续的映象，当 $r>0$ 充分大时，A_r 在 $X\bigcap B_r$ 连续的条件自然满足. 于是由定理 9.5.7 可得下面的结果.

推论 9.5.8. 设 E 是一有限维的欧氏空间，X 是 E 之一非空锥. 再设：

（ⅰ）$F:X\to 2^C$ 是具非空闭凸值的上半连续映象；

（ⅱ）$M:X\to 2^X$ 是一连续映象；

（ⅲ）存在 $u_0\in X$，使得 $u_0-M(x)\subset X,\forall x\in X$；

（ⅳ）$\lim\limits_{x\in A(x),\|x\|\to\infty}\sup\limits_{y\in F(x)}\langle B(x,y),u_0-x\rangle<0.$

则广义相补问题(9.5.1)在 X 中有解.

证. 注意到在每一有限维的欧氏空间中，弱拓扑和强拓扑一致. 于是由条件（ⅲ）知 $u_0\in\bigcap\limits_{x\in X}A(x)$. 而且当 $r>0$ 充分大时，映象 A_r 也是连续的. 故推论 9.5.8 的结论由定理 9.5.6 得知. 证毕.

作为上述结果的应用，下面我们研究无穷维空间中的障碍问题.

设 E 是自反的 Banach 空间，X 是 E 中之一闭凸锥，借助 X 在 E 中引进偏序"$\leqslant$"，即对任意的 $x,y\in E,x\leqslant y$，当且仅当 $y-x\in X$.

设 $f:E\to E^*,m:E\to E$ 是二映象. 所谓的"**障碍型的拟变分不等式**"是：求 $x^*\in E$，使得

$$m(x^*)\leqslant x^*,\langle f(x),x-x^*\rangle\geqslant0,\forall x\leqslant m(x^*). \tag{9.5.4}$$

设 $A:E\to 2^E$ 是由 $A(x)=m(x)+X$ 定义的多值映象. 易知，上面的障碍型的变分不等式(9.5.4)等价于：求 $x^*\in m(x^*)+X$，使得

$$f(x^*)\in X^*,\langle f(x^*),x^*-m(x^*)\rangle=0. \tag{9.5.5}$$

于是由推论 9.5.8 可得下面的结果.

定理 9.5.9. 设 E 是一有限维的欧氏空间, X 是 E 之一非空的闭凸锥, 设 $f:(E,w)\to(E^*,w)$ 是一连续映象, $m:(E,w)\to(E,w)$ 是一连续映象, $A(x)=m(x)+X, x\in X$. 设存在 $u_0\in E$, 使得 $u_0-m(x)\in X, \forall x\in E$, 且

$$\limsup_{\substack{x\in A(x)\\ \|x\|\to\infty}} \langle f(x),u_0-x\rangle<0.$$

则障碍型拟变分不等式(9.5.4)有解.

注. 在结束本节时, 应该指出, 当 E 是一 Hilbert 空间, 且 A 是一单值映象时, 本节所讨论的障碍型的拟变分不等式问题(9.5.4)曾作为力学和满足单侧条件的薄弹性板的次临界平衡状态的模型被许多人加以研究, 详见 Cottle-Yao[86], Isac-Thera[135] 及其参考文献.

第十章 随机变分不等式及其相关课题

随机变分不等式和随机相补问题的理论是随机泛函分析的重要组成部分. 这一理论及其应用研究,不仅对随机泛函分析理论及应用有重要影响,而且对各类随机方程和随机控制理论及其应用研究也将提供强有力的工具.

近年来,随机变分不等式及其相关的某些问题曾在 Tan-Yuan[273,274],Yu-Yuan[304]及 Chang[31]等中讨论过.

本章将介绍几类重要的随机变分不等式和随机拟变分不等式可测解的存在性条件、随机鞍点的存在性条件,并给出 Hartman-Stampacchia 变分不等式和 Walras 定理的随机化形式. 另外在本章的最后几节,我们还将引入和研究随机相补问题随机解的存在性及随机逼近序列的收敛性问题.

§10.1 预备知识

设 $(\Omega, \mathscr{A})$ 是一可测空间,E 是一拓扑空间,我们用 $\mathscr{B}(E)$ 表示 E 的一切 Borel 子集的 σ-代数,$CB(E)$ 表 E 的一切非空的闭集族. 用 $\mathscr{A} \times \mathscr{B}(E)$ 表 $\Omega \times E$ 中一切形如 $A \times B, A \in \mathscr{A}, B \in \mathscr{B}(E)$ 的子集的集合族.

定义 10.1.1. 一多值映象 $F: \Omega \to 2^E$ 称为 $(\mathscr{A}, \mathscr{B}(E))$-**可测**(简称**可测**),如果对任一 $B \in \mathscr{B}(E)$,

$$F^{-1}(B) = \{\omega \in \Omega : F(\omega) \bigcap B \neq \varnothing\} \in \mathscr{A}.$$

一映象 $G: \Omega \times E \to 2^E$ 称为**可测的**,如果对每一 $x \in E, \omega \longmapsto G(\omega, x): \Omega \to 2^E$ 是可测的.

一映象 $T: \Omega \times E \to E$ 称为**随机算子**,如果对任一 $x \in E, T(\cdot, x)$ 是可测的.

一随机算子 $T: \Omega \times E \to E$ 称为**连续的**,如果对每一 $\omega \in \Omega, T(\omega, \cdot)$ 是由 E 到 E 的连续映象.

一多值映象 $V: \Omega \times E \to 2^E$ 称为**随机的多值映象**,如果对任一 $x \in E, V(\cdot, x): \Omega \to 2^E$ 是一多值的可测映象.

一映象 $\eta: \Omega \to E$ 称为映象 $F: \Omega \to 2^E$ 的**可测选择**,如果 η 是可测的,且

$\eta(\omega)\in F(\omega),\forall\omega\in\Omega.$

一映象 $\xi:\Omega\to E$ 称为可测映象 $G:\Omega\times E\to 2^E$ 的**随机不动点**,如果 ξ 是可测的且 $\xi(\omega)\in G(\omega,\xi(\omega)),\forall\omega\in\Omega.$

定义 10.1.2. 一 Hausdorff 拓扑空间 E 称为 **Ŝuslin 空间**,如果存在一 Polish 空间(即一可分的完备空间)P 及由 P 到 E 上的连续映象 p.

定义 10.1.3. 设 E 和 Y 是两个拓扑空间,$F:Y\to CB(E)$ 是一映象. F 称为**上次连续的**,如果对每一 $x\in E^*$(E 的对偶空间),映象 $y\longmapsto\sigma_{F(y)}(x)$ 是上半连续的,其中

$$\sigma_{F(y)}(x)=\sup_{z\in F(y)}\langle x,z\rangle,$$

是 $F(y)$ 的支撑泛函.

定义 10.1.4. 设 $\varphi:\Omega\times E\times Y\to\mathbf{R}$ 是一随机泛函. 称 φ **可导出一可测映象**,如果由 φ 导出的映象 $\Phi:\Omega\times E\to 2^Y$:

$$\Phi(\omega,x)=\{y\in Y:\varphi(\omega,x,y)=\min_{v\in Y}\varphi(\omega,x,v)\}$$

是可测的.

以后,我们常常要用到下面的结果.

定理 10.1.1([28,定理 Ⅲ.30]). 设 $(\Omega,\mathscr{A})$ 是一完备的可测空间,E 是一完备的可分的度量空间,$\Gamma:\Omega\to CB(E)$ 是一多值映象. 则下列的结论等价:

(ⅰ)对任一开集 $U,\Gamma^{-1}(U)\in\mathscr{A}$;

(ⅱ)对任一 $x\in E,\mathrm{d}(x,\Gamma(\,\cdot\,))$ 是可测的;

(ⅲ)存在 Γ 之一可测选择序列 $\{u_n\}$,使得

$$\Gamma(\omega)=\overline{\{u_n(\omega)\}};$$

(ⅳ)Γ 的图象

$$\mathrm{Gr}(\Gamma)=\{(\omega,x)\in\Omega\times E:x\in\Gamma(\omega)\}\in\mathscr{A}\times\mathscr{B}(E);$$

(ⅴ)对每一 Borel 集 $B,\Gamma^{-1}(B)\in\mathscr{A}$;

(ⅵ)对每一闭集 $F,\Gamma^{-1}(F)\in\mathscr{A}.$

定理 10.1.2. 设 $(\Omega,\mathscr{A})$ 是一可测空间,E 是一可分的可测空间,U 是一可度量化空间. 如果 $\varphi:\Omega\times E\to U$ 关于 $\omega\in\Omega$ 可测,且关于 $x\in E$ 连续,则 φ 是可测的.

定理 10.1.3. 设 $(\Omega,\mathscr{A})$ 是一可测空间,E 是一 Ŝuslin 空间,$\varphi:\Omega\times E\to\mathbf{R}$ 是一可测函数. 设 $G:\Omega\to 2^E$ 是一多值映象,使得

$$\mathrm{Gr}(G)\subset\mathscr{A}\times\mathscr{B}(E).$$

则由下式定义的函数 $m:\Omega \to \mathbf{R}$

$$m(\omega) = \sup\{\varphi(\omega, x) : x \in G(\omega)\}$$

是可测的.

定理 10.1.4.[275] 设 Z 和 Y 是二 Hausdorff 拓扑空间,$g:Z \times Y \to \mathbf{R}$ 是一连续函数. 设 $V:Z \to 2^Y$ 是一具非空紧值的连续的多值映象. 则下面的函数均为由 Z 到 $\mathbf{R}$ 的连续函数:

$$\varphi(x) = \inf_{y \in V(x)} g(x, y),$$

$$\varPhi(x) = \sup_{y \in V(x)} g(x, y).$$

以后,我们需用到下面的结果:

定理 10.1.5(Aumann[28]). 设 $(\Omega, \mathscr{A})$ 是一完备的可测空间,E 是一 Ŝuslin 空间且 $\mathscr{B}(E)$ 是 E 的 Borel 集的 σ-代数,$F:\Omega \to 2^E$ 是一映象,使得 $\mathrm{Gr}(F) \subset \mathscr{A} \times \mathscr{B}(E)$(此时称 **$F$ 具有可测的图象**),则 F 具有可测选择.

定理 10.1.6. 设 $(\Omega, \mathscr{A})$ 是一完备的可测空间,E 是一可分的 Banach 空间,且 E^* 也是可分的. 设 $K \subset E$ 是一非空的紧凸集,$F:\Omega \times K \to CC(E)$($E$ 的一切非空的闭凸子集的族)是一几乎处处有界的并满足下列条件的映象:

(ⅰ) $F(\omega, x)$ 关于 (ω, x) 是可测的;

(ⅱ) $x \longmapsto F(\omega, x)$ 是上 hemi-连续的;

(ⅲ) 对每一 $(\omega, x) \in \Omega \times K, F(\omega, x) \bigcap K \neq \varnothing$.

则 F 在 K 中存在随机不动点.

注. 在定理 10.1.6 中,如果代条件"$F:\Omega \times K \to CC(E)$"以"$F:\Omega \times K \to CC(K)$",则 F 的有界性及条件(ⅲ)自然满足.

§10.2 随机变分不等式及 Ky Fan 极大极小定理的随机化

在本节中,我们将讨论某些类型的随机变分不等式随机解的存在性问题. 借助在本节中所介绍的结果,我们得到 Ky Fan 极大极小定理之一随机类比.

下面我们给出一个一般形式的随机变分不等式.

设 E 是一可测的 Ŝuslin 拓扑线性空间,$(\Omega, \mathscr{A})$ 是一完备的可测空间,X 是 E 中之一非空闭凸集,$f:\Omega \times X \to (-\infty, +\infty]$ 是一泛函,$f \not\equiv \infty$. 设 $\varphi:\Omega \times X \times X \to (-\infty, +\infty)$ 是一随机泛函,且 $\varphi(\omega, x, x) \geqslant 0, \forall x \in X, a, e, \omega \in \Omega$. 我们的问题是求一可测映象 $\xi:\Omega \to X$,使得

$$f(\omega,y)+\varphi(\omega,\xi(\omega),y)\geqslant f(\omega,\xi(\omega)),\forall y\in X,a,e,\omega\in\Omega.$$

上面的变分不等式称为"随机变分不等式"(RVI).

关于(RVI),我们有下面的结果.

定理 10.2.1. 设 E 是一可测的 Ŝuslin 拓扑线性空间,$\mathcal{B}(E)$ 是 E 的一切 Borel 子集的 σ-代数,X 是 E 之一可分的非空的闭凸子集,$(\Omega,\mathcal{A})$ 是一完备的可测空间,$f:\Omega\times X\rightarrow(-\infty,+\infty]$ 是一可测泛函,且 $f\not\equiv+\infty$. 设 $\varphi:\Omega\times X\times X\rightarrow(-\infty,+\infty)$ 是一可测泛函,且 $\varphi(\omega,x,x)\geqslant0,\forall x\in X,a,e,\omega\in\Omega$. 如果下列的条件满足:

（ⅰ）由下式定义的映象 $G:\Omega\times X\rightarrow2^X$,

$$G(\omega,y)=\{x\in X:f(\omega,y)+\varphi(\omega,x,y)\geqslant f(\omega,x)\} \qquad (10.2.1)$$

具有可测的图象;

（ⅱ）存在一紧集 $K\subset E$ 及 $x_0\in X\bigcap K$,使得

$$f(\omega,x)>\varphi(\omega,x,x_0)+f(\omega,x_0),\forall x\in X\backslash K,a,e,\omega\in\Omega;$$

（ⅲ）对任一 $x\in X$ 及对 $a,e,\omega\in\Omega,f(\omega,y)+\varphi(\omega,x,y)$ 关于 y 是上半连续的和拟凸的;

（ⅳ）对任一 $y\in X$ 及对 $a,e,\omega\in\Omega,f(\omega,x)-\varphi(\omega,x,y)$ 在 E 的任一有限维子空间上关于 x 是下半连续的;

（ⅴ）对任一有限维截口 $D=X\bigcap F$（其中 F 是 E 的任一有限维子空间）及对任一网 $\{x_a\}\subset X\bigcap K$,使得当 $x_a\rightarrow x\in D$ 且

$$f(\omega,x_a)\leqslant\varphi(\omega,x_a,y)+f(\omega,y),\forall y\in D,a,e,\omega\in D$$

时就有

$$f(\omega,x)\leqslant\varphi(\omega,x,y)+f(\omega,y),\forall y\in D,a,e,\omega\in D.$$

则随机变分不等式(RVI)有一随机解.

证. 设 $G(\omega,y)$ 是由(10.2.1)定义的映象,我们可以证明:对每一 $\omega\in\Omega,G(\omega,\cdot)$ 是一 KKM 映象,而且对几乎一切的 $\omega\in\Omega,\bigcap\limits_{y\in X}G(\omega,y)\neq\varnothing$.

现定义一映象 $T:\Omega\rightarrow2^X$ 如下:

$$T(\omega)=\bigcap\limits_{y\in X}G(\omega,y).$$

因 X 可分,设 $\{y_i\}_{i=1}^{\infty}$ 是 X 中的稠密集,下证

$$\bigcap\limits_{y\in X}G(\omega,y)=\bigcap\limits_{i=1}^{\infty}G(\omega,y_i). \qquad (10.2.2)$$

事实上,显然

$$\bigcap\limits_{y\in X}G(\omega,y)\subset\bigcap\limits_{i=1}^{\infty}G(\omega,y_i).$$

下证相反的包含式成立.设不然,

$$\bigcap_{i=1}^{\infty}G(\omega,y_i)\not\subset\bigcap_{y\in X}G(\omega,y),$$

则存在 $x_0\in\bigcap\limits_{i=1}^{\infty}G(\omega,y_i)$，但 $x_0\notin\bigcap\limits_{y\in X}G(\omega,y)$. 故存在 $y_0\in X$，使得 $x_0\notin G(\omega,y_0)$，从而得知

$$f(\omega,y_0)+\varphi(\omega,x_0,y_0)<f(\omega,x_0). \qquad (10.2.3)$$

因 $\{y_i\}$ 是 X 中的可数稠密集，故存在 $\{y_{n_j}\}\subset\{y_i\}$，使得 $y_{n_j}\to y_0$. 又因

$$x_0\in\bigcap_{i=1}^{\infty}G(\omega,y_i)\subset\bigcap_{j=1}^{\infty}G(\omega,y_{n_j}),$$

故有

$$f(\omega,y_{n_j})+\varphi(\omega,x_0,y_{n_j})\geqslant f(\omega,x_0),\ \forall\,j\geqslant 1.$$

由假设，函数 $y\longmapsto f(\omega,y)+\varphi(\omega,x,y)$ 是上半连续的，于是有

$$f(\omega,x_0)\leqslant\lim_{j\to\infty}\sup(f(\omega,y_{n_j}))+\varphi(\omega,x_0,y_{n_j}))$$
$$\leqslant f(\omega,y_0)+\varphi(\omega,x_0,y_0).$$

这与 $x_0\notin G(\omega,y_0)$ 相矛盾. 由此矛盾知(10.2.2)成立. 从而有

$$\mathrm{Gr}(T)=\{(\omega,x):x\in T(\omega)=\bigcap_{i=1}^{\infty}G(\omega,y_i)\}$$
$$=\bigcap_{i=1}^{\infty}\{(\omega,x):x\in G(\omega,y_i)\}\in\mathscr{A}\times\mathscr{B}(X).$$

于是由 Aumann 定理(即定理 10.1.5)知，T 有可测选择 $\xi:\Omega\to X$ 使得

$$\xi(\omega)\in\bigcap_{y\in X}G(\omega,y).$$

上式表明 $\xi:\Omega\to X$ 是随机变分不等式(RVI)之一随机解.　证毕.

作为定理 10.2.1 的直接推论，可得下面的随机形式的 Ky Fan 极大极小不等式定理.

定理 10.2.2. 设 E 是一 Ŝuslin 拓扑线性空间，$\mathscr{B}(E)$ 是 E 的一切的 Borel 子集的 σ 代数. X 是 E 中之一可分的紧凸子集，$(\Omega,\mathscr{A})$ 是一完备的可测空间，$f:\Omega\times X\to(-\infty,+\infty]$ 是一随机泛函，$f\not\equiv+\infty$. 设 $\varphi:\Omega\times X\times X\to(-\infty,+\infty]$ 是一随机泛函，且 $\varphi(\omega,x,x)\geqslant 0,\forall\,x\in X,a,e,\omega\in\Omega$. 再设下面的条件满足：

（ⅰ）由下式定义的映象 $G:\Omega\times X\to 2^X$，

$$G(\omega,y)=\{x\in X:f(\omega,y)+\varphi(\omega,x,y)\geqslant f(\omega,x)\}$$

有可测的图象；

（ⅱ）对一切 $x\in X$ 及对 $a,e,\omega\in\Omega,f(\omega,y)+\varphi(\omega,x,y)$ 关于 y 是拟凸的和上半连续的；

（ⅲ）对一切 $y\in X$ 及对 $a,e,\omega\in\Omega,f(\omega,x)-\varphi(\omega,x,y)$ 关于 x 是下半

连续的.

则存在一可测映象 $\xi:\Omega \to X$,使得

$$f(\omega,y)+\varphi(\omega,\xi(\omega),y) \geqslant f(\omega,\xi(\omega))$$

对一切 $y \in X$,及 $a,e,\omega \in \Omega$.

注. 定理 10.2.1 是一类比较广泛的抽象形式的随机变分不等式解的存在性定理. 由它可以得出许多特殊形式的随机变分不等式随机解的存在性.

定理 10.2.3. 设 E 是一 Hausdorff 拓扑空间,X 是 E 中之一非空的可分的可度量化的紧凸子集,$(\Omega,\mathscr{A})$ 是一完备的可测空间,$F:\Omega \times X \times X \to \mathbf{R}$ 是一映象,满足条件:

(i) $x \longmapsto F(\omega,x,y)$ 是连续的;

(ii) $y \longmapsto F(\omega,x,y)$ 是连续的凸函数;

(iii) 对任意给定的 $x,y \in X$,$\omega \longmapsto F(\omega,x,y)$ 是可测的;

(iv) 存在一可测函数 $C:\Omega \to \mathbf{R}$,使得

$$F(\omega,x,x) \geqslant C(\omega),\forall x \in X,\omega \in \Omega.$$

则存在一可测映象 $v:\Omega \to X$,使得

$$F(\omega,v(\omega),y) \geqslant C(\omega),\forall y \in X.$$

证. 定义一映象 $\Gamma:\Omega \to 2^X$ 如下:

$$\Gamma(\omega)=\{x \in X:F(\omega,x,y) \geqslant C(\omega),\forall y \in X\}.$$

由定理 3.4.5(即 Ky Fan 极大极小不等式定理),对每一 $\omega \in \Omega,\Gamma(\omega) \neq \varnothing$. 又由条件(i)知,$\Gamma(\omega)$ 是 X 中的闭集. 令

$$h(\omega,x)=\inf_{y \in X} F(\omega,x,y).$$

由定理 10.1.4 知,映象 $x \longmapsto h(\omega,x)$ 是连续的.

下证映象 $\omega \longmapsto h(\omega,x)$ 是可测的.

事实上,对给定的 x,函数 $n(\omega,y)=F(\omega,x,y)$ 对 ω 可测,对 y 为连续. 故由定理 10.1.2,$n(\omega,y)$ 是可测的. 故由定理 10.1.3 知函数

$$\omega \longmapsto h(\omega,x)=\inf_{y \in X} F(\omega,x,y)=\inf_{y \in X} n(\omega,y)$$

是可测的. 再由定理 10.1.2 知 $h(\omega,x)$ 是可测的.

从而

$$\mathrm{Gr}(\Gamma)=\{(\omega,x) \in \Omega \times X:x \in \Gamma(\omega)\}$$
$$=\{(\omega,x) \in \Omega \times X:F(\omega,x,y) \geqslant C(\omega),\forall y \in X\}$$
$$=\{(\omega,x) \in \Omega \times X:h(\omega,x) \geqslant C(\omega)\} \in \mathscr{A} \times \mathscr{B}(X)$$

由定理 10.1.5,存在 Γ 之一可测选择 $v:\Omega \to X$,使得

$$F(\omega, v(\omega), y) \geqslant C(\omega), \forall y \in X.$$

证毕.

由定理 10.2.3 可得下面的结果.

定理 10.2.4. 设 $E, X, (\Omega, \mathscr{A})$ 与定理 10.2.3 中的相同. 设 $f: \Omega \times X \to E^*$ 是一映象, 使得 $\omega \longmapsto f(\omega, x)$ 是可测的, $x \longmapsto f(\omega, x)$ 是连续的. 则存在一可测映象 $v: \Omega \to X$, 使得

$$\mathrm{Re}\langle f(\omega, v(\omega)), y - v(\omega) \rangle \geqslant 0, \forall y \in X.$$

证. 令

$$F(\omega, x, y) = \mathrm{Re}\langle f(\omega, x), y - x \rangle.$$

易知 F 满足定理 10.2.3 的所有条件, 故存在一可测映象 $v: \Omega \to X$, 使得 $F(\omega, v(\omega), y) \geqslant 0, \forall y \in X$, 于是有

$$\mathrm{Re}\langle f(\omega, v(\omega)), y - v(\omega) \rangle \geqslant 0, \forall y \in X.$$

证毕.

注. 定理 10.2.4 是推广的 Hartman-Stampacchia 变分不等式的随机形式.

§10.3 随机选择定理及应用

1961 年, Fan 把经典的 KKM 定理从有限维空间推广到无穷维的 Hausdorff 拓扑线性空间, 并对多值映象建立了一个基础性质的几何引理[104]. 此后, 这一引理被他自己推广成下面的截口定理(以后称为 **Ky Fan 截口定理**):

定理 A. 设 X 是一 Hausdorff 拓扑线性空间中的非空紧凸集, $B \subset X \times X$. 设下列条件满足:

(i) 对每一给定的 $x \in X$, 截口 $\{y \in X: (x, y) \in B\}$ 是 X 中的开集;

(ii) 对每一给定的 $y \in X$, 集 $\{x \in X: (x, y) \in B\}$ 是非空凸的.

则存在一点 $x_0 \in X$, 使得 $(x_0, x_0) \in B$.

Fan 的上述结果与数学的许多领域有广泛的联系, 并统一了许多人的结果, 特别是在极大极小理论、多值映象的不动点理论、数学经济、对策论等方面的研究中有广泛的应用(参见 Aubin[10]等). 本节的目的, 是得出随机形式的 Ky Fan 截口定理. 作为应用, 我们首先得出几个随机不动点定理, 并把它应用于研究随机广义对策的随机平衡的存在性.

我们首先对可测集得出一个随机的截口定理, 并给出其对随机不动点

存在性问题的应用.

定理 10.3.1(Yu-Yuan[304]). 设 E 是一拓扑线性空间，X 是 E 之一凸的 Ŝuslin 子集，$(\Omega,\sum)$ 是一可测空间，$\sum$ 是一 Ŝuslin 族. 设 $N\subset\Omega\times X\times X$ 是一集合，满足条件：

（ⅰ）对每一给定的 $(\omega,x)\in\Omega\times X$，集 $\{y\in X:(\omega,x,y)\in N\}$ 在 X 的每一非空紧凸子集 C 中是开的；

（ⅱ）对每一给定的 $(\omega,y)\in\Omega\times X$，集 $\{x\in X:(\omega,x,y)\in N\}$ 在 X 中是凸的；

（ⅲ）存在 X 之一非空紧凸子集 X_0 及 X 之一非空紧子集 K，使得对每一 $y\in X\backslash K$，存在 $x\in\mathrm{co}(x_0\bigcup\{y\})$，使得 $(\omega,x,y)\in N$；

（ⅳ）对每一 $(\omega,y)\in\Omega\times K$，集 $\{x\in X:(\omega,x,y)\in N\}$ 是非空的.

则存在一可测映象 $\lambda:\Omega\twoheadrightarrow X$，使得

$$(\omega,\lambda(\omega),\lambda(\omega))\in N,\forall\omega\in\Omega.$$

证. 定义一函数 $f:\Omega\times X\times X\to\mathbf{R}$ 如下：

$$f(\omega,x,y)=\begin{cases}1,&\text{如果}(\omega,x,y)\in N,\\0,&\text{如果}(\omega,x,y)\notin N,\end{cases}\quad(\omega,x,y)\in\Omega\times X\times X.$$

于是有

（1）$f:(\Omega\times X\times X,\sum\bigotimes\mathcal{B}(X\times X))\to(\mathbf{R},\mathcal{B}(\mathbf{R}))$ 是联合可测的，而且对每一 $\lambda\in\mathbf{R}$，

$$\{(\omega,x,y)\in\Omega\times X\times X:f(\omega,x,y)\geqslant\lambda\}$$
$$=\begin{cases}\varnothing,&\text{如果}\lambda>1,\\N,&\text{如果}1\geqslant\lambda>0,\\\Omega\times X\times X,&\text{如果}\lambda\leqslant0.\end{cases}$$

（2）映象 $y\longmapsto f(\omega,x,y)$ 在 X 的每一非空紧子集 C 中是下半连续的. 因对每一 $\lambda\in\mathbf{R}$，集

$$\{y\in X:f(\omega,x,y)>\lambda\}=\begin{cases}X,&\text{如果}\lambda<0,\\\{y\in X:(\omega,x,y)\in N\},&\text{如果}1>\lambda\geqslant0,\\\varnothing,&\text{如果}\lambda\geqslant1\end{cases}$$

在 X 的每一非空紧子集 C 中是开的，故 $y\longmapsto f(\omega,x,y)$ 在 X 的每一非空紧子集 C 中是下半连续的.

（3）对每一给定的 $(\omega,y)\in\Omega\times X$，及对每一 $\lambda\in\mathbf{R}$，集

$$\{x\in X:f(\omega,x,y)>\lambda\}=\begin{cases}X,&\text{如果}\lambda<0,\\\{x\in X:(\omega,x,y)\in N\},&\text{如果}1>\lambda\geqslant0,\\\varnothing,&\text{如果}\lambda\geqslant1\end{cases}$$

是凸的.

现定义一函数 $f_1:\Omega\times X\times X\to\mathbf{R}$ 如下:

$$f_1(\omega,x,y)=f(\omega,x,y)-\sup_{x\in X}f(\omega,x,x),(\omega,x,y)\in\Omega\times X\times X,$$

故

1° $y\longmapsto f_1(\omega,x,y)$ 在 X 的每一非空紧子集 C 上是下半连续的;

2° 对每一 $\lambda\in\mathbf{R}$ 及每一给定的 $(\omega,y)\in\Omega\times X$, 集 $\{x\in X: f_1(\omega,x,y)>\lambda\}$ 是凸的;

3° 对每一 $(\omega,x,x)\in\Omega\times X\times X, f_1(\omega,x,x)\leqslant 0$.

由 Ding-Tan[98]定理 2, 对每一 $\omega\in\Omega$, 或者

(a)存在 $y_0\in X\backslash K$, 使得对每一 $x\in\mathrm{co}(X_0\bigcup\{y_0\}), f_1(\omega,x,y_0)\leqslant 0$, 或者

(b)存在 $y_0\in K$, 使得 $f_1(\omega,x,y_0)\leqslant 0, \forall x\in X$.

如果(a)成立, 于是由条件(ⅲ)有

$$\sup_{x\in X}f(\omega,x,x)\geqslant\sup_{x\in\mathrm{co}(X_0\bigcup\{y_0\})}f(\omega,x,y_0)=1,$$

从而 $\sup\limits_{x\in X}f(\omega,x,x)=1$. 故存在 $x_0\in X$, 使得 $f(\omega,x_0,x_0)=1$. 此即 $(\omega,x_0,x_0)\in N$.

如果(b)成立, 则

$$\sup_{x\in X}f(\omega,x,y_0)\leqslant\sup_{x\in X}f(\omega,x,x).$$

于是由条件(ⅳ), $\sup\limits_{x\in X}f(\omega,x,y_0)=1$. 故 $\sup\limits_{x\in X}f(\omega,x,x)=1$. 即存在 $x_0\in X$, 使得 $(\omega,x_0,x_0)\in N$. 故对每一 $\omega\in\Omega$, 存在 $x_0\in X$, 使得 $(\omega,x_0,x_0)\in N$. 现定义映象 $\Phi:\Omega\to 2^{X\times X}$ 如下:

$$\Phi(\omega)=\{(x,x)\in X\times X:f(\omega,x,x)=1\}, \omega\in\Omega.$$

由上面的讨论, 易知对每一 $\omega\in\Omega,\Phi(\omega)\neq\varnothing$, 而且

$$\mathrm{Gr}(\Phi)=\{(\omega,x,x)\in\Omega\times X\times X:f(\omega,x,x)=1\}$$
$$=\{(\omega,x,y)\in\Omega\times X\times X:f(\omega,x,y)=1\}\bigcap(\Omega\times\Delta)$$

其中 $\Delta:=\{(x,x)\in X\times X\}\subset X\times X$. 因为 $\Delta\in\mathscr{B}(X)\otimes\mathscr{B}(X)$, 而且 X 是一 Ŝuslin 集, f 是联合可测的, 故 $\mathrm{Gr}(\Phi)\in\sum\otimes\mathscr{B}(X\times X)$. 由定理 10.1.5, 存在一单值可测映象 $\Psi:\Omega\to X\times X$, 使得 $\Psi(\omega)\in\Phi(\omega),\forall\omega\in\Omega$. 由 Ψ 的定义, 存在一映象 $\lambda:\Omega\to X$, 使得 $\Psi(\omega)=(\lambda(\omega),\lambda(\omega)),\omega\in\Omega$. 因 Φ 是可测的, 易知 λ 也是可测的. 故对每一 $\omega\in\Omega,(\omega,\lambda(\omega),\lambda(\omega))\in N$.

证毕.

作为定理 10.3.1 的应用, 我们有下面的随机不动点定理, 它是著名的

Fan-Browder 不动点定理[26]的随机化.

定理 10.3.2. 设$(\Omega, \sum)$是一可测空间,$\sum$是一 Ŝuslin 的族,X是拓扑线性空间中之一非空凸的 Ŝuslin 子集. 设$F:\Omega \times X \to 2^X \backslash \{\varnothing\}$是一多值映象,且$\mathrm{Gr}(F) \in \sum \bigotimes \mathcal{B}(X \times X)$. 如果下列条件满足:

（ⅰ）对每一给定的$(\omega, y) \in \Omega \times X$,集$F_\omega^{-1} = \{x \in X : y \in F(\omega, x)\}$在$X$的每一非空紧子集$C$中是开的;

（ⅱ）对每一$(\omega, x) \in \Omega \times X, F(\omega, x)$是$X$中的凸集;

（ⅲ）存在一非空紧凸集$X_0 \subset X$及一非空紧子集$K \subset X$,使得对每一$y \in X \backslash K$,存在$x \in \mathrm{co}(X_0 \bigcup \{y\})$,使得$x \in F(\omega, y), \forall \omega \in \Omega$;

（ⅳ）对每一$(\omega, x) \in \Omega \times K, F(\omega, x)$是非空的.

则存在一可测映象$g:\Omega \to X$使得$g(\omega) \in F(\omega, g(\omega)), \forall \omega \in \Omega$,即$F$有一随机不动点$g$.

证. 设$M: = \{(\omega, x, y) \in \Omega \times X \times X : y \in F(\omega, x)\}$,则

$$M \in \sum \bigotimes \mathcal{B}(X \times X).$$

定义$\Gamma:\Omega \times X \times X \to \Omega \times X \times X$如下:

$$\Gamma(\omega, x, y) = (\omega, y, x), \quad (\omega, x, y) \in \Omega \times X \times X.$$

则Γ是一随机连续映象,故Γ是联合可测的. 集$N_1 = \{(\omega, x, y) \in \Omega \times X \times X : \Gamma(\omega, x, y) \in M\} \in \sum \bigotimes \mathcal{B}(X \times X)$,且满足下列条件:

（ⅰ）对每一给定的$(\omega, y) \in \Omega \times X$,集$\{y \in X : (\omega, x, y) \in N_1\} = \{x \in X : y \in F(\omega, x)\}$在$X$的每一非空紧子集$C$中是开的;

（ⅱ）对每一给定的$(\omega, x) \in \Omega \times X$,集$\{y \in X : (\omega, y, x) \in N_1\}$在$X$中是非空凸的;

（ⅲ）存在X之一非空紧凸集X_0及一非空子集$K_0 \subset X$,使得对每一$x \in X \backslash K_0$,存在$y \in \mathrm{co}(X_0 \bigcup \{x_0\})$,使得$y \in F(\omega, x), \forall \omega \in \Omega$. 故$(\omega, x, y) \in M$,从而$(\omega, x, y) \in N_1, \forall \omega \in \Omega$. 故$N_1$满足定理 10.3.1 的一切条件. 由定理 10.3.1,存在一可测映象$g:\Omega \to X$,使得对每一$\omega \in \Omega, (\omega, g(\omega), g(\omega)) \in N_1$. 故$F$有一随机不动点$g:\Omega \to X$.

证毕.

由定理 10.3.2,可得下面的推论.

推论 10.3.3. 设$(\Omega, \sum)$是一可测空间,$\sum$是一 Ŝuslin 族,X是一拓扑线性空间E的一非空凸 Ŝuslin 子集. 设$F:\Omega \times X \to 2^X \backslash \{\varnothing\}$是一多值映象,满足条件:

（ⅰ）$\mathrm{Gr}(coF) \in \sum \bigotimes \mathcal{B}(X \times X)$;

（ⅱ）对每一给定的 $(\omega,y)\in\Omega\times X$，集 $\{x\in X:y\in F(\omega,x)\}$ 在 X 的每一非空紧子集 C 中是开的；

（ⅲ）在 X 中存在一非空紧凸子集 X_0 及一非空紧子集 K_0，使得对每一 $y\in X\setminus K_0$，存在 $x\in\text{co}(X_0\cup\{y\})$，使得 $x\in\text{co}(F(\omega,y))$，$\forall\omega\in\Omega$；

（ⅳ）对每一给定的 $(\omega,x)\in\Omega\times K_0$，$F(\omega,x)\neq\varnothing$．

则存在一可测映象 $g:\Omega\to X$，使得 $g(\omega)\in\text{co}(F(\omega,g(\omega)))$，$\forall\omega\in\Omega$．

证．对每一 $(\omega,x)\in\Omega\times X$，定义一映象 $F_1:\Omega\times X\to 2^X$ 如下：

$$F_1(\omega,x)=\text{co}((F(\omega,x)))，(\omega,x)\in\Omega\times X.$$

易知 F_1 满足定理 10.3.2 的一切条件．故由定理 10.3.2，F_1 有一随机不动点 $g:\Omega\to X$，使得

$$g(\omega)\in\text{co}(F(\omega,g(\omega)))，\forall\omega\in\Omega.$$

借助 Ding-Tan[98]，可得下面的随机极大元的存在性定理．

定理 10.3.4. 设 (Ω,Σ) 是一可测空间，Σ 是一 Ŝuslin 族，X 是拓扑线性空间 E 中之一非空的凸 Ŝuslin 子集．设 $F:\Omega\times X\to 2^X\setminus\{\varnothing\}$ 是一多值映象，满足下列条件：

（ⅰ）对每一 $(\omega,x)\in\Omega\times X$，$x\notin\text{co}(F(\omega,x))$；

（ⅱ）对每一给定的 $(\omega,x)\in\Omega\times X$，集 $\{x\in X:y\in f(\omega,x)\}$ 在 X 的每一非空紧子集 C 中是开的；

（ⅲ）在 X 中存在一非空紧凸子集 X_0 及一非空紧子集 K_0，使得对每一 $y\in X\setminus K_0$，存在 $x\in\text{co}(X_0\cup\{y\})$，使得 $x\in\text{co}(F(\omega,y))$，$\forall\omega\in\Omega$．

再设映象 $\text{co}F:\Omega\to 2^X$ 满足下面的一条件：

(a)$\text{co}F$ 是联合可测的；

(b)$\text{Gr}(\text{co}F)\in\Sigma\otimes\mathscr{B}(X\times X)$．

则存在一可测映象 $g:\Omega\to X$，使得

$$\text{co}(F(\omega,g(\omega)))=\varnothing，\forall\omega\in\Omega.$$

证．定义一映象 $\Phi:\Omega\to 2^X$ 如下：

$$\Phi(\omega)=\{x\in X:\text{co}(F(\omega,x))=\varnothing\}，\omega\in\Omega.$$

由[98]中定理 3，对每一 $\omega\in\Omega$，$\Phi(\omega)\neq\varnothing$，且

$$\text{Gr}(\Phi)=\{(\omega,x)\in\Omega\times X:\text{co}F(\omega,x)=\varnothing\}.$$

因

$$\text{Gr}(\Phi)=\Omega\times X\setminus\{(\omega,x)\in\Omega\times X:\text{co}(F(\omega,x))\neq\varnothing\}$$

$$=\Omega\times X\setminus\{(\omega,x)\in\Omega\times X:\text{co}(F(\omega,x))\cap X\neq\varnothing\}.$$

如果条件(a)成立，则 $\text{Gr}(\Phi)\in\Sigma\otimes\mathscr{B}(X)$．由定理 A，存在一可测映象

$g:\Omega\rightarrow X$,使得 $g(\omega)\in\Phi(\omega)$,$\forall\omega\in\Omega$. 故有 $\mathrm{co}(F(\omega,g(\omega)))=\varnothing$,$\forall\omega\in\Omega$.

如果条件(b)成立,定义映象 $\Phi:\Omega\rightarrow 2^{X\times X}$ 如下：

$$\Phi(\omega)=\{(x,x)\in X\times X:\mathrm{co}(F(\omega,x))=\varnothing\}\ ,\ \omega\in\Omega.$$

由[98]定理 3,$\Phi(\omega)\neq\varnothing$,$\forall\omega\in\Omega$,且

$$\mathrm{Gr}(\Phi)=\mathrm{Gr}(\mathrm{co}F)\bigcap(\Omega\times\Delta)\in\sum\bigotimes\mathscr{B}(X\times X),$$

其中 $\Delta=\{(x,x)\in X\times X:x\in X\}$. 再由定理 A,存在一可测映象 $g:\Omega\rightarrow X\times X$,使得 $g(\omega)\in\Phi(\omega)$,$\forall\omega\in\Omega$. 由 Φ 的定义,存在一可测映象 $r:\Omega\rightarrow X$ 使得

$$g(\omega)=(r(\omega),r(\omega)),\omega\in\Omega.$$

显然,r 也是可测的. 故 $\mathrm{co}(F(\omega,r(\omega)))=\varnothing$,$\forall\omega\in\Omega$.

证毕.

§10.4　随机拟变分不等式

在本节中,我们将研究随机拟变分不等式随机解的存在性问题. 我们有下面的结果.

定理 10.4.1. 设 E,F 是二局部凸的 Hausdorff 拓扑空间,K 和 L 分别是 E 和 F 的可分的可度量化的非空的紧凸子集. 设$(\Omega,\mathscr{A})$ 是一完备的可测空间,$C:\Omega\rightarrow\mathbf{R}$ 是一可测函数. 设 $f:\Omega\times K\times L\rightarrow\mathbf{R}$,$T:\Omega\times K\rightarrow 2^{L}$ 是二映象,满足条件：

（ⅰ）$\omega\longmapsto f(\omega,x,y)$是可测的；

（ⅱ）$x\longmapsto f(\omega,x,y)$是拟凸的,而$(x,y)\longmapsto f(\omega,x,y)$是连续的；

（ⅲ）$x\longmapsto T(\omega,x)$是连续的,$\omega\longmapsto T(\omega,x)$是可测的,且对每一$(\omega,x)\in\Omega\times K$,$T(\omega,x)$是 L 中的非空闭凸子集；

（ⅳ）$f(\omega,x,y)\geqslant C(\omega)$,$\forall x\in K,y\in T(\omega,x)$.

则存在一可测映象 $v:\Omega\rightarrow K$ 及一可测映象 $y:\Omega\rightarrow L$,使得$y(\omega)\in T(\omega,v(\omega))$,且

$$f(\omega,x,y(\omega))\geqslant C(\omega),\forall x\in K,\omega\in\Omega.$$

证. 定义一映象 $\Gamma:\Omega\rightarrow 2^{K}$ 如下：

$\Gamma(\omega)=\{v\in K:\exists y\in L$ 使得 $y\in T(\omega,v)$ 且 $f(\omega,x,y)\geqslant C(\omega),$
　　　　$\forall x\in K\}.$

由 Gwinner[117]定理 8,$\Gamma(\omega)\neq\varnothing$,对每一 $\omega\in\Omega$.

对任意给定的 $\omega\in\Omega$,设$\{v_n\}$是 $\Gamma(\omega)$中使得 $v_n\rightarrow v\in K$ 的序列,则存在 $y_n\in L$,使得 $y_n\in T(\omega,v_n)$,且

$$f(\omega,x,y_n)\geqslant C(\omega),\forall x\in K.$$

因为 $T(\omega,\cdot)$ 是连续的,且 K 是紧的,故 $T(\omega,K)$ 是 L 的紧子集,从而 $\{y_n\}$ 有一收敛的子序列.不失一般性,可设 $y_n\to y\in L$.又因 $x\longmapsto T(\omega,x)$ 是连续的,$y\longmapsto f(\omega,x,y)$ 也是连续的,故有

$$y\in T(\omega,v)\text{ 且 } f(\omega,x,y)\geqslant C(\omega),\forall x\in K.$$

上式表明 $\Gamma(\omega)$ 是一闭集.

另由定理 10.1.4 知,$y\longmapsto \inf_{x\in K}f(\omega,x,y)$ 是连续的,且 $T(\omega,v)$ 是紧的,故有

$$\begin{aligned}\text{Gr}(T)&=\{(\omega,v)\in\Omega\times K:v\in\Gamma(\omega)\}\\&=\{(\omega,v)\in\Omega\times K:存在 y\in L \text{ 使得 } y\in T(\omega,y)\\&\quad\text{ 且 } f(\omega,x,y)\geqslant C(\omega),\forall x\in K\}\\&=\{(\omega,v)\in\Omega\times X:\max_{y\in T(\omega,v)}\inf_{x\in K}f(\omega,x,y)\geqslant C(\omega)\}.\end{aligned}$$

令

$$h(\omega,v)=\max_{y\in T(\omega,v)}\inf_{x\in K}f(\omega,x,y).$$

对给定的 ω,由定理 10.1.4 知 $v\longmapsto h(\omega,v)$ 是连续的.

下证 $v\longmapsto h(\omega,v)$ 是可测的.事实上,令

$$n(t,y)=\inf_{x\in K}f(\omega,x,y).$$

因 $\omega\longmapsto f(\omega,x,y)$ 是可测的,而 $x\longmapsto f(\omega,x,y)$ 是连续的,于是由定理 10.1.2 知 $(\omega,x)\longmapsto f(\omega,x,y)$ 是可测的.由定理 10.1.3 知 $\omega\longmapsto n(\omega,y)$ 是可测的.因 $x\longmapsto n(\omega,x)$ 是连续的,故由定理 10.1.2 知,$n(\omega,y)$ 是可测的.又由定理 10.1.3,映象 $\omega\longmapsto h(\omega,v_0)=\max_{y\in T(\omega,v_0)}n(\omega,y)$ 是可测的,从而 $h(\omega,v)$ 是可测的.于是有

$$\text{Gr}(T)=\{(\omega,v)\in\Omega\times K:h(\omega,v)\geqslant C(\omega)\}\in\mathscr{A}\times\mathscr{B}(K),$$

由定理 10.1.5,存在 Γ 的可测选择 $v:\Omega\to K$,使得 $v(\omega)\in\Gamma(\omega),\forall\omega\in\Omega$,即存在 $y\in L$,使得 $y\in T(\omega,v(\omega))$,且

$$f(\omega,x,y)\geqslant C(\omega),\forall x\in K.$$

下面定义一映象 $S:\Omega\to 2^L$ 如下:

$$S(\omega)=\{y\in T(\omega,v(\omega)):f(\omega,x,y)\geqslant C(\omega),\forall x\in K\}.$$

易知,对每一 $\omega\in\Omega,S(\omega)$ 是非空闭集,且

$$\begin{aligned}\text{Gr}(S)&=\{(\omega,y)\in\Omega\times L:y\in S(\omega)\}\\&=\{(\omega,y)\in\Omega\times L:y\in T(\omega,v(\omega))\text{ 且 } f(\omega,x,y)\geqslant C(\omega),\forall x\in K\}\\&=\{(\omega,y)\in\Omega\times L:y\in T(\omega,v(\omega))\text{ 且 } \inf_{x\in K}f(\omega,x,y)\geqslant C(\omega)\}.\end{aligned}$$

记

$$D = \{(\omega, y) \in \Omega \times L : \inf_{x \in K} f(\omega, x, y) \geqslant C(\omega)\},$$

$$G = \{(\omega, y) \in \Omega \times L : y \in T(\omega, v(\omega))\}.$$

由上面的证明知，$D \in \mathscr{A} \times \mathscr{B}(L)$. 现定义一映象 $B: \Omega \to 2^L$ 如下：

$$B(\omega) = T(\omega, v(\omega)).$$

因 $x \longmapsto T(\omega, x)$ 连续，$\omega \longmapsto T(\omega, x)$ 可测且 $T(\omega, x)$ 是一非空闭集，故 $T(\omega, v(\omega))$ 是可测的. 于是有

$$G = Gr(B) \in \mathscr{A} \times \mathscr{B}(L),$$

$$Gr(S) = D \bigcap G \in \mathscr{A} \times \mathscr{B}(L).$$

由定理 10.1.5, 存在 S 之一可测选择 $y: \Omega \to L$，使得对每一 $\omega \in \Omega, y(\omega) \in S(\omega), \forall \omega \in \Omega.$

$$y(\omega) \in T(\omega, v(\omega)), \text{且 } f(\omega, x, y(\omega)) \geqslant C(\omega), \forall x \in K.$$

证毕.

注. 定理 10.4.1 是经济学中著名的 Walras 定理(见 Gwinner[117])的随机化.

定理 10.4.2. 设 X 是一局部凸 Hausdorff 拓扑线性空间中之一可分的可度量化的非空紧凸集，$(\Omega, \mathscr{A})$ 是一完备的可测空间，$S: \Omega \times X \to 2^X$ 是一多值映象，使得 $x \longmapsto S(\omega, x)$ 是连续的，$\omega \longmapsto S(\omega, x)$ 是可测的，而且对任给的 $(\omega, x) \in \Omega \times X, S(\omega, x)$ 是 X 中之一非空闭凸子集. 设 $T: \Omega \times X \to 2^{E^*}$ 是具非空紧值的多值映象，且 $\omega \longmapsto T(\omega, x)$ 是可测的而且 $T(\omega, x)$ 是单调连续的. 再设 $f: \Omega \times X \to (-\infty, +\infty)$ 是一函数，$f \not\equiv +\infty$，且 $x \longmapsto f(\omega, x)$ 是连续的凸的，$\omega \longmapsto f(\omega, x)$ 是可测的.

则存在一可测映象 $v: \Omega \to X$，使得 $v(\omega) \in S(\omega, v(\omega)), \forall \omega \in \Omega$，而且对任一 $y \in S(\omega, v(\omega))$，

$$\inf_{u \in T(\omega, v(\omega))} \mathrm{Re}\langle u, y - v(\omega)\rangle + f(\omega, y) \geqslant f(\omega, v(\omega)).$$

证. 定义一映象 $\Gamma: \Omega \to 2^X$ 如下：

$$\Gamma(\omega) = \{v \in X : v \in S(\omega, v)$$

$$\text{且 } \inf_{u \in T(\omega, v)} \mathrm{Re}\langle u, y - v\rangle + f(\omega, y) \geqslant f(\omega, v), \forall y \in S(\omega, v)\}.$$

由[31]定理 6.5.5 知 $\Gamma(\omega) \neq \varnothing, \forall \omega \in \Omega$. 故对任给的 $\omega \in \Omega$，设 $\{v_n\}$ 是 $\Gamma(\omega)$ 中收敛于 v_0 的序列，即 $v_n \in S(\omega, v_n)$ 且

$$\inf_{u \in T(\omega, v_n)} \mathrm{Re}\langle u, y - v_n\rangle + f(\omega, y) \geqslant f(\omega, v_n), \forall y \in S(\omega, v_n).$$

仿照[31]定理 6.5.4 可证 $v_0 \in S(\omega, v_0)$ 且

$$\inf_{u \in T(\omega,v_0)} \mathrm{Re}\langle u, y-v_0 \rangle + f(\omega,y) \geqslant f(\omega,v_0), \ \forall\, y \in S(\omega,v_0),$$

即 $v_0 \in \Gamma(\omega)$. 故 $\Gamma(\omega)$ 是一闭集, 且

$$\mathrm{Gr}(\Gamma) = \{(\omega,v) \in \Omega \times X : v \in \Gamma(\omega)\}$$
$$= \{(\omega,v) \in \Omega \times X : v \in S(\omega,v), \text{且}$$
$$\inf_{u \in T(\omega,v)} \mathrm{Re}\langle u, y-v \rangle + f(\omega,y) \geqslant f(\omega,v), \ \forall\, y \in S(\omega,v)\}.$$

令

$$D = \{(\omega,v) \in \Omega \times X : v \in S(\omega,v)\},$$
$$G = \{(\omega,v) \in \Omega \times X : \inf_{u \in T(\omega,v)} \mathrm{Re}\langle u, y-v \rangle + f(\omega,y) \geqslant f(\omega,v),$$
$$\forall\, y \in S(\omega,v)\}.$$

由 Tan[276] 中的引理 3.4 知, $D \in \mathscr{A} \times \mathscr{B}(X)$. 记

$$h(\omega,v) = \inf_{y \in S(\omega,v)} \Big[\inf_{u \in T(\omega,v)} \mathrm{Re}\langle u, y-v \rangle \Big] + f(\omega,y) - f(\omega,v).$$

对给定的 $\omega_0 \in \Omega$, 令

$$g(v,y) = \inf_{u \in T(\omega,v)} \mathrm{Re}\langle u, y-v \rangle + f(\omega_0,y) - f(\omega_0,v),$$

易知 g 连续, 从而 $h(\omega_0,v)$ 关于 v 连续. 又对给定的 v_0, 令

$$n(\omega,y) = \inf_{u \in T(\omega,v_0)} \mathrm{Re}\langle u, y-v_0 \rangle + f(\omega,y) - f(\omega,v_0).$$

易知 $n(\omega,y)$ 是可测的. 因 $\omega \longmapsto S(\omega,v_0)$ 是可测的, 故由定理 10.1.3 知 $\omega \longmapsto h(\omega,v_0)$ 可测. 故由定理 10.1.2, $h(\omega,v)$ 是可测的, 从而

$$G = \{(\omega,x) \in \Omega \times X : h(\omega,x) \geqslant 0\} \in \mathscr{A} \times \mathscr{B}(X).$$

这就证明了

$$\mathrm{Gr}(\Gamma) = D \bigcap G \in \mathscr{A} \times \mathscr{B}(X).$$

由定理 10.1.5, 存在 Γ 的可测选择 $v: \Omega \to X$, 使得 $v(\omega) \in \Gamma(\omega)$, $\forall\, \omega \in \Omega$, 即 $v(\omega) \in S(\omega,v(\omega))$ 且

$$\inf_{u \in T(\omega,v(\omega))} \mathrm{Re}\langle u, y-v(\omega) \rangle + f(\omega,y) \geqslant f(\omega,v(\omega)), \ \forall\, y \in S(\omega,v(\omega)).$$

证毕.

注. 定理 10.4.2 是 Tan[276] 中相应结果的改进和推广.

§10.5 随机相补问题

随机相补问题与随机变分不等式紧密相关, 而且也是随机泛函分析的重要组成部分. 随机相补问题的研究对随机变分不等式、随机分析、随机控制理论及随机方程理论也产生了重要的影响.

本节将在 Hilbert 空间的框架下引入和研究一类随机相补问题随机解的存在性和随机解的迭代逼近问题. 为方便起见,我们先追述某些定义、符号及结论.

本节处处假定 H 是一可分的 Hilbert 空间,(Ω,μ) 是一可测空间,$\mathcal{B}(H)$ 表 H 的一切 Borel 子集的 σ-代数.

引理 10.5.1.[28] 设 E 是一可分的度量空间,Y 是一度量空间,$T:\Omega\times E\to Y$ 是一映象且 $\omega\longmapsto T(\omega,x)$ 是可测的,$x\longmapsto T(\omega,x)$ 是连续的. 如果 $g:\Omega\to E$ 是可测的,则 $T(\omega,g(\omega)):\Omega\to Y$ 也是可测的.

定义 10.5.1. 设 $T:\Omega\times H\to H$ 是一随机映象.

(1) T 称为**单调的**,如果对任意的 $x,y\in H$,

$$\langle T(\omega,x)-T(\omega,y),x-y\rangle\geqslant 0,\ \forall\omega\in\Omega.$$

(2) T 称为**强单调的**,如果存在一可测函数 $\alpha:\Omega\to(0,\infty)$,使得对任意的 $x,y\in H$,

$$\langle T(\omega,x)-T(\omega,y),x-y\rangle\geqslant\alpha(\omega)\|x-y\|^{2},\ \forall\omega\in\Omega.$$

(3) T 称为 **Lipschitz 连续的**,如果存在一可测函数 $\gamma:\Omega\to(0,\infty)$,使得对任意的 $x,y\in H$,

$$\|T(\omega,x)-T(\omega,y)\|\leqslant\gamma(\omega)\|x-y\|,\ \forall\omega\in\Omega.$$

(4) T 称为**半连续的**,如果

$$\lambda\longmapsto T(\omega,\lambda x+(1-\lambda)y):[0,1]\to H$$

满足下面的条件:对任意的序列 $\{\lambda_n\}\subset[0,1]$,当 $\lambda_n\to\lambda_0$ 时有

$$T(\omega,\lambda_n x+(1-\lambda_n)y)\xrightarrow{弱}T(\omega,\lambda_0 x+(1-\lambda_0)y),\ \forall\omega\in\Omega,x,y\in H.$$

定义 10.5.2. 设 K 是一闭凸集,$T:\Omega\times H\to H$ 是一随机映象. 所谓的**"关于 T 的随机相补问题"**是求一可测映象 $x_*:\Omega\to K$,使得

$$T(\omega,x_*(\omega))\in K^*,\langle T(\omega,x_*(\omega)),x_*(\omega)\rangle=0,\ \forall\omega\in\Omega,\qquad(10.5.1)$$

其中

$$K^*=\{f\in H,\langle f,x\rangle\geqslant 0,\ \forall x\in K\}.$$

引理 10.5.2. 设 H 是一可分的 Hilbert 空间,$K\subset H$ 是一非空的闭凸锥,$T:\Omega\times H\to H$ 是一单调的半连续的随机映象,则下面的结论等价:

(1) $x:\Omega\to K$ 是随机相补问题(10.5.1)的随机解;

(2) $x:\Omega\to K$ 是下面的随机变分不等式的随机解:

$$\langle T(\omega,x(\omega)),y-x(\omega)\rangle\geqslant 0,\ \forall y\in K,\omega\in\Omega;\qquad(10.5.2)$$

(3) $x:\Omega\to K$ 是下面的随机变分不等式的随机解:

$$\langle T(\omega,y),y-x(\omega)\rangle \geqslant 0, \forall y \in K, \omega \in \Omega. \qquad (10.5.3)$$

证. (1)⇒(2). 设 $x:\Omega \to K$ 是随机相补问题(10.5.1)的随机解,故有

$$T(\omega,x(\omega)) \in K^*, \langle T(\omega,x(\omega)),x(\omega)\rangle = 0, \forall \omega \in \Omega.$$

于是有

$$\langle T(\omega,x(\omega)),y-x(\omega)\rangle$$
$$= \langle T(\omega,x(\omega)),y\rangle - \langle T(\omega,x(\omega)),x(\omega)\rangle$$
$$= \langle T(\omega,x(\omega)),y\rangle, \forall y \in K, \omega \in \Omega.$$

因 $T(\omega,x(\omega)) \in K^*$,故有

$$\langle T(\omega,x(\omega)),y\rangle \geqslant 0, \forall y \in K, \omega \in \Omega.$$

于是有

$$\langle T(\omega,x(\omega)),y-x(\omega)\rangle \geqslant 0, \forall y \in K, \omega \in \Omega.$$

(2)⇒(3). 设 $x:\Omega \to K$ 是(10.5.2)之一随机解,故有

$$\langle T(\omega,x(\omega)),y-x(\omega)\rangle \geqslant 0, \forall y \in K, \omega \in \Omega,$$

因 $T:\Omega \times H \to H$ 是单调的,故有

$$0 \leqslant \langle T(\omega,y)-T(\omega,x(\omega)),y-x(\omega)\rangle$$
$$= \langle T(\omega,y),y-x(\omega)\rangle - \langle T(\omega,x(\omega)),y-x(\omega)\rangle.$$

因而有

$$\langle T(\omega,y),y-x(\omega)\rangle \geqslant \langle T(\omega,x(\omega)),y-x(\omega)\rangle \geqslant 0, \forall y \in K, \omega \in \Omega.$$

(3)⇒(1). 设 $x:\Omega \to K$ 是(10.5.3)之一随机解,有

$$\langle T(\omega,y),y-x(\omega)\rangle \geqslant 0, \forall y \in K, \omega \in \Omega. \qquad (10.5.4)$$

对任意给定的 $u \in K, \lambda \in (0,1]$,令 $y=x(\omega)+\lambda(u-x(\omega)) \in K$,把它代入 (10.5.4)有

$$\langle T(\omega,x(\omega)+\lambda(u-x(\omega))),\lambda(u-x(\omega))\rangle \geqslant 0, \forall \omega \in \Omega. \qquad (10.5.5)$$

在(10.5.5)左端先除以 λ,然后令 $\lambda \to 0$,由 T 的半连续性有

$$\langle T(\omega,x(\omega)),u-x(\omega)\rangle \geqslant 0, \forall u \in K, \omega \in \Omega. \qquad (10.5.6)$$

在(10.5.6)中取 $u=2x(\omega)$,即得

$$\langle T(\omega,x(\omega)),x(\omega)\rangle \geqslant 0, \forall \omega \in \Omega. \qquad (10.5.7)$$

在(10.5.6)中再取 $u=0$,有

$$\langle T(\omega,x(\omega)),-x(\omega)\rangle \geqslant 0, \forall \omega \in \Omega. \qquad (10.5.8)$$

故有

$$\langle T(\omega,x(\omega)),x(\omega)\rangle = 0, \forall \omega \in \Omega.$$

下面证明 $T(\omega,x(\omega)) \in K^*, \forall \omega \in \Omega$.

设相反,存在 $\omega_0 \in \Omega$,使得 $T(\omega_0,x(\omega_0)) \notin K^*$. 故存在某一 $y_0 \in K$,使

得 $\langle T(\omega_0, x(\omega_0)), y_0 \rangle < 0$, 因 $y_0 \in K$, 由 (10.5.6) 即得

$$0 \leqslant \langle T(\omega_0, x(\omega_0)), y_0 - x(\omega_0) \rangle$$
$$= \langle T(\omega_0, x(\omega_0)), y_0 \rangle - \langle T(\omega_0, x(\omega_0)), x(\omega_0) \rangle$$
$$= \langle T(\omega_0, x(\omega_0)), y_0 \rangle < 0.$$

矛盾. 因此 $T(\omega, x(\omega)) \in K^*, \forall \omega \in \Omega$.   证毕.

现在我们证明本节的主要结果.

定理 10.5.3. 设 H 是一实的可分的 Hilbert 空间, K 是 H 中之一非空闭凸锥, $T: \Omega \times H \to H$ 是 α-强单调的和 γ-Lipschitz 连续的随机映象, 其中 $\alpha, \gamma: \Omega \to (0, +\infty)$ 是二可测函数. 如果下列条件满足:

$$0 < \gamma^2(\omega) < 2\alpha(\omega) \leqslant \gamma^2(\omega) + 1, \forall \omega \in \Omega, \tag{10.5.9}$$

则

(1) 随机相补问题 (10.5.1) 有唯一的随机解 $x_*: \Omega \to K$.

(2) 对任给的 $x_0 \in K$, 下面的随机迭代序列:

$$x_{n+1}(\omega) = S(\omega, x_n(\omega)), \forall n \geqslant 0, \omega \in \Omega \tag{10.5.10}$$

强收敛于唯一的随机不动点 $x_*(\omega)$, 并有如下的误差估计:

$$\| x_n(\omega) - x_*(\omega) \| \leqslant \frac{\theta^n(\omega)}{1 - \theta(\omega)} \| x_1(\omega) - x_0(\omega) \|,$$

其中映象 $S: \Omega \times K \to K$ 由下面的 (10.5.14) 式定义, 而且

$$\theta(\omega) = \sqrt{1 + \gamma^2(\omega) - 2\alpha(\omega)} < 1, \forall \omega \in \Omega. \tag{10.5.11}$$

证. 因 K 是 H 中的闭凸锥, 由熟知的 Hilbert 空间中的极小化向量定理 (参见 Rudin[247]), 对每一 $y \in K$ 及每一 $\omega \in \Omega$, 存在唯一的 $x(\omega) \in K$, 使得

$$\| x(\omega) - y + T(\omega, y) \| \leqslant \| v - y + T(\omega, y) \|, \forall v \in K.$$

即

$$x(\omega) = P_K(y - T(\omega, y)), \tag{10.5.12}$$

其中 P_K 是 H 到 K 上的投影, 故 P_K 是一非扩张映象. 由命题 1.2.3 知

$$\langle y - T(\omega, y) - x(\omega), x(\omega) - v \rangle \geqslant 0, \forall v \in K. \tag{10.5.13}$$

现定义映象 $S: \Omega \times K \to K$ 如下:

$$S(\omega, y) = P_K(y - T(\omega, y)). \tag{10.5.14}$$

下证 $S: \Omega \times K \to K$ 是一随机的 Banach 压缩映象.

事实上, 对任意的 $y_1, y_2 \in K$, 有

$$\| S(\omega, y_1) - S(\omega, y_2) \|^2$$
$$= \| P_K(y_1 - T(\omega, y_1)) - P_K(y_2 - T(\omega, y_2)) \|^2$$

$$\leqslant \| y_1 - y_2 - (T(\omega, y_1) - T(\omega, y_2)) \|^2$$
$$= \| y_1 - y_2 \|^2 + \| T(\omega, y_1) - T(\omega, y_2) \|^2$$
$$-2\langle y_1 - y_2, T(\omega, y_1) - T(\omega, y_2)\rangle, \forall \omega \in \Omega. \quad (10.5.15)$$

由假定，T 是 α-强单调的和 γ-Lipschitz 连续的，于是有

$$\| S(\omega, y_1) - S(\omega, y_2) \|^2 \leqslant \theta^2(\omega) \| y_1 - y_2 \|^2, \forall \omega \in \Omega,$$

即

$$\| S(\omega, y_1) - S(\omega, y_2) \| \leqslant \theta(\omega) \| y_1 - y_2 \|, \forall \omega \in \Omega, \quad (10.5.16)$$

其中 $\theta(\omega) = \sqrt{1 + \gamma^2(\omega) - 2\alpha(\omega)} : \Omega \to (0, 1)$ 是一可测函数. 从而得知 $S: \Omega \times K \to K$ 是一随机的 Banach 压缩映象. 由[30]知 S 有唯一的随机不动点 $x_*(\omega): \Omega \to K$，从而

$$x_*(\omega) = S(\omega, x_*(\omega)) = P_K(x_*(\omega) - T(\omega, x_*(\omega))), \forall \omega \in \Omega.$$
$$(10.5.17)$$

把(10.5.17)代入(10.5.13)有

$$\langle x_*(\omega) - T(\omega, x_*(\omega)) - x_*(\omega), x_*(\omega) - v \rangle \geqslant 0, \forall v \in K, \omega \in \Omega,$$

即

$$\langle T(\omega, x_*(\omega)), v - x_*(\omega) \rangle \geqslant 0, \forall v \in K, \omega \in \Omega.$$

故 x_* 是随机变分不等式的随机解. 由引理 10.5.2 知 x_* 是随机相补问题 (10.5.1) 之一随机解.

另一方面，对任给的 $x_0 \in K$，设 $\{x_n(\omega)\}$ 是由 (10.5.10) 定义的迭代序列. 由引理 10.5.1 易知 $\{x_n(\omega)\}$ 是 Ω 到 K 的随机序列. 由熟知的方法，易于证明，对每一 $\omega \in \Omega$，$\{x_n(\omega)\}$ 强收敛于 $x_*(\omega)$，并有下面的误差估计：

$$\| x_n(\omega) - x_*(\omega) \| \leqslant \frac{\theta^n(\omega)}{1 - \theta(\omega)} \| x_1(\omega) - x_0(\omega) \|, \forall \omega \in \Omega.$$

定理 10.5.3 证毕.

§10.6 Ky Fan 最佳逼近定理的随机化及随机不动点定理

(Ⅰ)引言及预备知识

近年来，Ky Fan 最佳逼近定理的随机化，以及随机不动点理论已经受到人们广泛的关注. 本节将介绍随机的 Ky Fan 最佳逼近定理及其相关的结果.

首先，我们给出下面的引理，它可以在 Tan-Yuan[273]中找到.

引理 10.6.1. 设 (X, d) 是一度量空间，其中 X 是一线性空间，d 是 X

上的平移不变的度量. 设 D 是 E 之一非空的完备子集, $f:D{\rightarrow}X$ 是一凝聚映象. 如果 D 或 $f(D)$ 是有界的, 则 f 是半紧的.

定理 10.6.2. 设 $(\Omega,\sum)$ 是一可测空间, X 是度量空间 (E,d) 之一非空的可分的完备子集. 设 $F:\Omega{\times}X{\rightarrow}C(E)$ 是一随机的连续的半紧映象. 则 F 有一(确定性)不动点, 当且仅当 F 有一随机不动点.

下面的条件在 Reich[242] 中考虑过.

（Ⅰ）$f(y){\in}I_X(y)$, $\forall y{\in}\partial(X)$;

（Ⅱ）对某一 $x{\in}$int(X), $f(y)-x{\neq}m(y-x)$, $\forall y{\in}\partial(X)$ 且 $m>1$.

条件（Ⅱ）称为 Leray-Schauder 条件. 注意到:如果 $f(X){\subset}X$, 则 f 满足条件（Ⅰ）;如果 X 有非空的内部, 且 f 是弱内向的, 则 f 满足 Leray-Schauder 条件.

定理 10.6.3. 设 $(\Omega,\sum)$ 是一可测空间, X 是 Banach 空间 E 中之一非空的可分的闭凸集, $f:\Omega{\times}X{\rightarrow}E$ 是一连续的半紧的 1-集压缩映象. 对每一 $\omega{\in}\Omega$, $(I-f(\omega,\cdot))(X)$ 是 E 之一闭子集, $f(\omega,\cdot)$ 具有界的值域, 且满足上述（Ⅰ）,（Ⅱ）中之一条件, 则 f 存在随机不动点.

证. 由 Reich[242] 推论 2.3, f 存在一确定性的不动点, 故由定理 10.6.2, f 有一随机的不动点.

推论 10.6.4([136] 定理 2.1). 设 $(\Omega,\sum)$ 是一可测空间, X 是一 Banach 空间中之一非空的可分的闭凸子集, $f:\Omega{\times}X{\rightarrow}X$ 是一随机的连续的凝聚映象. 设对每一 $\omega{\in}\Omega$, $f(\omega,X)$ 是有界的. 则 f 存在一随机不动点.

推论 10.6.5.[294] 设 $(\Omega,\sum)$ 是一可测空间, X 是一 Banach 空间 E 之一非空的可分的闭凸子集, $f:\Omega{\times}X{\rightarrow}E$ 是一连续的随机的凝聚映象. 设对每一 $\omega{\in}\Omega$:

（ⅰ）$x{\longmapsto}f(\omega,x)$ 值域有界;

（ⅱ）$x{\longmapsto}f(\omega,x)$ 或者是弱内向的(即 $f(\omega,x){\in}\overline{I_X(x)}$, $\forall \omega{\in}X$)或满足 Leray-Schauder 条件（Ⅱ）.

则 f 存在随机不动点.

（Ⅱ）随机逼近

设 X 是一 Banach 空间, P 是 X 中的一个锥. 在本小节, 我们将用上述的随机不动点定理研究定义在 P 上的某些类型的连续的凝聚映象和 k-集压缩映象的随机逼近问题.

记

$$P_r=\{x{\in}P:\|x\|<r\}, \partial P_r=\{x{\in}P:\|x\|=r\},$$

$$P_R = \{x \in P: \|x\| < R\}, \partial P_R = \{x \in P: \|x\| = R\},$$

$$P_{r,R} = \{x \in P: r < \|x\| < R\}, 0 < r < R,$$

$$\overline{P_{r,R}} = \{x \in P: r \leqslant \|x\| \leqslant R\}, 0 < r < R,$$

$$B(\theta, r) = \{x \in X: \|x\| < r\}.$$

设 $(X, \|\cdot\|)$ 是一赋范空间，$R > 0$，则 X 到 $\overline{B(\theta, R)}$ 上的保核收缩 H 定义为：

$$H(x) = \begin{cases} x, & \text{如果 } \|x\| \leqslant R, \\ \dfrac{Rx}{\|x\|}, & \text{如果 } \|x\| > R. \end{cases}$$

现利用定理 10.6.3，得出下面的 Ky Fan 最佳逼近定理的随机化形式.

定理 10.6.6. 设 $(\Omega, \mathscr{A})$ 是一可测空间，P 是 Banach 空间 X 中的锥，P_R 是 X 之一可分子集，H 是 X 到一可分子集 $B(\theta, R)$ 上的保核收缩. 设 $f:$ $\Omega \times \overline{P_R} \to P$ 是一随机连续的 1-集压缩映象，使得对每一 $\omega \in \Omega$，

（ⅰ）$(I - H \circ f(\omega, \cdot))(\overline{P_R})$ 是闭的；

（ⅱ）映象 $H \circ f(\omega, \cdot)$ 是半紧的.

则存在一可测映象 $\Phi: \Omega \to \overline{P_R}$，使得

$$\|\Phi(\omega) - f(\omega, \Phi(\omega))\| = d(f(\omega), \Phi(\omega)), \overline{P_R}).$$

证. 由 Nussbaum[223]推论 1，H 是连续的 1-集压缩映象. 易知，对每一 $\omega \in \Omega$，映象 $H \circ f(\omega, \cdot)$ 也是 1-集压缩的. 因 P 是一闭锥，故有 $\overline{P_R} = \overline{B(\theta, R)} \cap P$ 且 $H: P \to \overline{B(\theta, R)} \cap P$. 故复合映象 $F = H \circ f: \Omega \times \overline{P_R} \to \overline{P_R}$ 满足定理 10.6.3 的一切条件. 由定理 10.6.3，存在一可测映象 $\Phi: \Omega \to \overline{P_R}$ 使得

$$H \circ (f(\omega, \Phi(\omega))) = \Phi(\omega), \forall \omega \in \Omega.$$

因对每一 $\omega \in \Omega$，

$$\|\Phi(\omega - f(\omega, \Phi(\omega))\| = \|H \circ (f(\omega), \Phi(\omega)) - f(\omega, \Phi(\omega))\|$$

$$= \begin{cases} \|f(\omega, \Phi(\omega)) - f(\omega, \Phi(\omega))\| = 0 = d(f(\omega, \Phi(\omega)), \overline{P_R}), \\ \qquad\qquad\qquad\qquad \text{如果 } \|f(\omega, \Phi(\omega))\| \leqslant R; \\ \left\|\dfrac{R \cdot f(\omega, \Phi(\omega))}{\|f(\omega, \Phi(\omega))\|} - f(\omega, \Phi(\omega))\right\| = \|f(\omega, \Phi(\omega))\| - R, \\ \qquad\qquad\qquad\qquad \text{如果 } \|f(\omega, \Phi(\omega))\| > R. \end{cases}$$

如果 $\|f(\omega, \Phi(\omega))\| > R$，则对任一 $y \in \overline{P_R}$，

$$\|f(\omega, \Phi(\omega))\| - R \leqslant \|f(\omega, \Phi(\omega))\| - \|y\|$$

$$\leqslant \|f(\omega, \Phi(\omega)) - y\|.$$

即得 $\|\Phi(\omega) - f(\omega, \Phi(\omega))\| = d(f(\omega, \Phi(\omega)), \overline{P_R})$. 证毕.

推论 10.6.7. 设 $(\Omega, \mathscr{A})$ 是一可测空间. P 是 Banach 空间 X 中的一锥, $\overline{P}_R$ 是 X 之一可分子集, $f: \Omega \times \overline{P}_R \to P$ 是一连续的随机的凝聚映象. 则存在一可测映象 $\Phi: \Omega \to \overline{P}_R$, 使得

$$\| \Phi(\omega) - f(\omega, \Phi(\omega)) \| = d(f(\omega, \Phi(\omega)), \overline{P}_R).$$

证. 设 H 是 X 到 $\overline{P}_R$ 上的保核收缩, 则对每一 $\omega \in \Omega$, 复合映象 $Hof(\omega, \cdot): \Omega \times \overline{P}_R \to \overline{P}_R$ 是连续的随机的凝聚映象, 故 $Hof(\omega, \cdot)$ 满足定理 10.6.6 中的条件 (i) 和 (ii). 于是由定理 10.6.6, 存在一可测映象 Φ: $\Omega \to \overline{P}_R$, 使得对每一 $\omega \in \Omega$,

$$\| \Phi(\omega) - f(\omega, \Phi(\omega)) \| = d(f(\omega, \Phi(\omega)), \overline{P}_R).$$

证毕.

现在我们考察定义在锥上的随机算子的随机的最佳逼近问题.

定理 10.6.8. 设 $(\Omega, \mathscr{A})$ 是一可测空间, $f: \Omega \times \overline{P}_R \to P$ 是一随机的连续的 k-集压缩映象, $0 < k < 1$, 其中 $\overline{P}_R$ 是一可分的子集, 而且范数 $\| x \|$ 关于 P 是增的. 如果对每一 $\omega \in \Omega$,

$$\| f(\omega, x) \| \geqslant \| x \|, \forall x \in \partial P_r.$$

则存在一可测映象 $\Phi: \Omega \to \overline{P}_{r,R}$, 使得对任一 $\omega \in \Omega$,

$$\| \Phi(\omega) - f(\omega, \Phi(\omega)) \| = d(f(\omega, \Phi(\omega)), \overline{P}_R) = d(f(\omega, \Phi(\omega)), \overline{P}_{r,R}).$$

证. 设 H 是 X 到 $\overline{B(\theta, R)}$ 上的保核收缩. 因 P 是锥, 故有 $\overline{P}_R = \overline{B(\theta, R)}$ $\bigcap P_R$ 且 $H: P \to \overline{B(\theta, R)} \bigcap P$, 故映象 $F = Hof: \Omega \times \overline{P}_R \to \overline{P}_R$ 是随机连续的 k-集压缩映象.

下证 F 有一非零的随机不动点. 由定理 10.6.2, 只要证明对每一 $\omega \in \Omega, F(\omega, \cdot)$ 有一非零的确定性的不动点.

事实上, 对每一 $\omega \in \Omega$, 易知 (参见 [183]P504—505):

$$\| F(\omega, x) \| \leqslant \| x \|, \forall x \in \partial(P_R), \tag{10.6.1}$$
$$\| F(\omega, x) \| \geqslant \| x \|, \forall x \in \partial(P_r).$$

于是由 Li[176] 引理 2, 对每一 $\omega \in \Omega$, 算子 $F(\omega, \cdot)$ 有一确定性不动点 $x_\omega \in$ $\overline{P}_R$. 另由 (10.6.1) 知 $x_\omega \neq \theta$. 故由定理 10.6.2, F 有一随机不动点 $\Phi: \Omega \to$ $\overline{P}_{r,R}$, 使得 $\Phi(\omega) = F(\omega, \Phi(\omega)), \forall \omega \in \Omega$. 仿照定理 10.6.6 一样的讨论, 可以证明, 对每一 $\omega \in \Omega$,

$$\| \Phi(\omega) - f(\omega, \Phi(\omega)) \| = d(f(\omega, \Phi(\omega)), \overline{P}_R) = d(f(\omega, \Phi(\omega)), \overline{P}_{r,R}).$$

证毕.

§10.7 随机鞍点和随机重合点定理

在本节中,我们将介绍某些随机鞍点和随机重合点的存在性定理.

引理 10.7.1. 设$(\Omega, \mathscr{A})$是一完备的可测空间,X是一可分的 Banach 空间,X^*是其对偶空间,且是可分的. 设$(Z, \mathscr{B}(Z))$是一可测空间,$K \subset X$是一非空的紧凸集,$q: \Omega \times Z \to CC(K)$,及 $p: \Omega \times K \to Z$ 是二映象,满足下述条件:

(ⅰ) $(\omega, z) \longmapsto q(\omega, z)$ 及 $(\omega, z) \longmapsto p(\omega, z)$ 都是可测的;

(ⅱ) $z \longmapsto q(\omega, z)$ 是上半连续的,$z \longmapsto p(\omega, z)$ 是连续的.

则存在一可测映象 $\xi: \Omega \to K$,使得

$$\xi(\omega) \in q(\omega, p(\omega, \xi(\omega))), a, e, \omega \in \Omega.$$

证. 定义一映象 $F: \Omega \times K \to CC(K)$ 如下:

$$F(\omega, x) = q(\omega, p(\omega, x)).$$

则 F 满足定理 10.1.6 中的诸条件,故存在一随机的不动点 $\xi: \Omega \to K$,使得

$$\xi(\omega) \in q(\omega, p(\omega, \xi(\omega))), a, e, \omega \in \Omega.$$

定理 10.7.2. 设$(X, \mathscr{B})$是一可测空间,E是一可分的 Banach 空间,并有一可分的对偶空间. 设Y是E中之一非空的紧凸集,$A: \Omega \times X \to CC(Y)$关于变量$(\omega, x)$是可测的,而且对几乎所有的$\omega \in \Omega, A(\omega, \cdot)$是上半连续的. 设$B: \Omega \times Y \to 2^X$是一具非空凸值的映象,而且对每一$x \in X, P_Y B^{-1}(x)$是$Y$中的开集,其中$P_Y B^{-1}(x)$是由$B^{-1}(x)$到$Y$的投影. 则存在二可测映象$\xi: \Omega \to Y$及$\eta: \Omega \to X$,使得

$$\xi(\omega) \in A(\omega, \eta(\omega)), \quad \eta(\omega) \in B(\omega, \xi(\omega)).$$

证. 因$Y \subset \bigcup_{x \in X} P_Y B^{-1}(x)$,且$P_Y B^{-1}(x)$是$Y$中的开集,又因$Y$是紧的,故存在$x_1, x_2, \cdots, x_n \in X$,使得

$$Y \subset \bigcup_{i=1}^{n} P_Y B^{-1}(x_i).$$

设$\{f_1, f_2, \cdots, f_n\}$是从属于$\{P_Y B^{-1}(x_i)\}_{i=1}^{n}$的连续的单位分解,即 $f_i: Y \to [0,1]$连续,$i=1,2,\cdots,n$,而且当$y \in P_Y B^{-1}(x_i)$,则 $f_i(y) \neq 0$;如果 $y \notin P_Y B^{-1}(x_i)$,则 $f_i(y) = 0$,而且 $\sum_{i=1}^{n} f_i(y) = 1, \forall y \in Y$.

记

$$p_i(\cdot, y) = f_i(y),$$

其中 $p_i:\Omega\times Y\to[0,1]$，则 $\omega\longmapsto p_i(\omega,y)$ 是可测的，而且 $y\longmapsto p_i(\omega,y)$ 是连续的.

现定义一映象 $p:\Omega\times Y\to Z=\text{span}\{x_1,x_2,\cdots,x_n\}\subset X$：

$$p(x,y)=\sum_{i=1}^{n}p_i(\omega,y)x_i.$$

故 $\omega\longmapsto p(\omega,y)$ 是可测的，而 $y\longmapsto p(\omega,y)$ 是连续的，从而 p 和 A 满足引理 10.7.1 中的所有条件，故存在一可测映象 $\xi:\Omega\to Y$，使得

$$\xi(\omega)\in A(\omega,p(\omega,\xi(\omega))),a,e,\omega\in\Omega.$$

另因，对每一 $y\in Y$，$\sum_{i=1}^{n}f_i(y)=1$，故存在 i_0，使得 $f_{i_0}(y)\neq0$. 又对使得 $p_i(\omega,y)=f_i(y)\neq0$ 的每一 i，有 $(\omega,y)\in B^{-1}(x_i)$，即 $x_i\in B(\omega,y)$. 因 $B(\omega,y_i)$ 是凸的，故有

$$p(\omega,y)\in B(\omega,y),\forall(\omega,y)\in\Omega\times Y.$$

记 $\eta(\omega)=p(\omega,\xi(\omega))$，则 $\eta:\Omega\to Z$ 是可测的，且

$$\eta(\omega)\in B(\omega,\xi(\omega)),\xi(\omega)\in A(\omega,\eta(\omega)),a,e,\omega\in\Omega.$$

证毕.

定理 10.7.3. 设 X 和 Y 与定理 10.7.2 中的相同，而 $f:\Omega\times X\times X\to\mathbf{R}$ 是一可导出可测映象的泛函（见定义 10.1.4）且对每一 $x\in X$，

$$P_Y\{(\omega,y)\in\Omega\times Y:f(\omega,x,y)=\max_{u\in X}f(\omega,u,y)\}$$

是 Y 中的开集. 设 $y\longmapsto f(\omega,x,y)$ 是拟凸的，$x\longmapsto f(\omega,x,y)$ 是拟凹的，而且 $(x,y)\longmapsto f(\omega,x,y)$ 是连续的.

则 f 存在一随机鞍点，即存在一可测映象 $x_0:\Omega\to X$ 及一可测映象 $y_0:\Omega\to Y$，使得

$$\max_{x\in X}f(\omega,x,y_0(\omega))=f(\omega,x_0(\omega),y_0(\omega))$$
$$=\min_{y\in Y}f(\omega,x_0(\omega),y),a,e,\omega\in\Omega.$$

证. 定义两个映象 $A:\Omega\times X\to2^Y$，$B:\Omega\times Y\to2^X$ 如下：

$$A(\omega,x)=\{y\in Y:f(\omega,x,y)=\min_{v\in Y}f(\omega,x,v)\},$$
$$B(\omega,y)=\{x\in X:f(\omega,x,y)=\min_{u\in X}f(\omega,u,y)\}.$$

易知 A,B 满足定理 10.7.2 中所有的条件，故存在二可测映象 $x_0:\Omega\to X$，及 $y_0:\Omega\to Y$，使得

$$y_0(\omega)\in A(\omega,x_0(\omega)),\ x_0(\omega)\in B(\omega,y_0(\omega)),a,e,\omega\in\Omega.$$

即

$$\max_{x \in X} f(\omega, x, y_0(\omega)) = f(\omega, x_0(\omega), y_0(\omega))$$
$$= \min_{y \in Y} f(\omega, x_0(\omega), y), a, e, \omega \in \Omega.$$

证毕.

§10.8 随机广义对策

在本节中,我们将应用§10.3的结果来研究随机广义对策的随机平衡的存在性问题. 为此. 我们追述下列的概念.

一随机广义对策是一个族 $\Gamma = (X_i; A_i, B_i; P_i; \Omega)_{i \in I}$,其中 I 是一(有限的或无限的)参与人的集合,使得对每一 $i \in I, X_i$ 是一拓扑线性空间中的非空子集,而 $X = \prod_{i \in I} X_i$. 映象 $A_i, B_i : \Omega \times X \to 2^{X_i}$ 是约束对应,$P_i : \Omega \times X \to 2^{X_i}$ 是偏好映象,$(\Omega, \sum)$ 是一可测空间.

一可测映象 $\Phi : \Omega \to X$ 称为 Γ 的**随机平衡**,如果对每一 $i \in I, \omega \in \Omega$, $\prod_i(\Phi(\omega)) \in \overline{B}_i(\omega, \Phi(\omega))$ 且 $A_i(\omega, \Phi(\omega)) \bigcap P_i(\omega, \Phi(\omega)) = \varnothing$,其中 $\prod_i$ 是 X 到 X_i 上的投影. 如果指标集 $I = \{1\}$,则随机对策 $\Gamma = (X; A, B; P; \Omega)$ 也称为**一人随机广义对策**.

如果 X 是一拓扑线性空间 E 之一非空凸集,映象 $P : \Omega \times X \to 2^X \bigcup \{\varnothing\}$ 称为**属于随机类 $\mathscr{L}_c$**,如果满足下列条件:

(1)对每一 $(\omega, x) \in \Omega \times X, x \notin \mathrm{co}P(\omega, x)$;

(2)对每一 $(\omega, y) \in \Omega \times X, P_\omega^{-1}(y) = \{x \in X : y \in P(\omega, x)\}$ 在 X 的每一非空紧子集 C 中是开集.

为了简单明了起见,下面我们仅考虑单人的随机对策. 我们有下面的结果.

定理 10.8.1. 设 $(\Omega, \sum)$ 是一可测空间,$\sum$ 是一 Šuslin 族,X 是拓扑线性空间 E 中之一非空的凸 Šuslin 子集,设映象 $P, A : \Omega \times X \to 2^X$ 满足条件:

(ⅰ)映象 P 是具凸值的并属于随机类 $\mathscr{L}_c$,且 $\mathrm{Gr}(P) \in \sum \times \mathscr{B}(X \times X)$;

(ⅱ)映象 A 具非空凸值,且 $\mathrm{Gr}(A) \in \sum \times \mathscr{B}(X \times X)$;

(ⅲ)对每一 $\omega \in \Omega$,集 $U_\omega = \{x \in X : A(\omega, x) \bigcap P(\omega, x) \neq \varnothing\}$ 在 X 中是闭的;

(ⅳ)对每一 $\omega \in \Omega$,集 $A_\omega^{-1}(y) = \{x \in X : y \in A(\omega, x)\}$ 在 X 的每一非空紧子集 C 中是开的,而且子集 $U_0 = \{(\omega, x) : \Omega \times X : A(\omega, x) \bigcap P(\omega, x) \neq \varnothing\}$ $\in \sum \times \mathscr{B}(X)$;

（ⅴ）存在一非空紧凸集 X_0 及一非空紧集 K_0，使得对每一 $y \in X \backslash K_0$，$\mathrm{co}(X_0 \bigcup \{y\}) \bigcap (A(\omega, y) \bigcap P(\omega, y)) \neq \varnothing$，$\forall \omega \in \Omega$.

则存在一可测映象 $g : \Omega \rightarrow X$，使得对每一 $\omega \in \Omega$，

$$\begin{cases} g(\omega) \in A(\omega, g(\omega)), \\ A(\omega, g(\omega)) \bigcap P(\omega, g(\omega)) \neq \varnothing. \end{cases}$$

证. 对每一给定的 $\omega \in \Omega$，令 $U_\omega = \{x \in X : A(\omega, x) \bigcap P(\omega, x) \neq \varnothing\}$. 设 C 是 X 的任一非空紧子集. 因 P 属于随机类 $\mathscr{L}_c$，故由条件（ⅱ）知，集合

$$\begin{aligned} U_\omega \bigcap C &= \{x \in C : A(\omega, x) \bigcap P(\omega, x) \bigcap X \neq \varnothing\} \\ &= \bigcup_{y \in X} \{x \in C : y \in A(\omega, x) \bigcap P(\omega, x)\} \\ &= \bigcup_{y \in X} \{x \in C : y \in A(\omega, x)\} \bigcap \{x \in C : y \in P(\omega, x)\} \end{aligned}$$

在 C 中是开的. 现定义一映象 $\Phi : \Omega \times X \rightarrow 2^X$ 如下：

$$\Phi(\omega, x) = \begin{cases} A(\omega, x) \bigcap P(\omega, x), & \text{如果}(\omega, x) \in U_0, \\ A(\omega, x), & \text{如果}(\omega, x) \notin U_0, \end{cases}$$

其中 $U_0 = \{(\omega, x) \in \Omega \times X : A(\omega, x) \bigcap P(\omega, x) \neq \varnothing\}$. 于是有

(1) 因 X 是 Ŝuslin 的，故 $\mathscr{B}(X \times X) = \mathscr{B}(X) \bigotimes \mathscr{B}(X)$，（见[30]P113），而且

$$\sum \bigotimes \mathscr{B}(X \times X) = \sum \bigotimes (\mathscr{B}(X) \times \mathscr{B}(X)).$$

于是有 $U_0^c \times X \in \sum \bigotimes \mathscr{B}(X \times X)$. 另外，易于验核

$$\mathrm{Gr}(\Phi) = (\mathrm{Gr}(A \bigcap P)) \bigcup [\mathrm{Gr}(A) \bigcap (U_0^c \times X)].$$

故由条件（ⅰ）—（ⅲ），$\mathrm{Gr}(\Phi) \in \sum \bigotimes \mathscr{B}(X \times X)$.

(2) 对每一给定的 $(\omega, y) \in \Omega \times X$，下证

$$\begin{aligned} \Phi_\omega^{-1}(y) &= \{x \in X : y \in \Phi(\omega, x)\} \\ &= \{x \in X : y \in A(\omega, x) \bigcap P(\omega, x)\} \bigcup [\{x \in X : y \in A(\omega, x)\} \bigcap U_\omega^c]. \end{aligned}$$

事实上，设 $x \in \Phi_\omega^{-1}(y)$，则 $y \in \Phi(\omega, x)$，故 $(\omega, x) \in U_\omega$. 这就推出 $y \in A(\omega, x) \bigcap P(\omega, x)$，且有

$$x \in \{z \in X : ; y \in A(\omega, z) \bigcap P(\omega, z)\}$$
$$\subset \{z \in X : y \in A(\omega, x) \bigcap P(\omega, z)\} \bigcup [\{z \in X : y \in A(\omega, z)\} \bigcap U_\omega^c].$$

如果 $(\omega, x) \notin U_\omega$，则 $y \in A(\omega, x)$ 且

$$x \in \{z \in X : y \in A(\omega, z) \bigcap U_\omega^c\}$$
$$\subset \{z \in X : y \in A(\omega, x) \bigcap P(\omega, z)\} \bigcup [\{z \in X : y \in A(\omega, z)\} \bigcap U_\omega^c].$$

故

$$\Phi_\omega^{-1}(y) \subset \{y \in X : y \in A(\omega, x) \bigcap P(\omega, x)\} \bigcup [\{x \in X : y \in A(\omega, x)\} \bigcap U_\omega^c].$$

反之,设 $x\in\{z\in X:y\in A(\omega,z)\bigcap P(\omega,z)\}$,则有

(a)如果 $x\in U_\omega$,则 $y\in A(\omega,x)\bigcap P(\omega,x)=\Phi(\omega,x)$;

(b)如果 $x\in U_\omega^c$,则由 Φ 的定义知,$(\omega,x)\in U_\omega^c$ 且 $y\in A(\omega,x)=\Phi(\omega,x)$. 现设 $x\in\{z\in X:y\in A(\omega,z)\}\bigcap U_\omega^c$,则 $(\omega,x)\notin U_\omega$,故 $y\in A(\omega,x)=\Phi(\omega,x)$. 于是有

$$\Phi_\omega^{-1}(y)=\{x\in X:y\in A(\omega,x)\bigcap P(\omega,x)\}$$
$$\bigcup[\{x\in X:y\in A(\omega,x)\}\bigcap U_\omega^c],$$

而且由条件(ⅱ)—(ⅳ)知它在 C 中是开的. 注意到 A 和 P 均具凸值而且 $A(\omega,x)\neq\varnothing,\forall(\omega,x)\in\Omega\times X$. 由条件(ⅴ)知,$\Phi$ 满足定理 10.3.2 所有的条件. 故由定理 10.3.2,Φ 有随机不动点 $g:\Omega\to X$,即

$$g(\omega)\in\Phi(\omega,g(\omega)),\forall\omega\in\Omega.$$

故对每一 $\omega\in\Omega$,

$$\begin{cases}g(\omega)\in A(\omega,g(\omega)),\\ A(\omega,g(\omega))\bigcap P(\omega,g(\omega))\neq\varnothing.\end{cases}$$

证毕.

作为定理 10.3.4 的应用,我们有下面的结果.

定理 10.8.2. 设 $(\Omega,\sum)$ 是一可测空间,$\sum$ 是一 Ŝuslin 族,X 是拓扑线性空间 E 之一凸的 Ŝuslin 子集. 设 $P,A,B:\Omega\times X\to 2^X$ 是三个多值映象,满足下面的条件:

(ⅰ)P 具凸值且属于随机类 $\mathscr{L}_C$;

(ⅱ)A 具非空凸值,且对每一 $(\omega,x)\in\Omega\times X,A(\omega,x)\subset B(\omega,x)$;

(ⅲ)$Gr(A)$ 和 $Gr(P)$ 均属于 $\sum\bigotimes\mathscr{B}(X\times X)$;

(ⅳ)对每一 $(\omega,y)\in\Omega\times X$,集

$$A_\omega^{-1}(y)=\{x\in X:y\in A(\omega,x)\}$$

在 X 的每一非空紧子集 C 中是开的;

(ⅴ)存在 X 之一非空紧凸子集 X_0 及 X 之一非空紧子集 K,使得对每一 $y\in X\backslash K$,

$$\mathrm{co}(X_0\bigcup\{y\})\bigcap(P(\omega,y)\bigcap A(\omega,y))\neq\varnothing,\forall\omega\in\Omega.$$

则存在一可测映象 $g:\Omega\to X$,使得对每一 $\omega\in\Omega,g(\omega)\in B(\omega,g(\omega))$ 且 $A(\omega,g(\omega))\bigcap P(\omega,g(\omega))=\varnothing.$

第十一章　Fuzzy 映象的变分不等式

自 20 世纪 60 年代 Zadeh 在[309]中引入 Fuzzy 集的概念后,Fuzzy 集的理论和应用都取得了重要的进展. 1989 年,Chang-Zhu[69]首先引入 Fuzzy 映象的变分不等式的概念,并把 Lassonde[164],Shih-Tan[256]及 Yen[303]中的某些结果推广到 Fuzzy 集的情形. 此后 Noor 在[218,219]中讨论了 Fuzzy 映象变分不等式解的迭代序列的收敛性及其解的迭代逼近问题. 另外 Noor 和 AI-Said 在[221]中把 Wiener-Hopf 方程与不动点技巧也推广到 Fuzzy 映象的情形.

受上述结果的启发,本节将在局部凸 Hausdorff 拓扑线性空间和赋范线性空间的框架下,介绍某些类型的 Fuzzy 变分不等式解的存在性及其在多方面的应用.

§11.1　局部凸空间中 Fuzzy 映象的广义拟变分不等式

在本节中,我们在局部凸 Hausdorff 拓扑线性空间的框架下,讨论某些类型的 Fuzzy 映象的广义拟变分不等式解的存在性问题. 为此,我们首先介绍某些定义和符号.

设 E 是一 Hausdorff 拓扑线性空间,E^* 是 E 的对偶空间,X 是 E 的任一非空子集. 用 $\langle\cdot,\cdot\rangle$ 表 E 与 E^* 间的配对. 设 $A:E\rightarrow[0,1]$ 是一映象,则 A 称为 E 上的 **Fuzzy 集**. 我们用 $\mathscr{F}(E)$ 表 E 上一切 Fuzzy 集的族. 由 X 到 $\mathscr{F}(E)$ 的映象 F 称为 **Fuzzy 映象**. 如果 $F:X\rightarrow\mathscr{F}(E)$ 是一 Fuzzy 映象,则 $F(x),x\in X$(以后记为 F_x)是 $\mathscr{F}(E)$ 中之一 Fuzzy 集,而 $F_x(y)$ 称为 $y\in E$ 在 F_x 中的**隶属度**.

Fuzzy 映象 $F:X\rightarrow\mathscr{F}(E)$ 称为**凸的**,如果对任一 $x\in X$,Fuzzy 集 F_x 是凸的,即对任一 $t\in[0,1]$,及对任意的 $y,z\in E$,

$$F_x(ty+(1-t)z)\geqslant\min\{F_x(y),F_x(z)\}.$$

设 $A\in\mathscr{F}(E),\alpha\in(0,1]$,则集 $(A)_\alpha=\{x\in E:A(x)\geqslant\alpha\}$ 及 $[A]_\alpha=\{x\in E:A(x)>\alpha\}$ 分别称为 A 的 α-**截集**及**强** α-**截集**.

一 Fuzzy 映象 $F:X\rightarrow\mathscr{F}(E)$ 称为**闭的**,如果 $F_x(y)$ 作为 $X\times E\rightarrow[0,1]$

的二元函数是上半连续的.

一 Fuzzy 映象 $F: X \rightarrow \mathscr{F}(E^*)$ 称为**单调的**,如果对任意的 $x, y \in X$ 及对任意的 $u, w \in E^*$ 使得 $F_x(u) > 0$ 且 $F_y(w) > 0$,有

$$\mathrm{Re}\langle w-u, y-x \rangle \geqslant 0.$$

定义 11.1.1. 设 $F: X \rightarrow \mathscr{F}(X)$ 是 X 上的一 Fuzzy 映象,$x_* \in X$. 值 $F_{x_*}(x_*)$ 称为 x_* 关于 Fuzzy 映象 F 的**不动度**. 特别,如果

$$F_{x_*}(x_*) = \max_{y \in X} F_{x_*}(y),$$

则称 F 在 x_* 处具有**极大的不动度**,如果 F 在 x_* 处具有极大的不动度,则称 x_* 为 Fuzzy 映象 F 的**不动点**.

注. 正如在 Chang[32,30]中所指出的,上面的不动度的概念既是 Fuzzy 映象的不动点,也是多值映象不动点概念的推广.

定义 11.1.2. 设 M 和 N 是二拓扑空间,$F: M \rightarrow \mathscr{F}(N)$ 是一 Fuzzy 映象. 称 F 在 $x_0 \in M$ 处按 M 的拓扑 τ 及 N 上的拓扑 τ' 是开的,如果对每一 τ' 开集 G,在 G 中有 y 使得当 $F_{x_0}(y) \geqslant r \in (0, 1)$,则存在 x_0 的 τ-邻域 $N(x_0)$,使得当 $x \in N(x_0)$ 时,存在 $y \in G$,使得 $F_x(y) \geqslant r$.

定理 11.1.1. [69] 设 E 是一局部凸的 Hausdorff 拓扑线性空间,X 是 E 之一非空紧凸集. 设 $G: X \rightarrow \mathscr{F}(E)$ 是一闭凸的 Fuzzy 映象,$F: X \rightarrow \mathscr{F}(E^*)$ 是一单调的 Fuzzy 映象,且满足条件:对每一一维的平面 $L \subset E$,$F|_{L \cap X}$ 由 E 的拓扑到 E^* 的弱*-拓扑是开的. 再设对每一 $r, s \in (0, 1]$,集

$$\Omega = \{y \in X: \sup_{x: G_y(x) \geqslant r} \sup_{u: F_x(u) \geqslant s} \mathrm{Re}\langle u, y-x \rangle > 0\}$$

在 X 中是开的.

(1)如果存在一下半连续函数 $\alpha(x): X \rightarrow (0, 1]$ 及一常数 $\beta \in (0, 1]$,使得对任一 $x \in X$,截集 $(G_x)_{\alpha(x)}$ 及 $(F_x)_\beta$ 均不是空的,则存在一点 $y_0 \in X$,使得 $G_{y_0}(y_0) \geqslant \alpha(y_0)$,而且

$$\mathrm{Re}\langle u, y_0 - x \rangle \leqslant 0, \forall u: F_{y_0}(u) \geqslant \beta \text{ 及 } \forall x: G_{y_0}(x) \geqslant \alpha(y_0);$$

(2)设 $\bar{\alpha}(x) = \max_{w \in X} G_x(w): X \rightarrow (0, 1]$,且 $\beta \in (0, 1]$,使得对一切 $x \in X$,截集 $(G_x)_{\alpha(x)}$ 和 $(F_x)_\beta$ 都是非空的. 如果对每一 $y \in X$,$G_x(y)$ 是 x 的下半连续函数,则存在一点 $y_0 \in X$,使得

$$G_{y_0}(y_0) = \max_{w \in X} G_{y_0}(w),$$

且 $\mathrm{Re}\langle u, y_0 - x \rangle \leqslant 0, \forall u: F_{y_0}(u) \geqslant \beta, \forall x: G_{y_0}(x) = \max_{w \in X} G_{y_0}(w).$

由定理 11.1.1 可得下面的结果.

定理 11.1.2. 设 E 是一实的局部凸 Hausdorff 拓扑线性空间,X 是 E

之一紧凸子集,D是E^*中之一紧子集,而$F:X\to\mathscr{F}(D)$是一闭凸的 Fuzzy 映象.设存在一下半连续函数 $\alpha(x):X\to(0,1]$,使得对每一 $x\in X$,截集 $(F_x)_{\alpha(x)}$ 是非空的,则存在 $y_0\in X$ 及 $u_0,F_{y_0}(u_0)\geqslant\alpha(y_0)$,使得

$$\langle u_0,y_0-x\rangle\geqslant0,\forall x\in X.$$

证. 定义映象 $T:X\to2^D$ 如下:

$$T(x)=(F_x)_{\alpha(x)}.$$

可以证明,T 具有下面的性质:对每一 $x\in X$,$T(x)$ 是 D 中之一非空的紧凸集.由[136]知,存在 $y_0\in X$ 及 $u_0\in T(y_0)$,使得$\langle u_0,y_0-x\rangle\geqslant0,\forall x\in X$.
证毕.

定理 11.1.3. 设 E 是一自反 Banach 空间,E^* 是 E 的对偶空间,X 是 E 之一闭凸集,而 $F:X\to\mathscr{F}(E^*)$ 是一单调的 Fuzzy 映象,$h:X\to\mathbf{R}$ 是一下半连续的凸函数.设存在一下半连续的函数 $\alpha(x):X\to(0,1]$,使得对每一 $x\in X$,截集$(F_x)_{\alpha(x)}$ 是非空的,则存在 $y_0\in X$,使得对任一满足 $F_x(u)\geqslant\alpha(x)$ 的 $u\in E$,有

$$\langle u,y_0-x\rangle\leqslant h(x)-h(y_0),\forall x\in X.$$

证. 定义映象 $T:X\to2^{E^*}$ 如下:

$$T(x)=(F_x)_{\alpha(x)},\ x\in X$$

由关于 F 的假定,可证 $T:X\to2^{E^*}$ 是一单调的多值映象,且对每一 $x\in X$,$T(x)$ 是非空的.于是由[303]知定理 11.1.3 的结论成立. 证毕.

§11.2　Fuzzy 映象的极大极小不等式

在本节中我们讨论 Fuzzy 映象的某些极大极小不等式.首先给出下面的结果.

命题 11.2.1. [10] 设 E 和 F 是二 Hausdorff 拓扑线性空间,$X\subset E$,$Y\subset F$是二非空的凸集,$f:X\times X\to\mathbf{R}$ 是一映象,满足下面的条件:

(ⅰ) $x\longmapsto f(x,y)$是拟凸的;

(ⅱ) $y\longmapsto f(x,y)$是上半连续的.

如果 $T:X\to2^Y$ 是具非空闭凸值的上半连续的多值映象,则

$$\inf_{y\in T(x)}f(x,y)\leqslant\max_{y\in Y}\inf_{x\in X}f(x,y).$$

定理 11.2.2. 设 E,F 是二 Hausdorff 拓扑线性空间,$X\subset E,Y\subset F$ 是二非空的凸集,且 Y 还是紧的.设函数 $f:X\times Y\to\mathbf{R}$ 满足下列条件:

（ⅰ）$x \longmapsto f(x,y)$ 是拟凸的；

（ⅱ）$y \longmapsto f(x,y)$ 是上半连续的.

设 $T:X \to \mathscr{F}(Y)$ 是一闭的凸 Fuzzy 映象.

（1）如果存在一下半连续函数 $\alpha(x):X \to (0,1]$，使得对每一 $x \in X$，截集 $(T_x)_{\alpha(x)}$ 是非空的，则

$$\inf_{y \in (T_x)_{\alpha(x)}} f(x,y) \leqslant \max_{y \in Y} \inf_{x \in X} f(x,y);$$

（2）设 $\bar{\alpha}(x) = \max_{y \in Y} T_x(y):X \to (0,1]$ 是一函数，使得对每一 $x \in X$，截集 $(T_x)_{\alpha(x)}$ 是非空的. 如果对每一 $y \in Y$，$T_x(y)$ 关于 x 是下半连续的，则

$$\inf_{y \in (T_x)_{\bar{\alpha}(x)}} f(x,y) \leqslant \max_{y \in Y} \inf_{x \in X} f(x,y).$$

证. （1）首先证明：对每一 $x \in X$，截集 $(T_x)_{\alpha(x)}$ 是 Y 中的闭凸集. 事实上，对任意的 $y,z \in (T_x)_{\alpha(x)}$，$t \in [0,1]$ 有

$$T_x(ty+(1-t)z) \geqslant \min\{T_x(y),T_x(z)\}$$
$$\geqslant \min\{\alpha(x),\alpha(x)\} = \alpha(x).$$

上式表明 $ty+(1-t)z \in (T_x)_{\alpha(x)}$. 故 $(T_x)_{\alpha(x)}$ 是 Y 中的凸集.

现设 $\{y_j\}_{j \in J}$ 是 $(T_x)_{\alpha(x)}$ 中收敛于 $y_0 \in Y$ 的网. 则 $(x,y_j) \to (x,y_0)$，且 $T_x(y_j) \geqslant \alpha(x)$，$\forall j \in J$. 因 T 是一闭 Fuzzy 映象，故 $T_x(y)$ 在 $X \times Y$ 上是上半连续的. 因而有

$$T_x(y_0) \geqslant \limsup_{j \in J} T_x(y_j) \geqslant \alpha(x).$$

此即 $y_0 \in (T_x)_{\alpha(x)}$，故 $(T_x)_{\alpha(x)}$ 是闭的.

现证集

$$\mathrm{Gr}(\widetilde{T}) = \bigcup_{x \in X} \{(x,y):y \in (T_x)_{\alpha(x)}\}$$

是 $X \times Y$ 中的闭集，其中 $\widetilde{T}:X \to 2^X$ 是由下式定义的多值映象：

$$\widetilde{T}(x) = (T_x)_{\alpha(x)}.$$

设 $\{(x_j,y_j)\}_{j \in J}$ 是 $\mathrm{Gr}(\widetilde{T})$ 中的网，使得 $x_j \to x_0 \in X$，$y_j \to y_0 \in Y$. 由 T 的闭性及 $\alpha(x)$ 的下半连续性，有

$$T_{x_0}(y_0) \geqslant \limsup_{j \in J} T_{x_j}(y_j) \geqslant \limsup_{j \in J} \alpha(y_j) \geqslant \liminf_{j \in J} \alpha(y_j) \geqslant \alpha(x_0).$$

故 $y_0 \in (T_{x_0})_{\alpha(x_0)}$ 且 $(x_0,y_0) \in \mathrm{Gr}(\widetilde{T})$，即 $\mathrm{Gr}(\widetilde{T})$ 是闭的. 因而 $\widetilde{T}$ 是上半连续的（见定理 5.1.2）.

于是由命题 11.2.1 知

$$\inf_{y \in T_x} f(x,y) \leqslant \max_{y \in Y} \inf_{x \in X} f(x,y),$$

即

$$\inf_{y\in(T_x)_{\alpha(x)}} f(x,y)\leqslant\max_{y\in Y}\inf_{x\in X} f(x,y).$$

类似地,可以证明结论(2).

定理 11.2.3. 设 E 和 F 是二 Hausdorff 拓扑线性空间,$X\subset E,Y\subset F$ 是二非空的紧凸集,$g:X\times Y\to\mathbf{R}$ 是一连续函数,满足条件:对每一 $y\in Y$,$g(x,y)$ 关于 x 是拟凸的. 设 $T:X\to\mathscr{F}(Y)$ 是一闭凸的 Fuzzy 映象.

(1)如果存在一下半连续函数 $\alpha(x):X\to(0,1]$,使得对每一 $x\in X$,截集 $(T_x)_{\alpha(x)}$ 是连续的,则存在 $x_0\in X,y_0\in Y$,使得

$$T_{x_0}(y_0)\geqslant\alpha(x_0)\text{且}g(x_0,y_0)\leqslant g(x,y_0),\forall x\in X.$$

(2)如果 $\bar{\alpha}(x)=\max_{y\in Y}T_x(y):X\to(0,1]$ 是一函数,使得对每一 $x\in X$,截集 $(T_x)_{\alpha(x)}$ 是非空的. 再设对每一 $y\in Y$,$T_x(y)$ 关于 x 是下半连续的. 则存在 $x_0\in X,y_0\in Y$,使得

$$T_{x_0}(y_0)=\max_{y\in Y}T_x(y)\text{且}g(x_0,y_0)\leqslant g(x,y_0),\forall x\in X.$$

证. 我们仅证明结论(1).结论(2)可类似地加以证明.

定义一函数 $f:X\times Y\to\mathbf{R}$ 如下:

$$f(x,y)=g(x,y)-\min_{z\in X}g(z,y).$$

易知 f 满足定理 11.2.2 的条件(ⅰ),而且 f 在 $X\times Y$ 上连续. 由对 X 的假定,对每一 $y\in Y$,存在 $x\in X$,使得 $f(x,y)=0$,故由定理 11.2.2,

$$\inf_{y\in(T_x)_{\alpha(x)}} f(x,y)\leqslant 0.$$

用类似于定理 11.2.2 中的证明方法,可以证明

$$\bigcup_{x\in X}\{(x,y):y\in(T_x)_{\alpha(x)}\}\subset X\times Y$$

是一闭集,从而它是紧的. 故存在 $x_0\in X$ 和 $y_0\in Y$,使得 $T_{x_0}(y_0)\geqslant\alpha(x_0)$,且 $f(x_0,y_0)\leqslant 0$,即 $g(x_0,y_0)\leqslant g(x,y_0),\forall x\in X.$

证毕.

由定理 11.2.3 可得下面的结果.

定理 11.2.4. 设 E 是一局部凸的 Hausdorff 拓扑线性空间,$X\subset Y\subset E$ 是一非空的紧凸集,$T:X\to\mathscr{F}(Y)$ 是一闭凸 Fuzzy 映象.

(1) 如果存在一下半连续函数 $\alpha(x):X\to(0,1]$ 使得对每一 $x\in X$,截集 $(T_x)_{\alpha(x)}$ 是非空的,则存在 $x_0\in X$ 使得或者 $T_{x_0}(x_0)\geqslant\alpha(x_0)$,或存在一连续的半范数 p 及 $y_0\in Y$,使得 $T_{x_0}(y_0)\geqslant\alpha(x_0)$,而且

$$0<p(x_0,y_0)\leqslant p(x,y_0),\forall x\in X.$$

(2) 设 $\bar{\alpha}(x)=\max_{y\in Y}T_x(y):X\to(0,1]$ 是一函数,使得对每一 $x\in X$,截

集 $(T_x)_{\bar{a}(x)}$ 是非空的,则存在 $x_0\in X$ 使得或者 $T_{x_0}(x_0)=\max\limits_{y\in Y}T_{x_0}(y)$,即 x_0 是 Fuzzy 映象 T 之一不动点,或者存在 X 上之一半范数 p 及 $y_0\in Y$,使得 $T_{x_0}(y_0)=\max\limits_{y\in Y}T_{x_0}(y)$,且

$$0<p(x_0-y_0)\leqslant p(x-y_0),\forall x\in X.$$

作为定理 11.2.4 之一直接推论,有下面的定理.

定理 11.2.5. 设 E 是一局部凸的 Hausdorff 拓扑线性空间,$X\subset Y\subset E$ 是一非空的紧凸集. 设 $T:X\to\mathscr{F}(Y)$ 是一闭凸的 Fuzzy 映象.

(1) 如果存在一下半连续函数 $\alpha(x):X\to(0,1]$ 使得对每一 $x\in X$,截集 $(T_x)_{\alpha(x)}$ 是非空的,而且对每一 $x\in X$ 及每一 $y\in(T_x)_{\alpha(x)}$ 存在 $\lambda\in\mathbf{R},|\lambda|<1$,使得 $\lambda x+(1-\lambda)y\in X$,则存在 $x_0\in X$,使得

$$T_{x_0}(x_0)\geqslant\alpha(x_0);$$

(2) 设 $\bar{a}(x)=\max\limits_{y\in Y}T_x(y):X\to(0,1]$ 是一函数,使得对每一 $x\in X$,截集 $(T_x)_{\bar{a}(x)}\neq\varnothing$. 如果对每一 $y\in Y,T_x(y)$ 关于 $x\in X$ 是下半连续的,而且对任意的 $x\in X,y\in(T_x)_{\alpha(x)}$ 及对某一 $\lambda,|\lambda|<1,\lambda x+(1-\lambda)y\in X$,则存在 $x_0\in X$,使得 $T_{x_0}(x_0)=\max\limits_{y\in Y}T_{x_0}(y)$,即 x_0 是 Fuzzy 映象 T 之一不动点.

证. 我们只证结论(2)(结论(1)类似可证). 设 T 没有不动点,于是由定理 11.2.4(ii),存在 $x_0\in X,y_0\in Y$ 且 $T_{x_0}(y_0)=\max\limits_{y\in Y}T_{x_0}(y)$,使得

$$0<p(x_0-y_0)\leqslant p(x-y_0),\forall x\in X,$$

而且对 $x_0\in X,y_0\in Y$,由条件(ii),存在 $\lambda\in\mathbf{R},|\lambda|<1$,使得

$$\lambda x_0+(1-\lambda)y_0\in X.$$

于是,如果取 $x=\lambda x_0+(1-\lambda)y_0$,则

$$0<p(x_0-y_0)\leqslant|\lambda|p(x_0-y_0).$$

这与 $|\lambda|<1$ 相矛盾. 证毕.

注. 如果 $X=Y$,则(i),(ii)中的条件 $\lambda x+(1-\lambda)y\in X,|\lambda|<1,x\in X,y\in Y$ 自然满足.

§11.3 Fuzzy 映象的向量拟变分不等式

在本节中,我们将介绍线性拓扑空间中 Fuzzy 映象的向量拟变分不等式的某些结果.

设 E,F 是二 Hausdorff 拓扑线性空间,X 和 C 分别是 E 和 F 中的非空凸集,设 Y 是一 Hausdorff 拓扑线性空间,K 是 Y 之一尖凸锥.

设 $S: X \to \mathscr{F}(X), T: X \to \mathscr{F}(C), G: X \times C \times X \to \mathscr{F}(Y)$ 是三个 Fuzzy 映象，设 $\alpha(x): X \to (0,1]$ 是一函数，β, γ 是 $(0,1]$ 中的两个常数.

下面我们考察两种类型的向量拟变分不等式：

(1) 求 $\bar{x} \in (S_{\bar{x}})_\beta$ 及 $\bar{y} \in (T_{\bar{x}})_{\alpha(\bar{x})}$，使得对任一 $x \in (S_{\bar{x}})_\beta$ 及 $z \in (G_{(\bar{x}, \bar{y}, x)})_\gamma, z \notin -K \setminus \{\theta\}$；

(2) 求 $\bar{x} \in X$ 及 $\bar{y} \in (T_{\bar{x}})_{\alpha(\bar{x})}$，使得对任一 $x \in X$ 及 $z \in (G_{(\bar{x}, \bar{y}, x)})_\gamma, z \notin -K \setminus \{\theta\}$.

易知第(1)类的向量拟变分不等式比第(2)类向量拟变分不等式更为一般.

当 $S: X \to 2^X$ 是一多值映象，$G: X \times C \times X \to Y$ 是一向量值映象，则第(1)类的变分不等式就化为下面的 Fuzzy 映象的向量拟变分不等式：

求 $\bar{x} \in S(\bar{x}), \bar{y} \in (T_{\bar{x}})_{\alpha(\bar{x})}$，使得对任一 $x \in S(\bar{x}), G(\bar{x}, \bar{y}, x) \notin -K \setminus \{\theta\}$.

当 $Y = \mathbf{R}, K = \mathbf{R}^+$，且 $G: X \times C \times X \to \mathbf{R}$ 是一通常的映象，则第(2)类的变分不等式就化为下面的 Fuzzy 映象的拟变分不等式：

求 $\bar{x} \in X, \bar{y} \in (T_{\bar{x}})_{\alpha(\bar{x})}$，使得对任一 $x \in X, G(\bar{x}, \bar{y}, x) \geq 0$.

下面，我们将借助 Fan-Browder 不动点定理[26]，Yannelis-Prabhakar 选择定理[298]及 Luc 的纯量化方法[189,190]，在 Hausdorff 拓扑线性空间的框架下，研究第(1)类型和第(2)类型的向量拟变分不等式解的存在性定理.

为此，我们先追述下面的定义.

定义 11.3.1.[190] 设 X 是一 Hausdorff 拓扑线性空间 E 中之一非空凸子集，Y 是一 Hausdorff 拓扑线性空间，K 是 Y 之一凸锥，且 $K \neq Y$. 设 $F: X \to 2^Y$ 是一多值映象.

(1) F 称为 **K-凸的**，如果对任意的 $x_1, x_2 \in X, \lambda \in [0,1], y_1 \in F(x_1)$，$y_2 \in F(x_2)$，存在 $y_3 \in F(\lambda x_1 + (1-\lambda)x_2)$，使得 $\lambda y_1 + (1-\lambda)y_2 - y_3 \in K$.

(2) F 称为 **K-拟凸的**，如果对任一 $a \in Y$，集 $\{x \in X: \text{存在 } y \in F(x)$，使得 $y - a \in -K\}$ 是凸的.

注. (1) K-凸 $\Rightarrow$ K-拟凸；

(2) 如果 F 是单值的，则在定义 11.3.1 中所给出的 K-凸性和 K-拟凸性与[189]中引入的 K-凸性和 K-拟凸性一致.

定义 11.3.2.[189] 设 $\xi: Y \to \mathbf{R}$ 是一单值函数. ξ 称为关于 K 是**单调增的**（相应地，关于 K 是**严格单调增的**），如果 $\xi(x) \geq \xi(y), \forall x - y \in K$（相应地，

$\xi(x) \geqslant \xi(y), \forall x - y \in K \setminus \{\theta\})$.

引理 11.3.1.[190] 设 $F: X \to 2^Y$ 是一多值映象. 如果 F 是 K-凸的且 $\xi: Y \to \mathbf{R}$ 关于 K 是凸的单调增的, 则由下式定义的 $\xi F: X \to 2^{\mathbf{R}}$:

$$\xi F(x) = \bigcup_{y \in F(x)} \xi(y), x \in X$$

是 $\mathbf{R}^+$-凸的.

引理 11.3.2.[189,190] 设 Y 是一 Hausdorff 拓扑线性空间, K 是 Y 中的凸锥, 使得 $K \setminus \{\theta\}$ 是开的. 则下面的结论成立.

(1) 对任一给定的 $e \in \text{int } K$, 及任一给定的 $a \in Y$,

$$\xi(y) = \min \{t \in \mathbf{R}: y \in a + te - \overline{K}\}$$

是连续的, 且关于 K 是严格单调增的.

(2) 如果 $F: X \to 2^Y$ 是紧值的和 K-拟凸的, 则复合映象 $\xi F: X \to 2^{\mathbf{R}}$ 是 $\mathbf{R}^+$-拟凸的.

注. 引理 11.3.1 和引理 11.3.2 给出了一种纯量化方法, 这种方法在处理向量值映象或上述的多值映象时非常有用. 以后, 我们称之为 **Luc 的纯量化方法**.

引理 11.3.3.[138] 设 Y 是一自反的局部凸 Hausdorff 拓扑线性空间, Y^* 是 E 的共轭空间, K 是 Y 中之一闭凸锥, K^* 是 K 的对偶锥, 其中

$$K^* = \{f \in Y^*: \langle f, x \rangle \geqslant 0, \forall x \in K\}.$$

如果 $\text{int } K^* \neq \varnothing$, 则

$$\text{int } K^* = \{f \in Y^*: \langle f, x \rangle \geqslant 0, \forall x \in K \setminus \{\theta\}\}.$$

引理 11.3.4.[190] 设 X 和 E 是二 Hausdorff 拓扑空间, $F: X \to 2^E$ 是一多值映象.

(1) 如果 $\xi: E \to \mathbf{R}$ 是一连续函数, F 是具紧值的上半连续映象, 则复合映象 $\xi F: X \to 2^{\mathbf{R}}$ 是具紧值的上半连续的;

(2) 如果 $\xi: E \to \mathbf{R}$ 是一连续函数, F 是连续的且具紧值的, 则复合映象 $\xi F: \to 2^{\mathbf{R}}$ 是连续的和紧值的.

下面的定理是 Park[231] 中定理 10 的特例.

定理 11.3.5. 设 E 是一 Hausdorff 拓扑线性空间, X 是 E 之一非空凸子集, 设 $F: X \to 2^X$ 是一多值映象, 满足下列条件:

（i）对每一 $x \in X, F(x)$ 是非空凸的;

（ii）对任一 $y \in X, F^{-1}(y)$ 是闭的;

（iii）存在一有限子集 $A \subset X$, 使得 $F^{-1}(A) = X$, 其中 $F^{-1}(A) =$

$\bigcup\limits_{z\in A}F^{-1}(z)$. 则存在 $\overline{x}\in X$, 使得 $\overline{x}\in F(\overline{x})$.

定义 11.3.3. 拓扑空间 E 中的 Fuzzy 集 A 称为**紧的**, 如果对每一 $\alpha\in(0,1]$, 截集 $(A)_\alpha$ 是 E 中的紧集.

定义 11.3.4. 设 M,N 是二拓扑空间, $F:M\to\mathscr{F}(N)$ 是一 Fuzzy 映象.

(1) F 称为**拓扑开的**, 如果对每一 $x_0\in M$, 及对 N 中每一这样的开集 U: 对某一 $y\in U,F_{x_0}(y)\geqslant\gamma(\gamma\in(0,1])$, 存在 x_0 的一邻域 $V\subset M$, 使得当 $x\in V$ 时, 则对某 $y\in U$ 有 $F_x(y)\geqslant\gamma$;

(2) F 称为**拓扑闭的**, 如果对每一 $x_0\in M$, 及对 N 中每一这样的开集 U: 当 $F_{x_0}(y)\geqslant\gamma$ 时有 $y\in U(\gamma\in(0,1])$, 存在 x_0 之一邻域 $V\subset M$, 使得当 $x\in V$ 且 $F_x(y)\geqslant\gamma$ 时, $y\in U$;

(3) F 称为**连续的**, 如果 F 既是拓扑开的又是拓扑闭的;

(4) F 称为**闭的**, 如果 $F_x(y)$ 作为通常的二元函数在 $M\times N$ 上是上半连续的;

(5) F 称为**弱开的**, 如果对每一 $y\in N,F_x(y)$ 作为 x 的通常函数来说在 M 上是下半连续的.

用与 [32] 中引理 1 相同的证明方法, 可证下面的引理成立.

引理 11.3.6. 设 E 是一 Hausdorff 拓扑线性空间, X 是 E 之一非空闭凸集, C 是一 Hausdorff 拓扑线性空间 Z 中之一非空闭凸集, $\gamma\in(0,1]$ 是一常数. 设 $F:X\to\mathscr{F}(C)$ 是一 Fuzzy 映象, 使得对每一 $x\in X$, 截集 $(F_x)_\gamma$ 是非空的. 设 $\widetilde{F}:X\to2^C$ 是一多值映象: $\widetilde{F}(x)=(F_x)_\gamma$.

(1) 如果 F 是一凸的 Fuzzy 映象, 则 $\widetilde{F}$ 是具非空凸值的多值映象;

(2) 如果 F 是一闭的 Fuzzy 映象, 则 $\widetilde{F}$ 是一闭的多值映象, 使得对任一 $x\in X,\widetilde{F}$ 是闭的, 而且对每一 $y\in C,\widetilde{F}^{-1}(y)$ 是闭的.

引理 11.3.7. 设 E 是一 Hausdorff 拓扑线性空间, X 是 E 之一非空闭凸子集, C 是 Hausdorff 拓扑线性空间 Z 中之一非空闭凸子集, $\alpha:X\to(0,1]$ 是一上半连续函数. 设 $H:X\to\mathscr{F}(C)$ 是一 Fuzzy 映象, 使得对每一 $x\in X$, $(H_x)_{\alpha(x)}=\{y\in C;H_x(y)>\alpha(x)\}$ 是非空的. 设 $\widetilde{H}:X\to2^C$ 是由 $\widetilde{H}(x)=(H_x)_{\alpha(x)}$ 定义的多值映象.

(1) 如果 H 是一凸 Fuzzy 映象, 则 $\widetilde{H}$ 是一具非空凸值的多值映象;

(2) 如果 H 是一弱开的 Fuzzy 映象, 则对每一 $y\in C,\widetilde{H}^{-1}(y)$ 是 X 中的开集.

证. 结论(1)是显然的.

(2) 设 $\{x_j\}_{j\in J}$ 是 $X\backslash\widetilde{H}^{-1}(y)$ 中之一网,且 $x_j\to x\in X$,则 $H_{x_j}\leqslant\alpha(x_j)$. 因 H 是弱开的,故函数 $x\longmapsto H_x(y)$ 在 X 上是下半连续的,故有

$$H_x(y)\leqslant\lim_{j\to\infty}\inf H_{x_j}(y)\leqslant\lim_{j\to\infty}\inf\alpha(x_j)\leqslant\lim_{j\to\infty}\sup\alpha(x_j)\leqslant\alpha(x).$$

上式表明 $x\in X\backslash\widetilde{H}^{-1}(y)$,故 $\widetilde{H}^{-1}(y)$ 是开的. 证毕.

由定义 11.3.4 直接可得下面的引理.

引理 11.3.8. 设 M 和 N 是二拓扑空间,$\gamma\in(0,1]$ 是一常数,$F:M\to\mathscr{F}(N)$ 是一 Fuzzy 映象,使得对任一 $x\in X$,截集 $(F_x)_\gamma$ 是非空的. 设 $\widetilde{F}:M\to 2^N$ 是由 $\widetilde{F}(x)=(F_x)_\gamma$ 定义的映象.

(1)如果 F 是一拓扑开的 Fuzzy 映象,则 $\widetilde{F}$ 是一下半连续的多值映象;

(2)如果 F 是一拓扑闭的 Fuzzy 映象,则 $\widetilde{F}$ 是一上半连续的多值映象;

(3)如果 F 是一连续的多值映象,则 $\widetilde{F}$ 是一连续的多值映象.

下面我们借助 Fan-Browder 不动点定理[26],Yannelis-Prabhakar 选择定理[298]及 Luc 的纯量化方法[189,190]讨论 Fuzzy 映象的向量拟变分不等式解的存在性问题. 我们有下面的定理.

定理 11.3.9. 设 E,F 是两个 Hausdorff 拓扑线性空间,X 是 E 中的非空紧凸集,C 是 F 之一非空的闭凸集,Y 是一 Hausdorff 拓扑线性空间,K 是 Y 中之一尖凸锥. 设 $T:X\to\mathscr{F}(C)$ 是一弱的开凸 Fuzzy 映象,$G:X\times C\times X\to\mathscr{F}(Y)$ 是一连续的 Fuzzy 映象,使得对每一 $(x,y,u)\in X\times C\times X,G_{(x,y,u)}$ 是 Y 中之一紧的 Fuzzy 集. 再设下列条件满足:

（ⅰ）存在一上半连续函数 $\alpha(x):X\to(0,1)$ 及一常数 $\gamma\in(0,1]$,使得对任一 $x\in X$,强截集 $[T_x]_{\alpha(x)}$ 是非空的,而且对任意的 $(x,y,u)\in X\times C\times X$,截集 $(G_{(x,y,u)})_\gamma$ 是非空的;

（ⅱ）$(G_{(x,y,x)})_\gamma\subset K,\forall x\in X,y\in(T_x)_{\alpha(x)}$;

（ⅲ）存在一连续的关于 K 严格单调增的函数 $\xi:Y\to\mathbf{R}$,使得对每一给定的 $(x,y)\in X\times C$,多值映象

$$u\longmapsto\xi((G_{(x,y,u)})_\gamma)$$

是 $\mathbf{R}^+$-拟凸的.

则存在 $\bar{x}\in X,\bar{y}\in(T_{\bar{x}})_{\alpha(\bar{x})}$,使得对任一 $x\in X,z\in(G_{(\bar{x},\bar{y},x)})_\gamma,z\notin -K\backslash\{\theta\}$.

证. 定义二多值映象 $\widetilde{T}:X\to 2^C$ 及 $\widetilde{G}:X\times C\times X\to 2^Y$ 如下：

$$\widetilde{T}(x)=[T_x]_{\alpha(x)},\widetilde{G}(x,y,u)=(G_{(x,y,u)})_\gamma$$

由定义 11.3.1 后的注及引理 11.3.7 和引理 11.3.8 知

(1)$\widetilde{T}$ 是一具非空凸值的多值映象，使得对任一 $y\in C,\widetilde{T}^{-1}(y)$ 是开的；

(2)$\xi\widetilde{G}$ 是具非空紧值的多值映象.

由(1)及 Yannelis-Prabhakar 的连续选择定理[298]，存在一连续函数 f: $X\to C$，使得 $f(x)\in\widetilde{T}(x),\forall x\in X$. 又对每一 $n=1,2,\cdots$，定义一多值映象 $F_n:X\to 2^X$ 如下：

$$F_n(x)=\Big\{z\in X:[\xi\widetilde{G}(x,f(x),z)-\min_{u\in X}\xi\widetilde{G}(x,f(x),u)]$$

$$\cap\Big(\frac{1}{n}-\text{int}\,\mathbf{R}^+\Big)\neq\varnothing\Big\},x\in X.$$

因 X 是紧的且 $\xi\widetilde{G}$ 是上半连续和紧值的. 于是由引理 11.3.4 知 $\xi\widetilde{G}(x,f(x),X)$ 是紧的，于是

$$\min_{u\in X}\xi\widetilde{G}(x,f(x),u)\in\xi\widetilde{G}(x,f(x),X).$$

故对每一 $x\in X,F_n(x)$ 是空的.

下证：对任一 $x\in X,F_n(x)$ 是凸的.

事实上，对任意的 $z_1,z_2\in F_n(x)$ 及 $\lambda\in[0,1]$，则 $z_1,z_2\in X$ 且存在 $t_i\in\xi\widetilde{G}(x,f(x),z_i)$ 及 $a_i\in\text{int}\,\mathbf{R}^+,i=1,2$，使得

$$t_i\leqslant\min_{u\in X}\xi\widetilde{G}(x,f(x),X)+\frac{1}{n}-a_i.$$

令 $a_0=\min\{a_1,a_2\},t_0=\min\limits_{u\in X}\xi\widetilde{G}(x,f(x),u)+\dfrac{1}{n}-a_0.$ 故 $t_i\leqslant t_0$，从而

$$z_i\in A=\{u\in X:\text{存在 } t\in\xi\widetilde{G}(x,f(x),u)\text{ 使得 } t\leqslant t_0\}.$$

由条件(ⅲ)，集 A 是凸的，故 $\lambda z_1+(1-\lambda)z_2\in A$，即存在

$$t_3\in\xi\widetilde{G}(x,f(x),\lambda z_1+(1-\lambda)z_2),$$

使得 $t_3\leqslant t_0$. 故有

$$[\xi\widetilde{G}(x,f(x),\lambda z_1+(1-\lambda)z_2-\min_{u\in X}\xi\widetilde{G}(x,f(x),u)]\cap(\frac{1}{n}-\text{int}\,\mathbf{R}^+)\neq\varnothing.$$

上式表明 $\lambda z_1+(1-\lambda)z_2\in F_n(x)$，即 $F_n(x)$ 是凸的.

其次，对任一 $z\in X$ 有

$$F_n^{-1}(z)=\{x\in X:z\in F_n(x)\}$$

$$=\Big\{-x\in X:[\xi G^{-1}(x,f(x),z)-\min_{u\in X}\xi\widetilde{G}(x,f(x),u)]$$

$$\cap \left(\frac{1}{n} - \text{int } \mathbf{R}^+ \right) \Big\} \neq \varnothing.$$

因为多值映象 $(x,u) \longmapsto \xi\widetilde{G}(x,f(x),u)$ 是连续的和紧值的,可以证明函数 $x \longmapsto \min\limits_{u \in X} \xi\widetilde{G}(x,f(x),u)$ 是连续的.因多值映象 $(x,z) \longmapsto \xi\widetilde{G}(x,f(x),z)$ 是下半连续的,故多值映象 $(x,z) \longmapsto \xi\widetilde{G}(x,f(x),z) - \min\limits_{u \in X} \xi\widetilde{G}(x,f(x),u)$ 也是下半连续的.因而 $F_n^{-1}(z)$ 是开的.

因此,对每一 $n=1,2,\cdots,F_n:X \to 2^X$ 是具非空凸值的多值映象,使得对每一 $z \in X, F_n^{-1}(z)$ 是开的.故由 Fan-Browder 不动点定理,存在 $x_n \in X$,使得

$$x_n \in F_n(x_n), n=1,2,\cdots. \tag{11.3.1}$$

因 X 是紧的,可设 $x_n \to \overline{x} \in X$,故有

$$f(x_n) \to f(\overline{x}) \in \widetilde{T}(\overline{x}) \subset (T_{\overline{x}})_{a(\overline{x})}.$$

另外,由 F_n 的定义及(11.3.1)知,对每一 $n=1,2,\cdots,$存在 $t_n \in \mathbf{R}$,使得

$$t_n \in \xi\widetilde{G}(x_n,f(x_n),x_n)$$

且 $t_n \in \min\limits_{u \in X} \xi\widetilde{G}(x_n,f(x_n),u) + \frac{1}{n} - \mathbf{R}^+ \tag{11.3.2}$

因 $\xi\widetilde{G}$ 是上半连续且是紧值的,故由引理 11.3.4,$\xi\widetilde{G}(x \times f(x) \times x)$ 是紧的,故可设 $t_n \to \overline{t} \in \mathbf{R}$.因多值映象 $(x,z) \longmapsto \xi\widetilde{G}(x,f(x),z)$ 是具紧值的上半连续的映象,由引理 11.3.4 知其图象是闭的.故由(11.3.2),$\overline{t} \in \xi\widetilde{G}(\overline{x},f(\overline{x}),\overline{x})$.

又因函数 $x \longmapsto \min\limits_{u \in X} \xi\widetilde{G}(x,f(x),u)$ 连续,由(11.3.2),$\overline{t} \leqslant \min\limits_{u \in X} \xi\widetilde{G}(\overline{x},f(\overline{x}),u)$,故 $\overline{t} = \min\limits_{u \in X} \xi\widetilde{G}(\overline{x},f(\overline{x}),u)$.又因

$$\min\limits_{u \in X} \xi\widetilde{G}(\overline{x},f(\overline{x}),u) \in \xi\widetilde{G}(\overline{x},f(\overline{x}),\overline{x}),$$

故存在 $\overline{z} \in \widetilde{G}(\overline{x},f(\overline{x}),\overline{x})$,使得 $\xi(\overline{z}) = \min\limits_{u \in X}\widetilde{G}(\overline{x},f(\overline{x}),u)$.因 ξ 关于 K 是严格单调增的,故 $\overline{z} \in \min\limits_{u \in X}\widetilde{G}(\overline{x},f(\overline{x}),u)$,于是由极小的定义,对任意的 $x \in X$ 和 $z \in \widetilde{G}(\overline{x},f(\overline{x}),x)$,

$$z - \overline{z} \notin -K \backslash \{\theta\}. \tag{11.3.3}$$

最后,我们证明 $z \notin -K \backslash \{\theta\}$.设不然,$z \in -K \backslash \{\theta\}$.因 $\overline{z} \in \widetilde{G}(\overline{x},f(\overline{x}),\overline{x})$,由条件(ii),$\overline{z} \in K$,因 K 是尖的,故

$$z - \overline{z} \in (-K \backslash \{\theta\}) + (-K) = -K \backslash \{\theta\}.$$

这与(11.3.3)相矛盾.结论得证.

令 $\overline{y} = f(\overline{x})$,故存在 $\overline{x} \in X$ 及 $\overline{y} \in (T_{\overline{x}})_{a(\overline{x})}$,使得对任意的 $x \in X$ 及 $z \in$

$(G_{(\bar{x},\bar{y},x)})_\gamma, z \notin -K \backslash \{\theta\}$. 证毕.

借助引理 11.3.2,由定理 11.3.9 直接可得下面的结果.

定理 11.3.10. 设 E,F 是二 Hausdorff 拓扑线性空间,X 是 E 中之一非空的紧凸集,C 是 F 之一非空闭凸集,Y 是一 Hausdorff 拓扑线性空间,K 是 Y 中之一尖凸锥,使得 $K \backslash \{\theta\}$ 是开的. 设 $T: X \to \mathscr{F}(C)$ 是一弱开的凸 Fuzzy 映象,$G: X \times C \times X \to \mathscr{F}(Y)$ 是一连续的 Fuzzy 映象,使得对每一$(x, y, u) \in X \times C \times X, G_{(x,y,u)}$ 是 Y 中之一紧的 Fuzzy 集,再设下列条件满足:

（ⅰ）存在上半连续函数 $\alpha(x): X \to (0,1)$ 及一常数 $\gamma \in (0,1]$,使得对任一 $x \in X$,强截集 $[T_x]_{\alpha(x)}$ 是非空的,而且对任意的 $(x, y, u) \in X \times C \times X$,截集 $(G_{(x,y,u)})_\gamma$ 是非空的;

（ⅱ）$(G_{(x,y,u)})_\gamma \subset K$,对任意的 $x \in X$ 及 $y \in (T_x)_{\alpha(x)}$;

（ⅲ）多值映象 $u \longmapsto (G_{(x,y,u)})_\gamma$ 是 K-拟凸的.

则存在 $\bar{x} \in X$ 及 $\bar{y} \in (T_{\bar{x}})_{\alpha(\bar{x})}$,使得对任意的 $x \in X$ 及 $z \in (G_{(\bar{x},\bar{y},x)})_\gamma$,$z \notin -K \backslash \{\theta\}$.

证. 由引理 11.3.2,存在一连续的且关于 K 是严格单调增的函数 $\xi: Y \to \mathbf{R}$,使得对每一给定的 $(x, y) \in X \times C$,多值映象 $u \longmapsto \xi((G_{(x,y,u)})_\gamma)$ 是 $\mathbf{R}^+$-拟凸的. 故由定理 11.3.9 及定理 11.3.10,定理的结论得证.

利用引理 11.3.1 及引理 11.3.3,由定理 11.3.9 可得下面的定理.

定理 11.3.11. 设 E 和 F 是二 Hausdorff 拓扑线性空间,X 是 E 之一非空紧凸集,C 是 F 之一非空闭凸集,Y 是一自反的局部凸的 Hausdorff 拓扑线性空间,K 是 Y 之一闭的尖凸锥,且 int $K^* \neq \varnothing$. 设 $T: X \to \mathscr{F}(C)$ 是一弱开的凸 Fuzzy 映象,$G: X \times C \times X \to \mathscr{F}(Y)$ 是一连续的 Fuzzy 映象,使得对每一$(x, y, u) \in X \times C \times X, G_{(x,y,u)}$ 是 Y 中之一紧的 Fuzzy 集. 再设

（ⅰ）存在一上半连续函数 $\alpha(x): X \to (0,1)$ 及一常数 $\gamma \in (0,1]$,使得对任一 $x \in X$,强截集 $[T_x]_{\alpha(x)}$ 是非空的,而且对任意的 $(x, y, u) \in X \times C \times X$,截集 $(G_{(x,y,u)})_\gamma$ 是非空的;

（ⅱ）$(G_{(x,y,x)})_\gamma \subset K, \forall x \in X, y \in (T_x)_{\alpha(x)}$;

（ⅲ）对每一给定的 $(x, y) \in X \times C$,多值映象 $u \longmapsto (G_{(x,y,u)})_\gamma$ 是 K-凸的.

则存在 $\bar{x}$ 及 $\bar{y} \in (T_{\bar{x}})_{\alpha(\bar{x})}$,使得对任意的 $x \in X$ 及 $z \in (G_{(\bar{x},\bar{y},x)})_\gamma, z \notin -K \backslash \{\theta\}$.

证. 因 Y 是自反的,由引理 11.3.3,
$$\text{int} K^* = \{l \in Y^*: \langle l, x \rangle > 0, \forall x \in K \backslash \{\theta\}\}.$$

设 $\xi\in\text{int}\,K^*$. 则 ξ 是凸的且关于 K 是连续的严格单调增的. 由引理 11.3.1,对每一给定的 $(x,y)\in X\times C$,多值映象 $u\longmapsto\xi((G_{(x,y,u)})_\gamma)$ 是 $\mathbf{R}^+$-凸的,故是 $\mathbf{R}^+$-拟凸的. 于是由定理 11.3.9,定理 11.3.11 的结论直接可得. 证毕.

由定理 11.3.10 可得下面的推论.

推论 11.3.12. 设 E 是一 Hausdorff 拓扑线性空间,X 是 E 中之一非空紧凸集,C 是 Hausdorff 拓扑线性空间 F 之一非空闭凸集,$T:X\to\mathscr{F}(C)$ 是一弱开的凸 Fuzzy 映象,$\varphi:X\times C\times X\to\mathbf{R}$ 是一连续函数. 再设下列条件满足:

(i) 存在一上半连续函数 $\alpha(x):X\to(0,1)$,使得对任一 $x\in X$,强截集 $[T_x]_{\alpha(x)}$ 是非空的;

(ii) $\varphi(x,y,x)\geqslant0,\forall x\in X,y\in(T_x)_{\alpha(x)}$;

(iii) 对每一给定的 $(x,y)\in X\times C$,函数 $u\longmapsto\varphi(x,y,u)$ 是拟凸的.

则存在 $\overline{x}\in X,\overline{y}\in(T_{\overline{x}})_{\alpha(\overline{x})}$,使得 $\varphi(\overline{x},\overline{y},x)\geqslant0,\forall x\in X$.

证. 定义一 Fuzzy 映象 $G:X\times C\times X\to\mathscr{F}(\mathbf{R})$ 如下:

$$G(x,y,u)=\chi_{\{\varphi(x,y,u)\}},$$

其中 χ_A 表集 A 上的特征函数. 令 $K=\mathbf{R}^+$,则易知定理 11.3.10 中的条件满足,故推论 11.3.12 的结论由定理 11.3.10 直接可得.

由定理 11.3.11 可得下面的推论.

推论 11.3.13. 设 E,F 是二 Hausdorff 拓扑线性空间,X 是 E 中之一非空紧凸集,C 是 F 中之一非空闭凸集,Y 是一自反的局部凸的 Hausdorff 拓扑线性空间,K 是 Y 中之一闭的尖凸锥,使得 $\text{int}\,K^*\neq\varnothing$. 设 $T:X\to\mathscr{F}(C)$ 是一弱开的 Fuzzy 映象,且 $\varphi:X\times C\times X\to Y$ 是一连续函数. 再设

(i) 存在一上半连续函数 $\alpha(x):X\to(0,1)$,使得对每一 $x\in X$,强截集 $[T_x]_{\alpha(x)}$ 是非空的;

(ii) $\varphi(x,y,x)\in K,\forall x\in X,y\in(T_x)_{\alpha(x)}$;

(iii) 函数 $u\longmapsto\varphi(x,y,u)$ 是 K-凸的,即对任意的 $u_1,u_2\in X$ 及 $\lambda\in[0,1]$,

$$\varphi(x,y,\lambda u_1+(1-\lambda)u_2)\in\lambda\varphi(x,y,u_1)+(1-\lambda)\varphi(x,y,u_2)-K.$$

则存在 $\overline{x}\in X,\overline{y}\in(T_{\overline{x}})_{\alpha(\overline{x})}$,使得对任一 $x\in X$,

$$\varphi(\overline{x},\overline{y},x)\notin-K\backslash\{\theta\}.$$

定理 11.3.14. 设 E 和 F 是二 Hausdorff 拓扑线性空间,X 是 E 之一

非空的紧凸集，C 是 F 之一非空闭凸集，Y 是一 Hausdorff 拓扑线性空间，K 是 Y 中之一尖凸锥. 设 $S:X\to\mathcal{F}(X)$ 是一闭的拓扑开的凸 Fuzzy 映象，$T:X\to\mathcal{F}(C)$ 是一弱开的凸 Fuzzy 映象，$G:X\times C\times X\to\mathcal{F}(Y)$ 是一连续的 Fuzzy 映象，使得对每一 $(x,y,u)\in X\times C\times X,G_{(x,y,u)}$ 是 Y 中之一紧的 Fuzzy 集. 再设

（ⅰ）存在一上半连续函数 $\alpha(x):X\to(0,1)$ 及二常数 $\beta,\gamma\in(0,1]$，使得对每一 $x\in X$，切集 $(S_x)_\beta$ 及强截集 $[T_x]_{\alpha(x)}$ 是非空的，而且对任一 $(x,y,u)\in X\times C\times X$，截集 $(G_{(x,y,u)})_\gamma$ 是非空的；

（ⅱ）$(G_{(x,y,x)})_\gamma\subset K,\forall x\in X,y\in(T_x)_{\alpha(x)}$；

（ⅲ）存在一连续的关于 K 是严格单调增的函数 $\xi:Y\to\mathbf{R}$，使得多值映象 $u\longmapsto\xi((G_{(x,y,u)})_\gamma)$ 是 $\mathbf{R}^+$-拟凸的；

（ⅳ）对任一连续函数 $f:X\to C$，存在 X 之一有限子集 A，使得对任一 $x\in X$，存在 $z\in A$ 满足条件：$z\in(S_x)_\beta$，且
$$\min_{u\in(S_x)_\beta}\xi((G_{(x,f(x),u)})_\gamma)\in\xi((G_{(x,f(x),z)})_\gamma).$$

则存在 $\bar{x}\in(S_{\bar{x}})_\beta$ 和 $\bar{y}\in(T_{\bar{x}})_{\alpha(\bar{x})}$，使得对任一 $x\in(S_{\bar{x}})_\beta$ 及 $z\in(G_{(\bar{x},\bar{y},x)})_\gamma,z\notin-K\backslash\{\theta\}$.

证. 定义一多值映象 $\tilde{S}:X\to 2^X,\tilde{T}:X\to 2^C$，及 $\tilde{G}:X\times C\times X\to 2^Y$ 如下：
$$\tilde{S}(x)=(S_x)_\beta,\tilde{T}(x)=[T_x]_{\alpha(x)},\tilde{G}(x,y,u)=(G_{(x,y,u)})_\gamma.$$
由注 11.3.1 及引理 11.3.4—11.3.8 知：

（1）$\tilde{S}$ 是具非空紧凸值的连续的多值映象，且对任一 $y\in X,\tilde{S}^{-1}(y)$ 是闭的.

（2）$\tilde{T}$ 是具非空凸值的多值映象，而且对任一 $y\in C,\tilde{T}^{-1}(y)$ 是开的；

（3）$\xi\tilde{G}$ 是具非空紧值的多值映象.

由（2）及 Yannelis-Prabhakar 的连续选择定理[298]，存在一连续函数 $f:X\to C$，使得 $f(x)\in\tilde{T}(x),\forall x\in X$. 现定义一多值映象 $F:X\to 2^X$ 如下：
$$F(x)=\left\{z\in\tilde{S}(x):\min_{u\in\tilde{S}(x)}\xi\tilde{G}(x,f(x),u)\in\xi\tilde{G}(x,f(x),z)\right\}.$$

因 $\tilde{S}(x)$ 是紧的，且 $\xi\tilde{G}$ 是具非空紧值的多值映象，由引理 11.3.4，对任一 $x\in X,\xi\tilde{G}(x,f(x),\tilde{S}(x))$ 是 $\mathbf{R}$ 中的紧集. 故对任一 $x\in X,F(x)$ 是非空的.

现证对每一 $x\in X,F(x)$ 是凸的，事实上，设 $z_1,z_2\in F(x),\lambda\in[0,1]$，令 $t_0=\min_{u\in\tilde{S}(x)}\xi\tilde{G}(x,f(x),u)$，则 $t_0\in\xi\tilde{G}(x,f(x),z_i),i=1,2$. 因 $\tilde{S}$ 是凸值

的,故 $\lambda z_1+(1-\lambda)z_2\in\widetilde{S}(x)$. 由条件(ⅲ),对每一给定的 $x\in X$,多值映象 $u\longmapsto\xi\widetilde{G}(x,f(x),u)$ 是 $\mathbf{R}^+$-拟凸的,故集

$$A=\{u\in X:存在\ t\in\xi\widetilde{G}(x,f(x),u)使得\ t\leqslant t_0\}$$

是凸的. 因 $z_1,z_2\in A$,故 $\lambda z_1+(1-\lambda)z_2\in A$,从而存在 $t\in\xi\widetilde{G}(x,f(x),\lambda z_1+(1-\lambda)z_2)$,使得 $t\leqslant t_0$. 由 t_0 的定义,$t=t_0$,即

$$\min_{u\in\widetilde{S}(x)}\xi\widetilde{G}(x,f(x),u)\in\xi\widetilde{G}(x,f(x),\lambda z_1+(1-\lambda)z_2).$$

故 $\lambda z_1+(1-\lambda)z_2\in F(x)$.

另外,对任一 $z\in X$,有

$$F^{-1}(z)=\{x\in X:z\in F(x)\}$$

$$=\left\{-x\in X:z\in\widetilde{S}(x)且\min_{u\in S(x)}\xi\widetilde{G}(x,f(x),u)\in\xi\widetilde{G}(x,f(x),z)\right\}$$

$$=\widetilde{S}^{-1}(z)\bigcap\left\{-x\in X:\min_{u\in S(x)}\xi\widetilde{G}(x,f(x),u)\in\xi\widetilde{G}(x,f(x),z)\right\}.$$

$$(11.3.4)$$

因 f 连续,$\widetilde{S}$ 是连续和紧值的,且 $\xi\widetilde{G}$ 是连续和紧值的,故我们可以证明 $x\longmapsto\min\limits_{u\in\widetilde{S}(x)}\xi\widetilde{G}(x,f(x),u)$ 是连续的. 又因 $\xi\widetilde{G}$ 是紧值上半连续的,由引理 11.3.4,$\xi\widetilde{G}$ 是一闭的多值映象. 设 $\{x_j\}_{j\in J}$ 是集

$$\{x\in X:\min_{u\in\widetilde{S}(x)}\xi\widetilde{G}(x,f(x),u)\in\xi\widetilde{G}(x,f(x),z)\}$$

中的网,使得 $x_j\to\overline{x}\in X$,于是有

$$\min_{u\in S(x)}\xi\widetilde{G}(x_j,f(x_j),u)\in\xi\widetilde{G}(x_j,f(x_j),z).$$

因为函数 $x\longmapsto\min\limits_{u\in S(x)}\xi\widetilde{G}(x,f(x),u)$ 是连续的,且 $\xi\widetilde{G}$ 是闭的,故

$$\min_{u\in\widetilde{S}(x)}\xi\widetilde{G}(\overline{x},f(\overline{x}),u)\in\xi\widetilde{G}(\overline{x},f(\overline{x}),z),$$

从而集

$$\{x\in X:\min_{u\in\widetilde{S}(x)}\xi\widetilde{G}(x,f(x),u)\in\xi\widetilde{G}(x,f(x),z)\}$$

是闭的. 因 $\widetilde{S}^{-1}(z)$ 是闭的,故由(11.3.4),对任一 $z\in X$,$F^{-1}(z)$ 是闭的.

另一方面,由条件(ⅳ),存在 X 之一有限子集 A,使得

$$F^{-1}(A)=\bigcup_{z\in A}F^{-1}(z)=X.$$

于是由定理 11.3.5 得知:存在 $\overline{x}\in X$,使得 $\overline{x}\in F(\overline{x})$,即 $\overline{x}\in\widetilde{S}(\overline{x})$,且

$$\min_{u\in S(\overline{x})}\xi\widetilde{G}(\overline{x},F(\overline{x}),u)\in\xi\widetilde{G}(\overline{x},f(\overline{x}),\overline{x}). \qquad (11.3.5)$$

由(11.3.5)及条件(ii),可以证明,对任一 $x\in(S_{\bar{x}})_\beta$ 及 $z\in(G_{(\bar{x},\bar{y},x)})_\gamma,z\notin$ $-K\setminus\{\theta\}$. 因为 f 是 T 的连续选择,故 $f(\bar{x})\in\widetilde{T}(\bar{x})\subset(T_{\bar{x}})_{\alpha(\bar{x})}$. 令 $\bar{y}=$ $f(\bar{x})$,因而存在 $\bar{x}\in(S_{\bar{x}})_{\alpha(\bar{x})}$,使得对任一 $x\in(S_{\bar{x}})_\beta$ 及 $z\in(G_{(\bar{x},\bar{y},x)})_\gamma,z\notin$ $-K\setminus\{\theta\}$.　证毕.

在定理 11.3.4 中,如果 $S_x\equiv\chi_x,\forall x\in X$,其中 χ_x 是 X 的特征函数,则有下面的定理.

定理 11.3.15. 设 E,F 是二 Hausdorff 拓扑线性空间,X 是 E 之一非空的紧凸集,C 是 F 之一非空的闭凸子集,Y 是一 Hausdorff 拓扑线性空间,K 是 Y 之一尖凸锥. 设 $T:X\to\mathcal{F}(C)$ 是一弱开的 Fuzzy 映象,$G:X\times C\times X\to\mathcal{F}(Y)$ 是一连续的 Fuzzy 映象,使得对每一 $(x,y,u)\in X\times C\times X,G_{(x,y,u)}$ 是 Y 中之一紧 Fuzzy 集,再设下面的条件满足:

（ i ）存在一上半连续函数 $\alpha(x):X\to(0,1)$ 及一常数 $\gamma\in(0,1]$,使得对任一 $x\in X$,强截集 $[T_x]_{\alpha(x)}$ 是非空的,而且对任一 $(x,y,u)\in X\times C\times X$,截集 $(G_{(x,y,u)})_\gamma$ 是非空的;

（ ii ）$(G_{(x,y,u)})_\gamma\subset K,\forall x\in X$ 及 $y\in(T_x)_{\alpha(x)}$;

（ iii ）存在一连续的关于 K 是严格单调的增函数 $\xi:Y\to\mathbf{R}$,使得多值映象 $u\longmapsto\xi((G_{(x,y,u)})_\gamma)$ 是 $\mathbf{R}^+$-拟凸的;

（ iv ）对任一连续函数 $f:X\to C$,存在 X 之一有限子集 A,使得对任一 $x\in X$,存在 $z\in A$,满足

$$\min_{u\in X}\xi((G_{(x,f(x),u)})_\gamma)\in\xi((G_{(x,f(x),z)})_\gamma).$$

则存在 $\bar{x}\in X$ 和 $\bar{y}\in(T_{\bar{x}})_{\alpha(\bar{x})}$,使得对任一 $x\in X$ 及 $z\in(G_{(\bar{x},\bar{y},x)})_\gamma,z\notin$ $-K\setminus\{\theta\}$.

由引理 11.3.1 及引理 11.3.3 及定理 11.3.14 可得下面的定理.

定理 11.3.16. 设 E,F 是二 Hausdorff 拓扑线性空间,X 是 E 之一非空紧凸集,C 是 F 之一非空闭凸子集,Y 是一实的自反的局部凸的 Hausdorff 拓扑线性空间,K 是 Y 中的一闭的尖凸锥,使得 int $K^*\neq\varnothing$. 设 $S:X\to\mathcal{F}(X)$ 是一闭的拓扑开的凸 Fuzzy 映象,$T:X\to\mathcal{F}(C)$ 是弱开的 Fuzzy 映象,$G:X\times C\times X\to\mathcal{F}(Y)$ 是一连续的 Fuzzy 映象,使得对每一 $(x,y,u)\in X\times C\times X,G(x,y,u)$ 是 Y 中之一紧 Fuzzy 集,再设

（ i ）存在一上半连续函数 $\alpha(x):X\to(0,1)$ 及二常数 $\beta,\gamma\in(0,1]$,使得对任一 $x\in X$,截集 $(S_x)_\beta$ 及强截集 $[T_x]_{\alpha(x)}$ 是非空的,而且对任一 $(x,y,u)\in X\times C\times X$,截集 $(G_{(x,y,u)})_\gamma$ 是非空的;

（ⅱ）$(G_{(x,y,x)})_\gamma \subset K, \forall x \in X, y \in (T_x)_{\alpha(x)}$；

（ⅲ）多值映象 $u \longmapsto (G_{(x,y,u)})_\gamma$ 是 K-拟凸的；

（ⅳ）对任一连续函数 $f:X \to C$，存在 X 之一有限子集 A 及 $\xi \in \text{int} K^*$，使得对任一 $x \in X$，存在 $z \in A$，满足

$$z \in (S_x)_\beta \text{ 且 } \min_{u \in (S_x)_\beta} \xi((G_{(x,f(x),u)})_\gamma) \in \xi((G_{(x,f(x),z)})_\gamma).$$

则存在 $\overline{x} \in (S_{\overline{x}})_\beta$ 及 $\overline{y} \in (T_{\overline{x}})_{\alpha(\overline{x})}$，使得对任一 $x \in (S_{\overline{x}})_\beta$ 及 $z \in (G_{(\overline{x},\overline{y},x)})_\gamma, z \notin -K \backslash \{\theta\}$.

由定理 11.3.16 可得下面的推论.

推论 11.3.17. 设 E, F 是二 Hausdorff 拓扑线性空间，X 是 E 之一非空紧凸集，C 是 F 之一非空闭凸集，设 $S:X \to \mathscr{F}(X)$ 是一闭的拓扑开的凸 Fuzzy 映象，使得对每一 $x \in X, S_x$ 是 X 中之一紧的 Fuzzy 映象，$T:X \to \mathscr{F}(C)$ 是一弱开的凸 Fuzzy 映象，$\varphi:X \times C \times X \to \mathbf{R}$ 是一连续函数，再设下列条件满足：

（ⅰ）存在一上半连续函数 $\alpha(x):X \to (0,1)$ 及一常数 $\beta \in (0,1)$，使得对任一 $x \in X$，截集 $(S_x)_\beta$ 及强截集 $[T_x]_{\alpha(x)}$ 是非空的；

（ⅱ）$\varphi(x,y,x) \geqslant 0, \forall x \in X$ 及 $y \in (T_x)_{\alpha(x)}$；

（ⅲ）函数 $u \longmapsto \varphi(x,y,u)$ 是凸的；

（ⅳ）对任一连续函数 $f:X \to C$，存在 X 之一有限集 A，使得对任一 $x \in X$，存在 $z \in A$ 满足 $z \in (S_x)_\beta$ 及

$$\min_{u \in (S_x)_\beta} \varphi(x,f(x),u) = \varphi(x,f(x),z).$$

则存在 $\overline{x} \in (S_{\overline{x}})_{\alpha(\overline{x})}$ 及 $\overline{y} \in (T_{\overline{x}})_{\alpha(\overline{x})}$，使得对任一 $x \in (S_{\overline{x}})_\beta, \varphi(\overline{x},\overline{y},x) \geqslant 0.$

§11.4　Fuzzy 映象的连续选择定理及应用

在本节中，我们将给出 Fuzzy 映象的一个一般的连续选择定理. 作为应用，我们将证明 Fuzzy 映象的一个不动点定理及 Fuzzy 对策之一平衡定理.

下面的引理，在证明本节主要结果时将被用到.

引理 11.4.1. [11] 设 E 是一 Hausdorff 拓扑空间，X 是 E 中之一非空紧子集，Y 是一拓扑空间中的非空子集，$f:X \times Y \to \mathbf{R}$ 是一实的上半连续函数. 则由下式定义的函数 $g:Y \to \mathbf{R}$

$$g(y) = \sup_{x \in X} f(x,y), y \in Y$$

是上半连续的.

定理 11.4.2. 设 X 是一 Hausdorff 拓扑空间中的一非空的仿紧子集，Y 是一 Hausdorff 拓扑线性空间，$\alpha:X\rightarrow(0,1)$ 是一上半连续的函数. 设 $F:X\rightarrow\mathscr{F}(Y)$ 是一凸 Fuzzy 映象，使得对每一 $x\in X,(F_x)_{\alpha(x)}=\{y\in Y:F_x(y)>\alpha(x)\}$ 是非空的.

如果对每一 $y\in Y$，函数 $\varphi:X\rightarrow\mathbf{R},\varphi(x)=F_x(y)$ 是下半连续的，则存在 $(F_x)_{\alpha(x)}$ 的一连续选择 $f:X\rightarrow Y$，使得 $f(x)\in(F_x)_{\alpha(x)},\forall x\in X.$

证. 定义一多值映象 $S:X\rightarrow 2^Y$ 如下：

$$S(x)=(F_x)_{\alpha(x)},x\in X.$$

由定理的条件知对每一 $x\in X,S(x)$ 是非空凸的. 事实上，对每一 $x\in X$，及对任意的 $y_1,y_2\in S(x),t\in[0,1]$，

$$F_x(ty_1+(1-t)y_2)\geqslant\min\{F_x(y_1),F_x(y_2)\}>\alpha(x).$$

此即 $ty_1+(1-t)y_2\in(F_x)_{\alpha(x)}=S(x)$. 故 $S(x)$ 是凸的.

对每一 $y\in Y,S^{-1}(y)=\{x\in X,F_x(y)>\alpha(x)\}$. 因 α 是上半连续的，φ 是下半连续的，从而 $\varphi-\alpha$ 是下半连续的，从而 $S^{-1}(y)=(\varphi-\alpha)^{-1}(0,\infty)$ 是 X 中的开集. 因 X 是仿紧的，下证 S 有一连续选择 $f:X\rightarrow Y$.

事实上，因对每一 $x\in X,S(x)$ 是非空的，故集族 $\mathscr{U}=\{S^{-1}(y):y\in Y\}$ 是仿紧集 X 之一开覆盖，故存在 $\mathscr{U}$ 之一局部有限的开加细 $\mathscr{T}=\{U_i:i\in I\}$，其中 I 是一指标集. 由 Michael 定理[199]，存在从属于 $\mathscr{T}$ 之一连续的单位分解 $\{\alpha_i:i\in I\}$，即对每一 $i\in I,\alpha_i:X\rightarrow[0,1]$ 是连续的，且 $\alpha_i(x)=0,x\notin U_i,\sum\limits_{i\in I}\alpha_i(x)=1,\forall x\in X$. 因 $\mathscr{T}$ 是 $\{S^{-1}(y):y\in Y\}$ 的加细，故对每一 $i\in I$，可取 $y_i\in Y$，使得 $U_i\subset S^{-1}(y_i)$.

现定义一函数 $f:X\rightarrow Y$ 如下：

$$f(x)=\sum_{i\in I}\alpha_i(x)y_i,x\in X.$$

下证 f 是 S 的连续选择. 事实上，因 $\mathscr{T}$ 是局部有限的，故对每一 $x\in X$，至少有一个而且至多有有限个 $\alpha_i(x)\neq0$，故 $f:X\rightarrow Y$ 是一适定的连续映象.

设 $x\in X$，故存在 $i\in I$，使 $\alpha_i(x)\neq0$，从而 $x\in U_i\subset S^{-1}(y_i)$. 即 $y_i\in S(x)$. 因 $S(x)$ 凸，故有

$$f(x)=\sum_{i\in I}\alpha_i(x)y_i\in S(x)=(F_x)_{\alpha(x)},\forall x\in X.$$

证毕.

作为定理 11.4.2 的应用，我们首先证明一个 Fuzzy 映象的不动点定理.

定理 11.4.3. 设 X 是一局部凸 Hausdorff 拓扑空间的一非空的仿紧凸子集，D 是 X 之一非空紧子集，$F: X \to \mathscr{F}(D)$ 是一 Fuzzy 映象，使得对每一 $y \in D$，函数 $\varphi: X \to \mathbf{R}, \varphi(x) = F_x(y)$ 是下半连续的. 再设存在一上半连续函数 $\alpha: X \to (0,1)$，使得对每一 $x \in X, (F_x)_{\alpha(x)}$ 是非空凸的，则存在一点 $x_* \in D$ 使得

$$x_* \in (F_{x_*})_{\alpha(x_*)}.$$

其次，如果 $F: X \to \mathscr{F}(D)$ 是一闭 Fuzzy 映象，使得对每一 $x \in X, t \in [0,1), (F_x)_t$ 是凸的，则存在 F 之一不动点，即存在 $x_* \in D$，使得

$$F_{x_*}(x_*) = \max_{y \in D} F_{x_*}(y).$$

证. 定义一多值映象 $S: X \to 2^D$ 如下：

$$S(x) = (F_x)_{\alpha(x)}, x \in X.$$

由假定，$S(x)$ 是非空凸的，而且对每一 $y \in D$，

$$
\begin{aligned}
S^{-1}(y) &= \{x \in X : F_x(y) > \alpha(x)\} \\
&= \{x \in X : (\varphi - \alpha)(x) > 0\} \\
&= (\varphi - \alpha)^{-1}(0, \infty).
\end{aligned}
$$

因 α 是上半连续的，而 φ 是下半连续的，故 $\varphi - \alpha$ 是下半连续的，从而 $S^{-1}(y)$ 是开集. 于是由定理 11.4.2，存在 $S: X \to 2^D$ 之一连续选择 $f: X \to D$. 故由定理 5.6.1(即 Himmelberg 定理)，存在点 $x_* \in D$，使得

$$x_* = f(x_*) \in S(x_*) = (F_{x_*})_{\alpha(x_*)}.$$

第一结论得证.

为证第二结论，我们首先注意到由引理 11.4.1 知，函数 $\bar{\alpha}(x) = \max_{y \in D} F_x(y)$ 是上半连续的. 事实上，因 F 是闭的，故 $\bar{\alpha}$ 是适定的，且 $\bar{\alpha}(x) > 0, \forall x \in X$. 设 $\{\varepsilon_\lambda : \lambda \in \Gamma\}$ 是一正数的网，其收敛于 0. 对每一 $\lambda \in \Gamma$，定义一多值映象 $S_\lambda: X \to 2^D$ 如下：

$$S_\lambda(x) = \{y \in D : (F_x)(y) > \bar{\alpha}(x) - \varepsilon_\lambda\}, \quad x \in X.$$

因 $\bar{\alpha}(x) = \max_{y \in D} F_x(y)$，且 $\varepsilon_\lambda > 0$，故 $S_\lambda(x)$ 是非空凸的. 重复上面的讨论，可以证明对每一 $y \in D, S_\lambda^{-1}(y)$ 是开的. 再由定理 11.4.2，存在 S_λ 的连续选择 $f_\lambda: X \to D$. 故由定理 5.6.1，存在一点 $x_\lambda \in D$，使得 $x_\lambda = f_\lambda(x_\lambda) \in S_\lambda(x_\lambda)$. 因 $\{x_\lambda\}$ 是紧集 D 中的一网，故存在一收敛于 $x_* \in D$ 的子网 $\{x_\mu\} \subset \{x_\lambda\}$，而与之相对应的子网 $\{\varepsilon_\mu\}$ 收敛于 0.

因为 F 是闭的，故 $F_x(y)$ 是 (x, y) 的上半连续函数. 又因 $x \longmapsto F_x(y)$ 是下半连续的，故有

$$F_{x_*}(x_*) \geqslant \limsup F_{x_\mu}(x_\mu)$$
$$\geqslant \limsup(\max_{y \in D} F_{x_\mu}(y) - \varepsilon_\mu)$$
$$\geqslant \max_{y \in D}\{\liminf(F_{x_\mu}(y) - \varepsilon_\mu)\}$$
$$\geqslant \max_{y \in D} F_{x_*}(y).$$

因 $x_* \in D$, 故 $F_{x_*}(x_*) = \max\limits_{y \in D} F_{x_*}(y)$, 即 x_* 是 F 的不动点.

证毕.

§11.5　Fuzzy 对策中平衡的存在性问题

在过去的四十年,经典的 Arrow-Debreu 关于 Walras 平衡的存在性的结论已被很多人向不同的方向加以推广. 1976 年,Borglin-Keiding 借助 Ky Fan 极大元定理对具 KF-优化偏好的紧抽象经济证明了一个新的平衡的存在性定理.[21] 现在我们在数学经济中引入一般的 Fuzzy 平衡的定义.

设 I 是一有限或无限参与人的集合. 对每一 $i \in I$,令 X_i 是行为的非空集. 一广义 Fuzzy 对策(或抽象的 Fuzzy 经济)$\Gamma = (X_i, A_i, P_i, \alpha_i)_{i \in I}$ 定义为有序的四元组 $(X_i, A_i, P_i, \alpha_i)$,其中 X_i 是一非空的拓扑线性空间(一抉择集),$\alpha_i : X \to [0,1)$ 是一 Fuzzy 约束函数,$A_i : \prod\limits_{j \in I} X_j \to 2^{X_i}$ 是一约束对应,$P_i : \prod\limits_{j \in I} X_j \to \mathscr{F}(X_i)$ 是一 Fuzzy 偏好对应. Γ 的 **Fuzzy 平衡** 是一点 $\overline{x} \in X = \prod\limits_{i \in I} X_i$ 使得对每一 $i \in I, \overline{x}_i \in A_i(\overline{x})$ 且 $A_i(\overline{x}) \bigcap (P_{i,\overline{x}})_{\alpha_i(\overline{x})} = \varnothing$.

上述的广义 Fuzzy 对策及 Fuzzy 平衡是通常的标准定义[21,95]的 Fuzzy 推广. 特别,如果 I 是一单点集,我们称 Fuzzy 对策 Γ 为一人 Fuzzy 对策.

应该指出:Fuzzy 偏好对应 P_i 在现实经济对策中是非常有意义的. 事实上,每一个人的偏好集,在适当的约束下,具有模糊的特性.

现在,我们对一人 Fuzzy 对策证明 Fuzzy 平衡的一个存在性定理.

定理 11.5.1. 设 $\Gamma = (X, A, P, \alpha)$ 是一个一人的 Fuzzy 对策,$\alpha : X \to [0,1)$ 是一上半连续函数. 如果下面的条件满足:

（ⅰ）X 是一局部凸 Hausdorff 拓扑线性空间的一非空的紧凸集;

（ⅱ）对应 $A : X \to 2^X$ 是上半连续的,使得对每一 $x \in X, A(x)$ 是非空闭凸的;

（ⅲ）对每一 $y \in X, A^{-1}(y)$ 是 X 中的开集;

（ⅳ）偏好对应 $P : X \to \mathscr{F}(X)$ 是一凸 Fuzzy 映象,使得对每一 $y \in X$,映

象 $x \longmapsto (P_x)(y)$ 是下半连续的；

（ⅴ）对每一 $x \in X, x \notin (P_x)_{\alpha(x)}$.

则 Γ 有一 Fuzzy 平衡 $\bar{x} \in X$，即

$$\bar{x} \in A(\bar{x}), \text{且} A(\bar{x}) \bigcap [P_{\bar{x}}]_{\alpha(\bar{x})} = \varnothing.$$

证. 定义一多值映象 $S: X \to 2^X$ 如下：

$$S(x) = A(x) \bigcap (P_x)_{\alpha(x)}, \ x \in X.$$

由条件（ⅱ）和（ⅳ），对每一 $x \in X, S(x)$ 是凸的，而且对每一 $y \in X$，

$$\begin{aligned}
S^{-1}(y) &= \{x \in X : y \in A(x) \bigcap [P_x]_{\alpha(x)}\} \\
&= \{x \in X : y \in A(x)\} \bigcap \{x \in X : (P_x)(y) > \alpha(x)\} \\
&= A^{-1}(y) \bigcap \{x \in X : (P_x)(y) > \alpha(x)\}.
\end{aligned}$$

因 α 是上半连续的，且 $x \longmapsto P_x(y)$ 是下半连续的，故 $S^{-1}(y)$ 是 X 中的开集. 从而集

$$W = \{x \in X : A(x) \bigcap [P_x]_{\alpha(x)} \neq \varnothing\} = \bigcup_{y \in X} S^{-1}(y)$$

是紧集 X 中之一开子集，故 W 是仿紧的. 于是 S 在 W 上的限制 $S|_W : W \to 2^X$ 满足下列条件：

（ⅰ）对每一 $x \in X, S|_W(x)$ 是非空凸的；

（ⅱ）对每一 $y \in X, (S|_W)^{-1}(y)$ 是开的.

故仿照前一定理的证明，得知 $S|_W$ 存在一连续选择 $f : W \to X$.

最后，我们定义一映象 $\varphi : X \to 2^X$ 如下：

$$\varphi(x) = \begin{cases} \{f(x)\}, & \text{如果 } x \in W, \\ A(x), & \text{如果 } x \notin W. \end{cases}$$

则对每一 $x \in X, \varphi(x)$ 是 X 之一非空闭凸子集. 为证 φ 是上半连续的，必须证明对 X 的每一开子集 V，集 $U = \{x \in X : \varphi(x) \subset V\}$ 是 X 中之一开集.

事实上，因 $f(x) \in S|_W(x) \subset A(x), \forall x \in X$，故有

$$\begin{aligned}
U &= \{x \in X : \varphi(x) \subset V\} \\
&= \{x \in W : \varphi(x) \subset V\} \bigcup \{x \in X \backslash W : \varphi(x) \subset V\} \\
&= \{x \in W : f(x) \in V\} \bigcup \{x \in X \backslash W : A(x) \subset V\} \\
&= \{x \in W : f(x) \in V\} \bigcup \{x \in X : A(x) \subset V\}.
\end{aligned}$$

由 A 的上半连续性知，集 $\{x \in X : A(x) \subset V\}$ 是 X 中的开集，而由 f 的连续性知，集 $\{x \in W : f(x) \in V\}$ 是 W 中的开集，故是 X 中的开集. 因而 U 是 X 中的开集. 从而 φ 是上半连续的. 于是由定理 5.6.1（Himmelberg 不动点定理），当 $X = W$ 时，存在 $\bar{x} \in X$，使得 $\bar{x} \in \varphi(\bar{x})$. 否则，由条件（ⅴ），$\bar{x} \notin W$，故 $\bar{x} \in A(\bar{x})$，且 $A(\bar{x}) \bigcap [P_{\bar{x}}]_{\alpha(\bar{x})} = \varnothing$. 证毕.

注.　按照 Borglin-Keiding[21] 中的方法,定理 11.5.1 可以推广到具无限多的参与人的广义 Fuzzy 对策的情形. 因此,定理 11.5.1 是 Fuzzy 对策理论关于 Fuzzy 平衡的存在性的一个基本定理.

下面我们给出一人对策具有 Fuzzy 平衡的例子.

例 11.5.1. 设 $\Gamma=(X,A,P,\alpha)$ 是一人 Fuzzy 对策,满足下列条件:

(i) $X=[0,1]$ 是一非空的紧凸集;

(ii) 约束对应 $A:X\to 2^X$ 由下式定义:

$$A(x)=\{y\in X:\frac{1}{4}\leqslant y\leqslant\frac{1}{2}\},x\in X;$$

(iii) Fuzzy 偏好对应 $P:X\to\mathscr{F}(X)$ 定义为:

$$P_x(y)=\begin{cases}0, & \text{如果 } x\in[0,\frac{1}{2}],y\in[0,1]\\[2mm]\frac{1}{3}x(y+1), & \text{如果 } x\in(\frac{1}{2},1],y\in[0,1];\end{cases}$$

(iv) Fuzzy 约束函数 $\alpha:X\to[0,1]$ 定义为:

$$\alpha(x)=\begin{cases}0, & \text{如果 } x\in[0,\frac{1}{2}),\\[2mm]\frac{1}{3}x(x+1), & \text{如果 } x\in[\frac{1}{2},1].\end{cases}$$

则易知 A 是上半连续的,而且对每一 $x\in X,A(x)$ 是非空闭凸的,对每一 $y\in X,A^{-1}(y)$ 是开的. 又 α 是上半连续的,而且对每一 $x\in X,P_x(x)\leqslant\alpha(x)$. 于是易知函数 $x\longmapsto(P_x)(y)$ 是下半连续的.

故定理 11.5.1 的条件满足,于是存在 Γ 之一 Fuzzy 平衡. 事实上,存在 Fuzzy 平衡 $\frac{1}{2}\in X$,使得

$$\frac{1}{2}\in A\left(\frac{1}{2}\right),\text{且 } A\left(\frac{1}{2}\right)\bigcap[P_{\frac{1}{2}}]_{\alpha(\frac{1}{2})}=\varnothing.$$

§11.6　抽象 Fuzzy 经济的平衡和极大元的存在性问题

(I)引言

近年来,随着抽象经济的理论框架的引入,经典的 Arrow-Debreu关于 Walras 平衡的存在性的结果从多方面被加以改进和推广.

但需指出的是,迄今关于抽象经济的平衡和极大元存在性方面的几乎所有的结果,抉择集和商品空间的框架总是拓扑线性空间或局部凸空间,

其中凸性条件起着关键作用.

本节将引入抽象 Fuzzy 经济及定性的 Fuzzy 对策的概念,并利用拓扑空间的连通性(无需线性结构)来研究 Fuzzy 平衡、抽象 Fuzzy 经济的极大元及定性 Fuzzy 对策等的存在性问题.

首先我们追述某些定义和引理,它们在证明本节主要结果时,起到重要作用.

定义 11.6.1. (1)—**抽象 Fuzzy 经济**(或**广义 Fuzzy 对策**)$\Gamma=(X_i,A_i,B_i,P_i;a_i,b_i,p_i)_{i\in I}$ 是一有序族,其中 I 是一有限或无限的参与人的集合.对每一 $i\in I$,X_i 是一非空的拓扑空间(抉择集),$A_i,B_i:X=\prod\limits_{i\in I}\to F(x_i)$ 是 Fuzzy 约束对应,$P_i:X\to F(x_i)$ 是一 Fuzzy 偏好对应,$a_i,b_i:X\to(0,1]$ 是 Fuzzy 约束函数,$p_i:X\to(0,1]$ 是 Fuzzy 偏好函数.

(2)一点 $\overline{x}\in X,\overline{x}=(x_i)_{i\in I}$ 称为抽象 Fuzzy 经济 $\Gamma=(X_i,A_i,B_i,P_i;a_i,b_i,p_i)_{i\in I}$ 的 **Fuzzy 平衡**,如果对每一 $i\in I$,

$$\overline{x}_i\in\overline{(B_{i\overline{x}})_{b_i(\overline{x})}},\text{ 且}(A_{i\overline{x}})_{a_i(\overline{x})}\bigcap(P_{\overline{x}})_{p_i(\overline{x})}=\varnothing,$$

其中 $(B_{\overline{x}})_{b_i(\overline{x})}=\{z\in X_i:B_{\overline{x}}(z)\geqslant b_i(\overline{x})\}$,又 $\overline{(B_{\overline{x}})_{b_i(\overline{x})}}$ 是 $(B_{\overline{x}})_{b_i(\overline{x})}$ 的闭包.

定义 11.6.2. (1)—**定性的 Fuzzy 对策** $\Gamma=(X_i,P_i,p_i)_{i\in I}$ 是一有序族,其中 I 是有限或无限的参与人的集合,使得对每一 $i\in I$,X_i 是一非空的拓扑空间(参与人 i 的策略集),$P_i:X=\prod\limits_{i\in I}X_i\to\mathscr{F}(X_i)$ 是一 Fuzzy 偏好对应,而 $p_i:X\to(0,1]$ 是一 Fuzzy 偏好函数.

(2)一点 $\overline{x}=(\overline{x}_i)_{i\in I}\in X$ 称为定性 Fuzzy 对策 $\Gamma=(X_i,P_i,p_i)_{i\in I}$ 的 **Fuzzy 极大元**,如果对每一 $i\in I$

$$P_{\overline{x}}(z)<p_i(\overline{x}),\forall z\in X_i.$$

引理 11.6.1.[157] 如果对每一 $i\in I$,X_i 是一紧拓扑空间,$F_i:X=\prod\limits_{i\in I}X_i\to 2^{X_i}\backslash\{\varnothing\}$ 是具闭值的上半连续的多值映象,则由下式定义的多值映象 $F:X\to 2^X\backslash\{\varnothing\}$:

$$F(x)=\prod\limits_{i\in I}F_i(x)$$

也是上半连续的.

引理 11.6.2(Engelking[102]). 如果对每一 $i\in I$,X_i 是一非空的连通的拓扑空间,则 $\prod\limits_{i\in I}X_i$ 也是一连通的拓扑空间.

引理 11.6.3.[65] 设 X 是一拓扑空间,Y 是一紧的拓扑空间,$F:X\to 2^Y$ 是满足下述条件的多值映象:

(ⅰ)F 是具非空闭值的上半连续映象;

（ⅱ）对任一有限集 $A \subset X, \bigcap\limits_{x \in A} F(x)$ 是空的或连通的；

（ⅲ）对任意给定的 $x_1, x_2 \in X$, 存在一连通子集 $C = C_{\langle x_1, x_2 \rangle} \subset X$, 使得

$$F(C) = F(x_1) \bigcup F(x_2).$$

则 $\bigcap\limits_{x \in X} F(x) \neq \varnothing$.

（Ⅱ）抽象 Fuzzy 经济的 Fuzzy 平衡的存在性定理

定理 11.6.4. 设 $\Gamma = (X_i, A_i, B_i, P_i; a_i, b_i, p_i)_{i \in I}$ 是一抽象的 Fuzzy 经济, $X = \prod\limits_{i \in I} X_i$. 设 $A_i, B_i, P_i : X \to \mathscr{F}(X_i), a_i, b_i, p_i : X \to (0, 1]$ 满足下列条件：

（ⅰ）I 是一拓扑空间, 且对每一 $i \in I, X_i$ 是一紧的拓扑空间, 使得 $X \bigcap I = \varnothing$（约定：$W$ 是 $X \bigcup I$ 中的开集当且仅当 $W \bigcap X$ 是 X 中之一开集而且 $W \bigcap I$ 是 I 中之一开集）.

（ⅱ$_a$）对每一 $i \in I$, 集

$$U_i = \{x \in X : (P_{ix})_{p_i(x)} \bigcap (A_{ix})_{a_i(x)} \neq \varnothing\} \tag{11.6.1}$$

是 X 之一真的开子集, 其中

$$(P_{ix})_{p_i(x)} = \{z \in X_i : P_{ix}(z) \geqslant p_i(x)\}, \tag{11.6.2}$$

$$(A_{ix})_{a_i(x)} = \{z \in X_i : A_{ix}(z) \geqslant a_i(x)\}; \tag{11.6.3}$$

（ⅱ$_b$）对每一开集 $V \subset X$, 集

$$\{i \in I : U_i \bigcup V = X\}$$

是 I 中之一开集.

（ⅲ）对每一 $i \in I$, 多值映象

$$x \longmapsto \overline{(B_{ix})_{b_i(x)}} : X \to 2^{X_i}$$

是具非空值的上半连续的, 其中

$$(B_{ix})_{b_i(x)} = \{z \in X_i : B_{ix}(z) \geqslant b_i(x)\}, \tag{11.6.4}$$

且 $\overline{(B_{ix})_{b_i(x)}}$ 表 $(B_{ix})_{b_i(x)}$ 在 X 中的闭包.

（ⅳ）对 X 的任一有限子集 D 及 I 的任一有限集 E, 集

$$(\bigcap\limits_{x \in D} \prod\limits_{i \in I} \overline{(B_{ix})_{b_i(x)}}) \backslash \bigcup\limits_{i \in E} U_i$$

是空的或连通的.

（ⅴ）对任意给定的 $\{u, v\} \subset X \bigcup I$, 存在 $X \bigcup I$ 的连通子集, 使得

$$F(C_{\langle u, v \rangle}) = F(u) \bigcup F(v),$$

其中 $F : X \bigcup I \to 2^X$ 是由下式定义的多值映象：

$$F(y) = \begin{cases} \prod\limits_{i \in I} \overline{(B_{ix})_{b_i(x)}}, & \text{如果 } y = x \in X, \\ X \backslash U_i, & \text{如果 } y = i \in I. \end{cases} \tag{11.6.5}$$

则 Γ 有一 Fuzzy 平衡 $\overline{x} \in X$.

证. 下证由(11.6.5)定义的映象 $F:X\bigcup I\to 2^X$ 满足引理 11.6.3 中的所有条件.

事实上,由条件(ⅱ$_a$)及(ⅲ)知,F 是具非空闭值的.

(1) 下证 F 是上半连续的.

事实上,对任一开集 $V\subset X$,有

$$\{u\in X\bigcup I:F(u)\subset V\}$$
$$=\{x\in X:\prod_{i\in I}\overline{(B_{ix})}_{b_i(x)}\subset V\}\bigcup\{i\in I:X\backslash U_i\subset V\}.$$

由条件(ⅲ)及引理 11.6.1,多值映象 $x\longmapsto\prod_{i\in I}\overline{(B_{ix})}_{b_i(x)}$ 是上半连续的,故 $\{x\in X:\prod_{i\in i}\overline{(B_{ix})}_{b_i(x)}\subset V\}$ 是 X 之一开子集. 由条件(ⅱ$_b$),集

$$\{i\in I:X\backslash U_i\subset V\}=\{i\in I:U_i\bigcup V=X\}$$

也是 I 中的开集. 这就证明了$\{u\in X\bigcup I:F(u)\subset V\}$是 $X\bigcup I$ 中的开子集,从而 F 是上半连续的.

(2) 现在我们证明,对 $X\bigcup I$ 中任一非空的有限子集 K,$\bigcap_{u\in X}F(u)$ 是空的或连通的.

事实上,令 $K\bigcap X=D,K\bigcap I=E$,则 $K=D\bigcup E$,而且 D 和 E 分别是 X 和 I 中的有限子集.

因

$$\bigcap_{u\in K}F(u)=(\bigcap_{x\in D}F(x))\bigcap(\bigcap_{i\in E}F(i))$$
$$=(\bigcap_{x\in D}\prod_{i\in I}\overline{(B_{ix})}_{b_i(x)})\bigcap(\bigcap_{i\in E}(X\backslash U_i))$$
$$=(\bigcap_{x\in D}\prod_{i\in I}\overline{(B_{ix})}_{b_i(x)})\bigcap(X\backslash\bigcup_{i\in E}U_i)$$
$$=(\bigcap_{x\in D}\prod_{i\in I}\overline{(B_{ix})}_{b_i(x)})\backslash\bigcup_{i\in E}U_i.$$

由条件(ⅳ),$\bigcap_{u\in K}F(u)$是空的或连通的.

(3) 由条件(ⅴ),对任给的$\{u,v\}\subset X\bigcup I$,存在一连通集 $C_{\{u,v\}}\subset X\bigcup I$,使得

$$F(C_{\{u,v\}})=F(u)\bigcup F(v).$$

故 F 满足引理 11.6.3 中所有的条件. 于是由引理 11.6.3 知

$$\bigcap_{u\in X\bigcup I}F(u)\neq\varnothing.$$

取 $\overline{x}=(x_i)_{i\in I}\in\bigcap_{u\in X\bigcup I}F(u)$,有

$$\overline{x}\in\bigcap_{x\in X}F(x)\text{且}\overline{x}\in\bigcap_{i\in I}F(i).$$

因$\overline{x}\in X$,特别有

$$\overline{x}\in F(\overline{x})=\prod_{i\in I}\overline{(B_{i\overline{x}})_{b_i(\overline{x})}},$$

于是对每一 $i\in I$，

$$\overline{x}_i\in\overline{(B_{i\overline{x}})_{b_i(\overline{x})}}. \tag{11.6.6}$$

又因 $\overline{x}\in\bigcap_{i\in I}F(i)$，故有

$$\overline{x}\in\bigcap_{i\in I}(X\backslash U_i)=X\backslash\bigcup_{i\in I}U_i,$$

即 $\overline{x}\notin\bigcup_{i\in I}U_i$，从而有

$$(P_{i\overline{x}})_{p_i(\overline{x})}\bigcap(A_{i\overline{x}})_{a_i(\overline{x})}=\varnothing,\forall i\in I. \tag{11.6.7}$$

由(11.6.6)及(11.6.7)得知 $\overline{x}\in X$ 是抽象的 Fuzzy 经济的 Fuzzy 平衡.

证毕.

由定理 11.6.4 可得下面的

定理 11.6.5. 设 $\Gamma=(X_i,A_i,B_i,P_i;a_i,b_i,p_i)_{i\in I}$ 是一抽象的 Fuzzy 经济，$X=\prod_{i\in I}X_i$. 设对每一 $i\in I,A_i,B_i,P_i:X\to\mathscr{F}(X_i)$ 及 $a_i,b_i,p_i:X\to(0,1]$ 满足下面的条件：

（ⅰ）对每 $i\in I,X_i$ 是一紧拓扑空间，且 $X\bigcap I=\varnothing$；

（ⅱ）对每一 $i\in I$，

$$U_i=\{x\in X:(P_{ix})_{p_i(x)}\bigcap(A_{ix})_{a_i(x)}\neq\varnothing\}$$

是 X 之一真的开子集；

（ⅲ）对每一 $i\in I$，映象 $x\longmapsto\overline{(B_{ix})_{b_i(x)}}$ 是具非空值的上半连续映象；

（ⅳ）对 X 的任一有限子集 D，及对任一有限集 $E\subset I$，集

$$(\bigcap_{x\in D}\prod_{i\in I}\overline{(B_{ix})_{b_i(x)}}\backslash\bigcup_{i\in E}U_i)$$

是非空的或为连通的；

（ⅴ）对任给的 $\{u,v\}\subset X\bigcup I$，存在子集 $C_{\langle u,v\rangle}$，它是 X 之一连通集或为 I 中之一单点集，使得

$$F(C_{\langle u,v\rangle})=F(u)\bigcup F(v),$$

其中 $F:X\bigcup I\to2^X$ 是由下式定义的映象：

$$F(y)=\begin{cases}\prod_{i\in I}\overline{(B_{ix})_{b_i(x)}}, & \text{如果 }y=x\in X,\\X\backslash U_i, & \text{如果 }y=i\in I.\end{cases}$$

则抽象的 Fuzzy 经济 Γ 有一 Fuzzy 平衡 $x\in X$.

证. 在 I 中赋以离散的拓扑，则定理 11.6.4 中的条件（ⅱ$_b$）自动满足. 故定理 11.6.5 的结论由定理 11.6.4 直接可得.

定理 11.6.6. 设 $\Gamma=(X_i,A_i,B_i,P_i;a_i,b_i,p_i)_{i\in I}$ 是一抽象的 Fuzzy 经

济，$X=\prod\limits_{i\in I}X_i$. 设对每一 $i\in I$，X_i 是一紧的 Hausdorff 拓扑空间，A_i,B_i,P_i：$X\rightarrow\mathcal{F}(X_i)$，$a_i,b_i,p_i$：$X\rightarrow(0,1]$ 满足下列条件：

（ⅰ）对每一 $i\in I$，映象 $x\longmapsto\overline{(B_{ix})}_{b_i(x)}$ 是具非空值的上半连续映象；

（ⅱ）对每一 $i\in I$，存在开子集 $V_i\subset X$ 及一连续函数 f_i：$V_i\rightarrow X_i$，使得

$$\{x\in X:(P_{ix})_{p_i(x)}\bigcap(A_{ix})_{a_i(x)}\neq\varnothing\}\subset V_i, \tag{11.6.8}$$

且

$$x_i\neq f_i(x)\in\overline{(B_{ix})_{b_i(x)}}, \quad\forall x\in V_i; \tag{11.6.9}$$

（ⅲ）对任一有限集 $D\subset X$ 及对每一 $i\in I$，集 $\bigcap\limits_{x\in D}\overline{(B_{ix})}_{b_i(x)}$ 是空的或连通的；

（ⅳ）对任给的 $\{u,v\}\subset X$，存在 X 之一连通集 $C=C_{\{u,v\}}$，使得

$$G(C)=G(u)\bigcup G(v),$$

其中 G：$X\rightarrow 2^X$ 是由下式定义的多值映象：

$$G(x)=\prod\limits_{i\in I}G_i(X),$$

$$G_i(x)=\begin{cases}\{f_i(x)\}, & \text{如果 } x\in V_i,\\ \overline{(B_{ix})_{b_i(x)}}, & \text{如果 } x\in X\backslash V_i.\end{cases} \tag{11.6.10}$$

则抽象的 Fuzzy 经济 Γ 在 X 中有一 Fuzzy 平衡.

证. 由条件（ⅰ），(11.6.10) 及引理 11.6.1，易知 G：$X\rightarrow 2^X$ 是具非空闭值的上半连续映象.

因对 X 的每一有限集 D

$$\bigcap\limits_{x\in D}G(x)=\bigcap\limits_{x\in D}\prod\limits_{i\in I}G_i(x)=\prod\limits_{i\in I}\bigcap\limits_{x\in D}G_i(x)$$
$$=\prod\limits_{i\in I}(\bigcap\limits_{x\in D\backslash V_i}G_i(x))\bigcap(\bigcap\limits_{x\in D\bigcap(X\backslash V_i)}G_i(x))$$
$$=\prod\limits_{i\in I}(\bigcap\limits_{x\in D\backslash V_i}\{f_i(x)\})\bigcap\prod\limits_{i\in I}(\bigcap\limits_{x\in D\bigcap(X\backslash V_i)}\overline{(B_{ix})_{b_i(x)}})$$
$$=\begin{cases}\varnothing\text{ 或单点集}, & \text{如果 } D\bigcap V_i\neq\varnothing,\\ \prod\limits_{i\in I}\bigcap\limits_{x\in D}\overline{(B_{ix})_{b_i(x)}}, & \text{如果 } D\bigcap V_i=\varnothing,\end{cases}$$

由条件（ⅲ）及引理 11.6.2，$\bigcap\limits_{x\in D}G(x)$ 是空的或连通的.

综合上述的讨论，G：$X\rightarrow 2^X$ 满足引理 11.6.3 的所有条件. 故由引理 11.6.3 知，存在 $\overline{x}\in X,\overline{x}=(\overline{x}_i)_{i\in I}$，使得 $\overline{x}\in\bigcap\limits_{x\in X}G(x)$.

特别有 $\overline{x}\in G(\overline{x})=\prod\limits_{i\in I}G_i(\overline{x})$，即 $\overline{x}_i\in G_i(\overline{x})$，$\forall i\in I$. 如果存在某一 $i_0\in I$，使得 $\overline{x}\in V_{i_0}$，则有

$$\overline{x}_{i_0}\in G_{i_0}(\overline{x})=\{f_{i_0}(x)\},$$

即 $\overline{x}_{i_0}=f_{i_0}(\overline{x})$，这与(11.6.9)矛盾．因此，必有 $\overline{x}\notin V_i$，$\forall i\in I$．于是由(11.6.8)有

$$(P_{i\overline{x}})_{p_i(\overline{x})}\bigcap(A_{i\overline{x}})_{a_i(\overline{x})}=\varnothing,\ \forall i\in I.$$

又因 $\overline{x}\notin V_i$，$\forall i\in I$，于是有

$$\overline{x}\in G(\overline{x})=\prod_{i\in I}G_i(\overline{x})=\coprod_{i\in I}\overline{(B_{i\overline{x}})_{b_i(\overline{x})}}.$$

故对每一 $i\in I$，$\overline{x}_i\in\overline{(B_{i\overline{x}})_{b_i(\overline{x})}}$．这就证明 $\overline{x}\in X$ 是 Γ 的 Fuzzy 平衡．

（Ⅲ）定性 Fuzzy 对策的 Fuzzy 极大元的存在性定理

引理 11.6.7. 设 X,Y 是二拓扑空间，$F:X\to 2^Y$ 是一多值映象．定义一 Fuzzy 映象 $A:X\to\mathscr{F}(Y)$ 如下：

$$A_x(\,\bullet\,)=\chi_{F(x)}(\,\bullet\,),\ x\in X. \tag{11.6.11}$$

其中 $\chi_E(\,\bullet\,)$ 是集 E 的特征函数．于是有

$$(A_x)_{a(x)}=F(x),\ x\in X, \tag{11.6.12}$$

其中 $a:X\to(0,1]$，$a(x)\equiv 1$，$\forall x\in X$，而且

$$(A_x)_{a(x)}=\{y\in Y:A_x(y)\geqslant a(x)\}. \tag{11.6.13}$$

证. 对每一 $x\in X$，有

$$
\begin{aligned}
(A_x)_{a(x)}&=\{y\in Y:A_x(y)\geqslant a(x)\}\\
&=\{y\in Y:\chi_{F(x)}(y)\geqslant 1\}\\
&=F(x).
\end{aligned}
$$

定理 11.6.8. 设 I 是任意的指标集，对每一 $i\in I$，设 X_i 是一紧拓扑空间．令 $X=\prod_{i\in I}X_i$ 且 $X\bigcap I=\varnothing$．设对每一 $i\in I$，$F_i:X\to 2^{X_i}$ 是一多值映象，$P_i:X\to\mathscr{F}(X_i)$ 是一 Fuzzy 偏好对应，而 $p_i:X\to(0,1]$ 是一 Fuzzy 偏好函数．如果下列条件满足：

（ⅰ）对每一 $i\in I$，集

$$U_i=\{x\in X:(P_{ix})_{p_i(x)}\bigcap F_i(x)\neq\varnothing\}$$

是 X 中之一真的开子集；

（ⅱ）对每一 $i\in I$，$\overline{F}_i$ 是具非空值的上半连续的多值映象；

（ⅲ）对 X 的任一有限集 D 及 I 的任一有限集 E，集

$$(\bigcap_{x\in D}\prod_{i\in I}\overline{F_i(x)})\backslash\bigcup_{i\in E}U_i$$

是连通的；

（ⅳ）对任意给定的 $\{u,v\}\subset X\bigcup I$，存在一集 $C_{\{u,v\}}$，它是 X 之一连通集或是 I 之一单点集，使得

$$G(C_{\{u,v\}})=G(u)\bigcup G(v),$$

其中 $G: X \bigcup I \rightarrow 2^X$ 是由下式定义的多值映象：

$$G(y) = \begin{cases} \prod\limits_{i \in I} \overline{F_i(x)}, & \text{如果 } y = x \in X, \\ X \backslash U_i, & \text{如果 } y = i \in I, \end{cases} \tag{11.6.14}$$

则存在 $\overline{x} \in X, \overline{x} = (\overline{x_i})_{i \in I}$ 使得

$$\overline{x_i} \in \overline{F_i(\overline{x})} \text{ 且 } (P_{\overline{x}})_{p_i(\overline{x})} \bigcap F_i(x) = \varnothing.$$

证. 定义一 Fuzzy 映象 $A_i: X \rightarrow \mathscr{F}(X_i)$ 如下：

$$A_{ix}(\cdot) = \chi_{F_i(x)}(\cdot), \ x \in X, i \in I,$$

其中 $a_i(x) \equiv 1, \forall i \in I, x \in X$。

在定理 11.6.5 中取 $B_i = A_i, b_i = a_i, \forall i \in I$，则抽象的 Fuzzy 经济 $\Gamma = (X_i, A_i, B_i, P_i; a_i, b_i, p_i)_{i \in I}$ 满足定理 11.6.5 中的所有条件，故存在一 Fuzzy 平衡 $\overline{x} = (\overline{x_i})_{i \in I} \in X$，使得对每一 $i \in I$，

$$\overline{x_i} \in \overline{(A_{\overline{x}})_{a_i(\overline{x})}} \text{ 且 } (P_{\overline{x}})_{p_i(\overline{x})} \bigcap (A_{ix})_{a_i(\overline{x})} = \varnothing.$$

由定理 11.6.5 有

$$\overline{x_i} \in \overline{F_i(\overline{x})} \text{ 且 } (P_{\overline{x}})_{p_i(\overline{x})} \bigcap F_i(\overline{x}) = \varnothing, \forall i \in I.$$

证毕。

由定理 11.6.7 可得下面的定性 Fuzzy 对策的 Fuzzy 极大元的存在性定理。

定理 11.6.9. 设 $\Gamma = (X_i, P_i; p_i)_{i \in I}$ 是定性 Fuzzy 对策，$X = \prod\limits_{i \in I} X_i$。设下列条件满足：

（ⅰ）I 是一拓扑空间，对每一 $i \in I, X_i$ 是一紧拓扑空间，且 $X \bigcap I = \varnothing$（约定：$W$ 是 $X \bigcup I$ 中的开集，当且仅当 $W \bigcap X$ 是 X 中的开集；且 $W \bigcap I$ 是 I 中的开集）；

（ⅱ）对每一 $i \in I$，

$$U_i = \{x \in X: (P_{ix})_{p_i(x)} \neq \varnothing\}$$

是 X 中之一真开集；

（ⅲ）对 X 中每一开集 $V, \{i \in I: U_i \bigcup V = X\}$ 是 I 中之一开集；

（ⅳ）对 I 中的任一有限集 E，集 $X \backslash \bigcup\limits_{i \in E} U_i$ 是空的或连通的；

（ⅴ）对任意给定的 $\{u, v\} \subset X \bigcup I$，存在 $X \bigcup I$ 之一连通子集 $C_{\langle u, v \rangle}$，使得

$$G(C_{\langle u, v \rangle}) = G(u) \bigcup G(v),$$

其中 $G: X \bigcup I \rightarrow 2^X$ 是由下式定义的多值映象：

$$G(y) = \begin{cases} x, & \text{如果 } y = x \in X, \\ X \backslash U_i, & \text{如果 } y = i \in I. \end{cases}$$

则定性 Fuzzy 对策 Γ 在 X 中有一 Fuzzy 极大元,即存在 $\overline{x} = (\overline{x}_i)_{i \in I} \in X$,使得对每一 $i \in I$

$$P_{\overline{x}}(z) < p_i(\overline{x}), \forall z \in X_i.$$

证. 对每一 $i \in I$,设 $F_i : X \to 2^{X_i}$ 是由下式定义的多值映象:

$$F_i(x) \equiv X_i, x \in X \qquad (11.6.15)$$

现定义一 Fuzzy 映象 $A_i : X \to F(X_i)$ 如下:

$$A_{ix}(\cdot) = \chi_{F_i(x)}(\cdot). \qquad (11.6.16)$$

由引理 11.6.7 知

$$(A_{ix})_{a_i(x)} = F_i(x) \equiv X_i, \forall x \in X, \qquad (11.6.17)$$

其中 $a_i(x) \equiv 1, \forall x \in X$. 上述表明,由定性的 Fuzzy 对策 $\Gamma = (X_i, P_i ; p_i)_{i \in I}$ 可得一抽象的 Fuzzy 经济

$$\widetilde{\Gamma} = (X_i, A_i, A_i, P_i ; a_i, a_i, p_i)_{i \in I},$$

其中 Fuzzy 约束对应 $A_i : X \to \mathscr{F}(X_i)$ 及 Fuzzy 约束函数分别由 (11.6.16) 及 $a_i(x) \equiv 1, \forall x \in X$ 定义. 由对 Γ 的假设条件,抽象 Fuzzy 经济 $\widetilde{\Gamma}$ 满足定理 11.6.4 中的所有条件. 于是由定理 11.6.4 知,存在 $\widetilde{\Gamma}$ 之一 Fuzzy 平衡,即存在 $\overline{x} = (\overline{x}_i)_{i \in I}$,使得对每一 $i \in I$

$$\overline{x}_i \in \overline{(A_{i\overline{x}})_{a_i(\overline{x})}} \text{ 且 } (P_{\overline{x}})_{p_i(\overline{x})} \bigcap (A_{i\overline{x}})_{a_i(\overline{x})} = \varnothing.$$

由 (11.6.17) 有

$$\overline{x}_i \in X_i, \text{ 而且 } (P_{\overline{x}})_{p_i(\overline{x})} = \varnothing, \forall i \in I,$$

即

$$\{z \in X_i : P_{\overline{x}}(z) \geqslant p_i(\overline{x})\} = \varnothing, \forall i \in I.$$

因而

$$P_{\overline{x}}(z) < p_i(\overline{x}), \forall i \in I \text{ 及 } \forall z \in X_i.$$

上式表明 $\overline{x} \in X$ 是定性 Fuzzy 对策 $\Gamma = (X_i, P_i ; p_i)_{i \in I}$ 的一 Fuzzy 极大元.

参考文献

[1] Aganagic M. Variational Inequalities and Generalized Complementarity Problems, T/R 78-11: Palo Alto, Calif: Department of Operations Research, Stanford Univ. ,1978

[2] Aganagic M. Newton's methods for linear complementarity problems. Math. Programming. 1984,**28**:349-362

[3] Agarwal P D, Cho Y J, Huang N J. Sensitivity analysis for strongly nonlinear quasivariational inclusions. Appl . Math. Lett. ,2000,**13**:19-24

[4] Ahn B H. Solutions of nonsymmetric complementarity linear problems by iterative methods. J. Optim. Theory Appl. ,1981,**33**:175-185

[5] Ahn B H. Iterative methods for linear complementarity problems with upper bounds on primary variables. Math. Programming, 1983, **26**:295-315

[6] Allen G. Variational inequalities, complementarity problems, and duality theorem. J. Math. Anal. Appl. ,1977,**58**,1-10

[7] Al-Said E A. Generalized quasi-variational inequalities for fuzzy mappings. Fuzzy Sets and Systems,2000, **115**:403-411

[8] Aronszajn N, Panichpakdi P. Extensions of uniformly continuous transformations and hyperconvex metric spaces. Pacific J. Math. , 1956,**6**:405-439

[9] Arrow K, Debreu G. Existence of equilibrium for a competitive economy. Econometrica,1954,**22**:265-290.

[10] Aubin J P. Mathematical Methods of Game and Economic Theory. Amsterdam: North-Holland,1979

[11] Aubin J P, Ekeland I. Applied Nonlinear Analysis, New York: Wiley-Interscience Publication,1984

[12] Barbu V. Nonlinear Semigroups and Differential Equations in Banach Spaces. Leyden: Noordhaff,1979

[13] Bardaro C,Ceppitelli R. Some further generalization of Knaster-Ku-
ratowski-Mazurkiewicz theorem and minimax inequalities. J. Math.
Anal. Appl. ,1988,**132**:484-490

[14] Bardaro C,Ceppitelli R. Applications of the generalized Knaster-Ku-
ratowski-Mazurkiewicz theorem to variational inequalities. J. Math.
Anal. Appl. ,1989,**137**:46-58

[15] Bardaro C,Ceppitelli R. Fixed point theorems and vector valued minimax
theorems. J. Math. Anal. Appl. ,1990,**146**:363-393

[16] Mechaiekh H Ben-El,Deguire P,Granas A. Une alternative non lin-
earie en analyse convexe et applications. C. R. Acad. Sci. Paris,1982,
295:257-259

[17] Mechaiekh H Ben-El, Oudadess M. Some selection theorems without
convexity. J. Math. Anal. Appl. ,1995,**195**:614-618

[18] Bensoussan A, Lions J L. Nouvelle formulation de problems decon-
trole impulsionnel et applications. C. R. Acad. Sci. Paris ,1973,**276**:
1189-1192

[19] Bensoussan A,Lions J L. Controle impulsionnel et inequations quasi-
variationnelles stationnaires. C. R. Acad. Sci. Paris,1973,**276**:1279-
1284

[20] Billot A. Economic Theory of Fuzzy Equilibria,Berlin:Springer,1992

[21] Borglin A,Keiding H. Existence of equilibrium actions and of equi-
librium:A note on the new existence theorem. J. Math. Econom. ,
1976,**3**:313-316

[22] Browder F E. Nonlinear monotone operators and convex sets in Ba-
nach spaces. Bull. Amer. Math. Soc. ,1965,**71**:780-785

[23] Browder F E. Nonexpansive nonlinear operators in a Banach space.
Proc. Natl. Acad. Sci. USA,1965,**54**:1041-1044

[24] Browder F E. Existence and approximation of solutions of nonlinear
variational inequalities. Proc. Natl. Acad. Sci. USA, 1966, **56**: 1080-
1086

[25] Browder F E. A new generalization of the Schauder fixed point theo-
rem. Math. Ann. 1967,**174**:285-290

[26] Browder F E. The fixed point theory of multi-valued mappings in to-

pological vector spaces. Math. Ann. ,1968,**177**:283-301

[27] Butnariu D. Values and cores of fuzzy games with infinitely many players. Int. J. Game Theory,1987,**16**:4-68

[28] Castaing C, Valadrier M. Convex Analysis and Measurable Multifunction. Berlin,Heidelberg,New York:Springer-Verlag,1977

[29] Chan D, Pang J S. The generalized quasi-variational inequality problem. Math. Opera. Res. ,1982,**7(2)**:211-222

[30] Chang S S. Fixed Point Theory and Applications. Chongqing: Chongqing Publishing House,1984(in Chinese)

[31] Chang S S. Variational Inequality and Complementarity Problem Theory with Applications. Shanghai:Shanghai Sci. Tech. Literature Publishers,1991(in Chinese)

[32] Chang S S. Coincidence theorems and variational inequalities for fuzzy mappings. Fuzzy Sets and Systems,1994, **61**:359-368

[33] Chang S S. On Chidume's open questions and approximate solutions for multivalued strongly accretive mapping equations in Banach spaces. J. Math. Anal. Appl. ,1997,**216**:94-111

[34] Chang S S. Some problems and results in the study of nonlinear analysis. Nonlinear Anal. TMA,1997,**30(7)**:4197-4208

[35] Chang S S. The Mann and Ishikawa iterative approximation of solution to variational inclusion with accretive type mapping. Comput. Math. Appl. ,1999,**37**:17-24

[36] Chang S S. Set-valued variational inclusion in Banach spaces. J. Math. Anal. Appl. ,2000,**248**:438-454

[37] Chang S S. Some results for asymptotically pseudo-contractive mappings and asymptotically nonexpansive mappings. Proc. Amer. Math. Soc. ,2001,**129(3)**:845-853

[38] Chang S S. Existence and approximation of solutions of set-valued variational inclusions in Banach spaces. Nonlinear Anal. TMA , 2001,**47**:**1**:583-594

[39] Chang S S. Fuzzy quasi-variational inclusions in Banach spaces. Applied Math. Comput. ,2003,**145(2-3)**:805-819

[40] Chang S S, Cao S Y, Wu X, et al. Some nonempty intersection theo-

rem in generalized interval spaces with applications. J. Math. Anal. Appl. ,1996,**199**:787-803

[41] Chang S S,Cho Y J, Lee B S, et al. Generalized set-valued variational inclusions in Banach Spaces. J. Math. Anal. Appl. ,2000,**246**:409-422

[42] Chang S S,Cho Y J,Wu X,et al. Topological versions of KKM theorem and fan's matching theorem with application. Topological Methods in Nonlinear Anal. ,1993,**1**:231-245

[43] Chang S S,Cho Y J, Zhou H Y. Iterative Methods for Nonlinear Operator Equations in Banach Spaces,New York:Nova Science Publishers,Inc. ,2002

[44] Chang S S,Huang N J. Generalized strongly nonlinear quasi-complementarity problems in Hilbert spaces. J. Math. Anal. Appl. ,1991,**158**:194-202

[45] Chang S S,Kim J K, Kim K H. On the existence and iterative approximation problems of solutions for set-valued variational inclusions in Banach spaces. J. Math. Anal. Appl. ,2002,**268**:89-108

[46] Chang S S,Kim J K,Nam Y M. Multivalued quasi-variational inclusions and multivalued accretive equations. Computers Math. Appl. ,2004,**5**:1-12

[47] Chang S S,Lee B S,Chen Y Q. Variational inequalities for monotone operators in nonreflexive Banach spaces. Appl. Math. Lett. ,1995,**8(6)**:29-34

[48] Chang S S,Lee B S,Wu X,Cho Y J,et al. On the generalized quasi-variational inequality problems. J. Math. Anal. Appl. ,1996,**203**:686-711

[49] Chang S S,Lee G M, Lee B S. Minimax inequalities for vector-valued mappings on W-spaces. J. Math. Anal. Appl. ,1996,**198**:371-380

[50] Chang S S,Lee G M,Lee B S. Vector quasi-variational in-equalities for fuzzy mappings(I). Fuzzy Sets and Systems,1997,**87**:307-315

[51] Chang S S, Lee G M, Lee B S. Vector quasi-variational inequalities for fuzzy mappings(II). Fuzzy Sets and Systems,1999,**102**:333-344

[52] Chang S S,Long X. On the existence problem of solutions for vector

variational and vector quasi-variational inequalities with applications. Acta Math. Appl. Sinica ,1999,**22(2)**:222-230

[53] Chang S S,Ma Y H. Generalized KKM theorem on H-space with applications. J. Math. Anal. Appl. ,1992,**163(2)**:406-421

[54] Chang S S,Song J W. Coincidence indices for set-valued compact mapping pairs. J. Math. Anal. Appl. ,1990,**148**:469-488

[55] Chang S S,Su Y L. Variational inequalities for multi-valued mappings with applications to nonlinear programming and saddle point problems. Acta Math. Appl. Sinica,1991, **14**:**1**:33-39

[56] Chang S S,Su Y L. Complementarity problems with applications to mathematical programming. Acta Math. Appl. Sinica, 1992,**15(3)**: 380-388

[57] Chang S S,Tan K K. Equilibria and maximal elements of abstract fuzzy economics and qualitative fuzzy games. Fuzzy Sets and Systems,2002,**125**:389-399

[58] Chang S S,Thompson H B,Yuan G X Z. Existence of solutions for generalized vector variational-like inequalities//Giannessi F,ed. Vector Variational Inequalities and Vector Equilibria Mathematical Theories. Dor-drecht:Kluwer Academic Publishers,2000

[59] Chang S S,Wu X,Wang D C. Further generalizations of mini-max inequalities for mixed concave-convex functions and applications. J. Math. Anal. Appl. ,1994,**186(2)**:402-413

[60] Chang S S,Wu X,Xiang S W. A topological KKM theorem and minimax theorem. J. Math. Anal. Appl. ,1994,**182**:756-767

[61] Chang S S,Xiang S W. On the existence and uniqueness of solutions for a class of variational inequalities to the Signorini problem in mechanics. Applied Math. and Mech. ,1991,**12(5)**:401-407

[62] Chang S S,Wu X,Shen Z F. Economic equilibrium theorems of Shafer-Sonnenschein version and nonempty intersection theorems in interval spaces. J. Math. Anal. Appl. ,1995,**189**:297-309

[63] Chang S S,Joseph H W,Wu D P. A class of random complementarity problems in Hilbert spaces. Math. Communications,2005, **10(1)**:1-6

[64] Chang S S,Yang L. Sections on H-spaces with applications. J. Math.

Anal. Appl. ,1993,**179**:214-231

[65] Chang S S, Zhang Y. Generalized KKM theorem and variational inequalities. J. Math. Anal. Appl. ,1991,**159**:208-223

[66] Chang S S,Yuan G X Z,Lee G M,Zhang X L. Saddle points and minimax theorems for vector-valued multifunctions on H-spaces. Appl. Math. Lett. ,1998,**11(3)**:101-107

[67] Chang S S,Zhang C J. On a class of generalized variational inequalities and quasi-variational inequalities. J,Math. Anal. Appl. ,1993,**179** **(1)**:250-259

[68] Chang S S, Zhang X. Topological finite intersection property and minimax theorems. Appl. Math. Mech. ,1995,**16(4)**:307-314

[69] Chang S S,Zhu Y G. On variational inequalities for fuzzy mappings. Fuzzy Sets and Systems,1989,**32**:359-367

[70] Chen G Y. Vector variational inequality and its application for multiobjective optimization. Chinese Sci. Bull. ,1989,**34(17)**:969-972

[71] Chen G Y. Existence of solutions for a vector variational inequality: An extension of Hartmann-Stampacchia theorem. J. Optim. Theory Appl. ,1992,**74(3)**:445-456

[72] Chen Y Q. Fixed points for convex continuous mappings in topological vector spaces. Proc. Amer. Math. Soc. ,2001,**129(7)**:2157-2162

[73] Chen G Y,Cheng G M. Vector variational inequality and vector optimization. Lecture Notes in Economics and Mathematical Systems, 1987,**258**:408-416

[74] Chen G Y,Craven B D. Approximate dual and approximate vector variational inequality for multiobjective optimization. J. Austral Math. Soc. Ser. A,1989,**47**:418-423

[75] Chen G Y,Craven B D. A vector variational inequality and optimization over an efficient set. Z. Oper. Res. ,1990,**3**:1-12

[76] Chen G Y, Yang X Q. The vector complementarity problem and its equivalence with the weak minimal element in ordered sets. J. Math. Anal. Appl. ,1990,**153**:136-158

[77] Chitra A,Subrahmanyam P V. A generalization of a section theorem of Fan Ky and its applications to variational inequalities. Review of

Research Math. Series ,1987,**17(1)**:18-37

[78] Chitra A,Subrahmanyam P V. Remarks on a linear complementarity problem. J. Optim. Theory Appl. ,1987,**53(2)**:297-302

[79] Cho Y J, Huang N J, Kang S M. Random generalized set-valued strongly nonlinear implicit quasi-variational inequalities. J. Inequal. Appl. ,2000,**5**:515-531

[80] Cho Y J,Kim J H,Huang N J,Kang S M. Ishikawa and Mann iterative processes with errors for generalized strongly nonlinear implicit quasi-variational inequalities. Publ, Math. Debrecen, 2001, **58 (4)**: 635-649

[81] Clarke F H. Optimization and Nonsmooth Analysis. New York:John Wiley & Sons,1983

[82] Chen G Y, Huang X X, Yang X Q. Vector optimization, set-valued and variational analysis // Lecture Notes in Economics and Mathematical Systems. Berlin:Springer-Verlag,2005:541

[83] Cottle R W, Dantzig G B. Complementarity pivot theory of mathematical programming. Linear Algelbra Appl. ,1968,**1**:163-185

[84] Cottle R W,Dantzig G B. Complementarity and variational problems. Sympos,Math. ,1976,**19**:177-208

[85] Cottle R W, Giannessi F, Lions J L. Variational Inequalities and Complementarity Problems, Theory and Applications. New York: John Wiley & Sons,1980

[86] Cottle R W,Yao J C. Pseudo-monotone complementarity problem in Hilbert spaces. J. Optim. Theory Appl. ,1992,**75(2)**:281-295

[87] Dafermos S. Sensitivity analysis in variational inequalities. Math. Opero. Research,1988,**13(3)**:421-434

[88] Debreu G. Existence of a competitive equilibrium// Arrow K J,Intriligator M D, Ed. Handbook of Mathematical Economics, **2**. Amsterdam:North-Holland,1982

[89] Demling K. Nonlinear Functional Analysis. Berlin:Springer-Verlag, 1985

[90] Ding X P. Perturbed proximal point algorithms for generalized quasi variational inclusions. J. Math. Anal. Appl. ,1997,**210**:88-101

[91] Ding X P. Generalized variational inequalities and equilibrium problems in generalized convex spaces. Comput. Math. Appl. , 1999, **38**: 189-197

[92] Ding X P. Coincidence theorems in topological spaces and their applications. Appl. Math. Lett. , 1999, **12(7)**: 99-105

[93] Ding X P. Generalized G-KKM theorems in generalized convex spaces and their applications. J. Math. Anal. Appl. , 2002, **266**: 21-37

[94] Ding X P, Kim W K, Tan K K. Equilibria of non-compact generalized games with L^*-majorized preferences. J. Math. Anal. Appl. , 1992, **164**: 508-517

[95] Ding X P, Kim W K, Tan K K. A selection theorem and its applications. Bull. Austral. Math. Soc. , 1992, **46**: 205-212

[96] Ding X P, Tan K K. Generalized variational inequalities and generalized quasi-variational inequalities. J. Math. Anal. Appl. , 1990, **148**: 497-508

[97] Ding X P, Tan K K. A set-valued generalization of Fan's best approximation theorem. Canad. J. Math. , 1992, **44(4)**: 784-796

[98] Ding X P, Tan K K. A minimax inequality with applications to existence of equilibrium points. Colloquium Math. , 1992, **63**: 233-247

[99] Ding X P, Tarafdar E. Some further generalizations of Ky Fan's best approximation theorem. J. Approxi. Theory, 1995, **81(3)**: 406-420.

[100] Duvaut G, Lions J L. Variational inequality equations in mechanice and physics (translated by Wang Yaodong). Beijing: Scientific Press, 1987

[101] Eilenberg S, Montgomery D. Fixed point theorems for multi-valued transformations. Amer. J. Math. , 1946, **68**: 214-222

[102] Engelking R. General Topology. Warszawa: Polish Sci, 1977

[103] Ky Fan. Fixed points and minimax theorems in locally convex spaces. Proc. Natl. Acad. Sci. U. S. A. , 1952, **38**: 121-126

[104] Ky Fan. A generalization of Tychonoff's fixed point theorem. Math. Ann. , 1961, **142**: 303-310

[105] Ky Fan. Sur un theoreme minimax. C. R. Acad. Sci. Groups Ⅰ , 1964, **259**: 3925-3928

[106] Ky Fan. Applications of a theorem concerning sets with convex section. Math. Ann. ,1966,**163**:189-203

[107] Ky Fan. Extensions of two fixed point theorems of F. E. Browder. Math. Z. ,1969,**112**:234-240

[108] Ky Fan. A minimax inequality and applications,inequalities Ⅲ. Shisha O,ed. Academic Press,1972:103-111

[109] Ky Fan. Some properties of convex sets related to fixed point theorems. Math. Ann. ,1984,**266**:519-537

[110] Fang S C,Peterson E L. Generalized variational inequalities. J. Optim. Theory Appl. ,1982,**38**:363-383

[111] Giannessi F. Theorems of alternative,quadratic programs and complementarity problems // Cottle R W,Giannessi F,Lions J L,ed. Variational Inequalities and Complementary Problems. Chichester, England:Wiley,1980,151-186

[112] Glashoff K,Gustason S A. Linear Optimization and Approximation. New York:Springer-Verlag,1983

[113] Glicksberg I. A further generalization of the Kakutani fixed point theorem with application to Nash Equilibrium points. Proc. Amer. Math. Soc. ,1952,**3**:170-174

[114] Gorniewics L,Kucharski Z. Coincidence for k-set contraction pairs. J. Math. Anal. Appl. ,1985,**107**:1-15

[115] Granas A. KKM-maps and their applications to nonlinear problems // Mauldin R D,ed. The Scottish Book. Boston:Birkhauser,1982

[116] Guo D J. Nonlinear Functional Analysis. Jinan:Shandong Sci. Tech. Publishing House,1982(in Chinese)

[117] Gwinner J. On some fixed points and variational inequalities-A circular tour. Nonlinear Analysis,1981,**5(5)**:565-583

[118] Ha C W. Minimax and fixed point theorems. Math. Ann. 1980,**Band 248(1)**:73-77

[119] Ha C W. On a minimax inequality of Ky Fan. Proc. Amer. Math. Soc. ,1987,**99(4)**:680-682

[120] Habetler C J,Price A J. Existence theory for generalized nonlinear complementarity problems. J. Optiom. Theory Appl. ,1971,**7**:225-

237

[121] Hadzic O. On Kakutani's fixed point theorem in topological vector spaces. Bull. Acad. Polon. Sci. Ser. Sci. Math. ,1982,**30**:141-144.

[122] Halpern B R. A general fixed point theorem. Proc. Symp. Nonlinear Funct. Anal. Amer. Math. Soc. ,1986

[123] Halpern B R. Fixed point theorems for set-valued maps in infinite dimensional spaces. Math. Ann. ,1970,**189**:87-89

[124] Hartman P,Stampacchia G. On some nonlinear elliptic differential functional equations. Acta Math. ,1966,**115**:271-310

[125] Himmelberg C J. Fixed points of compact multifunctions. J. Math. Anal. Appl. ,1972,**38**:205-207

[126] Himmelberg C J. Measurable relation. Fund. Math. ,1975,**87**:53-72

[127] Horvath C D. Some results on multivalued mappings and inequalities without convexity // Nonlinear and Convex Analysis, Lecture Notes in Pure and Appl. Math. Series, **v. 107**. Springer-Verlag, 1987

[128] Horvath C D. Contractibility and generalized convexity. J. Math. Anal. Appl. ,1991,**156**:341-357

[129] Horvath C D. Extension and selection theorems in topological spaces with a generalized convexity structure. Annal. Fac. Sci. Toulouse,1993,**2**:253-269

[130] Huang N J. Generalized nonlinear variational inclusion with non-compact valued mappings. Appl. Math. Lett. ,1996,**9(3)**:25-29

[131] Huang N J. On the generalized implicit quasi-variational inclusion. J. Math. Anal. Appl. ,1997,**216**:197-210

[132] Idzik A. Almost fixed points theorems. Proc. Amer. Math. Soc. , 1988,**104**:779-784

[133] Isac G. Nonlinear complementarity problem and Galerkin method. J. Math. Anal. Appl. ,1985,**108**:563-574

[134] Isac G. Complementarity Problems // Lecture Notes in Mathematics,v. Berlin:Springer-Verlag,1992:1528

[135] Isac G,Thera M. Complementarity problem and the existence of that postcritical equilibrium state of a thin elastic plate. J. Optim.

Theory Appl. ,1988,**58**:241-257

[136] Itoh S. Random fixed point theorem with an application to random differential equations in Banach spaces. J. Math. Anal. Appl. ,1979, **67**:261-273

[137] Itoh S,Takahashi W,Yanagi K. Variational inequalities and complementarity problems. J. Math. Soc. Japan,1978,**30**:23-28

[138] Jahn J. Mathematical vector optimization in partially ordered linear spaces. Frankfurt:Verlag Peter D. Lang,1986

[139] Jung J S,Morales C H. The Mann process for perturbed m-accretive operators in Banach spaces. Nonlinear Anal. 2001,**46**:231-243

[140] Kaczynski T,Zeidan V. An application of Ky Fan fixed point theorem to an optimization problem. Nonlinear Anal. T. M. A. ,1989,**13** (**3**):259-261

[141] Kakutani S. A generalization of Brouwer's fixed point theorem. Duke Math. J. ,1941,**8**:457-459

[142] Kalmoun El M. Some deterministic and random vector equilibrium problems. J. Math. Anal. Apl. ,2002,**267**:62-75

[143] Kalmoun El M,Riahi H. Topological KKM theorems and generalized vector equilibria on G-convex spaces with applications. Proc. Amer. Math. Soc. ,2001,**129**(**5**):1335-1348

[144] Kang M K,Lee B S. Variational inequalities for generalized quasi-monotone mappings. Appl. Math. Lett. ,2004,**17**:889-896

[145] Karamardian S. Generalized complementarity problem. J. Optim. Theory Appl. ,1971,**8**:161-168

[146] Karamardian S. An existence theorem for the complementarity problem. J. Optim. Theory Appl. ,1990,**19**:227-232

[147] Kassay G,Kolumban J. Variational inequalities given by semi-pseudomonotone mappings. Nonlinear Anal. Forum,2000,**5**:35-50

[148] Kazmi K R. Mann and Ishikawa type perturbed iterative algorithms for generalized quasi-variational inclusions. J. Math. Anal. Appl. , 1997,**209**:572-584

[149] Kemnochi N. Pseudomonotone operators and nonlinear elliptic boundary-value problems. J. Math. Soc. Japan,1975,**27**:121-149

[150] Khamsi M A. KKM and Ky Fan theorems in hyperconvex metric spaces. J. Math. Anal. Appl. ,1996,**204**:298-306

[151] Kikuchi N,Oden J T. Contact Problems in Elasticity. Soc. Indus. Appl. Math. Philadelphia,PA,1987

[152] Kim W K. Some applications of the Kakutani fixed point theorem. J. Math. Anal. Appl. ,1987,**121**:119-122

[153] Kim W K. Remark on a generalized quasi-variational inequality. Proc. Amer. Math. Soc. ,1989,**113(2)**:667

[154] Kirk W A. Fixed point theorems for non-Lipschitzian mappings of asymptotically nonexpansive type. Israel J. Math. ,1974,**11**:339-346

[155] Kirk W A,Sims B,George Yuan X Z. The Knaster-Kuratowski and Mazurkiewicz theory in hyperconvex metric spaces and some of its applications. Nonlinear Anal. ,2000,**39**:611-627

[156] Klee V. Leray-Schauder theory without local convexity. Math. Ann. ,1960,**141**:286-296

[157] Klein E,Thompson A C. Theory of Correspondence. New York:Wiley,1984

[158] Knaster B,Kuratowski B,Mazurkiewicz S. Ein Beweis des Fixpunktsatzes für n-dimensionale simplexe. Fund. Math. ,1929,**14**:132-137

[159] Kneser H. Sur un theoreme fondamental de la theorie des jeux. C. R. Acad. Sci. Paris,1952,**234**:2418-2420

[160] Ko H M,Tan K K. A coincidence theorem with applications to minimax inequalities and fixed point theorems. Tamkang J. Math. , 1986,**17**:37-45

[161] Kobayashi Y. Difference approximation of Cauchy problems for quasi-dissipative operators and generation of nonlinear semi-groups. J. Math. Soc. Japan,1975,**27**:640-665

[162] Kum S H. A generalization of generalized quasi-variational inequalities. J. Math. Anal. Appl. ,1994,**182**:158-164.

[163] Kuratowski K,Ryll-Nardzewski C. A general theorem on selectors. Bull. Acad. Polon. Sci. Ser. Math. Phys. ,1983,**13**:397-403

[164] Lassonde M. On the use of KKM multifunctions in fixed point theory and related topic. J. Math. Anal. Appl. ,1983,**97**:151-201

[165] Lax P D, Milgram A N. Parabolic Equations. Annals of Math. Studies. 1954, **33**: 167-190

[166] Lee B S, Chang S S, Jung J S, et al. Generalized vector version of Minty's lemma and applications. Comput. Math. Appl. , 2003, **45**: 647-653

[167] Lee B S, Cho Y J, Yuan G X Z. The characterization of generalized KKM mapping with finitely open valued in topological vector spaces // Takahashi W, Tanaka T, ed. Nonlinear Anal. and Convex Anal. Singapore: World Sci, 1999

[168] Lee B S, Jung D Y. A fuzzy extension of Siddiqi et al. 's results for vector variational-like inequalities. Indian J. pure appl, Math. , 2003, **34(10)**: 1495-1502

[169] Lee B S, Lee G M, Kim D S. Generalized vector-valued variational inequalities and fuzzy extensions. J. Korean Math. Soc. , 1996, **33**: 609-924

[170] Lee B S, Lee G M, Kim D S. Generalized vector variational-like inequalities on locally convex Hausdorff topological vector spaces. Indian J. pure appl. Math. , 1997, **28**: 33-41

[171] Lee G M, Kim D S, Lee B S. Some existence theorem for generalized vector variational inequalities. Bull. Korean Math. Soc. , 1995, **32**: 343-348

[172] Lee G M, Kim D S, Lee B S. On vector quasivariational-like inequality. Bull. Korean Math. Soc. , 1996, **33**: 45-55

[173] Lee G M, Kim D S, Lee B S, et al. Generalized vector variational inequality and fuzzy extension. Appl. Math. Lett. , 1993, **6(6)**: 47-51

[174] Lee G M, Lee B S, Chang S S. On vector quasi-variational inequalities. J. Math. Anal. Appl. , 1996, **203**: 626-639

[175] Lemke C E. Bimatrix equilibrium points and mathematical programming. Management Sci. , 1965, **11**: 681-689

[176] Li G Z. The fixed index and the fixed point theorems of 1-set-contraction mappings. Proc. Amer. Math. Soc. , 1986, **104(4)**: 1163-1170

[177] Li J. Applications of a general minimax type principle to variational

inequalities and approximation theory. Nonlinear Anal. Forum,
2001,**6(1)**:151-161

[178] Lin K L,Yang D P,Yao J C. Generalized vector variational inequali-
ties. J. Optim. Theory Appl. ,1997,**92**:**1**:117-125

[179] Lin L J,Chang T H. S-KKM theorems,saddle points and minimax
inequalities. Nonlinear Anal. ,1998,**34**:73-86

[180] Lin L J,Park S. On some generalized quasi-equilibrium pro-blem.
J. Math. Anal. Appl. ,1998,**224**:167-181

[181] Lin T C. A note on theorem of Ky Fan. Canad. Math. Bull. ,1979,
22:513-515

[182] Lin T C. Approximation theorems and fixed point theorems in
cones. Proc. Amer. Math. Soc,1998,**102(3)**:502-506

[183] Lin T C. Random approximations and random fixed point theorems
for non-self mappings. Proc. Amer. Math. Soc. , 1988, **103**: 1129-
1135

[184] Lin T C. Approximations and fixed points for condensing nonself-
maps defined on a sphere. Proc. Amer. Math. Soc. , 1989, **105(1)**:
66-69

[185] Lin Y,Cryer C W. An alternating direction implicit algorithm for
the solution of linear complementarity problems arising from
boundary problems. Appl. Math. Optim,**13**

[186] Lions J L. Optimal Control of Systems Governed by Partial Differ-
ential Equations. Berlin:Springer-Verlag,1971

[187] Lions J L,Stampacchia G. Variational inequalities. Commu. Pure
Applied Math. ,1967,**20**:493-519

[188] Liu L S. Ishikawa and Mann iterative process with errors for non-
linear strongly accretive mappings in Banach spaces. J. Math. Anal.
Appl. ,1995,**194**:114-127

[189] Luc D T. Theory of Vector Optimization // Lecture Notes in Eco-
nomics and Math. Systems,**v. 319**. Berlin:Springer-Verlag,1989

[190] Luc D T,Vargas C. A saddle point theorem for set-valued map-
pings. Nonlinear Anal. ,1992,**18**:1-7

[191] Mangasarian O L. Nonlinear Programming. New York:Mcgrw-Hill,

1969

[192] Mangasarian O L. Solution of symmetric linear complementarity problem by iterative methods. J. Optim. Theory Appl. , 1977, **22**: 465-485

[193] Mangasarian O L, Ponstein J. Minimax and duality in nonlinear programming. J. Math. Anal. Appl. , 1965, **11**: 504-518

[194] Martin R H. A global existence theorem for autonomuos differential equations in Banach spaces. Proc. Amer. Math. Soc. , 1970, **26**: 307-314

[195] Massatt P. A fixed point theorem for α-condensing maps on a sphere. Proc. Royal Soc. of Edinburgh, 1983, **94A**: 323-329

[196] Massey W S. Singular Homology Theory. New York: Springer-Verlag, 1970

[197] Mazur S, Schauder J. Über ein prinzip in der Variationscechnung. Proc. Int. Congress Math. Oslo, 1936, **65**

[198] Michael E. Continuous selections I. Ann. of Math. , 1956, **63(2)**: 361-382

[199] Michael E. A theorem on semi-continuous set-valued functions. Duke Math. J. , 1959, **26**: 647-651

[200] Miettinen M, Haslinger J. Approximation of optimal control problems of hemivariational inequalities. Numer. Funct. Anal. Optim. , 1992, **13**: 43-68

[201] Minty G. Monotone operators in Hilbert space. Duke Math. J. , 1962, **29**: 341-346

[202] Morales C H. Surjectivity theorems for multi-valued mappings of accretive type. Comment. Math. Univ. Carolin, 1985, **26(2)**: 397-413

[203] Mosco U. A remark on a theorem of F. E. Browder. J. Math. Anal. Appl. , 1967, **20(3)**: 90-93

[204] Mosco U. Implicit variational problems and quasi-variational inequalities. Lecture Notes in Mathematics, 1976, **543**

[205] Nadler S B. Multi-valued contraction mappings. Pacific J. Math. , 1969, **30**: 475-488

[206] Naniewicz Z, Panagiotopoulos P D. Mathematical Theory of Hemi-variational Inequalities. New York: : Dekker, 1995

[207] Von Neumann, J. , Über ein okonomisches Gleichungssystem und eine Verallgemeinerung des Brouwerschen Fixpunktsatzes. Ergebnisse eines Matheimatischen Kolloquiums **8**(1937), 73-83

[208] Noor M A. Generalized quasi-complementarity problems. J. Math. Anal. Appl. , 1985, **120**: 321-327

[209] Noor M A. On the nonlinear complementarity prolems. J. Math. Anal. Appl. , 1987, **123**: 455-460

[210] Noor M A. An interative scheme for a class of quasi-variational inequalities. J. Math. Anal. Appl. , 1987, **110**: 463-468

[211] Noor M A. On a class of variational inequalities. J. Math. Anal. Appl. , 1987, **128**: 138-155

[212] Noor M A. Iterative methods for nonlinear quasi-complementaity problems. Internat. J. Math. and Math. Sci. , 1987, **10**: 339-344

[213] Noor M A. Fixed point approach for complementarity problems. J. Math. Anal. Appl. **133**(1988), 437-448

[214] Noor M A. The quasi-complementarity problem. J. Math. Anal. Appl. **130**(1988), 344-353

[215] Noor M A. Two-step approximation schemes for multivalued quasi variational inclusions. Nonlinear Funct. Anal. Appl. , 2002, **7**(1): 1-14

[216] Noor M A. Multivalued quasi variational inclusions and implicit resolvent equations. Nonlinear Anal. TMA, 2002, **48**(2): 159-174

[217] Noor M A. Generalized set-valued variational inclusions and resolvent equations. J. Math. Anal. Appl. , 1998, **228**: 206-220

[218] Noor M A. Variational inequalities for fuzzy mappings(I). Fuzzy Sets and Systems, 1993, **55**: 309-312

[219] Noor M A. Variational inequalities for fuzzy mappings(II). Fuzzy Sets and Systems, 1998, **97**: 101-107

[220] Noor M A. Set-valued quasi variational inequalities. K. J. Comput. Appl. Math. , 2000, **7**: 101-113

[221] Noor M A, Al-Said E A. Quasi variational inequalities for fuzzy

mappings. Fuzzy Sets and Systems,1997,**3**(**2**):89-96

[222] Noor M A,Noor K I,Rassias T M. Set-valued resolvent equations and mixed variational inequalities. J. Math. Anal. Appl. ,1998,**220**: 741-759

[223] Nussbaum R D. The fixed point index for local condensing maps. Ann. Math. Dura Appl. ,1971,**89**:217-258

[224] Panagiotopoulos P D. Hemivariational Inequalities:Application Engineering. New York,Berlin:Springer-Verlag,1993

[225] Pang J S. The implicit complementarity problem in nonlinear programming. Edited by Mangasarian et al. New York: Academic Press,1981:147-158,

[226] Pang J S. On the convergence of a basic iterative method for the implicit complementarity problems. J. Optim. Theory Appl. ,1982,**37**: 149-162

[227] Papageorgiou N S. Nonsmooth analysis on partially ordered vector spaces I,Convex case. Pacific J. Math. ,1983,**107**

[228] Papageorgiou N S. Random fixed point theorems for measurable multifunction in Banach spaces. Proc. Amer. Math. Soc. ,1986,**97**: 507-514

[229] Parida J,Sen A. A variational-like inequality for multifunctions with applications. J. Math. Anal. Appl. ,1987,**124**:73-84

[230] Park S. Fixed point theorems on compact convex sets in topological vector spaces. Contemp. Math. ,1988,**72**:183-191

[231] Park S. Generalization of Ky Fan's matching theorems and their applications. J. Math. Anal. Appl. ,1989,**141**:164-176

[232] Park S. Fixed point theorems in hyperconvex metric spaces. Nonlinear Anal. ,1999,**37**:467-472

[233] Park S. Continuous selection theorems in generalized convex spaces. Numer. Funct. Aanl. Optimiz. ,1999,**25**:567-583

[234] Park S. Elements of the KKM theory for generalized convex spaces. Korean J. Comput. and Appl. Math. 2000,**7**:1-28

[235] Park S. Fixed point theorem in locally G-convex spaces. Nonlinear Anal,2002,**48**:869-879

[236] Park S, Chen M P. Unified approach to variational inequalities on compact convex sets. Nonlinear Anal. , 1998, **33**: 637-644

[237] Park S, Kim H. Coincidence theorems for admissible multifunctions on generalized convex spaces. J. Math. Anal. Appl. , 1996, **197**: 173-187

[238] Park S, Kim H. Foundations for the KKM theory on generalized convex spaces. J. Math. Anal. Appl. , 1997, **209**: 551-571

[239] Park S, Kim H. Generalizations of the KKM type theorems on generalized convex spaces. Indian J. pure appl. Math. , 1998, **29**: 121-132

[240] Park S, Sook J, Kang H K. Geometric properties, minimax inequalities and fixed point theorems on convex spaces. Proc. Amer. Math. Soc, 1994, **121**: **2**

[241] Pascali D, Sburlan S. Nolinear mapping of monotone type. Bucuresti, Romania: Sijthoff and Noordhoff International Publishers, 1976

[242] Reich S. Fixed points in locally convex spaces. Math. Z. , 1972, **125**: 1-3

[243] Reich S. Fixed point of nonexpansive functions. J. London Math. Soc. , 1973, **7**: **2**: 5-10

[244] Reiland T W. Nonsmooth invexity. Bull. Austral Math. Soc. , 1990, **42**: 437-446

[245] Rim D I, Kim W K. A fixed point theorem and existence of equilibrium for abstract economics. Bull. Austral. Math. Soc. , 1992, **45**: 385-397

[246] Roberts J W. A compact convex set with no extreme points. Studia Math. , 1977, **60**: 255-266

[247] Rudin W. Functional Analysis. New York: McGraw-Hill, 1973

[248] Rzepecki B. Remarks on Schauder's fixed point principle and its applications. Bull. Acad. Polon. Sci. Ser. Math, 1979, **27**: 473-480

[249] Sadovskii V N. A fixed point principle. Functional Analysis and its Applications, 1967, **1**: 151-153

[250] Saigal R. Extension of the generalized complementarity problem. Math, Opera. Res. , 1976, **1(3)**: 160-166

[251] Schaefer H H. Topological Vector Spaces. New York, London:

Macmillan, 1966

[252] Sehgal V M, Singh S P. A theorem on the minimization of a condension multifunction and fixed pionts. J. Math. Anal. Appl. , 1985, **107**:96-102

[253] Sehgal V M, Singh S P. A generalization to multifunctions of Fan's best approximation theorem. Proc. Amer. Math. Soc. , 1988, **102**: 534-537

[254] Sehgal V M. Singh S P, Smithson R E. Nearest points and some fixed point theorems for weakly compact sets. J. Math. Anal. Appl. ,1987,**128**:108-111

[255] Shih M H, Tan K K. Generalized quasi-variational inequalities in locally convex topological vector spaces. J. Math. Anal. Appl. ,1985, **108**:333-343

[256] Shih M H, Tan K K. Browder-Hartmann-Stampacchia variational inequalities for multi-valued monotone operators. J. Math. Anal. Appl. ,1988,**134**:431-440

[257] Shih M H, Tan K K. A geometric property of convex sets with applications to minimax type inequalities and fixed point theorems. J. Austral. Math. Soc. (Series A),1988,**45**:169-183

[258] Shih M H, Tan K K. Generalized bi-quasi-variational inequalities, J. Math. Anal. Appl. ,1989,**143**:66-85

[259] Shim M H, Kang S M, Huang N J, et al. Perturbed iterative algorithms with errors for completely generalized strongly nonlinear implicit quasivariational inclusions. J. Inequal. Appl. ,2000,**5**:381-393

[260] Siddiqi A H, Ansari Q H. Strongly nonlinear quasivariational inequlities. J. Math. Anal. Appl. ,1990,**149**:444-450

[261] Siddiqi A H, Ansari Q H, Khaliq A. On vector variational inequalities. J. Optim. Theory Appl. ,1995,**84**:171-180

[262] Simons S. Two-function minimax theorems and variational inequalities for functions on compact and noncompact sets, with some comments on fixed point theorems. Proc. Sympos. Pure Math. , 1986, **45**, Part **2**:377-392

[263] Sine R C. Hyperconvexity and approximate fixed points. Nonlinear

Anal. ,1989,**13**:863-869

[264] Soardi P. Existence of fixed points of nonexpansive mappings in certain Banach lattices. Proc. Amer. Math. Soc. ,1979,**73**:25-29

[265] Sperner E. Neuer Beweis für die Invarianz der Dimensionszahl und des Gebietes. Abh. Math. Seminar Univ. Hamburg,1928,**6**:265-272

[266] Stampacchia G. Variational Inequalities. 1968

[267] Su C H, Sehgal V M. Some fixed point theorems for condensing multifunctions in locally convex spaces. Proc. Amer. Math. Soc. , 1975,**50**:150-154

[268] Sun J X. Some fixed point theorems for set-contraction mappings. Chinese Sci. Bull. No. ,1986,**10**:728-729

[269] Takahashi W. Nonlinear variational inequalities and fixed point theorems. J. Math. Soc. Japan,1976,**23**:168-181

[270] Takahashi W. Fixed point, minimax and Hahn-Banach theorem. Proc,Sympos. Pure Math. ,1986,**45**,**Part 2**:419-427

[271] Tan K K. G-KKM theorem,minimax inequalities and saddle points. Nonlinear Anal. ,1997,**30**:4151-4160

[272] Tan K K, Yu J,Yuan G X Z. Existence theorems for saddle points of vector-valued maps. J. Optim. Theory Appl. ,1996,**89**:731-747

[273] Tan K K,Yuan G X Z. On deterministic and random fixed points. Proc. Amer. Math. Soc. ,1993,**119**:849-856

[274] Tan K K,Yuan G X Z. Random fixed point theorems and approximation in cones. J. Math. Anal. Appl. ,1994,**185(2)**:378-390

[275] Tan N X. Quasi-variational inequality in locally convex Hausdorff topological spaces. Math. Nachr. ,1985,**122**:231-245

[276] Tan N X. Random variational inequalities. Math. Nachr. ,1986,**125**: 319-328

[277] Tanaka T. Existence theorems for cone saddle points of vector-valued functions in infinite dimensional spaces. J. Optim. Theory Appl. ,1989,**62**:127-138

[278] Tanaka T. Two types of minimax theorems for vector-valued functions. J. Optim. Theory Appl. ,1991,**68**:321-334

[279] Tanaka T. Generalized quasiconvexities,cone saddle points and min-

imax theorem for vector-valued functions. J. Optim. Theory Appl. , 1994,**81**:355-377

[280] Tarafdar E. On nonlinear variational inequalities. Proc. Amer Math. Soc. ,1977,**67**:95-98

[281] Tarafdar E. A fixed point theorem equivalent to Fan-Knaster-Kuratowski-Maxurkiewicz's theorem. J. Math. Anal. Appl. ,1987,**128**: 475-479

[282] Tarafdar E. Five equivalent theorems on a convex subset of a topological vector space. Comment. Math. Univ. Carolinae,1989,**30** (**2**):323-326

[283] Tarafdar E. Fixed point theorems in H-spaces and equilibrium point of abstract economics. J. Austral. Math. Soc. ,1992,**53**:252-265

[284] Tian G Q,Zhou J X. Quasi-variational inequalities without the concavity assumption. J. Math. Anal. Appl. ,1993,**172**:289-299

[285] Wu X. A new fixed point theorem and its applications. Proc. Amer. Math. Soc. ,1997,**125(6)**:1779-1784

[286] Wu X. Existence theorems for generalized quasi-variational inequalities,a minimax theorem and a section theorem in the space without linear structure. J. Math. Anal. Appl. ,1998,**220**:495-507

[287] Wu X. New existence theorems for solutions of generalized quasi-variational inequalities. J. Appl. Anal. ,1998,**4**:**1**:53-62

[288] Wu X. Existence theorem of solutions for a kind of quasi-variational inequalities with monotone type multi-valued mappings. Comput. Math. Appl. ,1999,**37**:161-166

[289] Wu X,Shen S K. A further generalization of Yannelis-Prabhakar's continuous selection theorem and its applications. J. Math. Anal. Appl. ,1996,**197**:61-74

[290] Wu X,Thompson B,Yuan X Z. Fixed point theorems of upper semicontinuous multi-valued mappings with applications in hyperconvex metric spaces. J. Math. Anal. Appl. ,2002,**276**:80-89

[291] Wu X,Xu Y G. New generalizations of Browder's variational inequalities and the Ky Fan minimax inequality. Comput. Math.

Appl. ,1997,**34**(1):89-96

[292] Wu X, Yuan X Z. Nonlinear variational inequalities and implicit variational inequality of Ky Fan type in H-spaces. Comput. Math. Appl. ,1999,**38**:1-8

[293] Wu X, Yuan X Z. On equilibrium problem of abstract economy, generalized quasi-variational inequality and an optimization problem in locally H-convex spaces. J. Math. Anal. Appl. ,2003

[294] Xu H K. Some random fixed point theorems for condensing and nonexpansive operators. Proc. Amer. Math. Soc. ,1990,**110**:459-500

[295] Yang X Q. Vector variational inequality and its duality. Nonlinear Anal. ,1993,**21**:869-877

[296] Yang X Q. Vector complementarity and minimal element problems. J. Optim. Theory Appl. ,1993,**77**:483-495

[297] Yang X Q. Generalized convex functions and vector variational inequalities. J. Optim. Theory Appl. ,1993,**79**:563-580

[298] Yannelis N C, Prabhaker N D. Existence of maximal elements and equilibria in linear topological spaces. J. Math. Econom. ,1983,**12**:233-245

[299] Yao J C. Generalized quasi-variational inequality problems with discontinuous mappings. Math. Oper. Res. ,1995,**20**:465-478

[300] Yao J C. On the generalized complementarity problem. J. Austral. Math. Soc. (Ser,B),1994,**35**:420-428

[301] Yao J C. The generalized quasi-variational inequality problem with applications. J. Math. Anal. Appl. ,1991,**158**:139-160

[302] Yao J C, Guo J S. Variational and generalized variational inequalities with discontinuous mappings. J. Math. Anal. Appl. ,1994,**182**:371-392

[303] Yen C L. A minimax inequality and its applications to variational inequalities. Pacific J. Math. ,1981,**97**:477-482

[304] Yu J, Yuan X Z. A random section theorem and its applications. Math. Comput. Modelling,1995,**21**(4):57-66

[305] Yuan X Z. Extensions of Ky Fan selection theorems and minimax

inequality theorems. Acta,Math. Hungar,1996,**71(3)**:171-182

[306] Yuan X Z. KKM Theory and Applications in Nonlinear Analysis. New York,Basel:Marcel Dekker,Inc. ,1999

[307] Yuan X Z. The characterization of generalized metric KKM mappings with open values in hyperconvex metric spaces and some applications. J. Math. Anal. Appl. ,1999,**235**:315-325

[308] Yuan X Z. KKM theorem,Ky Fan minimax inequalities and fixed point theorems. Nonlinear World,1995,**2**:131-169

[309] Zadeh L A. Fuzzy sets. Inform and Control,1965,**8**:338-353

[310] Zeidler F. Nonlinear Functional Analysis and Its Applicaltion,I, Fixed Point Theorems. New York:Springer-Verlag,1986

[311] Zhou J X,Chen G. Diagonal convexity conditions for problems in convex analysis and quasi-variational inequalities. J. Math. Anal. Appl. ,1988,**132**:213-225

重庆出版社科学学术著作
出版基金资助书目

第一批书目

蜱螨学		李隆术	李云瑞	编著
变形体非协调理论		郭仲衡	梁浩云	编著
胶东金矿成因矿物学与找矿	陈光远	邵 伟	孙岱生	著
中国天牛幼虫			蒋书楠	著
中国近代工业史			祝慈寿	著
自动化系统设计的系统学		王永初	任秀珍	著
宏观控制论			牟以石	著
法学变革论	文正邦	程燎原	王人博	鲁天文 著

第二批书目

中国自然科学的现状与未来		全国基础性研究状况调研组 中国科学院科技政策局		编著
中国水生杂草			刁正俗	著
中国细颚姬蜂属志			汤玉清	著
同伦方法引论		王则柯	高堂安	著
宇宙线环境研究			虞震东	著
难产（《头位难产》修订版）		凌萝达	顾美礼	主编
中国现化工业史			祝慈寿	著
中国古代经济史			余也非	著
劳动价值的动态定量研究			吴鸿城	著
社会主义经济增长理论	吴光辉	陈高桐	马庆泉	著
中国明代新闻传播史			尹韵公	著
现代语言学研究——理论、方法与事实			陈平	著

艺术教育学　　　　　　　　　　　　　　　　　魏传义　主编
儿童文艺心理学　　　　　　　　　　　　　　　姚全兴　著
从方法论看教育学的发展　　　　　　　　　　　毛祖桓　著

第三批书目

奇异摄动问题数值方法引论　　　　　苏煜城　吴启光　著
结构振动分析的矩阵摄动理论　　　　　　　　　陈塑寰　著
中国古代气象史稿　　　　　　　　　　　　　　谢世俊　著
临床水、电解质及酸碱平衡　　　　　　　　　　江正辉　主编
历代蜀词全辑　　　　　　　　　　　　　　　　李谊　辑校
中国企业运行的法律机制　　　　　　　　　　　顾培东　主编
法西斯新论　　　　　　　　　　　　　　　　　朱庭光　主编
《易》与人类思维　　　　　　　　　　　　　　张祥平　著

第四批书目

计算流体力学　　　　　　　　　　　　　　　　陈材侃　著
中国北方晚更新世环境　　　　　　　　　　郑洪汉等　著
质点几何学　　　　　　　　　　　　　　　　　莫绍揆　著
城市昆虫学　　　　　　　　　　　　　　　　　蒋书楠　主编
马克思主义哲学与现时代　　　　　　　　　　　李景源　主编
马克思主义的 经济理论与中国社会主义　　　　　项启源　主编
科学社会主义在中国　　　　　　　　李凤鸣　张海山　主编
马克思主义历史观与中华文明　　　　　　　　　王戎笙　主编
莎士比亚绪论——兼及中国莎学　　　　　　　　王佐良　著
中国现代诗学　　　　　　　　　　　　　　　　吕进　著
汉语语源学　　　　　　　　　　　　　　　　　任继昉　著
中国神话的思维结构　　　　　　　　　　　　　邓启耀　著

第五批书目

重磁异常波谱分析原理及应用　　　　　　　　　刘祥重　著

烧伤病理学		陈意生	史景泉	主编
寄生虫病临床免疫学		刘约翰	赵慰先	主编
国民革命史			黄修荣	著
现代国防论		王普丰	王增铨	主编
中国农村经济法制研究			种明钊	主编
走向 21 世纪的中国法学			文正邦	主编
复杂巨系统研究方法论	顾凯平	高孟宁	李彦周	著
辽金元教育史			程方平	著
中国原始艺术精神			张晓凌	著
中国悬棺葬			陈明芳	著
乙型肝炎的发病机理及临床			张定凤	主编

第六批书目

非线性量子力学理论			庞小峰	著
胆道流变力学			吴云鹏	主编
中国蚜小蜂科分类			黄　建	著
中国历史时期植物与动物变迁研究			文焕然等	著
中国新闻传播学说史		徐培汀	裘正义	著
列宁哲学思想的历史命运			张翼星	编著
唐高僧义净生平及其著作论考			王邦维	著
中国远征军史		时广东	冀伯祥	著
历代蜀词全辑续编			李　谊	辑校

第七批书目

亚夸克理论		焦善庆	蓝其开	著
肝癌		江正辉	黄志强	主编
计算机系统安全	卢开澄　郭宝安	戴一奇	黄连生	编著
声韵语源字典			齐冲天	著
幼儿文学概论		张美妮	巢　扬	著
黄河上游地区历史与文物			芈一之	主编
论公私财产的功能互补			忠　东	著

第八批书目

长江三峡库区昆虫	杨星科	主编
小波分析与信号处理——理论、应用及软件实现	李建平	主编
世界首例独立碲矿床的成矿机理及成矿模式	银剑钊	著
临床内分泌外科学	朱预	主编

当代社会主义的若干问题
　　——国际社会主义的历史经验和中国特色社会主义

	江　流	徐崇温	主编

科技生产力：理论与运作	刘大椿	主编
世界语言词典	黄长著	著

第九批书目

法医昆虫学		胡萃	主编
储藏物昆虫学	李隆术	朱文炳	编著
15世纪以来世界主要发达国家发展历程		陈晓律等	著
重庆移民实践对中国特色移民理论的新贡献	罗晓梅	刘福银	主编
中华人民共和国科技传播史		司有和	主编
巴国史		段渝	著
高原军事医学		高钰琪	主编

现代大肠癌诊断与治疗	孙世良	温海燕	张连阳	主编
城市灾害应急与管理		王绍玉	冯百侠	著

第十批书目

当代资本主义新变化		徐崇温	著
全球背景下的中国民主建设	刘德喜　钱　镇	林　喆	主著
费孝通九十新语		费孝通	著
中国政治体制改革的心声		高　放	著
中国铜镜史		管维良	著
中国民间色彩民俗		杨健吾	著

科幻文学论   吴 岩 著
人类体外授精和胚胎移植技术   黄国宁 池 玲 宋永魁 编著

第十一批书目

邓小平实践真理观研究   王强华等 著
汉唐都城规划的考古学研究   朱岩石 著
三峡远古时代考古文化   杨 华 著
明代文学与文化   吴志达 著
外国散文流变史   傅德岷 著
变分不等式及其相关问题   张石生 著
子宫颈病变   郎景和 主编
北京第四纪地质导论   郭旭东 著
农作物重大生物灾害监测与预警技术   程登发 主编